Adaptive Fokuslagenkorrektur fasergebundener Laser-Remote-Scanner mit Linsenoptiken für hohe Laserleistungen

Vom Promotionsausschuss der
Technischen Universität Hamburg

zur Erlangung des akademischen Grades

Doktor-Ingenieur (Dr.-Ing.)

genehmigte Dissertation (Monografie)

von
Georg Cerwenka

aus
Dresden

2025

Gutachter:
Prof. Dr.-Ing. Claus Emmelmann
PD Dr.-Ing. habil. Jörg Wollnack

Tag der mündlichen Prüfung:
22. April 2024

Light Engineering für die Praxis

Reihe herausgegeben von

Claus Emmelmann, Hamburg, Deutschland

Technologie- und Wissenstransfer für die photonische Industrie ist der Inhalt dieser Buchreihe. Der Herausgeber leitet das Institut für Laser- und Anlagensystemtechnik (iLAS) an der Technischen Universität Hamburg (TUHH). Die Inhalte eröffnen den Lesern in der Forschung und in Unternehmen die Möglichkeit, innovative Produkte und Prozesse zu erkennen und so ihre Wettbewerbsfähigkeit nachhaltig zu stärken. Die Kenntnisse dienen der Weiterbildung von Ingenieuren und Multiplikatoren für die Produktentwicklung sowie die Produktions- und Lasertechnik, sie beinhalten die Entwicklung lasergestützter Produktionstechnologien und der Qualitätssicherung von Laserprozessen und Anlagen sowie Anleitungen für Beratungs- und Ausbildungsdienstleistungen für die Industrie.

Georg Cerwenka

Adaptive Fokuslagenkorrektur fasergebundener Laser-Remote-Scanner mit Linsenoptiken für hohe Laserleistungen

Georg Cerwenka
Technische Universität Hamburg
Hamburg, Deutschland

ISSN 2522-8447 ISSN 2522-8455 (electronic)
Light Engineering für die Praxis
ISBN 978-3-662-70884-2 ISBN 978-3-662-70885-9 (eBook)
https://doi.org/10.1007/978-3-662-70885-9

Die Deutsche Nationalbibliothek verzeichnet diese Publikation in der Deutschen Nationalbibliografie; detaillierte bibliografische Daten sind im Internet über https://portal.dnb.de abrufbar.

Springer Vieweg ist ein Imprint der eingetragenen Gesellschaft Springer-Verlag GmbH, DE und ist ein Teil von Springer Nature.
Die Anschrift der Gesellschaft ist: Heidelberger Platz 3, 14197 Berlin, Germany

„When the movie Goldfinger is released in 1964, James Bond has to face a huge laser, looking similar to a scaled-up version of Maiman's first tiny ruby device, and replacing the buzz saw of Ian Fleming’s original 1959 novel. As Auric Goldfinger explains: ’I, too, have a new toy, but considerably more practical. You are looking at an industrial laser, which emits an extraordinary light, unknown in nature. It can project a spot on the moon. Or, at closer range, cut through solid metal. I will show you.‘ “ [1].

Vorwort

Die vorliegende Arbeit entstand während meiner Tätigkeit als wissenschaftlicher Mitarbeiter am *Institut für Laser- und Anlagensystemtechnik (iLAS)* der *Technischen Universität Hamburg-Harburg (TUHH)* und an der *Fraunhofer-Einrichtung für Additive Produktionstechnologien IAPT* in Hamburg.

Zunächst danke ich meinem Betreuer Herrn *Prof. Dr.-Ing. Claus Emmelmann*, der durch seine stete Unterstützung und die Schaffung eines einzigartigen Forschungsumfeldes maßgeblich zum Gelingen dieser Arbeit beigetragen hat. In gleichem Maße danke ich Herrn *PD Dr.-Ing. habil. Jörg Wollnack* für die Übernahme des Zweitgutachtens und die Diskussionen sowie Herrn *Prof. Dr.-Ing. Sönke Knutzen* für die Leitung des Prüfungsausschusses.

Ich danke allen Kolleginnen und Kollegen des *iLAS* und des *Fraunhofer IAPT* sowie meinen Freunden für den vielseitigen Austausch und die wertvollen Hinweise und Anregungen. Ferner danke ich allen Studenten, die mich mit ihren Arbeiten unterstützt haben.

Mein ganzer Dank gilt meiner Familie, insbesondere meinem Vater, die mich jederzeit uneingeschränkt unterstützt und meinen Werdegang begleitet. Ohne Euch wäre diese Arbeit nicht möglich gewesen!

Hamburg, Januar 2025 Georg Cerwenka

Kurzfassung

Die Laser-Remote-Technologie gehört zu den faszinierendsten Entwicklungen der Lasermaterialbearbeitung. In der Verbindung mit fasergebundenen Lasern bietet die scannergeführte Laserbelichtung hohe Geometrieflexibilität bei höchster Produktivität. Zeitaufwändige unproduktive Bewegungen des Laserbearbeitungskopfes entfallen und Komponenten lassen sich in wesentlich kürzerer Zeit somit kostengünstiger bearbeiten. Deutlich zeigen sich die Vorzüge beim Laserstrahlschneiden, -schweißen, -abtragen und selektiven -schmelzen.

Von besonderer Bedeutung für reproduzierbare Fertigungsergebnisse ist dabei die stabile Soll-Prozessfokuslage an der Wirkstelle, da von dieser direkt der Laserstrahldurchmesser und die Intensitätsverteilung an der Wirkstelle abhängen. Die Soll-Prozessfokuslage ist jedoch nicht unabhängig von äußeren Einflüssen und verschiebt sich aufgrund von Absorptionserscheinungen der optischen Elemente des Laser-Remote-Bearbeitungskopfes und daraus resultierenden thermischen Effekten mit der Art, der Dauer und der Höhe der induzierten Strahlemission. Außerdem beeinflussen Umgebungsgrößen die Soll-Prozessfokuslage. Für stabile Prozessverhältnisse darf der Laserstrahldurchmesser an der Wirkstelle 40 % des vorgegebenen Laserstrahldurchmessers nicht übersteigen. Übersteigt der Laserstrahldurchmesser an der Wirkstelle diesen Wert, stellen sich nur noch bedingt reproduzierbare Fertigungsergebnisse ein. Darüber hinaus kann das Übersteigen sogar bis zum Verlust der Prozessstabilität führen.

Um diesem wesentlichen Nachteil entgegenzuwirken, verfolgt die vorliegende Arbeit das Ziel, die Soll-Prozessfokuslage fasergebundener Laser-Remote-Scannersysteme mit Linsenoptiken für hohe Laserleistungen im Interpolationstakt der Steuerung mit der Erforschung der Zusammenhänge der zuvor aufgezeigten Problemstellung und daraus abgeleitet der Entwicklung einer prozessbegleitenden, adaptiven, softwarebasierten und kostengünstigen Korrekturmethode zu stabilisieren.

Der erste Schritt der Umsetzung beinhaltet die Definition der wesentlichen thermisch induzierten optischen Effekte im und beeinflussenden Umgebungsgrößen auf das Glassubstrat einer Linse. Zweitens erfolgt die Herleitung eines geeigneten, finite-elemente-basierten Temperaturmodells zur Charakterisierung des laserstrahl-, orts- und zeitabhängigen Temperaturverhaltens im Glassubstrat einer Linse. Im dritten Schritt wird die mathematische Modellbildung der Effekte und der Umgebungsgrößen abgeleitet und der vierte Schritt umfasst die Beschreibung eines optischen Linsensystems auf der Grundlage der Matrizenoptik (ABCD-Matrizen) sowie die Berechnung des Verstellweges einer im Strahlengang des Laserstrahls axial entlang der optischen Achse verschiebbaren Linse zur aktiven Korrektur des thermisch induzierten, anhand eines ABCD-Fokusmodells unter Einbeziehung des Raytracings berechneten Fokus-Shifts (Fokuslagenverschiebung) der Soll-Prozessfokuslage. Die einzelnen Bausteine münden fünftens in implementierbare Korrekturalgorithmen für Laser-Remote-Scannersteuerungen, um im Interpolationstakt der Steuerung mit einer Regelung den Fokus-Shift zu korrigieren, den vorgegebenen Laserstrahldurchmesser an der Wirkstelle einzuhalten und damit den Arbeitspunkt des Prozesses zu stabilisieren. Durch ein Sensorkonzept werden die prozessbegleitend gemessenen Umgebungsgrößen zur Anpassung der Korrekturalgorithmen eingespeist.

Abschließend wird die entwickelte Korrekturmethode zur Fokuslagenstabilisierung mit der Implementierung der Korrekturalgorithmen in die Steuerung des an der *Technischen Universität Hamburg-Harburg (TUHH)* am *Institut für Laser- und Anlagensystemtechnik (iLAS)* für 30 kW Laserleistung entstandenen Hochleistungs-Laser-Remote-Scannersystems „Dragon“ zur Anwendung bereitgestellt.

Die im Ergebnis dieser Arbeit entwickelte und zur Anwendung bereitgestellte softwarebasierte Korrekturmethode zur Fokuslagenstabilisierung stellt während des Bearbeitungsprozesses im Interpolationstakt der Laser-Remote-Scannersteuerung die aktive Korrektur des Fokus-Shifts und die Einhaltung der Laserstrahleigenschaften an der Wirkstelle sicher. Somit lassen sich fasergebundene Laser-Remote-Scannersysteme einem breiteren industriellen Anwendungsbereich zuführen und es lässt sich aktiv der wirtschaftlichere Einsatz laserbasierter Fertigungsanlagen fördern.

Abstract

Laser remote technology is one of the most fascinating developments in laser material processing. In combination with fiber-based lasers, scanner-guided laser exposure offers high geometrical flexibility with maximum productivity and eliminates time-consuming non-productive movements of the laser processing head. The advantages are clearly evident in laser beam cutting, laser beam welding, laser beam ablation, and laser powder bed fusion, where the components can be produced more cost-effectively in a much shorter time.

A stable set point of the process focus position at the working point is decisive for reproducible production results as this directly affects the laser beam diameter and the intensity distribution at the working point. However, several external factors influence the set point of the process focus position which shifts with the type, duration, and level of the induced beam emission due to absorption phenomena of the optical elements of the laser remote processing head and the resulting thermal effects. In addition, ambient factors can alter the set point of the process focal position. For stable process conditions, the laser beam diameter at the working point must not exceed 40 % of the specified laser beam diameter. Exceeding this critical limit can produce reproducible production results only to a limited extent and/or can even lead to a loss of process stability.

In order to counteract this significant disadvantage, the present work pursues the goal of stabilizing the set point of the process focus position of fiber-based laser remote scanner systems with lens optics for high laser powers in interpolation cycle step of the controller by investigating the correlations of the above-mentioned challenges under defined boundary conditions and, derived from this, the development of an in-process, adaptive, software-based, and cost-effective correction method in five steps.

The first step of the implementation includes the definition of the main thermally induced optical effects in the glass substrate and the influencing ambient factors on the glass substrate of a lens. Furthermore, a suitable finite-element-based temperature model is derived to characterize the laser-beam-, radius-, and time-dependent temperature behavior in the glass substrate of a lens. In the third step, the mathematical modeling of the effects and the ambient factors are derived, and the fourth step includes the description of an optical lens system based on matrix optics (ABCD matrices) and the calculation of the adjustment path of a lens that can be moved along the optical axis in the beam path of the laser beam for active correction of the thermally induced focus shift of the set point of the process focus position based on a ABCD focus model with the inclusion of raytracing. At last, the individual components result in implementable correction algorithms for laser remote scanner controllers in order to correct the focus shift, keep the specified laser beam diameter at the working point, and thus to stabilize the operating point of the process in the interpolation cycle step of the controller with a closed-loop control. Through a sensor concept, the process measured ambient factors are fed back to adjust the correction algorithms.

Finally, the developed correction method for focus position stabilization with the implementation of the correction algorithms in the controller of the high-power laser remote processing system "Dragon" created at the *Hamburg University of Technology (TUHH)* at the *Institute for Laser and Systems Technologies (iLAS)* for 30 kW laser power is made available for application.

The software-based correction method for focal position stabilization, developed as a result of this work and made available for application, ensures the active correction of the focus shift and compliance with the laser beam properties at the working point during the manufacturing process in the interpolation cycle of the laser remote scanner control. Thus, fiber-based laser remote scanner systems can be introduced to a wider range of industrial applications and the more economical use of laser-based production systems can be actively promoted.

Inhaltsverzeichnis

Konventionen

Die Schreibweise und der Satz der mit dieser Arbeit verwendeten Formelzeichen, Indizes, Abkürzungen und Formeln lehnen sich an die Norm DIN 1338:2011-03 [2] „Formelschreibweise und Formelsatz" an.

Dabei sind unabhängige und abhängige skalare physikalische Größen, z. B. T, r, σ, und Variablen, z. B. a, i, m, kursiv ausgeführt. Per Konvention feststehende Zeichen, z. B. e, j, π, und Zeichen für Funktionen und Operatoren, z. B. d, Δ, sin, werden geradestehend gesetzt.

Weiterhin sind Vektoren, z. B. $\boldsymbol{E}$, $\boldsymbol{a}$, $\dot{\boldsymbol{q}}$, Spaltenvektoren, die kursiv, halbfett und durch Klein- und Großbuchstaben dargestellt werden. Matrizen werden ebenfalls kursiv und halbfett, jedoch nur durch den Großbuchstaben $\boldsymbol{M}$, gegebenenfalls mit einem Index, dargestellt.

Indizes, z. B. T, k, x, sind kursiv, wenn sie skalare physikalische Größen und Variablen repräsentieren. Indizes, z. B. $\boldsymbol{M}$, die Vektoren und Matrizen repräsentieren, sind kursiv und halbfett.

Chemische Summenformeln und Abkürzungen, z. B. $\mathrm{CO_2}$, $\mathrm{H_2O}$, TEM, werden geradestehend gesetzt.

Der $\lim\limits_{x \to 0}$ wird im Fließtext als $x \to 0$ und der $\lim\limits_{x \to \infty}$ wird im Fließtext als $x \to \infty$ geschrieben, wobei x abhängig vom Abbild definiert ist.

Das abgeschlossene Intervall $[a, b]$ ist definiert als $\{x | x \in \mathbb{R} \land a \leq x \leq b\}$.

Abkürzungsverzeichnis

Abkürzung	Beschreibung
2D	zweidimensional
3D	dreidimensional
A/D	analog/digital
AR	antireflex
A4	Blattformat (298 mm · 210 mm) gemäß DIN
o. A.	optische Achse (Symmetrieachse)
o. E.	ohne Einheit
CAD	Computer Aided Design
CCD	Charge-coupled Device
CIPM	International Committee for Weights and Measures
CMOS	Complementary Metal Oxide Semiconductor
CO_2	chemische Summenformel für Kohlenstoffdioxid
CW	Continuous Wave
DE	Deutschland
Def.	Definition
DIN	Deutsches Institut für Normung
DSP	digitaler Signalprozessor
EC	electronically calibrated
EE	End-Effekt
EN	Europäische Norm
EP	Europäisches Patent
ESZ	ebener Spannungszustand
FE	finite Elemente
FEM	Finite-Elemente-Methode
FL	Fokussierlinse (des Fokussiertripletts)
FLK	Fluke
FM	Focus Monitor
FPGA	Field Programmable Gate Array
FS	Fokus-Shifter (axial entlang der optischen Achse verschiebbares optisches Element, z. B. eine Linse)
FT	Fokussiertriplett
FT1	Kollimationslinse des Fokussiertripletts
FT2	Strahlaufweitungslinse des Fokussiertripletts

Abkürzung	Beschreibung
GND	Ground
H_2O	chemische Summenformel für Wasser
HDR	High Dynamic Range
HPFS	High Purity Fused Silica
IAPWS	The International Association for the Properties of Water and Steam
IF97	Industrial Formulation 1997
IP	Ion Plating
iLAS	*Institut für Laser- und Anlagensystemtechnik*
ISO	International Organization for Standardization
JP	Japan
KL	Kollimationslinse
LASER	Light Amplification by Stimulated Emission of Radiation
med	Medium
N_2	chemische Summenformel für Stickstoff
PID	Proportional-, Integrations- und Differenziationsanteil eines Regelkreises
SFSF	System Focal Shift Factor
SG	Schutzglas
SM	Single Mode
SOE	spannungs-optischer Effekt
SP1	Umlenkspiegel vor dem Fokus-Shifter (FS)
SP2	Umlenkspiegel nach dem Fokus-Shifter (FS)
SP3	Ablenkspiegel
SPP	Strahlparameterprodukt
TEM	transversal-elektromagnetisch
TFM	Transfermatrizen
TOE	thermo-optischer Effekt
TUHH	*Technische Universität Hamburg-Harburg*
US	United States
UV	ultraviolett
vgl.	vergleiche
YLS	Ytterbium-Lasersystem

Formelzeichenverzeichnis

Zeichen	Einheit	Beschreibung
A	mm^2	(Absorptions-, Austausch-, Emissions-, Linsen-, Querschnitts-)Fläche
A_{B}	ppm, %	absorbierter Anteil des eingestrahlten Laserlichts in der AR-Beschichtung (Oberflächenabsorption)
$A_{\mathrm{E}\,i}$	mm^2	radiusabhängiger Oberflächenabschnitt einer Linsenseite eines Elementes $\boldsymbol{i}$, mit $\boldsymbol{i} \in \{1, \ldots, N\} \subset \mathbb{N}$
A_{FS}	-	Element der Matrix $\boldsymbol{M}_{\mathrm{FS}}$ des Fokus-Shifters
A_{GL}	$\mathrm{ppm} \cdot \mathrm{m}^{-1}$, $\% \cdot \mathrm{m}^{-1}$	linearer absorbierter Anteil des eingestrahlten Laserlichts im Glassubstrat (Volumenabsorption)
A_i	mm^2	Gesamtoberfläche (Vorder- und Rückseite einer Linse) eines Elementes $\boldsymbol{i}$, mit $\boldsymbol{i} \in \{1, \ldots, N\} \subset \mathbb{N}$
$A_{i-1\,i}$	mm^2	Austauschfläche zwischen den Elementen $\boldsymbol{i} - 1$ und $\boldsymbol{i}$, mit $\boldsymbol{i} \in \{1, \ldots, N\} \subset \mathbb{N}$
A_{L}	ppm, %	absorbierter Anteil des eingestrahlten Laserlichts
A_{M}	mm^2	Mantelfläche
$A_{\boldsymbol{M}}$	-	Element der Transfermatrix $\boldsymbol{M}$ (ABCD-Matrix)
A_{N}	o. E.	numerische Apertur der Lichtleitfaser (maximaler Lichtaustrittskegel am Faserausgang)
A_{OS}	-	Element der Matrix $\boldsymbol{M}_{\mathrm{OS}}$ des optischen Aufbaus
$A_{\mathrm{OS\,th}}$	-	Element der Matrix $\boldsymbol{M}_{\mathrm{OS\,th}}$ des thermisch belasteten optischen Aufbaus
A_{OUT}	-	Element der Matrix $\boldsymbol{M}_{\mathrm{OUT}}$ des optischen Aufbaus
A_{s}	o. E.	Koeffizient zur Berechnung von $p_{\mathrm{swv}}(T_{\mathrm{U}})$
B	o. E.	beliebiger Betrachtungspunkt im Glassubstrat
B_{FS}	-	Element der Matrix $\boldsymbol{M}_{\mathrm{FS}}$ des Fokus-Shifters
$B_{\mathrm{GL}\,1}$, $B_{\mathrm{GL}\,2}$, $B_{\mathrm{GL}\,3}$, $B_{\mathrm{GL}\,i}$	o. E.	Sellmeier-Koeffizient der Glashersteller für das ausgewählte Glassubstrat, mit $\boldsymbol{i} \in \{1, 2, 3\}$
B_{GL}	$\mathrm{ppm} \cdot \mathrm{m}^{-1}$, $\% \cdot \mathrm{m}^{-1}$	nichtlinearer absorbierter Anteil des eingestrahlten Laserlichts im Glassubstrates (Volumenabsorption)
B_{IN}	-	Element der Matrix $\boldsymbol{M}_{\mathrm{IN}}$ des optischen Aufbaus
$B_{\boldsymbol{M}}$	-	Element der Transfermatrix $\boldsymbol{M}$ (ABCD-Matrix)
B_{OS}	-	Element der Matrix $\boldsymbol{M}_{\mathrm{OS}}$ des optischen Aufbaus
$B_{\mathrm{OS\,th}}$, $B_{\mathrm{OS\,th}\,k}$	-	Element der Matrix $\boldsymbol{M}_{\mathrm{OS\,th}}$ des thermisch belasteten optischen Aufbaus (zum Betrachtungszeitpunkt t_k, mit $\boldsymbol{k} \in \mathbb{N}$)
B_{OUT}	-	Element der Matrix $\boldsymbol{M}_{\mathrm{OUT}}$ des optischen Aufbaus

Zeichen	Einheit	Beschreibung
B_s	o. E.	Koeffizient zur Berechnung von $p_{swv}(T_U)$
C	$J \cdot K^{-1}$	Wärmekapazität des betrachteten Körpers
C_1, C_2	o. E.	richtungsabhängige, materialspezifische photo-elastische Koeffizienten
C_{FS}	-	Element der Matrix $\boldsymbol{M}_{FS}$ des Fokus-Shifters
$C_{GL\,1}$, $C_{GL\,2}$, $C_{GL\,3}$, $C_{GL\,i}$	μm^2	Sellmeier-Koeffizient der Glashersteller für das ausgewählte Glassubstrat, mit $i \in \{1, 2, 3\}$
C_i	$J \cdot K^{-1}$	Wärmekapazität des betrachteten Elementes i, mit $i \in \{1, \ldots, N\} \subset \mathbb{N}$
$C_{\boldsymbol{M}}$	-	Element der Transfermatrix $\boldsymbol{M}$ (ABCD-Matrix)
C_{OS}	-	Element der Matrix $\boldsymbol{M}_{OS}$ des optischen Aufbaus
$C_{OS\,th}$	-	Element der Matrix $\boldsymbol{M}_{OS\,th}$ des thermisch belasteten optischen Aufbaus
C_{OUT}	-	Element der Matrix $\boldsymbol{M}_{OUT}$ des optischen Aufbaus
C_s	o. E.	Koeffizient zur Berechnung von $p_{swv}(T_U)$
C_S	o. E.	Element der Transfermatrix $\boldsymbol{M}_S$ des optischen Übertragungssystems
D_0, D_1, D_2	K^{-1}, K^{-2}, K^{-3}	experimentell ermittelte, glassubstratspezifische, konstante Anpassungsparameter aus den Datenblättern der Glassubstrate zur Berechnung von $\beta_{abs\,GL}$
D_{FS}	-	Element der Matrix $\boldsymbol{M}_{FS}$ des Fokus-Shifters
D_G	mm^{-1}	thermisch induzierte Brechkraft des End-Effektes
D_{IN}	-	Element der Matrix $\boldsymbol{M}_{IN}$ des optischen Aufbaus
D_L	mm^{-1}	Brechkraft eines optischen Elementes
$D_{L\,th}$	mm^{-1}	thermisch veränderte Brechkraft eines optischen Elementes bzw. einer Linse
$D_{L\,th\,G}$	mm^{-1}	thermisch veränderte Brechkraft eines optischen Elementes aufgrund des End-Effektes
$D_{\boldsymbol{M}}$	-	Element der Transfermatrix $\boldsymbol{M}$ (ABCD-Matrix)
D_{OS}	-	Element der Matrix $\boldsymbol{M}_{OS}$ des optischen Aufbaus
$D_{OS\,th}$, $D_{OS\,th\,k}$	-	Element der Matrix $\boldsymbol{M}_{OS\,th}$ des thermisch belasteten optischen Aufbaus (zum Betrachtungszeitpunkt t_k, mit $k \in \mathbb{N}$)
D_{OUT}	-	Element der Matrix $\boldsymbol{M}_{OUT}$ des optischen Aufbaus
D_{ES}	W	Energiestrom
D_T	mm^{-1}	thermisch induzierte Brechkraft des thermo-optischen Effektes
D_{th}	mm^{-1}	zusammengefasste thermisch induzierte Brechkraft des thermo-optischen, des spannungs-optischen und des End-Effektes

Zeichen	Einheit	Beschreibung
$D_{\sigma\mathrm{th}}$	mm^{-1}	thermisch induzierte Brechkraft des spannungs-optischen Effektes
E	Pa	materialspezifische Elastizitätsmodul
E_0, E_1	$\mu\mathrm{m}^2 \cdot \mathrm{K}^{-1}$, $\mu\mathrm{m}^2 \cdot \mathrm{K}^{-2}$	experimentell ermittelte, glassubstratspezifische, konstante Anpassungsparameter aus den Datenblättern der Glassubstrate zur Berechnung von $\beta_{\mathrm{abs\ GL}}$
$\boldsymbol{E}$	$\mathrm{V} \cdot \mathrm{m}^{-1}$	orts- und zeitabhängiger elektrischer Feldstärkevektor, mit $\boldsymbol{E} \in \mathbb{R}^3$
F	mm^2	Koeffizient zur Berechnung von l_z
F_0, F_1, F_2, F_3	K^{-1}, $\mu\mathrm{m}^2 \cdot \mathrm{K}^{-1}$, $\mu\mathrm{m}^4 \cdot \mathrm{K}^{-1}$, $\mu\mathrm{m}^6 \cdot \mathrm{K}^{-1}$	in einer Stickstoff (N_2)-Atmosphäre ermittelte, glassubstratspezifische, konstante Anpassungsparameter aus den Datenblättern der Glassubstrate zur Berechnung von $\beta_{\mathrm{rel\ GL\ k}}$
F_{F}	mm	absolute Abweichung (absoluter Fehler) gegenüber dem Wert des mit ZEMAX OpticStudio® ausgelegten optischen Linsensystems
$F_{\mathrm{F\ ABCD}}$	mm	absolute Abweichung (absoluter Fehler) des ABCD-Fokusmodells gegenüber dem mit ZEMAX OpticStudio® ausgelegten optischen Linsensystem
$F_{\mathrm{F\ lin}}$	mm	absolute Abweichung (absoluter Fehler) des linearen Fokusmodells gegenüber dem mit ZEMAX OpticStudio® ausgelegten optischen Linsensystem
F_{m}	N	mechanische Prüfkraft
F_{S}	Mm	ausgangsseitiger Brennpunkt des optischen Systems
G	mm^4	Koeffizient zur Berechnung von l_z
H	mm	Koeffizient zur Berechnung von l_z
$I(x, y, z)$, $I(r, z)$, $I(r, t)$	$\mathrm{W} \cdot \mathrm{mm}^{-2}$	Leistungsdichte- bzw. Intensitätsverteilung
I_0	$\mathrm{W} \cdot \mathrm{mm}^{-2}$	maximale Intensität im Zentrum ($r = 0$, z_0)
$I_{\mathrm{A}}(d)$	$\mathrm{W} \cdot \mathrm{mm}^{-2}$	Intensität nach dem Austritt aus dem Medium mit der Dicke d
I_{E}	$\mathrm{W} \cdot \mathrm{mm}^{-2}$	Intensität vor dem Eintritt in das Medium
I_{max}	$\mathrm{W} \cdot \mathrm{mm}^{-2}$	maximale Intensität nach der Distanz z_{R} von z_0
I_{W}	$\mathrm{W} \cdot \mathrm{mm}^{-2}$	Intensitätsverteilung an der Wirkstelle
$I_x(r_x, z)$	$\mathrm{W} \cdot \mathrm{mm}^{-2}$	Intensitätsverteilung der x-Ausrichtung des Laserstrahlquerschnitts entlang der optischen Achse z abgetastet durch die Messspitze des FocusMonitors FM120
K	o. E.	letzter Wert der Variablen- oder Indexmenge, mit $K \in \mathbb{N}$
K_{D}	s	Differenzierbeiwert der PID-Regelgleichung
K_{GL}	$\mathrm{m}^2 \cdot \mathrm{N}^{-1}$	glassubstratabhängiger spannungs-optischer Koeffizient
K_{I}	s^{-1}	Integrierbeiwert der PID-Regelgleichung

Zeichen	Einheit	Beschreibung
K_{P}	o. E.	Proportionalbeiwert der PID-Regelgleichung
$K_{\parallel}$	$\mathrm{m}^2 \cdot \mathrm{N}^{-1}$	richtungsabhängiger, materialspezifischer photo-elastischer Koeffizient: Änderung der Brechzahl $n_{\mathrm{GL}\parallel}$ des Glassubstrates parallel (‖) zu σ_{th}
$K_{\perp}$	$\mathrm{m}^2 \cdot \mathrm{N}^{-1}$	richtungsabhängiger, materialspezifischer photo-elastischer Koeffizient: Änderung der Brechzahl $n_{\mathrm{GL}\perp}$ des Glassubstrates senkrecht (⊥) zu σ_{th}
L	mm	(Ausgangs-)Länge, Abstand zwischen z_1 und z_2
$L_1, L_2, L_3, L_4, L_5, L_6, L_i$	mm	Abstände zwischen den einzelnen optischen Elementen im optischen Gesamtsystem, mit $i \in \{1, \ldots, 6\}$
L_{S}	$\mathrm{W} \cdot \mathrm{m}^{-2} \cdot \mathrm{sr}^{-1}$	Strahldichte der emittierten Laserstrahlung
$L_{\mathrm{S}\,\lambda}$	$\mathrm{W} \cdot \mathrm{m}^{-2} \cdot (\mu\mathrm{m} \cdot \mathrm{sr})^{-1}$	spektrale Strahldichte
$L_{\mathrm{U}\,i}$	mm	Umfang eines Elementes i, mit $i \in \{1, \ldots, N\} \subset \mathbb{N}$, der durch eine Zylinderschale abgebildet wird
L_{W}	mm	Abstand der Wärmebildkamera zum Flächenscheitel der Laserstrahlaustrittsoberfläche der Linsen
ΔL	mm	Zuwachs oder Abnahme der (Ausgangs-)Länge L
M	o. E.	Anzahl der Elemente des FE-Modells, die die Spalten der Wärmetransportmatrix $\boldsymbol{M}_{\mathrm{W}}$, mit $M \in \mathbb{N}^+$, bezeichnen
$\boldsymbol{M}$, $\boldsymbol{M}_i$	-	Transfer-, Elementmatrix, ABCD-Matrix, mit $\boldsymbol{M}, \boldsymbol{M}_i \in \mathbb{R}^{2\times2}$, $i \in \{1, \ldots, N\} \subset \mathbb{N}$
$\boldsymbol{M}_1, \boldsymbol{M}_2, \boldsymbol{M}_3$	-	Teilsystemmatrizen eines aufgeteilten, entfalteten optischen Linsenaufbaus, mit $\boldsymbol{M}_1, \boldsymbol{M}_2, \boldsymbol{M}_3 \in \mathbb{R}^{2\times2}$
M_{da}	$\mathrm{kg} \cdot \mathrm{mol}^{-1}$	molare Masse der trockenen Luft
$\boldsymbol{M}_{\mathrm{FL}}$	-	Elementmatrix der Fokussierlinse (FL) des Fokussiertripletts (FT), mit $\boldsymbol{M}_{\mathrm{FL}} \in \mathbb{R}^{2\times2}$
$\boldsymbol{M}_{\mathrm{FS}}$	-	Elementmatrix des axial entlang der optischen Achse $\boldsymbol{z}$ verschiebbaren optischen Elementes (FS) bzw. des Fokus-Shifters (FS), mit $\boldsymbol{M}_{\mathrm{FS}} \in \mathbb{R}^{2\times2}$
$\boldsymbol{M}_{\mathrm{FT1}}$	-	Elementmatrix der Kollimationslinse (FT1) des Fokussiertripletts (FT), mit $\boldsymbol{M}_{\mathrm{FT1}} \in \mathbb{R}^{2\times2}$
$\boldsymbol{M}_{\mathrm{FT2}}$	-	Elementmatrix der Strahlaufweitungslinse (FT2) des Fokussiertripletts (FT), mit $\boldsymbol{M}_{\mathrm{FT2}} \in \mathbb{R}^{2\times2}$
$\boldsymbol{M}_{\mathrm{GS}}$	-	Matrix des optischen Gesamtsystems, mit $\boldsymbol{M}_{\mathrm{GS}} \in \mathbb{R}^{2\times2}$
$\boldsymbol{M}_{\mathrm{GS\,th}}$	-	Matrix des thermisch belasteten optischen Gesamtsystems, mit $\boldsymbol{M}_{\mathrm{GS\,th}} \in \mathbb{R}^{2\times2}$
$\boldsymbol{M}_{\mathrm{KL}}$	-	Elementmatrix der Kollimationslinse (KL), mit $\boldsymbol{M}_{\mathrm{KL}} \in \mathbb{R}^{2\times2}$
$\boldsymbol{M}_{L1}$	-	Teilsystemmatrix der freien Ausbreitung zwischen der Austrittsoberfläche der Lichtleitfaser und der Eintrittsoberfläche der Kollimationslinse (KL), mit $\boldsymbol{M}_{L1} \in \mathbb{R}^{2\times2}$

Zeichen	Einheit	Beschreibung
$\boldsymbol{M}_{L4}$	-	Teilsystemmatrix der freien Ausbreitung zwischen der Austrittsoberfläche der Kollimationslinse (FT1) des Fokussiertripletts (FT) und der Eintrittsoberfläche der Strahlaufweitungslinse (FT2) des Fokussiertripletts (FT), mit $\boldsymbol{M}_{L4} \in \mathbb{R}^{2\times2}$
$\boldsymbol{M}_{L5}$	-	Teilsystemmatrix der freien Ausbreitung zwischen der Austrittsoberfläche der Strahlaufweitungslinse (FT2) des Fokussiertripletts (FT) und der Eintrittsoberfläche der Fokussierlinse (FL) des Fokussiertripletts (FT), mit $\boldsymbol{M}_{L5} \in \mathbb{R}^{2\times2}$
$\boldsymbol{M}_{L6}$	-	Teilsystemmatrix der freien Ausbreitung zwischen der Austrittsoberfläche der Fokussierlinse (FL) des Fokussiertripletts (FT) und der Eintrittsoberfläche des Schutzglases (SG), mit $\boldsymbol{M}_{L6} \in \mathbb{R}^{2\times2}$
$\boldsymbol{M}_{L2\,-lz}$	-	Teilsystemmatrix der freien Ausbreitung zwischen der Austrittsoberfläche der Kollimationslinse (KL) und der Eintrittsoberfläche des Fokus-Shifters (FS), mit $\boldsymbol{M}_{L2\,-lz} \in \mathbb{R}^{2\times2}$
$\boldsymbol{M}_{L3\,lz}$	-	Teilsystemmatrix der freien Ausbreitung zwischen der Austrittsoberfläche des Fokus-Shifters (FS) und der Eintrittsoberfläche der Kollimationslinse (FT1) des Fokussiertripletts (FT), mit $\boldsymbol{M}_{L3\,lz} \in \mathbb{R}^{2\times2}$
$\boldsymbol{M}_{lz}$, $\boldsymbol{M}_{-lz}$	-	Elementmatrizen des Verstellweges l_z des axial entlang der optischen Achse $\boldsymbol{z}$ verschiebbaren optischen Elementes (FS), mit $\boldsymbol{M}_{lz}, \boldsymbol{M}_{-lz} \in \mathbb{R}^{2\times2}$
$\boldsymbol{M}_{\mathrm{OS}}$	-	Matrix des optischen Aufbaus von der Austrittsoberfläche der Lichtleitfaser bis zur prozessseitigen Oberfläche des Schutzglases (SG), mit $\boldsymbol{M}_{\mathrm{OS}} \in \mathbb{R}^{2\times2}$
$\boldsymbol{M}_{\mathrm{OS\,th}}$	-	Matrix des thermisch belasteten optischen Aufbaus von der Austrittsoberfläche der Lichtleitfaser bis zur prozessseitigen Oberfläche des Schutzglases (SG), mit $\boldsymbol{M}_{\mathrm{OS\,th}} \in \mathbb{R}^{2\times2}$
$\boldsymbol{M}_{\mathrm{S}}$	-	aus einzelnen Elementmatrizen gebildete Transfermatrix des optischen Systems, mit $\boldsymbol{M}_{\mathrm{S}} \in \mathbb{R}^{2\times2}$
$\boldsymbol{M}_{\mathrm{SG}}$	-	Elementmatrix des Schutzglases (SG), mit $\boldsymbol{M}_{\mathrm{SG}} \in \mathbb{R}^{2\times2}$
$M_{\mathrm{S}\,\lambda}$	$\mathrm{W \cdot m^{-2} \cdot \mu m^{-1}}$	spektrale spezifische Ausstrahlung
$\boldsymbol{M}_{\mathrm{W}}$	o. E.	Wärmetransportmatrix, mit $\boldsymbol{M}_{\mathrm{W}} \in \mathbb{R}^{N\times M}$ und $M, N \in \mathbb{N}^{+}$
M_{wv}	$\mathrm{kg \cdot mol^{-1}}$	molare Masse des Wassermoleküls H_2O
$\boldsymbol{M}_{z\mathrm{L}}$	-	Teilsystemmatrix für den Abstand $\boldsymbol{z}_{\mathrm{L}}$ von der prozessseitigen Oberfläche des Schutzglases (SG) bis $\boldsymbol{z}_0$ des Laserstrahls entlang der optischen Achse $\boldsymbol{z}$, mit $\boldsymbol{M}_{z\mathrm{L}} \in \mathbb{R}^{2\times2}$
N	o. E.	Anzahl optischer Elemente, Anzahl der Elemente des FE-Modells, mit $N \in \mathbb{N}^{+}$
N_{A}	$\mathrm{mol^{-1}}$	Avogadro-Konstante

Zeichen	Einheit	Beschreibung
$\mathbb{N}$	o. E.	Menge der natürlichen Zahlen gemäß der Norm DIN 5473:1992-07 [3, S. 13]
$\mathbb{N}^+$	o. E.	Menge der positiven natürlichen Zahlen gemäß der Norm DIN 5473:1992-07 [3, S. 13]
P, $P(r, z)$	W	(Laser-)Leistung
P_{ABL}	W	absorbierte Laserleistung
$P_{\mathrm{ABL}\,i}$, $P_{\mathrm{ABL}\,k\,i}$	W	absorbierte Laserleistung in einem Element i, mit $i \in \{1, \ldots, N\} \subset \mathbb{N}$, (zum Betrachtungszeitpunkt t_k, mit $k \in \mathbb{N}$)
$P_{\mathrm{FKO}\,i}$, $P_{\mathrm{FKO}\,k\,i}$	W	durch die freie Konvektion an das umgebende Medium über die Oberfläche A_i (Vorder- und Rückseite) eines Elementes i, mit $i \in \{1, \ldots, N\} \subset \mathbb{N}$, abgegebene Leistung (zum Betrachtungszeitpunkt t_k, mit $k \in \mathbb{N}$)
P_i	W	Leistungsbilanz eines Elementes i, mit $i \in \{1, \ldots, N\} \subset \mathbb{N}$
$P_{k\,i}$	W	momentane diskretisierte Leistungsbilanz eines Elementes i, mit $i \in \{1, \ldots, N\} \subset \mathbb{N}$, zum Betrachtungszeitpunkt t_k, mit $k \in \mathbb{N}$
P_{L}	W, kW	(Gesamt-)Laserleistung
$\overline{P_{\mathrm{L}}}$	W	Mittelwert der Laserleistung
$P_{\mathrm{L}\,0\,i-1}(r_{i-1\,i})$, $P_{\mathrm{L}\,0\,i}(r_{i\,i+1})$	W	vom Elementradius $r_{i-1\,i}$ bzw. $r_{i\,i+1}$ abhängige Laserleistung zur Berechnung der auf ein Element i, mit $i \in \{1, \ldots, N\} \subset \mathbb{N}$, wirkenden Laserleistung $P_{\mathrm{L}\,i}$
$P_{\mathrm{L}\,i}$	W	auf ein Element i, mit $i \in \{1, \ldots, N\} \subset \mathbb{N}$, wirkende Laserleistung
$P_{\mathrm{NST}\,i}$, $P_{\mathrm{NST}\,k\,i}$	W	an das umgebende Medium über die Oberfläche A_i (Vorder- und Rückseite) eines Elementes i, mit $i \in \{1, \ldots, N\} \subset \mathbb{N}$, abgegebene Nettoleistung (zum Betrachtungszeitpunkt t_k, mit $k \in \mathbb{N}$)
$P_{\mathrm{WLK}\,i-1\,i}$, $P_{\mathrm{WLK}\,k\,i-1\,i}$	W	aus einem benachbarten, dem Linsenzentrum näher gelegenen Element $i-1$, mit $i \in \{1, \ldots, N\} \subset \mathbb{N}$, aufgenommene Leistung eines Elementes i (zum Betrachtungszeitpunkt t_k, mit $k \in \mathbb{N}$)
$P_{\mathrm{WLK}\,i\,i+1}$, $P_{\mathrm{WLK}\,k\,i\,i+1}$	W	zum benachbarten, vom Linsenzentrum weiter entfernt gelegenen Element $i+1$, mit $i \in \{1, \ldots, N\} \subset \mathbb{N}$, abgegebene Leistung eines Elementes i (zum Betrachtungszeitpunkt t_k, mit $k \in \mathbb{N}$)
$P_{\mathrm{WLK}\,k}$	W	lokale Leistung der Wärmeleitung zum Betrachtungszeitpunkt t_k, mit $k \in \mathbb{N}$
$Q_{\mathrm{ABL}\,i}$, $Q_{\mathrm{ABL}\,k\,i\,\Delta t}$	J	absorbierte Energie in einem beliebigen Element i, mit $i \in \{1, \ldots, N\} \subset \mathbb{N}$ (zum Betrachtungszeitpunkt t_k, mit $k \in \mathbb{N}$, im Zeitschritt Δt)

Zeichen	Einheit	Beschreibung
$Q_{\text{FKO}\,i}$, $Q_{\text{FKO}\,k\,i\,\Delta t}$	J	durch die freie Konvektion an das umgebende Medium über die Oberfläche A_i (Vorder- und Rückseite) eines Elementes i, mit $i \in \{1, \ldots, N\} \subset \mathbb{N}$, abgegebene Energie (zum Betrachtungszeitpunkt t_k, mit $k \in \mathbb{N}$, im Zeitschritt Δt)
$Q_{\text{NST}\,i}$, $Q_{\text{NST}\,k\,i\,\Delta t}$	J	an das umgebende Medium über die Oberfläche A_i (Vorder- und Rückseite) eines Elementes i, mit $i \in \{1, \ldots, N\} \subset \mathbb{N}$, abgegebene Nettoenergie (zum Betrachtungszeitpunkt t_k, mit $k \in \mathbb{N}$, im Zeitschritt Δt)
$Q_{\text{WLK}\,i-1\,i}$, $Q_{\text{WLK}\,k\,i-1\,i\,\Delta t}$	J	aus einem benachbarten, dem Linsenzentrum näher gelegenen Element $i-1$, mit $i \in \{1, \ldots, N\} \subset \mathbb{N}$, aufgenommene Energie eines Elementes i (zum Betrachtungszeitpunkt t_k, mit $k \in \mathbb{N}$, im Zeitschritt Δt)
$Q_{\text{WLK}\,i\,i+1}$, $Q_{\text{WLK}\,k\,i\,i+1\,\Delta t}$	J	zum benachbarten, vom Linsenzentrum weiter entfernt gelegenen Element $i+1$, mit $i \in \{1, \ldots, N\} \subset \mathbb{N}$, abgegebene Energie eines Elementes i (zum Betrachtungszeitpunkt t_k, mit $k \in \mathbb{N}$, im Zeitschritt Δt)
ΔQ	J	deponierte Energiemenge im Glassubstrat der Linsen
ΔQ_i	J	übertragene Wärme bzw. Energiemenge eines Elementes i, mit $i \in \{1, \ldots, N\} \subset \mathbb{N}$
$\Delta Q_{K\,i}$	J	gesamte zum Betrachtungszeitpunkt t_k, mit $k, K \in \mathbb{N}$, aufgenommene oder abgegebene Energiemenge eines Elementes i, mit $i \in \{1, \ldots, N\} \subset \mathbb{N}$
$\dot{Q}(t)$	W	zeitabhängiger Wärmestrom
$\dot{Q}_{\text{ABL}\,k\,i}$	W	aufgenommener Wärmestrom in einem beliebigen Element i, mit $i \in \{1, \ldots, N\} \subset \mathbb{N}$, zum Betrachtungszeitpunkt t_k, mit $k \in \mathbb{N}$
$\dot{Q}_{\text{FKO}}$	W	zeitabhängiger, konvektionsbedingt übergehender Wärmestrom
$\dot{Q}_{\text{FKO}\,1\to 2}$	W	durch die freie Konvektion zwischen einer Wärmequelle (1) und einer Wärmesenke (2) über die Querschnittsfläche A abfließender Wärmestrom
$\dot{Q}_{\text{FKO}\,k\,i}$	W	durch die freie Konvektion an das umgebende Medium über die Oberfläche A_i (Vorder- und Rückseite) eines Elementes i, mit $i \in \{1, \ldots, N\} \subset \mathbb{N}$, abgegebener Wärmestrom zum Betrachtungszeitpunkt t_k, mit $k \in \mathbb{N}$
$\dot{Q}_{\text{NST}}$	W	zeitabhängiger, wärmestrahlungsbedingt übergehender Nettowärmestrom
$\dot{Q}_{\text{NST}\,1\to 2}$	W	durch die Wärmestrahlung zwischen einer Wärmequelle (1) und einer Wärmesenke (2) über die Querschnittsfläche A abfließender Nettowärmestrom
$\dot{Q}_{\text{NST}\,k\,i}$	W	an das umgebende Medium über die Oberfläche A_i (Vorder- und Rückseite) eines Elementes i, mit $i \in \{1, \ldots, N\} \subset \mathbb{N}$, abgegebener Nettowärmestrom zum Betrachtungszeitpunkt t_k, mit $k \in \mathbb{N}$

Zeichen	Einheit	Beschreibung
$\dot{Q}_{\mathrm{WLK}}$	W	zeitabhängiger, wärmeleitungsbedingt übergehender Wärmestrom
$\dot{Q}_{\mathrm{WLK}\,1\rightarrow 2}$	W	radial abfließender Wärmestrom der Wärmeleitung zwischen einer Wärmequelle (1) und einer Wärmesenke (2)
$\dot{Q}_{\mathrm{WLK}\,k}$	W	radial gerichteter lokaler Wärmestrom der Wärmeleitung zwischen einer Wärmequelle und einer Wärmesenke zum Betrachtungszeitpunkt t_k, mit $k \in \mathbb{N}$
$\dot{Q}_{\mathrm{WLK}\,k\,i-1\,i}$	W	aus einem benachbarten, dem Linsenzentrum näher gelegenen Element $i-1$, mit $i \in \{1, \ldots, N\} \subset \mathbb{N}$, aufgenommener Wärmestrom eines Elementes i zum Betrachtungszeitpunkt t_k, mit $k \in \mathbb{N}$
$\dot{Q}_{\mathrm{WLK}\,k\,i\,i+1}$	W	zum benachbarten, vom Linsenzentrum weiter entfernt gelegenen Element $i+1$, mit $i \in \{1, \ldots, N\} \subset \mathbb{N}$, abgegebener Wärmestrom eines Elementes i zum Betrachtungszeitpunkt t_k, mit $k \in \mathbb{N}$
R, R_1, R_2, R_F, R_i	mm	Krümmungs- bzw. Stirnflächenradius, mit $i \in \{1, 2\}$
$R_{0\,1}$, $R_{0\,2}$, $R_{0\,i}$	mm	Ausgangskrümmungsradius der Laserstrahleintrittsoberfläche (1) bzw. -austrittsoberfläche (2) der thermisch unbelasteten Linse, mit $i \in \{1, 2\}$
$R_{0\,\mathrm{SK}}$, $R_{0\,\mathrm{SK1}}$, $R_{0\,\mathrm{SK2}}$	mm	Ersatzkrümmungsradius der Schmiegkugel im Flächenscheitel der asphärischen Linsenoberfläche der thermisch unbelasteten Linse (für die Laserstrahleintrittsoberfläche (1) bzw. -austrittsoberfläche (2))
$R_{1\,i-1\,i}$, $R_{2\,i-1\,i}$, $R_{m\,i-1\,i}$, $R_{1\,i\,i+1}$, $R_{2\,i\,i+1}$, $R_{m\,i\,i+1}$	mm	Krümmungsradius der Laserstrahleintrittsoberfläche (1) bzw. -austrittsoberfläche (2) einer Linse, mit $i \in \{1, \ldots, N\} \subset \mathbb{N}$ und $m \in \{1, 2\}$
R_G	$\mathrm{J \cdot mol^{-1} \cdot K^{-1}}$	molare Gaskonstante
R_L	ppm, %	reflektierter Anteil des eingestrahlten Laserlichts
R_S	K	Temperaturwechsel- bzw. Thermoschockbeständigkeit
R_s	$\mathrm{m^2 \cdot K \cdot W^{-1}}$	Wärmeübergangswiderstand
R_SK	mm	Radius der Schmiegkugel im Flächenscheitel der Linsenoberfläche
ΔR, ΔR_1, ΔR_2	mm	Änderung des Krümmungs- bzw. Stirnflächenradius
RH	%	relative Luftfeuchtigkeit
$RH_{\mathrm{da\,s}}$	%	relative Luftfeuchtigkeit der Standardbedingung für trockene Luft
RH_G	%	absolute Genauigkeit der relativen Luftfeuchtigkeit, die mit dem intelligenten Sensorsystem erreicht werden kann
ΔRH	%	Änderung der relativen Luftfeuchtigkeit
$\mathbb{R}$	o. E.	Menge der reellen Zahlen

Zeichen	Einheit	Beschreibung
S_L	ppm, %	gestreuter Anteil des eingestrahlten Laserlichts
SFSF	o. E., %	System Focal Shift Factor
$SFSF_{BL}$	o. E., %	System Focal Shift Factor der Luft des optischen Gesamtsystems
$SFSF_{LS}$	o. E., %	System Focal Shift Factor des optischen Linsensystems
SPP	mm · mrad	Strahlparameterprodukt
T	°C	Temperatur
T_1	°C	Temperatur der Wärmequelle
T_2	°C	Temperatur der Wärmesenke
$T_{da\,s}$	°C	Temperatur der Standardbedingung für trockene Luft
T_G	°C	absolute Genauigkeit der Temperatur, die mit dem intelligenten Sensorsystem erreicht werden kann
T_{GL}, $T_{GL}(r, t)$	°C	Glassubstrattemperatur, (orts- und zeitabhängige) Temperaturverteilung im Glassubstrat
$\overline{T_{GL}}$	°C	Mittelwert der Temperaturverteilung im Glassubstrat
$T_{GL\,0}$	°C	Ausgangstemperatur des thermisch unbelasteten Glassubstrates
$T_{GL\,1}$	°C	Glassubstrattemperatur einer Wärmesenke
$T_{GL\,2}$	°C	Glassubstrattemperatur einer Wärmequelle
$T_{GL\,i}$, $T_{GL\,K\,i}$	°C	Glassubstrattemperatur eines Elementes i, mit $i \in \{1, \ldots, N\} \subset \mathbb{N}$, (zum Betrachtungszeitpunkt t_k, mit $k, K \in \mathbb{N}$)
$T_{GL\,R}$, $T_{GL\,R\,i}$	°C	Glassubstrattemperatur am Linsenrand, mit $i \in \{1, \ldots, 4\}$
$\overline{T_{GL\,R}}$	°C	Mittelwert der Glassubstrattemperaturen $T_{GL\,R\,ol}$, $T_{GL\,R\,or}$, $T_{GL\,R\,ul}$ und $T_{GL\,R\,ur}$ am Linsenrand
$T_{GL\,R\,ol}$, $T_{GL\,R\,or}$, $T_{GL\,R\,ul}$, $T_{GL\,R\,ur}$	°C	Glassubstrattemperatur am Linsenrand mit der Position des Sensors am Linsenumfang: ol := oben links, or := oben rechts, ul := unten links und ur := unten rechts
T_L	ppm, %	durchgelassener Anteil des eingestrahlten Laserlichts
T_{Ref}	°C	Referenztemperatur in den Datenblättern der Glashersteller
T_U	°C	Umgebungstemperatur
$T_{U\,Kel}$	K	Umgebungstemperatur in Kelvin
$T_{wv\,s}$	°C	Temperatur der Standardbedingung für puren Wasserdampf
ΔT	K	Temperaturdifferenz
ΔT_{GL}	K	Änderung der Glassubstrattemperatur
$\Delta T_{GL\,U}$	°C	Temperaturdifferenz zwischen der Glassubstrattemperatur $T_{GL}(r, t)$ und der Umgebungstemperatur T_U

Zeichen	Einheit	Beschreibung
$\Delta T_{\mathrm{GL}\,i\,\mathrm{U}}$, $\Delta T_{\mathrm{GL}\,K\,i\,\mathrm{U}}$	°C	Temperaturdifferenz zwischen der Glassubstrattemperatur $T_{\mathrm{GL}\,i}$ bzw. $T_{\mathrm{GL}\,K\,i}$ und der Umgebungstemperatur T_{U} eines Elementes i, mit $i \in \{1, \ldots, N\} \subset \mathbb{N}$, (zum Betrachtungszeitpunkt t_k, mit $k, K \in \mathbb{N}$)
ΔT_{U}	°C	Änderung der Umgebungstemperatur
$\nabla T(t)$	$°\mathrm{C} \cdot \mathrm{mm}^{-1}$	zeitabhängiger Temperaturgradient
$\nabla T_{\mathrm{GL}}(r, t)$	$°\mathrm{C} \cdot \mathrm{mm}^{-1}$	orts- und zeitabhängiger Temperaturgradient im Glassubstrat
U	J	innere Energie
U_i	J	innere Energie eines Elementes i, mit $i \in \{1, \ldots, N\} \subset \mathbb{N}$
$U_{0\,i}$	J	Anfangszustand der inneren Energie eines Elementes i, mit $i \in \{1, \ldots, N\} \subset \mathbb{N}$, zum Startzeitpunkt t_0
$U_{K\,i}$	J	vorhandene, numerisch berechnete innere Energie eines Elementes i, mit $i \in \{1, \ldots, N\} \subset \mathbb{N}$, zum Betrachtungszeitpunkt t_k, mit $k, K \in \mathbb{N}$
$U_{k\,i\,\Delta t}$	J	im Zeitschritt Δt aufgenommene oder abgegebene innere Energie (Energiemenge im Zeitschritt Δt) eines Elementes i, mit $i \in \{1, \ldots, N\} \subset \mathbb{N}$, zum Betrachtungszeitpunkt t_k, mit $k \in \mathbb{N}$
$\Delta U_{K\,i}$	J	gesamte aufgenommene oder abgegebene innerer Energie eines Elementes i, mit $i \in \{1, \ldots, N\} \subset \mathbb{N}$, zum Betrachtungszeitpunkt t_k, mit $k, K \in \mathbb{N}$
V	mm^3	Ausgangsvolumen
V_{ABL}	mm^3	durchstrahltes Linsenvolumen
V_{DD}	V	externe Versorgungspannung
V_{EM}	o. E.	Taktverhältnis der Einschaltdauer t_{EM} des Laserstrahls und der unproduktiven Nebenzeit $t_{\overline{\mathrm{EM}}}$
V_i	mm^3	Volumen eines Elementes i, mit $i \in \{1, \ldots, N\} \subset \mathbb{N}$
Z	o. E.	Kompressibilitätsfaktor
$Z_{\mathrm{da\,s}}$	o. E.	Trocken-Kompressibilitätsfaktor
Z_{wv}	o. E.	Kompressibilitätsfaktor der (feuchten) Umgebungsluft bei den aktuellen Bedingungen
$Z_{\mathrm{wv\,s}}$	o. E.	Wasserdampf-Kompressibilitätsfaktor
a	o. E.	Faktor zur Anpassung der Gesamtlaserleistung P_{L}: $a = 1$ ideales Top-Hat-Profil, $a = 2$ ideales Gauß-Profil, mit $a \in [1, 2] \subset \mathbb{R}$
a	-	untere Grenze des abgeschlossenen Intervalls $[a, b]$

Zeichen	Einheit	Beschreibung
a_{K0}, b_{K0}, c_{K0}, a_{K1}, b_{K1}, c_{K1}, a_{K2}, d_K, e_K	$K \cdot Pa^{-1}$, Pa^{-1}, $K^{-1} \cdot Pa^{-1}$, $K^2 \cdot Pa^{-2}$	Gewichtsfaktoren zur Berechnung des Kompressibilitätsfaktors $\boldsymbol{Z}$
a_{s1} bis a_{s10}	o. E.	Gewichtsfaktoren zur Berechnung der Koeffizienten A_s, B_s und C_s für $p_{swv}(T_U)$
a_A	$mm \cdot s^{-2}$	Beschleunigung der Achse
a_i, b_i, c_i, d_i, e_i, f_i	s^{-1}	Gewichtungsfaktoren für den Zuwachs oder die Abnahme der inneren Energie $U_{K\,i}$ eines Elementes i, mit $i \in \{1, \ldots, N\} \subset \mathbb{N}$, bei der Berechnung von $\Delta T_{GL\,i\,U}$
a_L	$m^2 \cdot s^{-1}$	Temperaturleitfähigkeit
$\boldsymbol{a}_S$	$mm \cdot s^{-2}$	Sollwert-Beschleunigungsvektor, mit $\boldsymbol{a}_S \in \mathbb{R}^3$
b	mm	Fokuslänge, bi- oder konfokaler Parameter: Maß für die Schärfentiefe des Laserstrahls
b	-	obere Grenze des abgeschlossenen Intervalls $[a, b]$
c	$J \cdot (kg \cdot K)^{-1}$	materialspezifische Wärmekapazität des betrachteten Körpers
c_0	$m \cdot s^{-1}$	Lichtgeschwindigkeit im Vakuum
c_{GL}	$m \cdot s^{-1}$	Ausbreitungsgeschwindigkeit der TEM-Wellen des Laserstrahls im Glassubstrat
d	o. E.	Differenzialoperator
d, $d(T)$	mm	(temperaturabhängige) Dicke
d_0	mm	Linsendicke bei $T_{GL\,0}$
$d_{LF\,C}$	µm	Kerndurchmesser der Multimode-Lichtleitfaser
$d_i(r_i)$	mm	radiusabhängige Linsendicke an der Stelle eines linienförmig auf seine Mittellinie parallel zur optischen Achse z abstrahierten Elementes i, mit $i \in \{1, \ldots, N\} \subset \mathbb{N}$
$d_{i-1\,i}(r_{i-1\,i})$, $d_{i\,i+1}(r_{i\,i+1})$	mm	radiusabhängige Linsendicke am Übergang zweier in der radialen Richtung benachbarter finiter Elemente $i-1$ und i bzw. i und $i+1$, mit $i \in \{1, \ldots, N\} \subset \mathbb{N}$
Δd	mm	Änderung der Dicke d
$dR_{1\,i-1\,i}$, $dR_{2\,i-1\,i}$, $dR_{m\,i-1\,i}$, $dR_{1\,i\,i+1}$, $dR_{2\,i\,i+1}$, $dR_{m\,i\,i+1}$	mm	Anteile der Laserstrahleintrittsseite (1) sowie -austrittsseite (2) einer Linse, die die Differenz zwischen $d(r=0)$ und $d_{i-1\,i}(r_{i-1\,i})$ bzw. $d_{i\,i+1}(r_{i\,i+1})$ ausdrücken, mit $i \in \{1, \ldots, N\} \subset \mathbb{N}$ und $m \in \{1, 2\}$
dr	mm	kleine Abschnitte des Linsenradius r_L, mit d$r \ll r_L$, bzw. Breite eines Elementes i, mit $i \in \{1, \ldots, N\} \subset \mathbb{N}$, Wanddicke eines Hohlzylinders
$e_A(t_k)$	mm	Regelabweichung := Soll-Prozessfokuslage z_F minus Ist-Prozessfokuslage $z_{F\,th}$ in der Grobinterpolation t_k, mit $k \in \mathbb{N}$

Zeichen	Einheit	Beschreibung
e_{A}, $e_{\mathrm{A}\,i}$ $e_{\mathrm{A}\,k-1}$, $e_{\mathrm{A}\,k}$, $e_{\mathrm{A}\,k+1}$	mm	Regelabweichung := Soll-Prozessfokuslage z_{F} minus Ist-Prozessfokuslage z_{F} (zum Betrachtungszeitpunkt t_{k-1}, t_k und t_{k+1}, mit $k \in \mathbb{N}$ und $i \in \{0, \ldots, k\}$)
$\boldsymbol{e}_r$	o. E.	Einheitsvektor in radialer Richtung, mit $\boldsymbol{e}_r \in \mathbb{R}^3$
$\mathrm{ehf}(p, T_{\mathrm{U}})$	o. E.	Enhancement Factor, Anpassungsfaktor
$f_{\mathrm{F\,ABCD}}$, $f_{\mathrm{F\,lin}}$	%	relative Abweichung (relativer Fehler) des ABCD- bzw. des linearen Fokusmodells vom in ZEMAX OpticStudio® ausgelegten optischen Linsensystem
f_{KK}	mm	Brennweite einer bikonkaven Linse
f_{KL}	mm	eingangsseitige Brennweite der Kollimationslinse
f_{KV}	mm	Brennweite einer bikonvexen Linse
f_{L}	mm	Brennweite eines optischen Elementes bzw. einer Linse
$f_{\mathrm{L\,th}}$	mm	thermisch veränderte Brennweite eines optischen Elementes bzw. einer Linse
$f_{\mathrm{L\,th\,G}}$	mm	thermisch veränderte Brennweite eines optischen Elementes aufgrund des End-Effektes
f_{M}	Hz	Messfrequenz des intelligenten Sensorsystems
f_{Puls}	Hz	Pulsfrequenz des Ytterbium-Lasersystems YLS-30000-S2
f_{S}	mm	Systembrennweite des optischen Systems von der Fokussierlinse (FL) bis z_0 des Laserstrahls
$f_{\mathrm{S\,ABCD}}$, $f_{\mathrm{S\,lin}}$	mm	Systembrennweite des ABCD- bzw. des linearen Fokusmodells von der Fokussierlinse (FL) bis z_0 des Laserstrahls
$f_{\mathrm{S\,th}}$	mm	thermisch veränderte Systembrennweite des optischen Systems von der Fokussierlinse (FL) bis $z_{0\,\mathrm{th}}$ des Laserstrahls
$f_{\mathrm{S\,ZEMAX}}$	mm	Systembrennweite des in ZEMAX OpticStudio® ausgelegten optischen Linsensystems von der Fokussierlinse (FL) bis z_0 des Laserstrahls
f_{T}	mm	thermisch induzierte Brennweite des thermo-optischen Effektes
$f_{\mathrm{th}\,\parallel}$, $f_{\mathrm{th}\,\perp}$	mm	radiale (∥) bzw. tangential (⊥) Komponente der thermisch induzierten Brennweite eines optischen Elementes aufgrund des spannungs-optischen Effektes
f_0	Hz	Frequenz im Vakuum
Δf	mm	nicht näher spezifizierte Änderung der Brennweite f_{L}
Δf_{G}	mm	Änderung der Brennweite f_{L} aufgrund des End-Effektes
Δf_{KK}	mm	Brennweitenverschiebung einer bikonkaven Linse
Δf_{KV}	mm	Brennweitenverschiebung einer bikonvexen Linse
Δf_{L}	mm	Änderung der Brennweite f_{L} einer Linse aufgrund des thermo-optischen, des spannungs-optischen und des End-Effektes

Zeichen	Einheit	Beschreibung
Δf_{S}	mm	Verschiebung der Systembrennweite f_{S}
Δf_{FS}	mm	Brennweitenverschiebung des Fokus-Shifter (FS)
g_i	o. E.	Anteil der in einem Element i, mit $i \in \{1, \ldots, N\} \subset \mathbb{N}$, absorbierten Laserleistung
h	$\mathrm{J} \cdot \mathrm{s}$	Planck-Konstante
i	o. E.	Element der FE-Methode, mit $i \in \{1, \ldots, N\} \subset \mathbb{N}$, Lauf- oder Zählvariable, Laufindex, mit $i \in \mathbb{N}^+$
j	o. E.	komplexe Zahl: $\mathrm{j} = \sqrt{-1}$
j	o. E.	Element der FE-Methode, mit $i \in \{1, \ldots, M\} \subset \mathbb{N}$, Lauf- oder Zählvariable, Laufindex, mit $j \in \mathbb{N}^+$
k	o. E.	Lauf- oder Zählvariable, Laufindex, mit $k \in \mathbb{N}$
k_{B}	$\mathrm{W} \cdot \mathrm{m}^{-2} \cdot \mathrm{K}^{-4}$	Boltzmann-Konstante
k_{T}	o. E.	Korrekturfaktor für das FE-basierte Temperaturmodell
l_z, $l_{z\,k-1}$, $l_{z\,k}$	mm	berechneter Verstellweg des axial entlang der optischen Achse z verschiebbaren optischen Elementes (zum Betrachtungszeitpunkt t_{k-1} und t_k, mit $k \in \mathbb{N}$)
$\Delta l_{z\,k}$	mm	Änderung des Verstellweges des axial entlang der optischen Achse z verschiebbaren optischen Elementes zum Betrachtungszeitpunkt t_k, mit $k \in \mathbb{N}$
m	o. E.	variabler Exponent der Gleichung zur Berechnung der Intensitätsverteilung, mit $m = 2 \cdot n$ und $m, n \in \mathbb{N}^+$, Lauf- oder Zählvariable, Laufindex, mit $m \in \mathbb{N}$
m_i	g	Masse eines Elementes i, mit $i \in \{1, \ldots, N\} \subset \mathbb{N}$
m_{K}	g	Masse des betrachteten Körpers
m_{L}	g	Masse der Linse
m_{lin}	o. E.	Steigung der Geraden des linearen Fokusmodells, mit $m_{\mathrm{lin}} \in \mathbb{R}$
n	o. E.	Lauf- oder Zählvariable, mit $n \in \mathbb{N}^+$
n, n_1, n_2	o. E.	Brechzahl
n_{a}	o. E.	Hauptbrechzahl des außerordentlichen (a) Strahlengangs des Laserstrahls
$n_{\mathrm{abs\,GL}}$	o. E.	absolute Brechzahl des Glassubstrates im Vakuum
$n_{\mathrm{abs\,GL\,0}}$	o. E.	absolute Ausgangsbrechzahl des Glassubstrates im Vakuum
$n_{\mathrm{abs\,GL\,Ref}}$	o. E.	absolute Referenzbrechzahl des Glassubstrates im Vakuum
$n_{\mathrm{abs\,GL\,T}}$	o. E.	absolute Brechzahl des Glassubstrates im Vakuum aufgrund des thermo-optischen Effektes
$n_{\mathrm{abs\,GL\,\sigma th}}$	o. E.	absolute Brechzahl des lokal optisch anisotropen Glassubstrates im Vakuum aufgrund des gemittelten spannungsoptischen Effektes

Zeichen	Einheit	Beschreibung
$n_{\text{abs GL}\,\sigma\text{th}\,\parallel}$, $n_{\text{abs GL}\,\sigma\text{th}\,\perp}$	o. E.	radiale (‖) und tangentiale (⊥) absolute Brechzahl des lokal optisch anisotropen Glassubstrates im Vakuum aufgrund des spannungs-optischen Effektes
$n_{\text{abs GL}\,\parallel}$, $n_{\text{abs GL}\,\perp}$	o. E.	radiale (‖) und tangentiale (⊥) absolute Brechzahl des lokal optisch anisotropen Glassubstrates im Vakuum aufgrund des thermo-optischen und des spannungs-optischen Effektes
n_{air}	o. E.	Brechzahl der Luft
$n_{\text{da s}}$, $n_{\text{da CO2 s}}$	o. E.	Brechzahl der trockenen Luft für die definierte Standard-bedingung (bei aktuellem CO_2-Gehalt x_{CO2})
n_{GL}	o. E.	Brechzahl des Glassubstrates
$n_{\text{GL 0}}$	o. E.	Ausgangsbrechzahl des thermisch und mechanisch unbelasteten Glassubstrates
$n_{\text{GL 1}}$, $n_{\text{GL 2}}$, $n_{\text{GL 3}}$	o. E.	Hauptbrechzahlen des thermisch induzierten räumlichen Spannungszustandes für einen beliebigen Betrachtungs-punkt B im Glassubstrat
$n_{\text{GL}\,\parallel}$	o. E.	Brechzahl des Glassubstrates für den außerordentlichen (a) Strahlengang, bei dem die Schwingungsrichtung bzw. die Polarisation parallel zur Hauptebene liegt
$n_{\text{GL}\,\perp}$	o. E.	Brechzahl des Glassubstrates für den ordentlichen (o) Strahlengang, bei dem die Schwingungsrichtung bzw. die Polarisation senkrecht zur Hauptebene liegt
$n_{\text{GL}\,\sigma\text{th}\,\parallel}$, $n_{\text{GL}\,\sigma\text{th}\,\perp}$	o. E.	radiale (‖) und tangentiale (⊥) Brechzahl des lokal optisch anisotropen Glassubstrates aufgrund des spannungs-optischen Effektes
n_{lin}	mm	y-Achsenabschnitt der Geraden des linearen Fokusmodells (Systembrennweite $f_{\text{S lin}}$ des linearen Fokusmodells für $l_z = 0$ mm), mit $n_{\text{lin}} \in \mathbb{R}$
n_{med}	o. E.	Brechzahl des umgebenden Mediums
$n_{\text{med 0}}$	o. E.	Ausgangsbrechzahl des umgebenden Mediums
$n_{\text{med Ref}}$	o. E.	Referenzbrechzahl des umgebenden Referenzmediums
n_{N2}	o. E.	Referenzbrechzahl des Stickstoffs (N_2) bei T_{Ref}
n_{o}	o. E.	Hauptbrechzahl des ordentlichen (o) Strahlengangs des Laserstrahls
$n_{\text{rel GL}}$	o. E.	auf das umgebende Medium bezogene relative Brechzahl des Glassubstrates
$n_{\text{rel GL 0}}$	o. E.	auf das umgebende Medium bezogene relative Ausgangs-brechzahl des Glassubstrates
$n_{\text{rel GL Ref}}$	o. E.	auf das umgebende Referenzmedium bezogene relative Referenzbrechzahl des Glassubstrates
$n_{\text{rel GL T}}$	o. E.	auf das umgebende Medium bezogene relative Brechzahl des Glassubstrates aufgrund des thermo-optischen Effektes

Zeichen	Einheit	Beschreibung
$n_{\mathrm{rel\,GL\,T\,1}}$, $n_{\mathrm{rel\,GL\,T\,2}}$	o. E.	auf das umgebende Medium bezogene relative Brechzahl des Glassubstrates aufgrund des thermo-optischen Effektes einer Wärmesenke (1) und einer Wärmequelle (2)
$n_{\mathrm{rel\,GL}\,\sigma\mathrm{th}}$	o. E.	auf das umgebende Medium bezogene relative Brechzahl des lokal optisch anisotropen Glassubstrates aufgrund des gemittelten spannungs-optischen Effektes
$n_{\mathrm{rel\,GL}\,\sigma\mathrm{th}\,\parallel}$, $n_{\mathrm{rel\,GL}\,\sigma\mathrm{th}\,\perp}$	o. E.	radiale (‖) und tangentiale (⊥) auf das umgebende Medium bezogene relative Brechzahl des lokal optisch anisotropen Glassubstrates aufgrund des spannungs-optischen Effektes
$n_{\mathrm{rel\,GL}\,\parallel}$, $n_{\mathrm{rel\,GL}\,\perp}$	o. E.	radiale (‖) und tangentiale (⊥) auf das umgebende Medium bezogene relative Brechzahl des lokal optisch anisotropen Glassubstrates aufgrund des thermo-optischen und des spannungs-optischen Effektes
n_{vac}	o. E.	Brechzahl des Vakuums
$n_{\mathrm{wv\,s}}$	o. E.	Brechzahl des Wasserdampfes für die definierte Standardbedingung
$\Delta n_{\mathrm{abs\,GL}}$	o. E.	Inkremente und Dekremente der absoluten Brechzahl $n_{\mathrm{abs\,GL}}$ des Glassubstrates einer Linse aufgrund des thermo-optischen und des spannungs-optischen Effektes
$\Delta n_{\mathrm{abs\,GL\,T}}$	o. E.	Inkremente und Dekremente der absoluten Brechzahl $n_{\mathrm{abs\,GL}}$ des Glassubstrates einer Linse aufgrund des thermo-optischen Effektes
$\Delta n_{\mathrm{abs\,GL}\,\sigma\mathrm{th}}$	o. E.	Inkremente und Dekremente der absoluten Brechzahl $n_{\mathrm{abs\,GL}}$ des Glassubstrates einer Linse aufgrund des spannungs-optischen Effektes
Δn_{air}	o. E.	Änderung der Brechzahl der Luft
$\Delta n_{\mathrm{rel\,GL\,T}}$	o. E.	Inkremente und Dekremente der relativen Brechzahl $n_{\mathrm{rel\,GL}}$ des Glassubstrates einer Linse aufgrund des thermo-optischen Effektes
p	Pa	absoluter Druck
$p_1(z,r)$, $p_2(z,r)$, $p_i(z,r)$	mm	Fixpunkte in der $\boldsymbol{z}$-$\boldsymbol{r}$-Ebene am Rand der Linsenoberfläche, die die Übergänge der gekrümmten Linsenoberflächen zum Linsenrand im Abstand $\boldsymbol{r}$ von der optischen Achse $\boldsymbol{z}$ der Linse markieren, mit $\boldsymbol{i} \in \{1, 2\}$
p_{11}, p_{12}	o. E.	elasto-optische bzw. dehnungs-optische Koeffizienten
$\boldsymbol{p}_{\mathrm{ABL}\,k}$	W	Vektor der in allen $\boldsymbol{N}$, mit $\boldsymbol{N} \in \mathbb{N}^+$, Elementen zum Betrachtungszeitpunkt $\boldsymbol{t_k}$, mit $\boldsymbol{k} \in \mathbb{N}$, absorbierten Laserleistung, mit $\boldsymbol{p}_{\mathrm{ABL}\,k} \in \mathbb{R}^N$
$p_{\mathrm{da\,s}}$	Pa	absoluter Druck der Standardbedingung für trockene Luft
p_{G}	Pa	absolute Genauigkeit des absoluten Drucks, die mit dem intelligenten Sensorsystem erreicht werden kann
$\boldsymbol{p}_{\mathrm{I}}$	-	Istwert-Parametervektor des Modells, mit $\boldsymbol{p}_{\mathrm{I}} \in \mathbb{R}^N$ und $\boldsymbol{N} \in \mathbb{N}^+$

Zeichen	Einheit	Beschreibung
$\boldsymbol{p}_1(z,r)$, $\boldsymbol{p}_2(z,r)$, $\boldsymbol{p}_i(z,r)$	mm	Vektor des Fixpunktes $p_1(z,r)$ bzw. $p_2(z,r)$ bzw. der Fixpunkte $p_i(z,r)$ in der $\boldsymbol{z}$-$\boldsymbol{r}$-Ebene für die Punktkoordinaten $\boldsymbol{z}$ und $\boldsymbol{r}$ am Rand der Linsenoberfläche, mit $\boldsymbol{p}_1, \boldsymbol{p}_2, \boldsymbol{p}_i \in \mathbb{R}^2$ und $\boldsymbol{i} \in \{1, 2\}$
$p_{1\,r}, p_{1\,z}$, $p_{2\,r}, p_{2\,z}$, $p_{i\,r}, p_{i\,z}$	mm	Einzelkomponente des Vektors $\boldsymbol{p}_1(z,r)$ bzw. $\boldsymbol{p}_2(z,r)$ bzw. der Vektoren $\boldsymbol{p}_i(z,r)$ des Fixpunktes in der $\boldsymbol{z}$-$\boldsymbol{r}$-Ebene für die Punktkoordinate $\boldsymbol{r}$ und $\boldsymbol{z}$ am Rand der Linsenoberfläche, mit $\boldsymbol{i} \in \{1, 2\}$
p_{Ref}	Pa	absoluter Referenzdruck in den Datenblättern der Glashersteller
$\boldsymbol{p}_{\mathrm{S}}$, $\boldsymbol{p}_{\mathrm{S}}(t_k)$	-	Sollwert-Parametervektor des Modells (in der Grobinterpolation $\boldsymbol{t}_k$, mit $\boldsymbol{k} \in \mathbb{N}$), mit $\boldsymbol{p}_{\mathrm{S}} \in \mathbb{R}^N$ und $N \in \mathbb{N}^+$
$p_{\mathrm{swv}}(T_{\mathrm{U}})$	Pa	Sättigungsdampfdruck
p_{vac}	Pa	Referenzdruck im Vakuum
p_{wv}	Pa	Wasserdampfpartialdruck
$p_{\mathrm{wv\,s}}$	Pa	absoluter Druck der Standardbedingung für puren Wasserdampf
Δp	Pa	Änderung des absoluten Drucks
q_{11}, q_{12}	$\mathrm{m}^2 \cdot \mathrm{N}^{-1}$	piezo-optische Koeffizienten
$\underline{q}(z)$	mm	komplexer Strahlparameter des Laserstrahls
$\dot{q}_{\mathrm{ST}}$	$\mathrm{W} \cdot \mathrm{mm}^{-2}$	zeitabhängige Wärmestromdichte der Wärmestrahlung gemäß dem Stefan-Boltzmannschen Strahlungsgesetz
$\dot{\boldsymbol{q}}_{\mathrm{WLK}\,k}$	$\mathrm{W} \cdot \mathrm{mm}^{-2}$	radial gerichteter Wärmestromdichte-Vektor der Wärmeleitung zwischen einer Wärmequelle und einer -senke zum Betrachtungszeitpunkt $\boldsymbol{t}_k$, mit $\boldsymbol{k} \in \mathbb{N}$ und $\dot{\boldsymbol{q}}_{\mathrm{WLK}\,k} \in \mathbb{R}^3$
r	mm	Radius, radiale Zylinderkoordinate
r'	mm	in ein anderes Bezugssystem transformierter Radius
r_1, r_2	mm	Radien zweier ineinandergeschobener Hohlzylinder radial zur Symmetrieachse der Hohlzylinder
$r_{\mathrm{B}}, r_{\mathrm{B}}(z)$	mm	Laserstrahlradius (in der Abhängigkeit von $\boldsymbol{z}$)
$r_{\mathrm{B\,KL}}$	mm	Laserstrahlradius auf der Eintrittsoberfläche der Kollimationslinse (KL)
$r_{\mathrm{B\,SG}}$	mm	Laserstrahlradius auf der prozessseitigen Oberfläche des Schutzglases (SG)
r_i	mm	radialer Abstand eines linienförmig auf seine Mittellinie parallel zur optischen Achse $\boldsymbol{z}$ abstrahierten Elementes $\boldsymbol{i}$, mit $\boldsymbol{i} \in \{1, \ldots, N\} \subset \mathbb{N}$, vom Linsenzentrum bei $\boldsymbol{r} = 0$
$r_{i-1\,i}$, $r_{i\,i+1}$	mm	vom Linsenzentrum (bei $\boldsymbol{r} = 0$) aus betrachtete radiale Begrenzung eines Elementes $\boldsymbol{i}$, mit $\boldsymbol{i} \in \{1, \ldots, N\} \subset \mathbb{N}$
r_{L}	mm	Element- bzw. Linsenradius
r_x	mm	Laserstrahlradius in der $\boldsymbol{x}$-Ausrichtung der Messspitze des FocusMonitors FM120

Zeichen	Einheit	Beschreibung
s	mm	Strahlversatz auf der Werkstückoberfläche
s_{A}, $s_{\mathrm{A}}(t_m)$	mm	physischer Verstellweg der Achse (in der Feininterpolation t_m, mit $m \in \mathbb{N}$)
t	s	Zeit, Zeitintervall, (End-)Zeitpunkt, Zeitspanne, Zeitstempel, Betrachtungszeitraum, Anstiegszeit, Abfallzeit
t_0	s	Startzeitpunkt
t_{A}	s	Ansprechzeit
t_{EM}	s	Einschaltdauer der Laserstrahlung
$t_{\overline{\mathrm{EM}}}$	s	unproduktive Nebenzeiten während der Laser-Remote-Bearbeitung
$t_{\mathrm{EM\,ein}}$, $t_{\mathrm{EM\,aus}}$	s	Einschalt- und Ausschaltzeitpunkt der Laserstrahlung
t_k	s, ms	Betrachtungszeitpunkt, Grobinterpolation, Zeitstempel, mit $k \in \mathbb{N}$
t_m	ms	Feininterpolation, Zeitstempel, mit $m \in \mathbb{N}$
t_{th}	s	Zeit der Thermischen Linse
Δt	s	Taktzeit, Interpolationstakt, Zeitschritt
$\boldsymbol{u}_K$	J	Vektor der gesamten aufgenommenen oder abgegebenen inneren Energie aller N, mit $N \in \mathbb{N}^+$, Elemente des FE-Modells zum Betrachtungszeitpunkt t_k, mit $k, K \in \mathbb{N}$ und $\boldsymbol{u}_K \in \mathbb{R}^N$
$u_{\mathrm{R}}(t_m)$	-	Regelsignal := Sollwert-Maschinenkoordinatenvektor $\boldsymbol{x}_{\mathrm{S}}(t_m)$ der Achsantriebe zur Einstellung von z_{F} und zur Korrektur von Δz_{F} in der Feininterpolation t_m, mit $m \in \mathbb{N}$
v_{A}	$\mathrm{mm \cdot s^{-1}}$	Geschwindigkeit der Achse
$\boldsymbol{v}_{\mathrm{S}}$	$\mathrm{mm \cdot s^{-1}}$	Sollwert-Geschwindigkeitsvektor, mit $\boldsymbol{v}_{\mathrm{S}} \in \mathbb{R}^3$
v_{s}	$\mathrm{m \cdot min^{-1}}$	Schweißgeschwindigkeit
w, $w(z)$, w_1, w_2	mm	Laserstrahlradius entlang der optischen Achse z
w_0	mm	minimaler Laserstrahlradius im Fokus an der Stelle z_0
$w_{0\,\sigma}$	mm	minimaler realer Laserstrahlradius im Fokus an der Stelle z_0
w_{FO}	µm	Laserstrahlradius bei z_0 des Laserstrahls
w_{ij}	o. E.	Matrixelemente der Wärmetransportmatrix $\boldsymbol{M}_{\mathrm{W}}$, mit $i \in \{1, \ldots, N\} \subset \mathbb{N}$ und $j \in \{1, \ldots, M\} \subset \mathbb{N}$
w_{LF}	µm	Laserstrahlradius am Austrittsort aus der Lichtleitfaser
$w_{\mathrm{S}}(t_k)$	mm	Führungsgröße := Soll-Prozessfokuslage z_{F} in der Grobinterpolation t_k, mit $k \in \mathbb{N}$
w_{WS}	mm	Laserstrahlradius an der Wirkstelle
w_σ	mm	realer Laserstrahlradius
$w_{\sigma\,\mathrm{th}}$	mm	thermisch veränderter realer Laserstrahlradius

Zeichen	Einheit	Beschreibung
x	mm	kartesische Koordinate, Ausrichtung der Messspitze des FocusMonitors FM120
x_{CO2}	$\mu\mathrm{mol} \cdot \mathrm{mol}^{-1}$	CO_2-Gehalt der Luft
$x_{\mathrm{CO2\ da\ s}}$	$\mu\mathrm{mol} \cdot \mathrm{mol}^{-1}$	CO_2-Gehalt der Standardbedingung für trockene Luft
x_{G}	-	absolute Genauigkeit der Messgröße
$x_{\mathrm{I}}(t_k)$	mm	Regelgröße := Ist-Prozessfokuslage $z_{\mathrm{F\ th}}$ in der Grobinterpolation t_k, mit $k \in \mathbb{N}$
$\boldsymbol{x}_{\mathrm{I}}(t_k)$	mm	Istwert-Maschinenkoordinatenvektor in der Grobinterpolation t_k, mit $k \in \mathbb{N}$ und $\boldsymbol{x}_{\mathrm{I}} \in \mathbb{R}^3$
$\boldsymbol{x}_{\mathrm{S}}(t_k)$	mm	Sollwert-Maschinenkoordinatenvektor in der Grobinterpolation t_k, mit $k \in \mathbb{N}$ und $\boldsymbol{x}_{\mathrm{S}} \in \mathbb{R}^3$
$\boldsymbol{x}_{\mathrm{S}}(t_m)$	mm	Sollwert-Maschinenkoordinatenvektor in der Feininterpolation t_m, mit $m \in \mathbb{N}$ und $\boldsymbol{x}_{\mathrm{S}} \in \mathbb{R}^3$
$\boldsymbol{x}_{\mathrm{S\ K}}(t_k)$	mm	korrigierter Sollwert-Maschinenkoordinatenvektor in der Grobinterpolation t_k, mit $k \in \mathbb{N}$ und $\boldsymbol{x}_{\mathrm{S\ K}} \in \mathbb{R}^3$
x_{wv}	%	molarer Anteil des Wasserdampfes in der Luft
y	mm	kartesische Koordinate, Ausrichtung der Messspitze des FocusMonitors FM120
$y_{\mathrm{S}}(t_m)$	mm	Stellgröße := physischer Verstellweg $s_{\mathrm{A}}(t_m)$ der Achsen zur Einstellung von z_{F} und zur Korrektur von Δz_{F} in der Feininterpolation t_m, mit $m \in \mathbb{N}$
z	mm	optische Achse (o. A.), Symmetrieachse, Stelle oder Position entlang der optischen Achse z, kartesische Koordinate, Ausrichtung der Messspitze des FocusMonitors FM120
z_0	mm	durch das optische System vorgegebene Fokuslage des Laserstrahls entlang der optischen Achse z an der Stelle des minimalen Laserstrahldurchmessers $2 \cdot w_0$
$z_{0\ \mathrm{th}}$	mm	durch das optische System vorgegebene thermisch veränderte Fokuslage des Laserstrahls entlang der optischen Achse z
z_1, z_2	mm	Position entlang der optischen Achse z
z_{A}, $z_{\mathrm{A}\ k}$	mm	Arbeitsabstand von der prozessseitigen Oberfläche des Schutzglases (SG) bis zur Wirkstelle (zum Betrachtungszeitpunkt t_k, mit $k \in \mathbb{N}$)
$z_{\mathrm{A\ m}}$	mm	mittlerer Arbeitsabstand in der Ebene von der prozessseitigen Oberfläche des Schutzglases (SG) bis zur Wirkstelle
$z_{\mathrm{A\ m\ th}}$	mm	thermisch veränderter mittlerer Arbeitsabstand in der Ebene von der prozessseitigen Oberfläche des Schutzglases (SG) bis zur Wirkstelle
$z_{\mathrm{A\ th}}$	mm	thermisch veränderter Arbeitsabstand von der prozessseitigen Oberfläche des Schutzglases (SG) bis zur Wirkstelle

Zeichen	Einheit	Beschreibung
z_{F}, $z_{\mathrm{F}\,k}$	mm	Soll-Prozessfokuslage an der Wirkstelle (zum Betrachtungszeitpunkt t_k, mit $k \in \mathbb{N}$)
$z_{\mathrm{F\,th}}$, $z_{\mathrm{F\,th}\,k}$	mm	Ist-Prozessfokuslage bzw. thermisch veränderte Soll-Prozessfokuslage (zum Betrachtungszeitpunkt t_k, mit $k \in \mathbb{N}$)
z_{L}, $z_{\mathrm{L}\,k}$	mm	Abstand von der prozessseitigen Oberfläche des Schutzglases (SG) bis z_0 des Laserstrahls zum Betrachtungszeitpunkt t_k, mit $k \in \mathbb{N}$
$z_{\mathrm{L\,th}}$, $z_{\mathrm{L\,th}\,k}$	mm	thermisch veränderter Abstand von der prozessseitigen Oberfläche des Schutzglases (SG) bis z_0 des Laserstrahls (zum Betrachtungszeitpunkt t_k, mit $k \in \mathbb{N}$)
z_{LF}	mm	Austrittsort des Laserstrahls aus der Lichtleitfaser
z_{R}	mm	Rayleigh-Länge
z_{S}, $z_{\mathrm{S}}(t_k)$	-	Störgrößen (in der Grobinterpolation t_k, mit $k \in \mathbb{N}$)
Δz_0	mm	Verschiebung der Soll-Prozessfokuslage z_{F} an der Wirkstelle gegenüber der durch das optische System vorgegebenen Fokuslage z_0 des Laserstrahls
Δz_{F}, $\Delta z_{\mathrm{F}\,k}$, $\Delta z_{\mathrm{F}\,k+1}$	mm	Fokuslagenverschiebung bzw. Fokus-Shift zum Betrachtungszeitpunkt t_k und t_{k+1}, mit $k \in \mathbb{N}$
$\Delta z_{\mathrm{F\,BL}}$	mm	Fokuslagenverschiebung bzw. Fokus-Shift der Luft des optischen Gesamtsystems
$\Delta z_{\mathrm{F\,LS}}$	mm	Fokuslagenverschiebung bzw. Fokus-Shift des optischen Linsensystems
Ω	sr	Raumwinkel
α	$\mathrm{ppm} \cdot \mathrm{m}^{-1}$	Absorptionskoeffizient
α_{B}	ppm	Absorptionskoeffizient der Oberflächenbeschichtung
α_{GL}	$\mathrm{ppm} \cdot \mathrm{m}^{-1}$	Absorptionskoeffizient des Glassubstrates einer Linse
α_{K}	$\mathrm{W} \cdot \mathrm{m}^{-2} \cdot \mathrm{K}^{-1}$	konvektiver Wärmeübergangskoeffizient (Wärmeübergangszahl)
α_{M}	$\mathrm{W} \cdot \mathrm{m}^{-2} \cdot \mathrm{K}^{-1}$	Wärmeübergangskoeffizient zwischen dem letzten, an die Fassung angrenzenden Element N und der Fassung
α_{T}	K^{-1}	thermischer Ausdehnungskoeffizient
$\overline{\alpha_{\mathrm{T}}}$	K^{-1}	temperaturunabhängiger, mittlerer linearer thermischer Ausdehnungskoeffizient
$\beta_{\mathrm{abs\,GL}}$	K^{-1}	absoluter materialspezifischer thermo-optischer Koeffizient im Vakuum
$\beta_{\mathrm{abs\,GL\,k}}$	K^{-1}	als konstant angenommener absoluter materialspezifischer thermo-optischer Koeffizient im Vakuum
β_{air}	K^{-1}	temperaturabhängiger Brechzahlgradient der Luft

Zeichen	Einheit	Beschreibung
β_{GL}	K^{-1}	materialspezifischer thermo-optischer Koeffizient
β_{med}	K^{-1}	temperaturabhängiger Brechzahlgradient des Mediums
$\beta_{rel\ GL}$	K^{-1}	auf das umgebende Medium bezogener relativer materialspezifischer thermo-optischer Koeffizient
$\beta_{rel\ GL\ k}$	K^{-1}	als konstant angenommener auf das umgebende Medium bezogener relativer materialspezifischer thermo-optischer Koeffizient
β_S	°	Strahlablenkwinkel (Scanwinkel)
γ_W	°	Winkel der Wärmebildkamera zur optischen Achse
ε	$\mu m \cdot m^{-1}$	Dehnung
ε_{GL}	o. E.	Emissionsgrad des Glassubstrates
ε_{OF}	o. E.	Emissionsgrad der Oberfläche
ε_{th}	$\mu m \cdot m^{-1}$	reine Wärmedehnung
ε_{zz}	$\mu m \cdot m^{-1}$	Dehnung entlang der z-Richtung (Index 1: Richtung der Schnittebenennormalen, Index 2: Richtung der Dehnung)
θ, θ_1, θ_2	mrad	Aufweitungswinkel (halber Öffnungswinkel) des Strahlengangs, Fernfelddivergenzwinkel
θ_{FO}	mrad	Auftreffwinkel (halber Winkel) des Laserstrahls bei z_0 bezogen auf die optische Achse z
θ_{LF}	mrad	Austrittswinkel (halber Öffnungswinkel, Akzeptanzwinkel) des Laserstrahls aus der Lichtleitfaser bezogen auf die optische Achse z
θ_σ	mrad	realer Fernfelddivergenzwinkel
ϑ	o. E.	temperaturabhängiger Faktor zur Berechnung der Koeffizienten A_s, B_s und C_s für $p_{swv}(T_U)$
κ	$W \cdot (m \cdot K)^{-1}$	materialspezifische Wärmeleitfähigkeit
λ	nm	Wellenlänge
λ_0	nm, µm	Wellenlänge im Vakuum
$\overline{\lambda_0}$	nm	Mittelwert der Wellenlänge im Vakuum
λ_{TK}	µm	experimentell ermittelte, glassubstratspezifische, konstante, mittlere effektive Resonanzwellenlänge aus den Datenblättern der Glassubstrate zur Berechnung von $\beta_{abs\ GL}$
λ_{WS}	nm	informationstragende Wellenlängen der Wärmestrahlung
λ_i	µm	wirksame Resonanzwellenlängen von Absorptionslinien oder -bändern, mit $i \in \{1, 2, 3\}$
ν	o. E.	materialspezifische Querkontraktionszahl
π	o. E.	Kreiszahl
ρ	$kg \cdot m^{-3}$	Dichte

Zeichen	Einheit	Beschreibung
ρ_{air}	$\text{kg} \cdot \text{m}^{-3}$	Dichte der Luft für die aktuellen Bedingungen der Umgebungsluft
ρ_{da}	$\text{kg} \cdot \text{m}^{-3}$	Dichte der trockenen Luft für die aktuellen Bedingungen der Umgebungsluft
$\rho_{\text{da CO2 s}}$	$\text{kg} \cdot \text{m}^{-3}$	Dichte der trockenen Luft für die definierte Standardbedingung bei aktuellem CO_2-Gehalt x_{CO2}
ρ_{wv}	$\text{kg} \cdot \text{m}^{-3}$	Dichte des Wasserdampfes für die aktuellen Bedingungen der Umgebungsluft
$\rho_{\text{wv s}}$	$\text{kg} \cdot \text{m}^{-3}$	Dichte des Wasserdampfes für die definierte Standardbedingung
$\Delta\rho$	$\text{kg} \cdot \text{m}^{-3}$	Dichteänderung
σ	o. E.	bezeichnet die Wertangabe die sich auf die Profilgrenze des Varianzdurchmessers des Laserstrahls bezieht
σ	$\text{N} \cdot \text{mm}^{-2}$	mechanisch und/oder thermisch erzeugte Spannung
σ_{m}	$\text{N} \cdot \text{mm}^{-2}$	mechanische Spannung
σ_{SB}	$\text{W} \cdot \text{m}^{-2} \cdot \text{K}^{-4}$	Stefan-Boltzmann-Konstante
σ_{th}	$\text{N} \cdot \text{mm}^{-2}$	thermisch induzierte mechanische Spannung
$\sigma_{\text{th}\,rr}$	$\text{N} \cdot \text{mm}^{-2}$	thermisch induzierte mechanische Hauptnormalspannung in der radialen (‖) Richtung (Index 1: Richtung der Schnittebenennormalen, Index 2: Richtung der Spannung)
$\sigma_{\text{th}\,zz}$	$\text{N} \cdot \text{mm}^{-2}$	thermisch induzierte mechanische Hauptnormalspannung in der z-Richtung (Index 1: Richtung der Schnittebenennormalen, Index 2: Richtung der Spannung)
$\sigma_{\text{th}\,\varphi\varphi}$	$\text{N} \cdot \text{mm}^{-2}$	thermisch induzierte mechanische Hauptnormalspannung in der tangentialen (⊥) Richtung (Index 1: Richtung der Schnittebenennormalen, Index 2: Richtung der Spannung)
$\sigma_{\text{th 1}}$, $\sigma_{\text{th 2}}$, $\sigma_{\text{th 3}}$	$\text{N} \cdot \text{mm}^{-2}$	Hauptnormalspannungen des thermisch induzierten räumlichen Spannungszustandes für einen beliebigen Betrachtungspunkt B im Glassubstrat
τ	s	Zeitkonstante für die Änderungsgeschwindigkeit der Erwärmung des Glassubstrates der Linsen
$\tau_{\Delta z\text{F}}$	s	Zeitkonstante für die Änderungsgeschwindigkeit des Fokus-Shifts Δz_{F}
$\tau_{\Delta z\text{F Auf}}$, $\tau_{\Delta z\text{F Ab}}$	s	Zeitkonstante für die Änderungsgeschwindigkeit des Fokus-Shifts Δz_{F} in der Wärmeaufnahme- und Wärmeabgabephase
φ	o. E.	tangentiale Zylinderkoordinate
$\wedge$	o. E.	logische UND-Verknüpfung
$\subset$	o. E.	ist echte Teilmenge von
$\in$	o. E.	ist Element von

Zeichen	Einheit	Beschreibung
Δ	o. E.	Laplace-Operator (Divergenz)
∇	o. E.	Nabla-Operator (Gradient), mit $\nabla \in \mathbb{R}^3$
$\varnothing$	mm	Durchmesser
$\propto$	o. E.	proportional zu
∞	o. E.	unendlich

Abbildungsverzeichnis

Tabellenverzeichnis

1 Einleitung

1.1 Laser-Remote-Technologie in der industriellen Fertigung

Die Anfänge der Lasertechnik reichen bis auf den Beginn des zwanzigsten Jahrhunderts zurück. 1916 formulierte *Albert Einstein* [4] die grundlegenden theoretisch-physikalischen Überlegungen zur stimulierten Emission. Den experimentellen Nachweis erbrachten *Rudolf Ladenburg* [5] und *Hans Kopfermann* [6] 1928 in der Form von Gasentladungen in einer mit dem Gas Neon gefüllten Röhre. Mit der technischen Nutzung dieses Effektes durch ein verstärkendes Medium lässt sich reproduzierbar eine intensive, monochromatische und kohärente sowie eng gebündelte und gut fokussierbare Strahlung erzeugen [7, S. 557 oben][8, S. 13]:

Light **A**mplification by **S**timulated **E**mission of **R**adiation, kurz **LASER**.

Weltweit folgten intensive Forschungs- und Entwicklungstätigkeiten auf dem Gebiet der Laserphysik. Einen zusammenfassenden Überblick geben *Saleh et al.* [9, S. 532-566]. 1960 gelang es *Theodor H. Maiman* [10] das erste Mal, die stimulierte Emission technisch kontrolliert mit einem Rubinkristall und einer Blitzlichtlampe zu erzeugen. Er baute den ersten funktionstüchtigen Laser, einen gepulsten Rubinlaser. „A Solution Seeking a Problem", zitierte *William M. Freeman* [11] 1964 in einem Artikel in der New York Times die Entdeckung *Theodor H. Maimans*. Mittlerweile hat sich ein äußerst breites, stetig wachsendes Anwendungsfeld entwickelt, wie es z. B. *Eichler et al.* [12, S. 395-443], *Manfred Lindinger* [13], *Pedrotti et al.* [14, S. 672-692] und *Thomas Walther* [15, S. 14-66] zeigen.

Die Wurzeln der für die industrielle Fertigung interessanten und meist mit einer hochdynamischen Laserstrahlablenkung durch bewegliche Spiegel, das „Scannen", ausgestatteten Laser-Remote-Technologie (vgl. Abschnitt 3.1) höherer Laserleistung, liegen im ausgehenden zwanzigsten Jahrhundert. Im Zusammenhang mit der Laser-Remote-Technologie steht das englische Wort „Remote" für die Anwendung aus einem größeren Abstand gegenüber klassischen Verfahren. Zugangsschwierigkeiten der Prozesszone gaben den Ausschlag für die zielgerichtete Entwicklung des Laser-Remote-Verfahrens für die industrielle Anwendung. *John A. Mackens* [16] Arbeit zur Übertragung der Laser-Remote-Scannertechnologie für Anwendungen niedriger Laserleistung, wie dem Laser-Remote-Beschriften bzw. -Markieren, auf Anwendungen hoher Laserleistung, explizit dem Laser-Remote-Schweißen, von 1996 gilt als Pionierarbeit [17]. Grundlegende Betrachtungen für Laser-Remote-Schneidanwendungen gehen auf *Tahmouch et al.* [18] von 1997 und auf *Antonova et al.* [19] von 2000 zurück.

2013 nennt *Seiji Katayama* [20, S. 7] die Laser-Remote-Scannertechnologie eine der vielversprechendsten Entwicklungen der Lasertechnik. Eine Effizienzsteigerung in Fertigungsprozessen bei der gleichzeitigen Reduzierung entstehender Produktionskosten, verbunden mit einem produktangepassten, höchsten Ansprüchen genügenden Prozessergebnis, sind hervorzuhebende Eigenschaften im industriellen Einsatz [16][17, S. 25][21][22, S. 37][23][24]. Im Vergleich zu konventionellen Laserstrahlverfahren nutzt die Laser-Re-

G. Cerwenka, *Adaptive Fokuslagenkorrektur fasergebundener Laser-Remote-Scanner mit Linsenoptiken für hohe Laserleistungen*, Light Engineering für die Praxis, https://doi.org/10.1007/978-3-662-70885-9_1

mote-Scannertechnologie den Vorzug, unproduktive Nebenzeiten gezielt zu minimieren und dadurch die Fertigungsgeschwindigkeit effizient zu steigern [17, S. 25][23][25][26] [27, S. 29][28, S. 426 oben].

Des Weiteren lassen sich weitgefächerte Anforderungen nahezu beliebiger Komplexität [17] mit Leichtigkeit bearbeiten und das, im Vergleich zu nicht remote aufgebauten Laserbearbeitungsköpfen, über zum Teil sehr große Arbeitsabstände z_A (Def. vgl. Abbildung 1.1). *Thomy et al.* [29, S. 374 links] und *Zäh et al.* [17, S. 25 unten] zeigen auf, dass für diese großen Arbeitsabstände z_A die Systembrennweiten f_S (Def. vgl. Abschnitt 1.2) von ca. 300 mm bis einschließlich 1600 mm reichen.

Außerdem spielt die Laser-Remote-Scannertechnologie ihre Vorteile bei zweidimensionalen (2D) und dreidimensionalen (3D) Strukturbauteilen aus, die eine hohe Anzahl an oft kurzen Bearbeitungsstellen aufweisen, die zum Teil auf der Werkstückoberfläche weit verteilt liegen [27, S. 29][29][30, S. 78 Mitte][31].

Die Laser-Remote-Scannertechnologie ist besonders rentabel bei der Herstellung von Produkten mit großen Fertigungslosen sowie häufig wechselnden Aufgaben. In der Verbindung mit fasergebundenen Laserstrahlquellen erweist sich die verwendbare Anlagentechnik in hohem Maße flexibel [29, S. 374 oben links][32, S. 702 oben links]. Synchronisierte Bewegungen zwischen der Handhabungstechnik und der Strahlablenkung im Laser-Remote-Bearbeitungskopf, die „On-the-Fly-Bewegung", optimieren die Strahlemissionsdauer der Laserstrahlquelle und erhöhen die Auslastung der Anlagentechnik bei einer gleichzeitigen Maximierung der bearbeiteten Aufgaben [33].

Reichen für Dünnblechanwendungen moderne fasergebundene Laser-Remote-Bearbeitungssysteme bis zu 6 kW Laserleistung aus, fordern Aufgaben im Dickblechbereich Laser-Remote-Bearbeitungssysteme mit fasergebundenen Hochleistungslaserstrahlquellen oft weit über 6 kW Laserleistung.

Zusammenfassend eröffnet die Kombination fasergebundener brillanter Hochleistungslaserstrahlquellen mit der in der Industrie etablierten Robotertechnik und dafür angepasster, neuartiger Laser-Remote-Systemtechnik, ganz neue, leistungsstarke und flexible Möglichkeiten für die Produktion dreidimensionaler Strukturen. Eine freizügige Prozessgestaltung begleitet die Minimierung zeitintensiver Roboterbewegungen sowie unproduktiver Nebenzeiten. Diese neu gewonnen und für einen industriellen Einsatz unverzichtbar produktivitätssteigernden Freiräume setzen ein reibungsloses, aktives Zusammenspiel der Sensorik, der Datenverarbeitung inklusive der Auswertung und der Interpretation sowie der Aktorik voraus. Eine weitere intensive industrielle Verbreitung der Laser-Remote-Scannertechnologie hängt maßgeblich von einer robusten Prozessführung ab.

Gemäß *Stefan Schuberth* [34, S. 8] erfordert die Implementierung eines Prozessregelungssystems insbesondere Sensorik- und Aktorikkomponenten, die sich

- durch eine robuste Auslegung,
- durch eine leichte Integration sowie
- durch einen hohen Funktionalitätsgrad auszeichnen.

Herausforderungen in der Mechanik und in der Optik sowie in der Elektronik und in der Softwaretechnik spannen die Räume zu lösender Aufgabenfelder für industriegerechte, fasergebundene Hochleistungs-Laser-Remote-Bearbeitungssysteme auf.

1.2 Problemstellung

Sowohl Laser-Remote-Schneid- als auch Laser-Remote-Schweißprozesse stellen höchste Anforderungen an die Strahldichte L_S einer emittierten Laserstrahlung, um tiefe, scharf geschnittene und rechtwinklige Schnittfugen oder tiefe, spitz zulaufende, schlanke und nahtwurzelpositionsstabile Schweißnähte zu erzeugen.

Die Strahldichte L_S gilt als Maß für die Bündelung eines Laserstrahls und lässt sich nicht durch optische Elemente verändern [35, S. 372 links][36, S. 25 oben]. Sie berechnet sich aus der abgegebenen Laserleistung P_L, der Emissionsfläche A und dem Raumwinkel Ω, der über den Zusammenhang $\Omega = \pi \cdot \theta$ mit dem Fernfelddivergenzwinkel θ (Def. vgl. Abschnitt 2.1.4.5) verknüpft ist, mit

$$L_S = \frac{P_L}{A \cdot \Omega} \tag{1.1}$$

[12, S. 242 u. 417 unten][35, S. 372 links][36, S. 25 oben][37].

Außerdem ist für ein reproduzierbares Prozessergebnis, neben schneid- und schweißtechnischen Zusatzstoffen, die während der Bearbeitung stabile Soll-Prozessfokuslage z_F an der Wirkstelle von besonderer Bedeutung, da zum einen direkt die Strahlausprägung entlang der optischen Achse (o. A.) z und zum anderen direkt die bestrahlte Oberfläche abhängig sind (vgl. Abschnitt 2.1.4.2). Je nach Prozess und Bearbeitungsaufgabe unterscheidet sich z_F durchaus von der durch das optische System vorgegebenen Fokuslage z_0 eines Laserstrahls entlang der optischen Achse z an der Stelle des minimalen realen Laserstrahldurchmessers $2 \cdot w_{0\,\sigma}$ (Def. vgl. Abschnitt 2.1.4.4). Der Index σ bezeichnet die Wertangabe, die sich auf die Profilgrenze des „Varianzdurchmessers" eines Laserstrahls bezieht [8, S. 6 Mitte u. 11-12][9, S. 79 Mitte u. 1124-1126][38, S. 4 Mitte][39, S. 10][40, S. 9] (vgl. Abschnitt 2.1.4.1). z_F kann prozessabhängig mit z_0 übereinstimmen sowie links oder rechts von z_0 liegen. Außerdem fällt *Hügel et al.* [36, S. 37 Mitte] zufolge bei fasergebundenen optischen Systemen, die mit einer Fokussierlinse (FL) am Ausgang des optischen Systems ausgestattet sind, z_0 in einer guten Näherung mit dem ausgangsseitigen Brennpunkt F_S des optischen Systems zusammen. Der Abstand von der Fokussierlinse (FL) bis zum Brennpunkt F_S ist die Systembrennweite f_S. Die Abbildung 1.1 verdeutlicht die vorgenommene Unterteilung.

Fokuslagenverschiebungen Δz_F (vgl. Abschnitt 2.2.4) von z_F lassen sich zu einem großen Anteil auf thermisch induzierte Veränderungen im Strahlengang (vgl. Abschnitt 2.2.2) zurückführen. Diese Veränderungen sind in der Absorption eines Teils einer hochenergetischen Laserstrahlung im Glassubstrat sowie in der auf laserstrahldurchlässigen optischen Elementen, wie z. B. Linsen, aufgebrachten Antireflexbeschichtung und einem damit verbundenen Wärmeeintrag begründet (vgl. Abschnitt 2.2.2.1). [41, S. 5029][42, S. 343][43, S. 2 unten rechts][44, S. 1 unten][45, S. 48-50][46, S. 287 oben][47, S. 2 oben] Außerdem können verunreinigte optische Oberflächen, die zusätzlich einen Teil einer Laserstrahlung absorbieren, eine Verstärkung des Wärmeeintrags hervorrufen.

Der Hauptanteil thermisch induzierter Veränderungen bzw. Effekte wird durch die Temperaturabhängigkeit der Brechzahl n_{GL} eines Glassubstrates bestimmt und in der Fachliteratur als „thermo-optischer Effekt" und als „spannungs-optischer Effekt" bezeich-

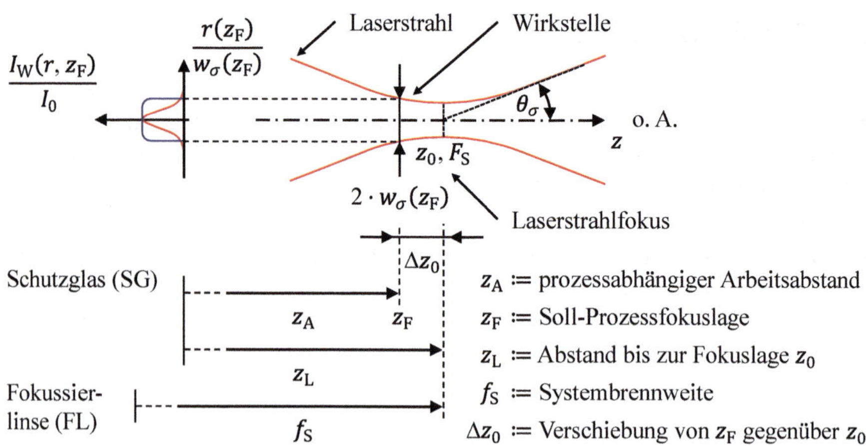

Abbildung 1.1 Zusammenhang der Eigenschaften eines Laserstrahls an der Wirkstelle unter der Verwendung des Zylinderkoordinatensystems. z_F bezeichnet die prozessabhängige, während der Bearbeitung entlang der optischen Achse (o. A.) z stabile Soll-Prozessfokuslage an der Wirkstelle. z_0 beschreibt die Fokuslage eines Laserstrahls und f_S beschreibt die Systembrennweite von der Fokussierlinse (FL) bis zum Brennpunkt F_S des optischen Systems. *Hügel et al.* [36, S. 37 Mitte] zufolge fallen z_0 und F_S im fasergebundenen optischen System in einer guten Näherung zusammen. Der prozessabhängige Arbeitsabstand z_A bis zur Wirkstelle und der Abstand z_L bis zur Fokuslage z_0 werden in diese Arbeit vom Schutzglas (SG) aus angegeben. $2 \cdot w_\sigma(z_F)$ beschreibt den realen Laserstrahldurchmesser an der Wirkstelle und θ_σ symbolisiert den realen Fernfelddivergenzwinkel. Die normierte Intensitätsverteilung an der Wirkstelle wird durch $I_W(r, z_F) \cdot I_0^{-1}$ abgebildet. I_0 beschreibt die maximale Intensität im Zentrum ($r = 0, z_0$).

net [45, S. 50 oben rechts][48, S. 171 oben rechts][49, S. 3 Mitte] (vgl. Abschnitte 2.2.2.2 und 2.2.2.3).

Ein weiterer Anteil thermisch induzierter Veränderungen bzw. Effekte zeigt sich durch die temperaturabhängige Ausdehnung optischer Elemente, in der Fachliteratur als „End-Effekt“ bezeichnet, und damit einhergehend zusätzliche strahlablenkende Eigenschaften [50, S. 85 oben][51] (vgl. Abschnitt 2.2.2.4).

Allgemein fasst der Begriff „Thermische Linse“ (vgl. Abschnitt 2.2.2) diese Erscheinungen zusammen [52][53][54, S. 63][55, S. 47 unten rechts][56, S. 1 oben].

Da der Temperaturgradient $\nabla T_{GL}(r, t)$ in einem Glassubstrat linear mit der Laserleistung P_L zunimmt [43, S. 3 Mitte links], nehmen auch die thermisch induzierten Effekte proportional mit der Laserleistung P_L zu.

Zusätzliche beeinflussende Effekte lassen sich durch Temperatur-, Druck- und Feuchtigkeitsveränderungen am erwärmten Umgebungsmedium optischer Elemente, wie z. B. der Luft, beobachten [57] (vgl. Abschnitt 2.2.3).

Neben den vorgenannten Einflussgrößen trägt trotz einer materialbasierten Optimierung optischer Elemente zur Vermeidung der Wärmeentwicklung in den optischen Elementen [55, S. 48 oben rechts][58, S. 1 Mitte][59] eine temperaturabhängige Ausdehnung der im Laser-Remote-Bearbeitungskopf vorhandenen Halterungen der optischen Elemente aufgrund der dennoch auftretenden, aus einem Glassubstrat am Rand radial in die Halterungen übertragenen Wärme zu einer Fokuslagenverschiebung Δz_F bei [46, S. 288 Mitte links].

Um der temperaturabhängigen Ausdehnung gezielt entgegenzuwirken, lassen sich die Halterungen im Allgemeinen temperieren [58, S. 3 oben][60, S. 412][61, S. 17 oben][62, S. 114 oben] und/oder lässt sich der Durchmesser optischer Elemente so bemessen, dass die Wärmeübertragung im Übergangsbereich zwischen dem optischen Element und der Halterung zu einer vernachlässigbaren Erwärmung der Halterungen führt und folglich auch die temperaturabhängige Ausdehnung der Halterungen für die weitere Betrachtung vernachlässigbar ist. Somit liegt das Hauptaugenmerk dieser Arbeit auf den thermisch induzierten Veränderungen bzw. Effekten optischer Elemente.

Im Ergebnis bildet sich maßgeblich durch den Einfluss der Thermischen Linse bei linsenbasierten optischen Systemen meist eine thermisch verursachte verkürzte Systembrennweite $f_{\mathrm{S\,th}} = f_S - \Delta f_S$ heraus und es entstehen prozessrelevante Laserstrahlaberrationen an der Wirkstelle [43, S. 2-3 u. 8 oben rechts][45, S. 48 unten rechts][46][50, S. 85 oben][51][63, S. 112][64], wie es die Abbildung 1.2 darstellt. Die Ursache ist in einer überwiegenden Verwendung optischer Elemente mit planen und konvex gekrümmten Oberflächen, die zur Bündelung der Laserstrahlung und zum Schutz der Optik vor externen Einflüssen benötigt werden, gegenüber optischen Elementen mit konkav gekrümmten Oberflächen begründet.

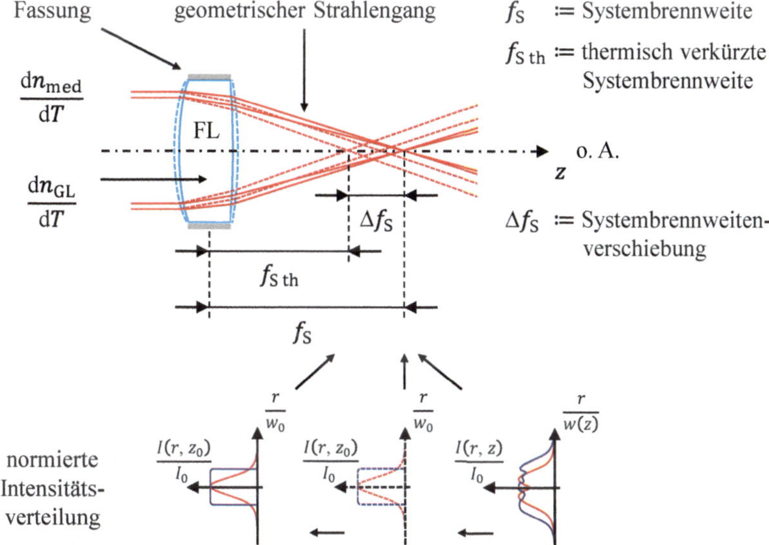

Abbildung 1.2 Systembrennweitenverschiebung Δf_S eines linsenbasierten optischen Systems und eintretende Laserstrahlaberrationen durch eine Änderung der Brechzahl n_{GL} eines Glassubstrates, der Linsengeometrie (gestrichelte Konturen der Oberflächen; FL := Fokussierlinse) und der Brechzahl n_{med} eines umgebenden Mediums (med) in der Anlehnung an *Laskin et al.* [51]. Die Änderungen werden durch einen laserstrahlinduzierten Wärmeeintrag hervorgerufen. $I(r, z)$ beschreibt die Intensitätsverteilung entlang der optischen Achse (o. A.) z und I_0 beschreibt die maximale Intensität im Zentrum $(r = 0, z_0)$. $w(z)$ ist der Strahlradius entlang der optischen Achse z und w_0 ist der minimale Strahlradius im Fokus an der Stelle z_0.

Weiterhin bemerkt *Axel Heß* [65, S. 55 unten], dass ein Fokus-Shift Δz_F über eine Rayleigh-Länge z_R hinaus die Intensitätsverteilung $I_W(r, z_F)$ an der Wirkstelle meist auf unter die Hälfte gegenüber der prozessrelevanten Intensitätsverteilung $I_W(r, z_F)$ verringert und der Laserstrahl ein deutlich verändertes Intensitätsprofil aufweist (vgl. Abschnitt 2.1.4.2). Die Laserstrahlaberrationen an der Wirkstelle können bis zur kritischen Schwelle, die zum Abbruch eines Bearbeitungsprozesses führt, reichen [69, S. 1 Mitte links]. Eine definierte Schnittfuge oder ein definierter Anbindungsquerschnitt lassen sich nicht mehr gewährleisten.

Neben einer thermisch induzierten Schwankung der Soll-Prozessfokuslage z_F gestalten sich gerade bei der Hochleistungs-Laser-Remote-Bearbeitung prozessbegleitende Korrekturen von Δz_F schwierig. Jegliche taktile, kapazitive und induktive Verfahren, die den Abstand zur Wirkstelle detektieren, lassen sich aufgrund des Bearbeitungsabstandes nicht einsetzen. Außerdem bereiten klassische optische Messverfahren aufgrund der störend wirkenden Plasmabildung bei einer intensiven, fokussierten Hochleistungslaserstrahlung bzw. aufgrund des entstehenden Metalldampfes oberhalb der Werkstückoberfläche Schwierigkeiten [47, S. 34 oben][70, S. 173-174] (vgl. Abschnitt 3.4.3). Weiterhin bedingen im Laser-Remote-Bearbeitungskopf integrierte optische Lösungen zusätzliche optische und elektronische Elemente und erfordern eine Anpassung der optischen Einheit des Laser-Remote-Bearbeitungskopfes [71][72][73] (vgl. Abschnitt 3.4.3).

Die Entwicklung präventiv wirkender Korrekturmaßnahmen stellt deshalb einen wichtigen Gegenstand aktueller Forschungstätigkeiten bei der Entwicklung neuer Lasersysteme und Laserbearbeitungssysteme dar, wie der Überblick zum Stand der Technik und der Wissenschaft im Abschnitt 3.3 zeigt.

Die vorhandenen Problemstellungen sind

- eine thermisch induzierte Schwankung der Soll-Prozessfokuslage,
- eine Veränderung der Laserstrahleigenschaften (Laserstrahldurchmesser, Fernfelddivergenzwinkel, Intensitätsverteilung) an der Wirkstelle bis die Qualitätsvorgaben nicht mehr erfüllt werden und der Prozess abbricht,
- eine aufgrund des Bearbeitungsabstandes sich als ungeeignet erweisende Verwendung taktiler, kapazitiver und induktiver Verfahren, die den Abstand zur Wirkstelle detektieren,
- eine aufgrund der Plasmabildung bei einer intensiven, fokussierten Hochleistungslaserstrahlung bzw. aufgrund des entstehenden Metalldampfes oberhalb der Werkstückoberfläche sich als schwierig erweisende Verwendung klassischer optischer Messverfahren,
- eine Verwendung zusätzlicher optischer und elektronischer Elemente integrierbarer Lösungen, die mit einer Anpassung der optischen Einheit einhergehen und
- eine Nichtverfügbarkeit geeigneter, frei zugänglicher Software zur aktiven Analyse thermischer Effekte in optischen Elementen und zur aktiven Korrektur eines Fokus-Shifts.

1.3 Zielstellung

Ausgehend von den zuvor aufgezeigten Problemstellungen (vgl. Abschnitt 1.2) sind es der Gegenstand und die Zielsetzung dieser Arbeit, während des Bearbeitungsprozesses die

Fokuslagenverschiebung Δz_F (Def. vgl. Abschnitt 2.2.4) der Soll-Prozessfokuslage z_F (Def. vgl. Abschnitt 1.2) an der Wirkstelle für Laser-Remote-Bearbeitungsköpfe und insbesondere für Hochleistungs-Laser-Remote-Bearbeitungsköpfe auf ein Minimum zu reduzieren. Dies soll mit der Erforschung der Zusammenhänge der Problemstellungen und daraus abgeleitet der Entwicklung einer modell- und softwarebasierten Korrekturmethode zur Fokuslagenstabilisierung mit der anschließenden Implementierung der Korrekturalgorithmen in die Laser-Remote-Scannersteuerung erreicht werden. Dabei gilt es, die im optischen System thermisch verursachten Prozessstörungen zu eliminieren und die Soll-Prozessfokuslage z_F an der Wirkstelle mit einer aktiven Korrektur der Fokuslagenverschiebung Δz_F durch ein im optischen System integriertes und im Strahlengang des Laserstrahls axial entlang der optischen Achse z verschiebbares optisches Element zu stabilisieren und damit den vorgegebenen Laserstrahldurchmesser $2 \cdot w_\sigma(z_F)$ und die prozessrelevante Intensitätsverteilung $I_W(r, z_F)$ an der Wirkstelle einzuhalten, um die Güte des Laser-Remote-Bearbeitungsprozesses und der nachgelagerten Prozessschritte zu verbessern.

Für die spätere Anwendung verfolgt die Arbeit außerdem das Ziel, die mit der angestrebten Korrekturmethode zur Fokuslagenstabilisierung bereitgestellten Korrekturalgorithmen in die Steuerung des vorgegebenen, am *Institut für Laser- und Anlagensystemtechnik (iLAS)* der *Technischen Universität Hamburg-Harburg (TUHH)* entwickelten und im Abschnitt 3.1.4 beschriebenen 30-kW-Hochleistungs-Laser-Remote-Scannersystems „Dragon" zu implementieren.

Die sich ergebenden Teilziele beinhalten

- die Definition und Analyse der thermisch verursachten Haupteinflussfaktoren, die zur Fokuslagenverschiebung beitragen, und die Ableitung messtechnisch zu erfassender Einflussgrößen,
- die Betrachtung und mathematische Modellbildung eines Laserstrahls unterschiedlicher Modentypen und verschiedener Güteklassen sowie dessen Wechselwirkung mit laserstrahldurchlässigen optischen Elementen als Quellterm für die Bestimmung entstehender Temperaturgradienten,
- die Untersuchung und mathematische Modellbildung des Temperaturverhaltens linsenbasierter optischer Elemente und thermischer Linseneffekte (Temperaturabhängigkeit der Brechzahl eines Glassubstrates und temperaturabhängige Ausdehnung optischer Elemente),
- die Analyse und analytisch-numerische Modellbildung des linsenbasierten optischen Aufbaus für fasergebundene Laser-Remote-Bearbeitungsköpfe mit einer hohen Laserleistung über 6 kW anhand mechanischer, optischer und thermischer Eigenschaften,
- die Untersuchung, Entwicklung und Integration eines Sensorsystems zur prozessbegleitenden Messung abgeleiteter beeinflussender Umgebungsgrößen zur Anpassung der Korrekturalgorithmen für das Berechnungsmodell,
- die Ermittlung und mathematische Modellbildung der Brechzahländerung der Luft zur Anpassung der Korrekturalgorithmen anhand prozessbegleitend gemessener Umgebungsgrößen und
- die Implementierung der Korrekturalgorithmen der Korrekturmethode zur Fokuslagenstabilisierung in die Steuerung des 30-kW-Laser-Remote-Scannersystems „Dragon".

Durch die mit dieser Arbeit vorgesehene Erforschung der Zusammenhänge der im Abschnitt 1.2 aufgezeigten Problemstellungen und daraus abgeleitet die Entwicklung einer adaptiven, softwarebasierten Korrekturmethode zur Fokuslagenstabilisierung mit der anschließenden Implementierung der Korrekturalgorithmen in die Laser-Remote-Scannersteuerung sollen fasergebundene Laser-Remote-Scannersysteme und insbesondere Hochleistungs-Laser-Remote-Scannersysteme einem breiteren industriellen Anwendungsbereich zugeführt werden und es soll aktiv der wirtschaftlichere Einsatz laserbasierter Fertigungsanlagen im Anwendungssegment über 6 kW Laserleistung gefördert werden.

1.4 Vorgehensweise

Ausgehend von den im Abschnitt 1.2 aufgezeigten Problemstellungen und den im Abschnitt 1.3 dargestellten Zielstellungen wird die Erforschung der Zusammenhänge der Problemstellungen und daraus abgeleitet die Entwicklung einer aktiven Korrekturmethode zur Stabilisierung der Soll-Prozessfokuslage z_F (Def. vgl. Abschnitt 1.2) für fasergebundene Laser-Remote-Scannersysteme mit Linsenoptiken und einer hohen Laserleistung über 6 kW verfolgt.

Die Umsetzung erfolgt durch die Entwicklung und die Implementierung eines zur Berechnung im Interpolationstakt Δt der Laser-Remote-Scannersteuerung geeigneten Systemmodells des linsenbasierten optischen Systems anhand der Kenntnis mechanischer, optischer und thermischer Eigenschaften und deren Zusammenhänge bei der Wechselwirkung mit Laserlicht sowie der Abhängigkeit des optischen Systems von äußeren Einflüssen. Zur Beschreibung des optischen Linsensystems wird die Matrizenoptik angewendet. Prozessbegleitend gemessene und eingespeiste Sensordaten der Umgebungsbedingungen unterstützen das Systemmodell als externe Eingabegrößen im Laser-Remote-Scannerbetrieb bei der Stabilisierung des Arbeitspunktes des Prozesses, die Soll-Prozessfokuslage z_F an der Wirkstelle, um den vorgegebenen Laserstrahldurchmesser $2 \cdot w_\sigma(z_F)$ und die prozessrelevante Intensitätsverteilung $I_W(r, t)$ an der Wirkstelle einzuhalten. Die aktive Korrektur des anhand eines Fokusmodells unter Einbeziehung des Raytracings (Def. vgl. Abschnitt 2.3) berechneten Fokus-Shifts Δz_F (Def. vgl. Abschnitt 2.2.4) und daraus folgend die Stabilisierung von z_F basiert auf der regelkreisbasierten Berechnung des Verstellweges l_z eines im optischen System integrierten und im Strahlengang eines Laserstrahls axial entlang der optischen Achse z verschiebbaren optischen Elementes.

Die Forschungs- und Entwicklungsarbeiten fokussieren sich auf theoretische Untersuchungen und daraus abgeleitet auf einen mathematischen Modellbildungsprozess.

Durch eine simulative Erprobung am Beispiel des optischen Systems inklusive der Korrektur des Fokus-Shifts Δz_F (Def. vgl. Abschnitt 2.2.4) des vorgegebenen und im Abschnitt 3.1.4 beschriebenen 30-kW-Hochleistungs-Laser-Remote-Scannersystems „Dragon“ wird das mit dieser Arbeit entwickelte Gesamtmodell für die Anwendung der Korrekturmethode zur Fokuslagenstabilisierung vorbereitet und zur Anwendung bereitgestellt.

Die Erforschung der Zusammenhänge der im Abschnitt 1.2 aufgezeigten Problemstellungen und daraus abgeleitet die Entwicklungsschritte der aktiven Korrekturmethode zur Fokuslagenstabilisierung teilen sich in sechs Kapitel auf, die nach dem Schaubild in der Abbildung 1.3 ineinandergreifen. Die Kapitel behandeln im Schwerpunkt die vier Themenfelder

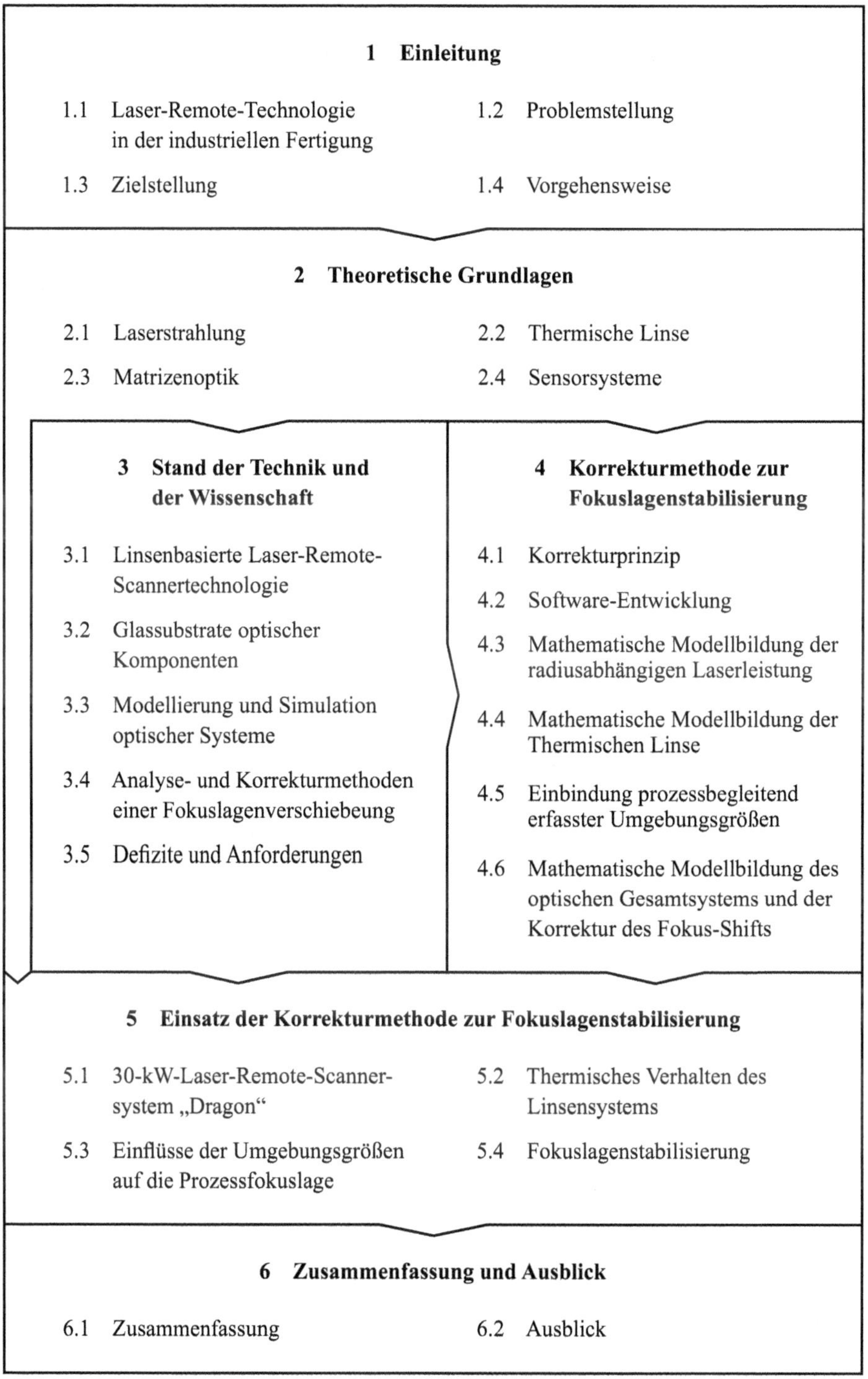

1 Einleitung

1.1 Laser-Remote-Technologie in der industriellen Fertigung
1.2 Problemstellung
1.3 Zielstellung
1.4 Vorgehensweise

2 Theoretische Grundlagen

2.1 Laserstrahlung
2.2 Thermische Linse
2.3 Matrizenoptik
2.4 Sensorsysteme

3 Stand der Technik und der Wissenschaft

3.1 Linsenbasierte Laser-Remote-Scannertechnologie
3.2 Glassubstrate optischer Komponenten
3.3 Modellierung und Simulation optischer Systeme
3.4 Analyse- und Korrekturmethoden einer Fokuslagenverschiebeung
3.5 Defizite und Anforderungen

4 Korrekturmethode zur Fokuslagenstabilisierung

4.1 Korrekturprinzip
4.2 Software-Entwicklung
4.3 Mathematische Modellbildung der radiusabhängigen Laserleistung
4.4 Mathematische Modellbildung der Thermischen Linse
4.5 Einbindung prozessbegleitend erfasster Umgebungsgrößen
4.6 Mathematische Modellbildung des optischen Gesamtsystems und der Korrektur des Fokus-Shifts

5 Einsatz der Korrekturmethode zur Fokuslagenstabilisierung

5.1 30-kW-Laser-Remote-Scannersystem „Dragon“
5.2 Thermisches Verhalten des Linsensystems
5.3 Einflüsse der Umgebungsgrößen auf die Prozessfokuslage
5.4 Fokuslagenstabilisierung

6 Zusammenfassung und Ausblick

6.1 Zusammenfassung
6.2 Ausblick

Abbildung 1.3 Schematische Gliederung der Arbeit und Verknüpfung der einzelnen Kapitel.

- theoretische Gesichtspunkte sowie Stand der Technik und der Wissenschaft,
- mathematische Modellbildung der Korrekturmethode zur Fokuslagenstabilisierung,
- Einbindung prozessbegleitend erfasster Umgebungsgrößen und
- Einsatz der Korrekturmethode zur Fokuslagenstabilisierung und Auswertung.

2 Theoretische Grundlagen

2.1 Laserstrahlung

2.1.1 Typische Strahlformen

Laserlicht sind transversale, elektromagnetische Wellen, kurz „TEM-Wellen", deren optisches und thermisches Verhalten durch eine vereinfachte Lösung der Maxwellschen Gleichungen, ein Gleichungssystem von räumlich verteilten, gekoppelten, linearen, inhomogenen partiellen Differentialgleichungen erster Ordnung, mathematisch beschrieben wird [9, S. 152-170][12, S. 221 Mitte][14, S. 248][74, S. 99][75, S. 2-4][76, S. 206].

Mit den Vereinfachungen der paraxialen Näherung [75, S. 95 oben] ist der radiale rotationssymmetrische „Gauß-Strahl" mit der Strahlachse als Symmetrieachse eine für die Praxis sinnvolle Näherungslösung der Maxwellschen Gleichungen und stellt zugleich den einfachsten Mode, den Grundmode, eines Laserstrahls dar. Dieser Mode ist beugungsbegrenzt und trägt die Bezeichnung „TEM_{00}-" bzw. „Gauß-Mode" [77, S. 582][78, S. 7 Mitte]. Die Entwicklung der charakteristischen Lösung des radialen rotationssymmetrischen Gauß-Strahls beschreiben z. B. *Eichler et al.* [12, S. 221-224], *Pedrotti et al.* [14, S. 645-648][77, S. 582-587], *Georg A. Reider* [75, S. 93-96] und *Saleh et al.* [9, S. 75-77].

Die paraxiale Näherung bedeutet eine achsnahe, annähernd parallele Betrachtung der Wellenausbreitung entlang der Strahlachse mit einem sehr kleinen Aufweitungswinkel θ des Strahlengangs [36, S. 17 oben][78, S. 65 oben][79, S. 237 oben], sodass die Vereinfachung $\theta \rightarrow 0$: $\sin\theta = \tan\theta = \theta$ erlaubt ist [74, S. 38 Mitte][80, S. 45 oben][81, S. 86 Mitte]. Weiterhin gilt die Vereinfachung, dass sich die Amplituden gegenüber der Phasenänderung der fortschreitenden Welle langsam ändern [9, S. 48][36, S. 17 oben][75, S. 94 Mitte][80, S. 45 Mitte].

Neben dem Grundmode treten höhere Moden auf. Durch die Vermischung des Grundmodes mit höheren Moden entstehen Multimode-Laserstrahlen [36, S. 24 oben][77, S. 582][78, S. 8 Mitte][82, S. 250 Mitte], die ebenfalls für die Praxis sinnvolle, jedoch komplexere Näherungslösungen eines Laserstrahls darstellen.

2.1.2 Intensitätsverteilung

Die senkrecht zur Strahlachse, z. B. die z-Achse, auftretende räumliche Leistungsdichteverteilung $I(x, y, z)$ zeigt je nach dem Konstruktionsprinzip des emittierenden Lasersystems unterschiedliche Profilausprägungen.

Mit dem Ansatz eines radialen rotationssymmetrischen Laserstrahls mit der z-Achse als Strahl- und Symmetrieachse lässt sich die senkrecht zur z-Achse in der nur noch vom Radius r abhängigen eindimensionalen Ebene auftretende Leistungsdichteverteilung $I(x, y, z)$ im Zylinderkoordinatensystem als radiale rotationssymmetrische Leistungsdichteverteilung $I(r, z)$, wobei $r^2 = x^2 + y^2$ ist, betrachten.

Die inhomogene Leistungsdichteverteilung $I(r, z)$ des im Abschnitt 2.1.1 eingeführten radialen rotationssymmetrischen Gauß-Strahls mit der z-Achse als Strahl- und Symme-

G. Cerwenka, *Adaptive Fokuslagenkorrektur fasergebundener Laser-Remote-Scanner mit Linsenoptiken für hohe Laserleistungen*, Light Engineering für die Praxis, https://doi.org/10.1007/978-3-662-70885-9_2

trieachse verkörpert entlang der z-Achse die höchste Intensität im Zentrum und eignet sich für Bearbeitungsprozesse, wie z. B. das Laserstrahlschneiden oder das selektive Laserstrahlschmelzen.

Bei gaußförmigen Intensitätsprofilen weist entlang der z-Achse die hyperbelförmige Formausprägung, die „Kaustik“ (vgl. Abschnitt 2.1.4.2), Eigenschaften ähnlich dem beugungsbegrenzten TEM_{00}-Mode (Def. vgl. Abschnitt 2.1.1) auf [78, S. 7 u. 9].

In der Ausprägung annähernd rechteckförmige Multi-Gauß-Strahl-Intensitätsprofile, in der Fachliteratur als „Top-Hat-Profile“ bezeichnet, gehören neben gaußförmigen und gaußähnlichen Intensitätsprofilen zu den typischerweise angewendeten Leistungsdichteverteilungen $I(r, z)$ in der Materialbearbeitung mit Laser-Remote-Scannersystemen [12, S. 236 unten u. 240][83, S. 741 unten links][84, S. 17 Mitte][85, S. 7]. Die in der Intensität $I(r, z)$ nahezu homogen verteilten Top-Hat-Profile eignen sich insbesondere zum Laserstrahlfügen, zum Abtragen oder zum Härten und Enthärten, um den Prozesswirkungsgrad zu erhöhen [84, S. 17 Mitte]. Eine Gleichverteilung der Intensität $I_W(r, z)$ entlang des Laserstrahlradius $w(z_F)$ an der Wirkstelle (vgl. Abbildung 1.1) erlaubt unter anderem eine erhöhte Prozessgeschwindigkeit, erzeugt eine homogenere Oberflächenbearbeitung und ermöglicht schärfer gezeichnete Bereiche der Laserstrahleinwirkung [83, S. 741 unten links][86].

Basierend auf der Annahme eines radialen rotationssymmetrischen Laserstrahls mit der z-Achse als Strahl- und Symmetrieachse lassen sich in einem fließenden Übergang die technisch umsetzbaren Profilausprägungen zwischen einem Gaußschen Intensitätsprofil und einem Top-Hat-Intensitätsprofil in der eindimensionalen Ebene senkrecht zur z-Achse durch die mathematische Beschreibung

$$I(r, z) = I_0 \cdot \left(\frac{w_0}{w(z)}\right)^2 \cdot e^{-2 \cdot \left(\frac{r}{w(z)}\right)^m}, \qquad \text{mit} \qquad I_0 = \frac{a \cdot P_L}{\pi \cdot w_0^2}, \tag{2.1}$$

[9, S. 77-79][12, S. 225-226][75, S. 96-98][77, S. 588 oben][80, S. 46-48][83, S. 741 unten links][87, S. 738-739][88, S. 1072 Mitte][89, S. 82 oben rechts] in der Abhängigkeit von dem Exponenten m, mit $m = 2 \cdot n$ und $m, n \in \mathbb{N}^+$, der die Profilausprägung bestimmt, und dem Faktor a, mit $a \in [1, 2] \subset \mathbb{R}$, der die Gesamtlaserleistung P_L anpasst, abbilden. I_0 beschreibt die maximale Intensität im Zentrum eines Laserstrahls an der Stelle $r = 0$ und z_0 entlang der z-Achse (vgl. Abbildung 2.2) als Ergebnis der Gesamtlaserleistung P_L [75, S. 98 Mitte][77, S. 597 Mitte]. Die Größe w_0 bezeichnet den minimalen Strahlradius (vgl. Abschnitt 2.1.4.4) an der Stelle z_0.

Für den Exponenten $m = 2$ und den Faktor $a = 2$ ergibt sich das Profil einer gaußförmigen Intensitätsverteilung $I(r, z)$ [46, S. 289 oben links][78, S. 9 unten][89, S. 84 links] [90, S. 25388 Mitte].

In der Praxis eingesetzte annähernd rechteckförmige Multi-Gauß-Strahl-Intensitätsprofile bzw. Top-Hat-Profile lassen sich mathematisch ab einem Exponenten $m \geq 10$ und mit einem Faktor $a < 1{,}34$ entwickeln (vgl. Abbildung 2.1) [84, S. 17 Mitte][87, S. 738-739][88, S. 1072][89, S. 84 links].

Für den Exponenten $m \to \infty$ und den Faktor $a \to 1$ nähert sich die Intensitätsverteilung $I(r, z)$ dem idealen Top-Hat-Profil an [46, S. 289 oben links][78, S. 9 unten][89, S. 84 links][90, S. 25388 Mitte].

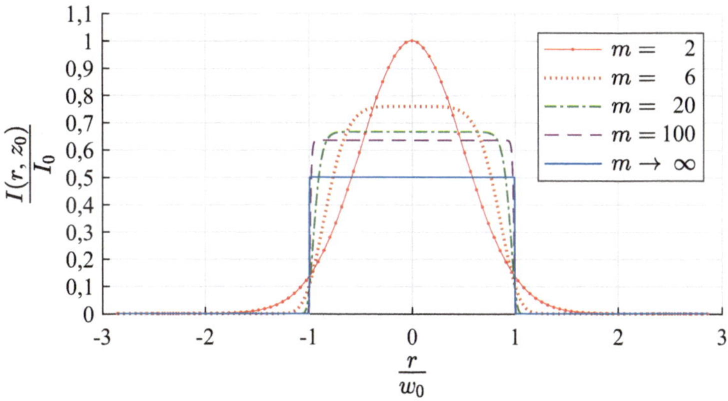

Abbildung 2.1 Transversal begrenzte Multi-Gauß-Strahl-Intensitätsprofile für die gleichbleibende Gesamtlaserleistung P_L zwischen einem „Gaußschen Profil" mit dem Exponenten $m = 2$ und einem annähernd rechteckförmigen „Top-Hat-Profil" mit dem Exponenten $m \to \infty$ gemäß der Gleichung (2.1) normiert auf die maximale Intensität I_0 im Zentrum ($r = 0$, z_0) und auf den minimalen Strahlradius w_0 im Fokus eines Laserstrahls an der Stelle z_0 entlang der z-Achse. $I(r, z_0)$ beschreibt die radiusabhängige Leistungsdichteverteilung und r symbolisiert die radiale Ausbreitung des elektrischen bzw. des magnetischen Feldes.

Die Abbildung 2.1 verdeutlicht für die gleichbleibende Gesamtlaserleistung P_L den fließenden Übergang für die resultierenden, auf die maximale Intensität I_0 im Zentrum eines Laserstrahls an der Stelle $r = 0$ und z_0 und den minimalen Strahlradius w_0 im Fokus eines Laserstrahls an der Stelle z_0 normierten Strahlprofile durch die Variation des Exponenten m in der Gleichung (2.1).

2.1.3 Radiusabhängige Laserleistung

Ausgehend von der Annahme einer radialen rotationssymmetrisch um die Strahlachse, die auch die Symmetrieachse ist und mit der z-Achse zusammenfällt, ausgebildeten Intensitätsverteilung $I(r, z)$ eines Laserstrahls (vgl. Abschnitt 2.1.2) lässt sich für die senkrecht zur z-Achse durchstrahlte Fläche A in der Abhängigkeit vom Radius r die Laserleistung $P(r, z)$ ermitteln. Dazu wird $I(r, z)$ über die Fläche A gemäß dem Ausdruck

$$P(r, z) = \int_A I(r, z) \cdot \mathrm{d}A \tag{2.2}$$

[77, S. 597 unten][87, S. 665 unten] integriert.

Im Zylinderkoordinatensystem ergibt sich nach der Integration über φ für $P(r, z)$ die Beziehung

$$P(r, z) = \int_0^r I(r', z) \cdot 2 \cdot \pi \cdot r' \cdot \mathrm{d}r' \tag{2.3}$$

[9, S. 79 oben][77, S. 597 unten][78, S. 10 unten][80, S. 48 oben]. $I(r', z)$ und $P(r, z)$ sind abhängig von der Position z entlang der z-Achse.

Die Gesamtlaserleistung P_L lässt sich herleiten, wenn in der Gleichung (2.3) die Integration auf $r = \infty$ erweitert wird [9, S. 78 unten][75, S. 98 Mitte][77, S. 597 oben][80, S. 48 oben]. Es ergibt sich in der senkrechten Ebene zur z-Achse der Zusammenhang

$$P_L = \frac{I_0 \cdot \pi \cdot w_0^2}{a} \tag{2.4}$$

in der Abhängigkeit von dem für die Anpassung der Gesamtlaserleistung P_L verantwortlichen Faktor a, mit $a \in [1, 2] \subset \mathbb{R}$. Die Gesamtlaserleistung P_L ist unabhängig von der Position z entlang der z-Achse [9, S. 78 unten][75, S. 98 Mitte][77, S. 597 Mitte].

Weiterhin erschließt sich aus der Gleichung (2.4) der Zusammenhang zwischen der maximalen Intensität I_0 im Zentrum eines Laserstrahls an der Stelle $r = 0$ und z_0 entlang der z-Achse und der Gesamtlaserleistung P_L für die Gleichung (2.1).

2.1.4 Räumliche Charakterisierung

2.1.4.1 Einführung

Durch die messtechnische und rechnerische Bestimmung der in den Normen

- DIN EN ISO 11145:2008-11 [8] „Optik und Photonik",
- DIN EN ISO 11146-1:2005-04 [39] und DIN EN ISO 11146-2:2005-05 [40] „Laser und Laseranlagen" sowie
- DIN EN ISO 13694:2000-11 [91] und DIN EN ISO 13694:2008-07 [92] „Optik und optische Instrumente"

aufgeführten laserstrahlbestimmenden Kenngrößen lässt sich auf der Basis der senkrecht zur Strahlachse, die auch die Symmetrieachse ist und mit der z-Achse zusammenfällt, ermittelten Leistungsdichteverteilung $I(r, z)$ (vgl. Abschnitt 2.1.2) an einer definierten Strahlposition z beliebige Laserstrahlung innerhalb bestimmter, vorzugebender Profilgrenzen eindeutig beschreiben und untereinander vergleichen [12, S. 238-240][38, S. 17]. Normgerechte Profilgrenzen sind z. B. der „Varianzdurchmesser" eines Laserstrahls gemäß dem zentralen Moment zweiter Ordnung der Leistungsdichteverteilung oder 86,5 % der wirkenden Laserleistung bezogen auf den Laserstrahldurchmesser $2 \cdot w(z)$ (Def. vgl. Abschnitt 2.1.4.4) [8, S. 4 Mitte u. 6-9][12, S. 238-239][38, S. 6][39, S. 10][40, S. 9][50, S. 125-127][78, S. 28-29][93, S. 64 rechts].

Die Zusammenhänge der Kenngrößen, wie sie mit dieser Arbeit verwendet werden, lassen sich in der hyperbelförmigen Formausprägung der „Kaustik" (vgl. Abschnitt 2.1.4.2) zusammenführen und veranschaulichen die gegenseitigen Abhängigkeiten. Außerdem bilden die Zusammenhänge in der Form von Gleichungen für die Praxis die Grundlage für eine modellbasierte, rechnergestützte Laserstrahlanalyse. In den folgenden Abschnitten sind die Kenngrößen und ihre Zusammenhänge erläutert.

2.1.4.2 Kaustik

Die Kaustik beschreibt in der Form einer Hyperbel [36, S. 21 oben][38, S. 9 Mitte][75, S. 97 unten][94, S. 64 unten] die Veränderung des transversalen Intensitätsprofils (Def. vgl. Abschnitt 2.1.2) und den Verlauf des Strahlradius $w(z)$ (Def. vgl. Abschnitt 2.1.4.4) eines Laserstrahls entlang der Strahlachse, die auch die Symmetrieachse ist und mit der z-Achse zusammenfällt, in den gemäß den Normen DIN EN ISO 11145:2008-11 [8], DIN EN ISO 11146-1:2005-04 [39, S. 10] und DIN EN ISO 11146-2:2005-05 [40, S. 9] definierten Grenzen des transversalen Strahlprofils.

Weiterhin fällt zur vereinfachten Beschreibung für die vorliegende Arbeit die Stelle $z = 0$ auf der z-Achse mit der Stelle z_0 im Verlauf der Kaustik eines Laserstrahls zusammen.

Die Abbildung 2.2 zeigt die wesentlichen Zusammenhänge am Beispiel des im Abschnitt 2.1.1 eingeführten radialen rotationssymmetrischen Gauß-Strahls mit der z-Achse

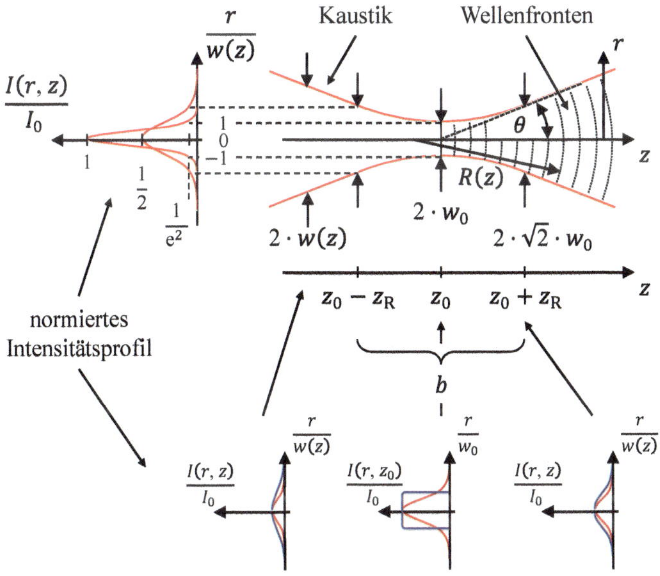

Abbildung 2.2 „Kaustik" des radialen rotationssymmetrischen Gauß-Strahls mit der z-Achse als Strahl- und Symmetrieachse als einfachsten Mode eines Laserstrahls mit nahezu sphärischen Wellenfronten und einem transversal begrenzten Intensitätsprofil, dessen Intensitätsverteilung $I(r, z)$ eine Gauß-Verteilung aufweist. $I(r, z)$ ist auf die maximale Intensität I_0 im Zentrum ($r = 0$, z_0) normiert. Die Kaustik zeigt die Änderung des Laserstrahldurchmessers $2 \cdot w(z)$ sowie des Krümmungsradius $R(z)$ der Wellenfronten entlang der z-Achse gemäß der Wirkung von 86,5 % der Laserleistung bezogen auf $2 \cdot w(z)$. Der Bereich der Schärfentiefe eines Laserstrahls entlang der z-Achse ist um die Stelle z_0 durch die Rayleigh-Länge z_R mit der Länge $b = 2 \cdot |z_R|$ eingegrenzt. An der Stelle z_0 weist die Kaustik den minimalen Laserstrahldurchmesser $2 \cdot w_0$ auf. θ beschreibt den Fernfelddivergenzwinkel. r symbolisiert die radiale Ausbreitung des elektrischen bzw. des magnetischen Feldes. Die drei skizzierten gauß- und rechteckförmigen Multi-Gauß-Strahl-Intensitätsverteilungen verdeutlichen deren Veränderung entlang der Kaustik. [8, S. 6-9][9, S. 80][12, S. 226-227][39, S. 10][40, S. 9][75, S. 97][77, S. 588 unten][78, S. 9-10][80, S. 47]

als Strahl- und Symmetrieachse. Entlang der z-Achse weist die Kaustik des Gauß-Strahls die minimale Ausprägung aller laserstrahlbestimmenden Größen auf.

Der Bereich der doppelten Rayleigh-Länge um die Strahltaille an der Stelle z_0 mit der Länge $b = 2 \cdot |z_R|$ stellt ein Maß für die Schärfentiefe eines Laserstrahls dar und wird als Fokuslänge, bi- oder konfokaler Parameter bezeichnet [9, S. 80 unten][12, S. 226 unten][75, S. 97 unten][87, S. 669 Mitte][95, S. 289 Mitte]. In diesem Bereich bleibt die Strahldivergenz äußerst gering und die Strahlpropagation verläuft weiterhin annähernd parallel zur z-Achse. Die räumliche Aufweitung der Kaustik bildet der Fernfelddivergenzwinkel θ (Def. vgl. Abschnitt 2.1.4.5) ab.

Durch die Messung der Kaustik eines realen Laserstrahls lässt sich ein eingetretener Fokus-Shift Δz_F (Def. vgl. Abschnitt 2.2.4) beobachten und die Verschiebung direkt ablesen, sofern die Soll-Prozessfokuslage z_F (Def. vgl. Abschnitt1.2) des thermisch unbelasteten optischen Systems vorliegt.

2.1.4.3 Strahlparameterprodukt

Als Kenngröße zur Beschreibung der Strahlgüte und der Fokussierbarkeit eines Laserstrahls eignet sich die Angabe des „Strahlparameterproduktes" SPP, da sein ermittelter Wert beim Durchgang durch aberrationsfreie optische Systeme invariant entlang der Ausbreitungsrichtung z, die z-Achse, eines Laserstrahls ist [8, S. 9 unten][12, S. 236-237][36, S. 24 unten u. 25 Mitte][94, S. 67 unten][95, S. 288 Mitte].

Für den beugungsbegrenzten Gauß-Strahl (vgl. Abschnitt 2.1.1) gilt das SPP von $\lambda \cdot \pi^{-1}$ und es ergibt sich bei einem gegebenen minimalen Strahlradius $w(z_0) = w_0$ (vgl. Abschnitt 2.1.4.4) die theoretische Untergrenze des Fernfelddivergenzwinkels θ (vgl. Abschnitt 2.1.4.5), da die „Strahlparameter" w_0 und θ des Laserstrahls mit dem Zusammenhang SPP $= w_0 \cdot \theta$ verknüpft sind [12, S. 227 Mitte u. 237 oben][36, S. 24 unten][80, S. 46 Mitte][95, S. 288 Mitte].

In der Praxis zeigen Laserstrahlen unter anderem Abweichungen von dem für ausgewählte Anwendungen optimalen Verhalten des idealen Gauß-Strahls [12, S. 237 oben][95, S. 289 Mitte]. Einen Überblick über mögliche Ursachen geben *Eichler et al.* [12, S. 237 oben], *Ekbert Hering* [95, S. 289 Mitte] sowie *Heßke et al.* [96, S. 21-22]. Deshalb erfolgt die Bestimmung des SPP von realen Laserstrahlen mit einem beliebigen Strahlprofil (vgl. Abbildung 2.2) gemäß der Norm DIN EN ISO 11145:2008-11 [8, S. 9 unten] durch die Aufnahme des minimalen realen Strahlradius $w_\sigma(z_0) = w_{0\,\sigma}$ und des realen Fernfelddivergenzwinkels θ_σ des Strahlenbündels entlang der z-Achse sowie der anschließenden Multiplikation der beiden Strahlparameter mit

$$\text{SPP} = w_{0\,\sigma} \cdot \theta_\sigma = \text{konst.} \tag{2.5}$$

[8, S. 9 unten][12, S. 238 Mitte][38, S. 4 Mitte][62, S. 104 unten][75, S. 98 oben][78, S. 12 unten]. Da der minimale reale Strahlradius $w_{0\,\sigma}$ bis zur Beugungsgrenze frei mit Linsen einstellbar ist und der reale Fernfelddivergenzwinkel θ_σ linear direkt von diesem abhängt, bleibt im Ergebnis das SPP entlang der z-Achse konstant [12, S. 236 unten].

Der Index σ bezeichnet die Wertangabe die sich auf die Profilgrenze des Varianzdurchmessers eines Laserstrahls bezieht [8, S. 6 Mitte u. 11-12][9, S. 79 Mitte u. 1124-1126][38, S. 4 Mitte][39, S. 10][40, S. 9]. Für das weitere Vorgehen wird ausschließlich auf Profilgrenzen gemäß der Varianzdurchmesserdefinition Bezug genommen.

Die aus der Fachliteratur bekannten Gleichungen für den idealen Gauß-Strahl werden um den Faktor $\mathrm{SPP} \cdot \pi \cdot \lambda^{-1}$ erweitert und ergeben sich als Spezialfall für $\mathrm{SPP} = \lambda \cdot \pi^{-1}$ [12, S. 237 Mitte][38, S. 4][82, S. 254].

Für Multi-Gauß-Strahl- bzw. Top-Hat-Intensitätsprofile besteht zwischen dem SPP und dem Exponenten m des Intensitätsprofils (vgl. Abschnitt 2.1.2) der Zusammenhang

$$\mathrm{SPP} \approx \frac{\lambda}{2 \cdot \pi} \cdot \sqrt{m}, \qquad \text{mit} \qquad \begin{array}{l} m = 2 \cdot n, n \geq 5 \\ \text{und } m, n \in \mathbb{N}^{+}, \end{array} \tag{2.6}$$

[88, S. 1077 Mitte].

Wertangaben des SPP erfolgen in der Einheit mm · mrad. Je kleiner das SPP ist, desto besser ist ein Laserstrahl fokussierbar [36, S. 24 unten], das heißt, in einem Punkt bündelbar. Typische Werte moderner Single-Mode-Lasersysteme lassen sich je nach Laserleistung P_{L} und Wellenlänge λ zwischen 0,35 mm · mrad und 0,6 mm · mrad angeben. Praxisrelevante Werte moderner Multimode-Lasersysteme befinden sich je nach Lasertyp, Laserleistung P_{L} und Wellenlänge λ zwischen 1 mm · mrad und 200 mm · mrad. [45, S. 48 Mitte][85, S. 7][97, S. 1 unten][98, S. 29 oben links][99, S. 3 u. 12][100, S. 2 oben][101, S. 2 Mitte][102, S. 2 Mitte][103, S. 4][104, S. 5][105, S. 2 oben][106][107, S. 2 Mitte][108, S. 4]

2.1.4.4 Strahlradius

Eine wesentliche Kenngröße eines Laserstrahls gibt der transversale Strahlradius $w(z)$ des Strahlenbündels wieder. Dieser lässt sich aus dem komplexen Strahlparameter $\underline{q}(z) = z + \mathrm{j} \cdot z_{\mathrm{R}}$ entwickeln [12, S. 224-226][36, S. 21-22][75, S. 95-96][77, S. 585-587][80, S. 46]. In der Verbindung mit dem SPP (Def. vgl. Abschnitt 2.1.4.3) führt dies zur Beschreibung des real vorliegenden Strahlradius $w_{\sigma}(z)$ eines beliebigen radialen rotationssymmetrischen Laserstrahls mit der z-Achse als Strahl- und Symmetrieachse in der Abhängigkeit vom minimalen realen Strahlradius $w_{0\,\sigma}$ mit den Ausdrücken

$$w_{\sigma}(z) = w_{0\,\sigma} \cdot \sqrt{1 + \left(\frac{z}{z_{\mathrm{R}}}\right)^2} \qquad \text{und} \qquad w_{0\,\sigma} = \sqrt{\mathrm{SPP} \cdot z_{\mathrm{R}}}. \tag{2.7}$$

Eine Besonderheit im Verlauf der Kaustik eines Laserstrahls stellt die Stelle z_0 dar. Genau an dieser Stelle tritt der minimale reale Strahlradius $w_{\sigma}(z_0) = w_{0\,\sigma}$ auf, dessen Berechnung durch die Gleichung (2.7) erfolgt, wobei alle Größen in SI-Einheiten vorliegen müssen. Rechts- und linksseitig von der Stelle z_0 divergiert ein Laserstrahl ausschließlich und sein Strahlradius vergrößert sich (vgl. Abbildung 2.2). Der doppelte minimale Strahlradius $w_{0\,\sigma}$ ergibt den minimalen Laserstrahldurchmesser $2 \cdot w_{0\,\sigma}$, der in der Norm DIN EN ISO 11145:2008-11 [8, S. 10] als „Taillendurchmesser" bezeichnet wird.

Mit der Kenntnis der Rayleigh-Länge z_{R} (Def. vgl. Abschnitt 2.1.4.6) lässt sich jede beliebige transversale Ausdehnung an einer gewählten Stelle z entlang der z-Achse berechnen [77, S. 589 oben]. Während der Laserstrahlanalyse ist z_{R} jedoch eine zuerst unbekannte Kenngröße und muss im praktischen Umgang mit den Formeln durch die Aufnahme der Strahlparameter $w_{0\,\sigma}$ und θ_{σ} (Def. vgl. Abschnitt 2.1.4.3) des Strahlenbündels bestimmt werden.

Der beugungsbegrenzte Gauß-Strahl (vgl. Abschnitt 2.1.1) ist bei der gegebenen Wellenlänge λ einer Laserstrahlung durch die Rayleigh-Länge z_R und den Taillenradius $w_{0\,\sigma}$ festgelegt [12, S. 226 unten][75, S. 97-98][77, S. 589 oben][78, S. 13 oben][80, S. 46 oben].

2.1.4.5 Fernfelddivergenzwinkel

Mit zunehmendem Abstand z von der Strahltaille bei z_0 wächst der Strahlradius $w(z)$ nahezu linear für $z \gg z_R$ an [9, S. 80 oben][12, S. 227 Mitte][77, S. 589 Mitte][95, S. 288 oben] (vgl. Abbildung 2.2).

In der Kombination der Gleichungen (2.5) und (2.7) für $w_{0\,\sigma}$ besteht für den realen Fernfelddivergenzwinkel θ_σ, der als halber Öffnungswinkel zur Strahlachse, die auch die Symmetrieachse ist und mit der z-Achse zusammenfällt, definiert ist, mit der Näherung $\theta \rightarrow 0$: $\tan\theta = \theta$ für kleine Winkel [74, S. 38 Mitte][80, S. 45 oben][81, S. 86 Mitte] der Zusammenhang

$$\theta_\sigma = \frac{\mathrm{SPP}}{w_{0\,\sigma}} = \sqrt{\frac{\mathrm{SPP}}{z_R}} \tag{2.8}$$

für beliebige radiale rotationssymmetrische Laserstrahlen. Alle Größen müssen in SI-Einheiten vorliegen.

2.1.4.6 Rayleigh-Länge

Die Rayleigh-Länge z_R ist gemäß der Norm DIN EN ISO 11145:2008-11 [8, S. 18 Mitte] durch die Distanz zwischen der Stelle der Strahltaille bei z_0 und der Stelle entlang der Strahlachse, die auch die Symmetrieachse ist und mit der z-Achse zusammenfällt, gegeben, bei der der Strahlradius $w(z)$ (Def. vgl. Abschnitt 2.1.4.4) auf das $\sqrt{2}$-fache des minimalen Strahlradius w_0 ansteigt [9, S. 79 unten][12, S. 226 unten] (vgl. Abbildung 2.2). Das bedeutet, dass die durch einen Laserstrahl bestrahlte Fläche auf das Doppelte der bestrahlten Fläche an der Stelle der Strahltaille bei z_0 anwächst. Weiterhin sinkt nach der Distanz z_R die maximale Intensität $I_{max}(r = 0, z_R)$ auf die Hälfte im Vergleich zur maximalen Intensität $I_0(r = 0, z_0)$ an der Stelle der Strahltaille bei z_0 ab [9, S. 83 Mitte][75, S. 98 Mitte][80, S. 47 oben] (vgl. Abbildung 2.2).

Die Rayleigh-Länge z_R beschreibt die Leistungsdichteverteilung $I(r, z)$ (vgl. Abschnitt 2.1.2) entlang der z-Achse im Bereich der halben Schärfentiefe $0{,}5 \cdot b$ (Def. vgl. Abschnitt 2.1.4.2) eines Laserstrahls.

Die Rayleigh-Länge z_R eines beliebigen radialen rotationssymmetrischen Laserstrahls mit der z-Achse als Strahl- und Symmetrieachse lässt sich durch die Umstellung der Gleichung (2.7) für $w_{0\,\sigma}$ nach z_R oder über θ_σ durch die Umstellung der (2.8) nach z_R mit

$$z_R = \frac{w_{0\,\sigma}^2}{\mathrm{SPP}} = \frac{\mathrm{SPP}}{\theta_\sigma^2} \tag{2.9}$$

berechnen. Alle Größen müssen in SI-Einheiten vorliegen.

2.2 Thermische Linse

2.2.1 Wärmetransportmechanismen

Wärme überträgt sich über mindestens eine thermodynamische Systemgrenze, verursacht durch eine Temperaturdifferenz ΔT an der Systemgrenze [109, S. 3-4]. Gemäß dem zweiten Hauptsatz der Thermodynamik findet der Übergang stets von einem System höherer Temperatur zu einem System niedrigerer Temperatur statt [110, S. 1 Mitte] und ist gekennzeichnet durch das Vorzeichen der wirksamen Temperaturdifferenz ΔT [111, S. 20 unten].

Gemäß dem ersten Hauptsatz der Thermodynamik gilt die Leistungsbilanz

$$\frac{\mathrm{d}U}{\mathrm{d}t} = \dot{Q}(t) + P(t) \tag{2.10}$$

für geschlossene Systeme [7, S. 274 oben][109, S. 21 Mitte][110, S. 122 unten][112, S. 9-10]. So ändert sich ganz allgemein zeitabhängig die innere Energie U eines geschlossenen Systems in einem nicht-isothermen Feld in der Abhängigkeit von einem durch einen Temperaturgradienten $\nabla T(t)$ ausgebildeten und über eine Systemgrenze durch eine Querschnittsfläche A abgeführten Wärmestrom $\dot{Q}(t)$ sowie in der Abhängigkeit von der von einem geschlossenen System aufgenommenen Leistung $P(t)$ [109, S. 21 Mitte][110, S. 122 unten].

1915 postulierte *Ernst Kraft Wilhelm Nußelt* [113, S. 477-482 u. 490-496], dass eine Wärmeübertragung ausschließlich durch die beiden physikalischen Grundmechanismen der Wärmeleitung, auch als „Wärmediffusion" oder „Konduktion" bezeichnet, und der Wärmestrahlung, auch als „thermische Strahlung" bezeichnet, stattfindet.

Bei der Wärmeleitung erfolgt ein Energietransport mediumsgebunden anhand der Wechselwirkung benachbarter Atome und Moleküle, ausgelöst durch thermisch angeregte Schwingungen in Festkörpern oder thermisch angeregte Stöße in Fluiden, initiiert durch einen Temperaturgradienten $\nabla T(t)$ [109, S. 16 Mitte][110, S. 2 unten][111, S. 19-20][112, S. 17 Mitte][114, S. 320 unten].

Um den Vorgang der Wärmeleitung mit unterschiedlichen Randbedingungen besser differenzieren zu können, wurde zusätzlich der Begriff „Konvektion" eingeführt.

Die Wärmediffusion zwischen zwei makroskopisch ruhenden Austauschpartnern wird im Kontext dieser Arbeit weiterhin Wärmeleitung genannt, während Wärmeleitungsvorgänge zwischen Festkörpern und strömenden Fluiden als Konvektion bezeichnet werden.

Die Wärmediffusion bzw. Wärmeleitung beschreibt allgemein einen Wärmeübertrag zwischen zwei makroskopisch ruhenden Festkörpern, zwischen zwei makroskopisch ruhenden Fluiden oder einer Kombination aus den beiden, wobei der Wärmeübertrag nur von einem Temperaturgradienten $\nabla T(t)$ im Medium und von den Materialeigenschaften des Mediums abhängt [109, S. 21 oben][112, S. 4 oben]. Bei technischen Fragestellungen besteht die Wärmediffusion in ruhenden Fluiden überwiegend in der Anfangsphase, da die sich in einem Medium ausbildendenden Temperaturgradienten $\nabla T(t)$ Dichteunterschiede in diesem hervorrufen und in ruhenden Fluiden eine Strömung, die „freie Konvektion", erzwingen [112, S. 17 Mitte].

Die Konvektion erklärt Vorgänge zwischen einem Festkörper und einem vorbei- bzw. umströmenden Fluid [109, S. 63 oben][111, S. 20 Mitte][112, S. 4 Mitte]. Ein massegebundener Energietransport besteht hauptsächlich durch die makroskopische Teilchenbewegung des Fluids [7, S. 311 oben][110, S. 10 unten][111, S. 20 Mitte][114, S. 335 oben].

Anhand der zugrundeliegenden physikalischen Ursache ist zwischen der „freien Konvektion", auch als „natürliche Konvektion" bezeichnet, der „erzwungenen Konvektion" und der „Mischkonvektion", aufgrund einer Überlagerung beider Konvektionsformen, zu unterscheiden [111, S. 20 Mitte][112, S. 4 Mitte u. 146 unten]. Ein Wärmeübertrag der freien Konvektion in der Form einer Strömung ist das Ergebnis von Dichteunterschieden, die durch Temperaturunterschiede im Fluid entstehen. Ein Wärmeübertrag der erzwungenen Konvektion ist das Ergebnis einer von äußeren Kräften aufgeprägten Strömung durch Druckdifferenzen im Fluid [7, S. 311][109, S. 71-72][111, S. 20 unten][112, S. 4 Mitte u. 133 oben][114, S. 335].

Bei der Wärmestrahlung findet ein Energietransport mediumsunabhängig durch die Ausbreitung von elektromagnetischen Wellen statt. Die Aussendung elektromagnetischer bzw. thermischer Strahlung verschiedener Wellenlänge λ erfolgt für jeden Körper, dessen Temperatur oberhalb des absoluten Temperaturnullpunktes von Null Kelvin liegt. Die Ursache ist in der temperaturabhängigen ungeordneten Bewegung der Atome in der Materie und damit in der Mitbewegung der Elektronen, die ständig in verschiedenster Art und Weise beschleunigt werden, begründet, da die beschleunigte Mitbewegung geladener Teilchen Wärmestrahlung erzeugt. [109, S. 167-168][110, S. 28 oben][111, S. 21 Mitte][112, S. 217-218][114, S. 343 oben]

Durch die an einer Grenzschicht gleichzeitig ablaufenden Vorgänge der Emission und der Absorption findet eine als „Strahlungsaustausch" bezeichnete Wärmeübertragung statt. Der Strahlungsaustausch ist bei für thermische Strahlung opaken Festkörpern auf wenige Mikrometer im oberflächennahen Bereich begrenzt und hängt von der Temperatur, der Oberflächenbeschaffenheit sowie der Zusammensetzung eines Körpers ab. [109, S. 168-169][110, S. 28][111, S. 21 Mitte][112, S. 218 oben][114, S. 343 Mitte] Die Emission der langwelligen, für das menschliche Auge unsichtbaren Wärmestrahlung lässt sich mit thermografischen Sensoren detektieren [111, S. 21 Mitte].

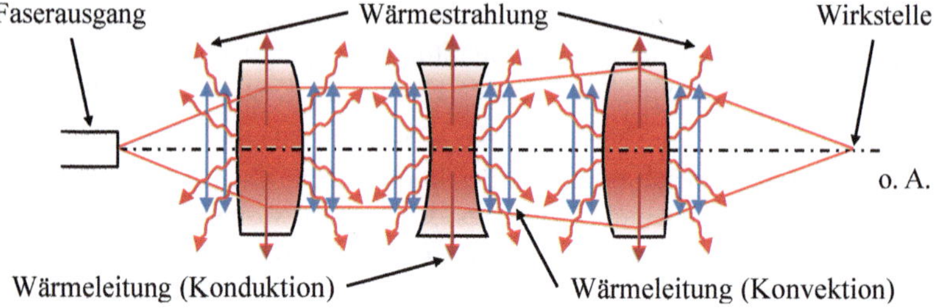

Abbildung 2.3 Schematische Darstellung stattfindender Wärmeübertragungsvorgänge in optischen Systemen, wobei eine gezielte Unterscheidung der Wärmeleitung in die Konduktion (dunkelrot dargestellte, in den optischen Elementen nach außen zeigende Pfeile) und in die Konvektion (blau dargestellte, quer zur Laserstrahlrichtung zeigende Doppelpfeile) erfolgt. Hellrote, wellenförmige Pfeile symbolisieren die Wärmestrahlung. o. A. bezeichnet die optische Achse.

Die Abbildung 2.3 verdeutlicht schematisch die stattfindenden Wärmeübertragungsvorgänge in optischen Systemen.

2.2.2 Laserstrahlinduzierte thermische Effekte

2.2.2.1 Einführung

Verfügbare fasergebundene Hochleistungslasersysteme stellen Laserleistungen P_L und Strahlgüten bereit, die einerseits für Bearbeitungsprozesse übergreifend positive Eigenschaften zeigen, jedoch andererseits an die thermische Belastbarkeit optischer Elemente hohe Anforderungen stellen und die die Grenzen konventioneller optischer Systeme offenbaren [43, S. 1 Mitte links][45, S. 48 unten links][115, S. 3]. Es werden unerwünschte thermische Effekte in den optischen Elementen hervorgerufen, die den Strahlengang durch ein optisches System und die Laserstrahleigenschaften an der Wirkstelle prozessbestimmend verändern. Dies erfolgt durch die Absorption eines Teils der während der Einschaltdauer t_{EM} des Laserstrahls von einem Hochleistungslasersystem abgegebenen Laserleistung $P_L(t_{EM})$ in den optischen Elementen. [43, S. 2 unten rechts][45, S. 48 unten links][46, S. 288 unten links][49, S. 3 Mitte]

Erstmals beobachtet und beschrieben wurden laserstrahlinduzierte thermische Effekte an laserstrahldurchlässigen Probekörpern 1965 durch *Gordon et al.* [52] mit der Verwendung dieser im Strahlengang eines Helium-Neon-Lasers. Diese zeitabhängigen Effekte führen zu optischen Fehlern und beeinflussen das Bearbeitungsergebnis signifikant [64, S. 293 Mitte rechts][97, S. 2 oben].

Der absorbierte Anteil A_L des eingestrahlten Laserlichts verteilt sich mit ca. 0,1 ppm bis ca. 1200 ppm je Schicht auf eine ein- und ausgangsseitig auf die Oberflächen eines optischen Elementes aufgetragene, speziell absorptionsarme Antireflex (AR)-Beschichtung sowie auf das Glassubstrat mit material- und dickenabhängigen ca. 1 ppm $\cdot$ m^{-1} bis ca. 2200 ppm $\cdot$ m^{-1} [45, S. 50 unten links][49, S. 3 oben][59, S. 6][60, S. 410 rechts][116, S. 3][117, S. 12]. Bei mehrschichtig aufgetragenen AR-Beschichtungen addiert sich der je Schicht absorbierte Anteil A_L des eingestrahlten Laserlichts.

Für die Wellenlänge λ des Laserlichts angepasste AR-Beschichtungen minimieren den reflektierten Anteil R_L des eingestrahlten Laserlichts beim Medienübergang (vgl. Abschnitt 2.2.2.5) gegenüber ohne einer AR-Beschichtung auf ca. 1000 ppm bis ca. 3000 ppm und minimieren einen Laserleistungsverlust [12, S. 279-280][45, S. 50 unten links][118, S. 14][119, S. 15-17 u. 31 oben].

Gemäß dem Energieerhaltungssatz folgt für den reflektierten Anteil R_L, den absorbierten Anteil A_L, der auch den gestreuten Anteil S_L einschließt, und den durchgelassenen Anteil T_L des eingestrahlten Laserlichts der Zusammenhang

$$1 = R_L + A_L + T_L \tag{2.11}$$

[7, S. 319][12, S. 281 Mitte][36, S. 122-123][110, S. 29 Mitte][111, S. 245-246][112, S. 218 oben][120, S. 43 links oben][121, S. 10][122, S. 52 oben]. Die Abbildung 2.4 verdeutlicht den Sachverhalt.

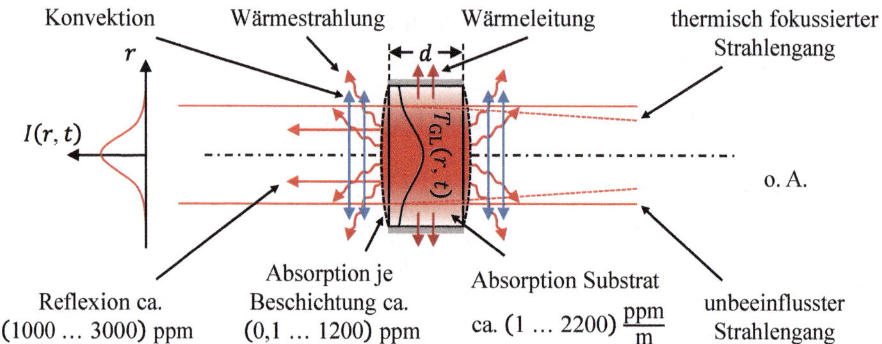

Abbildung 2.4 Wechselwirkung eines Laserstrahls mit einem laserstrahldurchlässigen, planparallelen, radialen rotationssymmetrischen optischen Element mit der Dicke d und der optischen Achse (o. A.) in der Anlehnung an *Märten et al.* [45, S. 49 oben]. $I(r, t)$ beschreibt die Intensitätsverteilung des Laserstrahls. Bezogen auf die Intensitätsverteilung $I(r, t)$ ergibt sich durch die Absorptionsprozesse und die wirkenden Wärmetransportmechanismen die orts- und zeitabhängige Temperaturverteilung $T_{GL}(r, t)$ im Glassubstrat. Die hellgrauen Balken parallel zur optischen Achse skizzieren die Fassung des Elementes.

Aufgrund des Absorptionsprozesses erwärmt sich ein optisches Element kontinuierlich und es bilden sich Wärmetransportmechanismen (vgl. Abschnitt 2.2.1) aus, die außerdem anteilig Energie in der Form von Wärme an die Umgebung abgeben. Dazu gehören

- hauptsächlich Wärmeleitungsvorgänge im Glassubstrat und am Übergang zur Fassung sowie in geringerem Maß
- Konvektionsvorgänge an den nicht durch eine Fassung abgedeckten Oberflächen eines optischen Elementes und
- Wärmestrahlungsvorgänge von den nicht durch eine Fassung abgedeckten Oberflächen eines optischen Elementes an die Umgebung

[45, S. 50 Mitte][46, S. 288 unten links][49, S. 3 Mitte][123, S. 1060 rechts], wie es die Abbildung 2.4 zeigt. Sie bestimmen zusammen mit der orts- und zeitabhängig absorbierten Laserleistung $P_{ABL}(t_{EM})$ in der AR-Beschichtung und im Glassubstrat den Energiehaushalt eines optischen Elementes und als Resultat bildet sich eine orts- und zeitabhängige Temperaturverteilung $T_{GL}(r, t)$ im Glassubstrat aus, die von

- der Intensitätsverteilung $I(r, t)$ (vgl. Abschnitt 2.1.2) eines Laserstrahls auf der bestrahlten Fläche A,
- dem absorbierten Anteil A_L des eingestrahlten Laserlichts in der AR-Beschichtung und im Glassubstrat,
- der Einschaltdauer t_{EM} der Strahlemission und
- der Kühlsituation abhängt sowie
- umgekehrt proportional zur materialspezifischen Wärmeleitfähigkeit $\kappa(T, p)$ (vgl. Abschnitt 3.2.2) eines Glassubstrates ist

[41, S. 5030 oben links][44, S. 1 unten][46, S. 288 links] (vgl. Abbildung 2.4). Folglich entstehen die in der Tabelle 2.1 zusammengefassten, zeitabhängigen, laserstrahlinduzierten thermischen Effekte. Sie wirken gleichzeitig, jedoch in unterschiedlich starker Ausprägung, sind proportional zu $I(r, t)$ [48, S. 171 oben] und beinhalten die laserstrahlinduzierten Änderungen der optischen und mechanischen Eigenschaften eines optischen Elementes [41, S. 5029 oben][46, S. 288][124].

Tabelle 2.1 Zeitabhängige, laserstrahlinduzierte thermische Effekte und deren prozentualen Anteile in linsenbasierten optischen Elementen aus synthetischem Glassubstrat [43, S. 2 unten rechts] [47, S. 24-27][48, S. 171][53][54, S. 38-39][56, S. 4][60, S. 410][61, S. 13-15 u. 94-98][62, S. 112 oben][80, S. 110-112][90, S. 25387][125, S. 2548 oben][126, S. 2383 unten rechts][127, S. 32 unten].

thermo-optischer Effekt	spannungs-optischer Effekt	End-Effekt
$\frac{dn_{GL}(\lambda, T)}{dT_{GL}(r, t)}$	$\frac{dn_{GL}(\lambda, T)}{d\sigma_{th}(T)}$ mit $\frac{d\sigma_{th}(T)}{dT_{GL}(r, t)}$	$\frac{dd(T)}{dT_{GL}(r, t)}$ $\frac{dR_i(T)}{dT_{GL}(r, t)}$
Änderung der Brechzahl $n_{GL}(\lambda, T)$ des Glassubstrates durch eine orts- und zeitabhängige Änderung der Temperatur $T_{GL}(r, t)$ im Glassubstrat	Änderung der Brechzahl $n_{GL}(\lambda, T)$ des Glassubstrates durch eine thermisch induzierte mechanische Spannung $\sigma_{th}(T)$ aufgrund einer orts- und zeit-abhängigen Änderung der Temperatur $T_{GL}(r, t)$ im Glassubstrat	Änderung der Elementdicke $d(T)$ und der Stirnflächenradien $R_i(T)$, mit $i \in \{1, 2\}$, durch eine rein thermische Dehnung ε_{th} der Oberflächen aufgrund einer orts- und zeitabhängigen Änderung der Temperatur $T_{GL}(r, t)$ im Glassubstrat
ca. 92 % bis ca. 97 %	ca. 2 % bis ca. 3,5 %	ca. 0,5 % bis ca. 4,5 %

Aufgrund

- einer sehr geringen thermischen Ausdehnung von synthetischen Quarzgläsern (vgl. Abschnitt 3.2.2),
- einer kurzen axialen Dicke $d \ll 2 \cdot r_L$ [41, S. 5032 unten links] optischer Elemente mit dem Radius r_L und der optischen Achse (Symmetrieachse) z in linsenbasierten Aufbauten sowie
- einer anwendungsspezifisch geforderten minimalen Absorption eines Teils einer Laserstrahlung in optischen Elementen

zeigt sich der thermo-optische Effekt als dominierender Faktor [45, S. 50 oben rechts][47, S. 2 oben][48, S. 171 oben rechts][49, S. 3 Mitte][61, S. 95 unten]. Der prozentuale Beitrag der drei Effekte hängt nicht von der von einem Lasersystem abgegebenen Laserleistung $P_L(t_{EM})$, dem im optischen Element vorliegenden Laserstrahldurchmesser $2 \cdot w_\sigma(z)$ (Def. vgl. Abschnitt 2.1.4.4) und dem Elementdurchmesser $2 \cdot r_L$ [48, S. 171 oben rechts], sondern von den materialspezifischen Eigenschaften ab. Da jedoch der Temperaturgradient $\nabla T_{GL}(r, t)$ in einem Glassubstrat linear mit der Laserleistung $P_L(t_{EM})$ zunimmt [43, S. 3 Mitte links], nehmen auch die thermisch induzierten Effekte proportional mit der Laserleistung $P_L(t_{EM})$ zu. Allgemein fasst der Begriff „Thermische Linse“ diese Erscheinungen zusammen [52][53][54, S. 63][55, S. 47 unten rechts][56, S. 1 oben].

Als Hauptauswirkung einer Thermischen Linse entstehen Aberrationen, die

- eine Verschiebung der Soll-Prozessfokuslage z_F (vgl. Abschnitt 1.2), der Fokus-Shift Δz_F (Def. vgl. Abschnitt 2.2.4),
- eine Änderung der Fokusgeometrie an der Wirkstelle und
- eine Änderung der Leistungsdichteverteilung $I_W(r, t)$ an der Wirkstelle (vgl. Abschnitt 1.2)

als Funktionen der Laserleistung $P_L(t_{EM})$, des Modentyps (vgl. Abschnitte 2.1.1 und 2.1.2) sowie der Einschaltdauer t_{EM} der Strahlemission prozessrelevant hervorrufen [43,

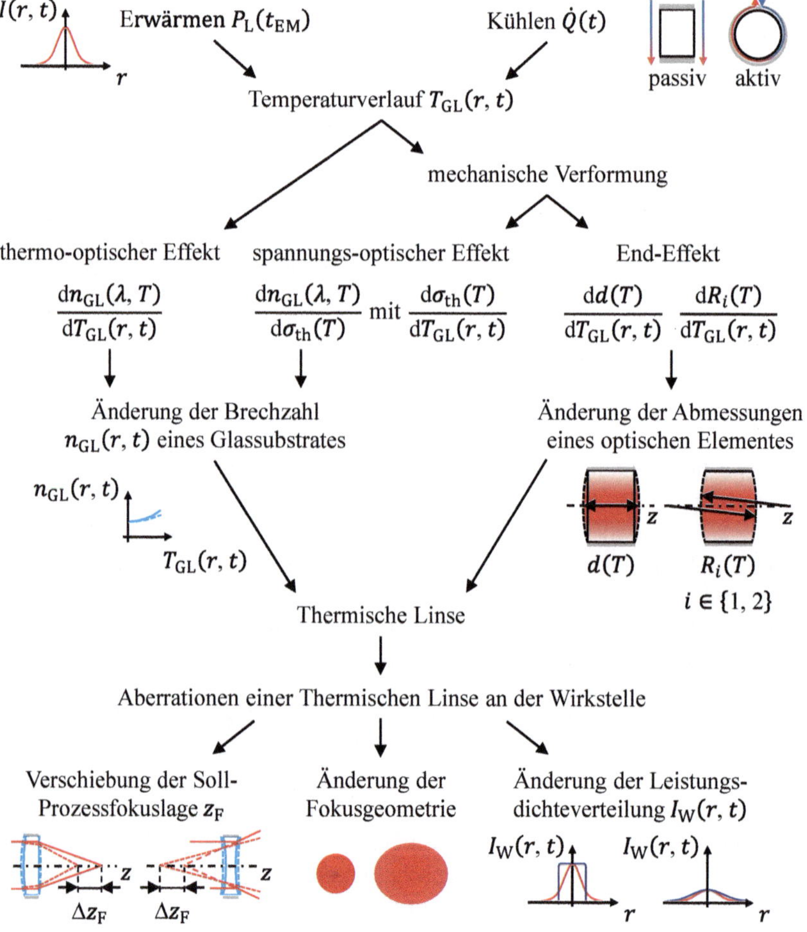

Abbildung 2.5 Schaubild zu signifikanten thermischen Effekten in radialen rotationssymmetrischen optischen Elementen mit der optischen Achse (Symmetrieachse) z und zur Entstehung einer Thermischen Linse sowie deren Auswirkungen an der Wirkstelle für Laserstrahlbearbeitungsprozesse in der Anlehnung an *Chénais et al.* [54, S. 63].

S. 10][45, S. 48][50, S. 85 oben][55, S. 47 unten rechts][64, S. 293 oben rechts][65, S. 50 Mitte][128, S. 87 unten rechts].

In der Anlehnung an *Chénais et al.* [54, S. 63] zeigt die Abbildung 2.5 die Entstehung einer Thermischen Linse in radialen rotationssymmetrischen optischen Elementen mit der optischen Achse (Symmetrieachse) z aufgrund der zuvor beschriebenen drei physikalischen Effekte und stellt deren Auswirkung auf die Laserstrahleigenschaften an der Wirkstelle dar.

Die nächsten Abschnitte geben eine mathematisch Beschreibung der drei thermischen Effekte für die angestrebte mathematische Modellbildung im Kapitel 4.

2.2.2.2 Thermo-optischer Effekt

Da eine Wärmeableitung hauptsächlich zweidimensional über die Mantelflächen eines optischen Elementes am Übergang zur Fassung erfolgt, während die Energie in der Form von Wärme über das gesamte Volumen eines optischen Elementes zugeführt wird und die materialspezifische Wärmeleitfähigkeit $\kappa(T, p)$ (vgl. Abschnitt 3.2.2) von Glassubstraten im Vergleich zu Metallen sehr gering ist, entsteht ein laserstrahlinduzierter Temperaturgradient $\nabla T_{\mathrm{GL}}(r, t)$ (vgl. Abschnitt 2.2.1) in einem radialen axialsymmetrischen Glassubstrat mit der optischen Achse (Symmetrieachse) z [43, S. 3 Mitte links][45, S. 50 Mitte] [49, S. 3 Mitte][54, S. 26 unten][123, S. 1060 rechts][129, S. 259 unten]. Dadurch bildet sich radial vom Zentrum bis zum Rand eines optischen Elementes eine inhomogene Temperaturverteilung $T_{\mathrm{GL}}(r, t)$ im Glassubstrat aus. Folglich entsteht aufgrund der direkten Temperaturabhängigkeit der Brechzahl $n_{\mathrm{GL}}(\lambda_0, T)$ eines Glassubstrates eine radius- und zeitabhängige, inhomogene Verteilung von $n_{\mathrm{GL}}(\lambda_0, T)$ [41, S. 5029 unten links][52, S. 5-6][53][130, S. 473]. Die inhomogene Verteilung der Brechzahl $n_{\mathrm{GL}}(\lambda_0, T)$ eines Glassubstrates führt dazu, dass sich das optische Material selbst wie ein fokussierendes optisch transparentes Element verhält, dessen thermisch induzierte Brennweite f_{T} der Brennweite f_{L} eines thermisch unbelasteten optischen Elementes überlagert ist [44, S. 1 unten][46, S. 288 oben rechts][48, S. 170 Mitte rechts][69, S. 1 Mitte links] (vgl. Abschnitt 2.2.2.5).

Den theoretischen Überlegungen und messtechnischen Untersuchungen von *Gorachand Ghosh* [131, S. 122-137] zufolge sind für die direkte Temperaturabhängigkeit der Brechzahl $n_{\mathrm{GL}}(\lambda_0, T)$ eines Glassubstrates zwei konkurrierende Vorgänge ausschlaggebend.

Zum einen bewirkt eine steigende Glassubstrattemperatur $T_{\mathrm{GL}}(r, t)$ eine thermische Volumenausdehnung des amorphen Gefüges. Dadurch steigen die interatomaren Abstände an, was zu einer niedrigeren Brechzahl $n_{\mathrm{GL}}(\lambda_0, T)$ führt. [131, S. 118 Mitte u. 126 Mitte]

Zum anderen werden durch eine steigende Glassubstrattemperatur $T_{\mathrm{GL}}(r, t)$ mehr Elektronen aus dem Valenzband in das exzitonische Band angeregt [131, S. 126 oben] [132, S. 322-323], da Elektronen und Ionen im Glassubstrat locker gebunden sind [131, S. 124 unten]. Es findet ein exzitonischer Übergang statt, was zu einer höheren Brechzahl $n_{\mathrm{GL}}(\lambda_0, T)$ führt [131, S. 124 Mitte u. 126 unten].

Beide Vorgänge münden in den thermisch induzierten Brechzahlgradienten, der auch als materialspezifischer „thermo-optischer Koeffizient" bezeichnet wird,

$$\beta_{\mathrm{GL}} = \frac{\mathrm{d}n_{\mathrm{GL}}(\lambda_0, T)}{\mathrm{d}T_{\mathrm{GL}}(r, t)} \tag{2.12}$$

[60, S. 411 Mitte rechts][69, S. 1 Mitte links][126, S. 2383 unten rechts][131, S. 115 Mitte][133, S. 7270 unten] und der das Maß der Änderung der Brechzahl $n_{\mathrm{GL}}(\lambda_0, T)$ eines Glassubstrates in der Abhängigkeit von der Änderung der Glassubstrattemperatur $T_{\mathrm{GL}}(r, t)$ ausdrückt. Im Allgemeinen steigt β_{GL} mit steigender Glassubstrattemperatur $T_{\mathrm{GL}}(r, t)$ an [134, S. 4 unten]. Das Phänomen des thermisch induzierten Brechzahlgradienten β_{GL} in optischen Materialien bezeichnet die Fachliteratur als „thermo-optischen Effekt" [56, S. 1]. Die direkte Änderung der Brechzahl $n_{\mathrm{GL}}(\lambda_0, T)$ eines Glassubstrates aufgrund einer Änderung der Glassubstrattemperatur $T_{\mathrm{GL}}(r, t)$ geschieht mechanisch spannungsfrei [56, S. 4 oben]. Werte werden entweder in pro Grad Celsius oder in pro Kelvin angegeben und bewegen sich im Allgemeinen in der Größenordnung von $10^{-6}\ \mathrm{K}^{-1}$ bis zu $10^{-3}\ \mathrm{K}^{-1}$ [131, S. 115 Mitte]. Die Ermittlung der Werte erfolgt interferometrisch durch eine hohe Anzahl unmittelbar hintereinander ausgeführter Messungen und einer anschließenden Mittelwertbildung in der Abhängigkeit vom thermischen Ausdehnungskoeffizienten $\alpha_{\mathrm{T}}(T)$ (vgl. Abschnitt 3.2.2) [69, S. 1][131, S. 116-117].

Der Haupteinfluss für die Verschiebung der Soll-Prozessfokuslage z_{F} ist in der Temperaturabhängigkeit der Brechzahl $n_{\mathrm{GL}}(\lambda_0, T)$ des jeweils verwendeten Glassubstrates begründet [45, S. 50 oben rechts][47, S. 2 oben][48, S. 171 oben rechts][49, S. 3 Mitte][61, S. 95 unten]. Dadurch trägt der thermo-optische Effekt direkt zu einer Thermischen Linse (vgl. Abbildung 2.5) und folglich zu einem Fokus-Shift Δz_{F} (Def. vgl. Abschnitt 2.2.4) bei.

Da für eine Brechzahländerung im Material substratinterne Veränderungen verantwortlich sind, erfordert die Bestimmung von $n_{\mathrm{GL}}(\lambda_0, T)$ die Verwendung der absoluten, gegenüber dem Vakuum bestimmten Brechzahl $n_{\mathrm{abs\,GL}}(\lambda_0, T)$ eines Glassubstrates mit der Wellenlänge λ_0 im Vakuum anstelle der auf das umgebende Medium (med) bezogenen relativen Brechzahl $n_{\mathrm{rel\,GL}}(\mathrm{med}, \lambda_0, T)$ eines Glassubstrates [56, S. 4 Mitte][61, S. 15 Mitte][135, S. 144-146][136]. Vor diesem Hintergrund und unter der Vernachlässigung von auftretenden mechanischen Spannungen $\sigma_{\mathrm{th}}(T)$ (vgl. Abschnitt 2.2.2.3) im Glassubstrat dient die lineare Formulierung

$$n_{\mathrm{abs\,GL\,T}}(\lambda_0, T) = n_{\mathrm{abs\,GL\,0}}(\lambda_0, T_{\mathrm{GL\,0}}) + \frac{\mathrm{d}n_{\mathrm{abs\,GL}}(\lambda_0, T)}{\mathrm{d}T_{\mathrm{GL}}(r, t)} \cdot (T_{\mathrm{GL}}(r, t) - T_{\mathrm{GL\,0}}) \qquad (2.13)$$

[52, S. 6 oben links][56, S. 4 Mitte][61, S. 15 Mitte][125, S. 2549 oben links][131, S. 263 oben][137, S. 23028 Mitte] als Ausgangspunkt zur Bestimmung der durch den thermo-optischen Effekt veränderten Brechzahl $n_{\mathrm{abs\,GL\,T}}(\lambda_0, T)$ des Glassubstrates im Vakuum für eine beliebige Temperaturverteilung $T_{\mathrm{GL}}(r, t)$. Dies erfolgt in der Abhängigkeit von der Ausgangsbrechzahl $n_{\mathrm{abs\,GL\,0}}(\lambda_0, T_{\mathrm{GL\,0}})$ des Glassubstrates bezüglich des Vakuums ohne die Einwirkung eines Laserstrahls, vom Radius r im optischen Element, von der verstrichenen Zeit t sowie von der Ausgangstemperatur $T_{\mathrm{GL\,0}}$ des Glassubstrates, die für die Ermittlung von $n_{\mathrm{abs\,GL\,0}}(\lambda_0, T_{\mathrm{GL\,0}})$ erforderlich ist. Der intensitätsabhängige nichtlineare Anteil, wie ihn *Gorachand Ghosh* [131, S. 317-318] und *Hayden et al.* [138, S. 311 Mitte] beschreiben, wird vernachlässigt, da die Auswirkung der Änderung der Ausgangstemperatur $T_{\mathrm{GL\,0}}$ in Mikrokelvin im Allgemeinen ein bis zwei Größenordnungen größer ist als die Auswirkung der Intensität $I(r, t)$. Die Bestimmung von $n_{\mathrm{abs\,GL\,0}}(\lambda_0, T_{\mathrm{GL\,0}})$ aus den Datenblättern der Glashersteller wird im Abschnitt 4.4.2 vertieft.

In dem Fall einer homogenen Änderung der Umgebungstemperatur T_U (vgl. Abschnitt 2.2.3) empfiehlt es sich, den inhomogenen Brechzahlverlauf $n_{abs\,GL\,T}(\lambda_0, T)$ in den Bezug zu der Brechzahl n_{med} eines umgebenden Mediums zu setzen, da die Brechung eines Lichtstrahls bei der Bestimmung seiner Ausbreitung an der Grenzfläche zwischen einem Medium und einem Glassubstrat beeinflusst wird [61, S. 15 Mitte][139, S. 96 unten]. Das Vorgehen bei der Anpassung der im Vakuum bestimmten absoluten Brechzahl $n_{abs\,GL\,T}(\lambda_0, T)$ eines Glassubstrates an die auf das umgebende Medium bezogene relative Brechzahl $n_{rel\,GL\,T}(\text{med}, \lambda_0, T)$ eines Glassubstrates ist in der allgemeinen Form im Abschnitt 2.2.3 ausgeführt. Gemäß *Davis et al.* [56, S. 4 Mitte] und *Alexander Gatej* [61, S. 15 Mitte] ist eine Überführung von einer nicht zu vernachlässigenden Bedeutung, denn beide Werte können sich in einigen Fällen sogar im Vorzeichen unterscheiden.

2.2.2.3 Spannungs-optischer Effekt

Die von einem Laserstrahl in einem radialen axialsymmetrischen Glassubstrat mit der optischen Achse (Symmetrieachse) z hervorgerufenen Temperaturgradienten $\nabla T_{GL}(r, t)$ (vgl. Abschnitt 2.2.1) verursachen in diesem neben dem thermo-optischen Effekt (vgl. Abschnitt 2.2.2.2) thermisch induzierte mechanische Zug- und Druckspannungen $\sigma_{th}(T)$, die „Wärmespannungen", zwischen den inneren und äußeren Schichten eines Glassubstrates [127, S. 32 unten][130, S. 437 unten][140, S. 48 unten links][141, S. 180 unten][142, S. 29 unten][143, S. 42 Mitte]. Es werden keine zusätzlichen äußeren mechanischen Kräfte eingeleitet. Die Ursache für die Ausbildung der Temperaturgradienten $\nabla T_{GL}(r, t)$ besteht darin, dass die eingebrachte Energie in der Form von Wärme zur oder von der Oberfläche eines optischen Elementes schneller übertragen bzw. abgeführt wird als aus seinem Inneren.

Thermisch induzierte mechanische Spannungen $\sigma_{th}(T)$ lassen sich in permanente, latente und temporäre Erscheinungen unterscheiden.

Temporäre thermisch induzierte mechanische Spannungen $\sigma_{th}(T)$ treten durch eine inhomogene Temperaturverteilung $T_{GL}(r, t)$ im Glassubstrat auf und münden in die Materialkenngröße der Temperaturwechsel- bzw. Thermoschockbeständigkeit R_S. Unterhalb der mechanischen Zerstörschwelle eines Glassubstrates führen die räumlichen Spannungsverteilungen in diesem zu elastischen Verformungen des amorphen Gefüges (vgl. Abschnitt 3.2) [127, S. 32 unten][130, S. 440 oben][142, S. 29 unten][143, S. 42 Mitte]. Im Verlauf des materialreversiblen Wärmeaufnahme- und Wärmeabgabevorgangs des Glassubstrates beim Wechselwirken mit einer Laserstrahlung verschwinden temporäre thermisch induzierte mechanische Spannungen $\sigma_{th}(T)$ bei einem Temperaturausgleich wieder [142, S. 29 unten][144, S. 705 unten rechts].

Die im Wärmeaufnahme- und Wärmeabgabevorgang erzeugten elastischen Verformungen bewirken richtungsabhängige Veränderungen der Abstände zwischen den Ionen oder Atomen im Gefüge und das unterschiedlich parallel und senkrecht zur Spannungsrichtung [120, S. 46 unten links][122, S. 43 oben]. Es bilden sich verschiedene Teilchendichten in den Raumrichtungen eines Glassubstrates aus. Folglich weist ein homogenes, optisch isotropes Glassubstrat lokal zunehmend optisch richtungsabhängige, das heißt, „optisch anisotrope" Eigenschaften auf [145, S. 187 Mitte][146][147, S. 320 oben links][148, S. 4 oben links]. Dies führt zu einer unterschiedlichen Ausbreitungsgeschwindigkeit c_{GL} der TEM-Wellen (Def. vgl. Abschnitt 2.1.1) eines Laserstrahls in den unterschiedlichen Raumrichtungen im Glassubstrat und aufgrund der für die Brechzahl $n_{GL}(\lambda_0, T)$ eines Glassubstrates mit der Ausbreitungsgeschwindigkeit c_0 eines Laserstrahls im Vakuum geltenden Beziehung

$$n_{GL}(\lambda_0, T) = \frac{c_0}{c_{GL}} \tag{2.14}$$

[12, S. 274 oben][36, S. 11 Mitte][79, S. 48 oben][149, S. 11 unten][150, S. 502 unten links][151, S. 1 links] damit auch zu einer richtungsabhängigen Änderung der Brechzahl $n_{GL}(\lambda_0, T)$ eines Glassubstrates [148, S. 4 oben links][152, S. 60 Mitte links]. Mit anderen Worten zeigt das amorphe Gefüge eines Glassubstrates zunehmend kristalline Gefügeeigenschaften eines optisch einachsigen Kristalls und weist einen doppelbrechenden Charakter, die „Spannungsdoppelbrechung", auf [12, S. 293 unten][122, S. 43 Mitte][140, S. 23 oben links][144, S. 705 unten links][152, S. 60 Mitte links][153, S. 43 Mitte u. 64 oben][154].

Die Spannungsdoppelbrechung ist die Eigenschaft eines optisch anisotropen, zunehmend einachsigen Glassubstrates, Laserstrahlung in zwei senkrecht zueinander polarisierte Teilstrahlen, einen ordentlichen (o) und einen seitlich zu diesem versetzten außerordentlichen (a) Strahlengang, aufzuteilen [9, S. 221 unten][12, S. 294 oben][74, S. 135-136][140, S. 22 oben rechts][144, S. 704 unten rechts][155, S. 12 unten][156, S. 59-60]. Dem jeweiligen Strahlengang sind die verschiedenen, senkrecht zueinander auftretenden Hauptbrechzahlen $n_o(\lambda_0, T)$ und $n_a(\lambda_0, T)$ eines Glassubstrates zugeordnet, deren Differenz die Stärke der Spannungsdoppelbrechung beschreibt [12, S. 293 unten][140, S. 22 unten rechts][148, S. 4 unten links][155, S. 12 unten][156, S. 59][157][158, S. 2 unten]. Anhand des „Indexellipsoids" können die optische Anisotropie der auftretenden Brechzahlen des Glassubstrates und das Verhalten der TEM-Wellen in einem Glassubstrat anschaulich dargestellt werden [9, S. 218-225][74, S. 130-135][130, S. 440 oben][146][155, S. 11][156, S. 58-61][159, S. 10 Mitte][160].

Als eine Konsequenz der Spannungsdoppelbrechung entstehen Aberrationen in der Form einer verzerrten Fokusgeometrie in der Bearbeitungsebene in allen drei Raumrichtungen und eine singuläre, punktförmig zu definierende Soll-Prozessfokuslage z_F ist nicht mehr gegeben. Es bilden sich zwei verschiedene Fokuslagen an der Wirkstelle aus [54, S. 48 unten u. 63][127, S. 37 Mitte][130, S. 450 Mitte][161, S. 3656 Mitte links].

Des Weiteren führt der räumliche Spannungszustand zu einer Veränderung des Polarisationszustandes eines Laserstrahls und bewirkt eine Verschlechterung der Strahlgüte [54, S. 46-47][129, S. 260 oben][130, S. 423 Mitte u. 450 Mitte][161, S. 3656 Mitte links].

Die durch einen räumlichen Spannungszustand im linear-elastischen Bereich in den unterschiedlichen Raumrichtungen auftretende Änderung der Brechzahl $n_{GL}(\lambda_0, T)$ eines Glassubstrates bezeichnet die Fachliteratur als „spannungs-optischen Effekt" [9, S. 829] [42, S. 343 rechts][56, S. 1][80, S. 111][127, S. 32 unten][130, S. 440 oben][153, S. 64 oben][161, S. 3657 rechts]. Dadurch trägt der spannungs-optische Effekt ebenfalls zu einer Thermischen Linse (vgl. Abbildung 2.5) [54, S. 46-47][129, S. 260 oben] und folglich zu einem Fokus-Shift Δz_F (Def. vgl. Abschnitt 2.2.4) sowie zu einer Änderung der Fokusgeometrie an der Wirkstelle bei. Im Ergebnis nimmt die Leistungsdichteverteilung $I_W(r, t)$ an der Wirkstelle ab (vgl. Abbildung 2.5).

Durch den von *James Clark Maxwell* [162] 1852 formulierten allgemeinen Ansatz

$$n_{\mathrm{GL}\,1}(\lambda_0, \sigma_{\mathrm{th}}) = n_{\mathrm{GL}\,0}(\lambda_0, T_{\mathrm{GL}\,0}) + C_1 \cdot \sigma_{\mathrm{th}\,1}(T) + C_2 \cdot \left(\sigma_{\mathrm{th}\,2}(T) + \sigma_{\mathrm{th}\,3}(T)\right) \tag{2.15}$$

$$n_{\mathrm{GL}\,2}(\lambda_0, \sigma_{\mathrm{th}}) = n_{\mathrm{GL}\,0}(\lambda_0, T_{\mathrm{GL}\,0}) + C_1 \cdot \sigma_{\mathrm{th}\,2}(T) + C_2 \cdot \left(\sigma_{\mathrm{th}\,3}(T) + \sigma_{\mathrm{th}\,1}(T)\right) \tag{2.16}$$

$$n_{\mathrm{GL}\,3}(\lambda_0, \sigma_{\mathrm{th}}) = n_{\mathrm{GL}\,0}(\lambda_0, T_{\mathrm{GL}\,0}) + C_1 \cdot \sigma_{\mathrm{th}\,3}(T) + C_2 \cdot \left(\sigma_{\mathrm{th}\,1}(T) + \sigma_{\mathrm{th}\,2}(T)\right) \tag{2.17}$$

lässt sich für einen beliebigen Betrachtungspunkt B in einem Glassubstrat der Zusammenhang zwischen den drei Hauptnormalspannungen $\sigma_{\mathrm{th}\,1}(T)$, $\sigma_{\mathrm{th}\,2}(T)$ und $\sigma_{\mathrm{th}\,3}(T)$ des thermisch induzierten räumlichen Spannungszustandes und den auftretenden Hauptbrechzahlen $n_{\mathrm{GL}\,1}(\lambda_0, \sigma_{\mathrm{th}})$, $n_{\mathrm{GL}\,2}(\lambda_0, \sigma_{\mathrm{th}})$ und $n_{\mathrm{GL}\,3}(\lambda_0, \sigma_{\mathrm{th}})$ mathematisch abbilden [146][163, S. 56 oben]. $\sigma_{\mathrm{th}\,1}(T)$, $\sigma_{\mathrm{th}\,2}(T)$ und $\sigma_{\mathrm{th}\,3}(T)$ sowie $n_{\mathrm{GL}\,1}(\lambda_0, \sigma_{\mathrm{th}})$, $n_{\mathrm{GL}\,2}(\lambda_0, \sigma_{\mathrm{th}})$ und $n_{\mathrm{GL}\,3}(\lambda_0, \sigma_{\mathrm{th}})$ stehen senkrecht aufeinander. Die Größe λ_0 kennzeichnet die Wellenlänge des eingestrahlten Laserlichts im Vakuum. $T_{\mathrm{GL}\,0}$ beschreibt die Ausgangstemperatur des Glassubstrates für die Bestimmung der Ausgangsbrechzahl $n_{\mathrm{GL}\,0}(\lambda_0, T_{\mathrm{GL}\,0})$ des thermisch und mechanisch unbelasteten Glassubstrates. C_1 und C_2 symbolisieren die richtungsabhängigen, materialspezifischen „photo-elastischen Koeffizienten" [139, S. 108 unten] [146][163, S. 56 oben].

Breitet sich ein Laserstrahl in einem radialen axialsymmetrischen Glassubstrat parallel zur optischen Achse z aus und wirken zwei der drei auftretenden thermisch induzierten mechanischen Hauptnormalspannungen $\sigma_{\mathrm{th}\,1}(T)$, $\sigma_{\mathrm{th}\,2}(T)$ und $\sigma_{\mathrm{th}\,3}(T)$ senkrecht dazu, ist ein zusammenhängendes Paar aus Hauptnormalspannung und Hauptbrechzahl ebenfalls parallel zur optischen Achse z ausgerichtet. Wirkt $\sigma_{\mathrm{th}\,3}(T)$ definitionsgemäß entlang der optischen Achse z, schwingen die TEM-Wellen eines Laserstrahls in den Schwingungsebenen, die durch $\sigma_{\mathrm{th}\,1}(T)$ und z sowie durch $\sigma_{\mathrm{th}\,2}(T)$ und z gebildet werden, parallel und senkrecht zu $\sigma_{\mathrm{th}\,1}(T)$ und $\sigma_{\mathrm{th}\,2}(T)$. [144, S. 706 oben links][145, S. 187 Mitte] [146][163, S. 56 oben] Da die Brechzahl $n_{\mathrm{GL}}(\lambda_0, T)$ eines Glassubstrates von der Orientierung der Schwingungsebene der TEM-Wellen in Bezug auf die Spannungsachse abhängt, bestimmen die zu $\sigma_{\mathrm{th}\,1}(T)$ und $\sigma_{\mathrm{th}\,2}(T)$ parallel orientierten Hauptbrechzahlen $n_{\mathrm{GL}\,1}(\lambda_0, \sigma_{\mathrm{th}}) = n_{\mathrm{a}}(\lambda_0, T)$ und $n_{\mathrm{GL}\,2}(\lambda_0, \sigma_{\mathrm{th}}) = n_{\mathrm{o}}(\lambda_0, T)$ die Ausbreitung der TEM-Wellen [139, S. 108 unten][145, S. 187 Mitte]. Die senkrecht dazu orientierte Hauptbrechzahl $n_{\mathrm{GL}\,3}(\lambda_0, \sigma_{\mathrm{th}})$ parallel zu $\sigma_{\mathrm{th}\,3}(T)$ bleibt ohne Bedeutung für die weitere Betrachtung und die Gleichung (2.17) fällt weg [75, S. 74 oben][155, S. 12 oben]. Es bleiben die Hauptbrechzahlen, die parallel ($\parallel$) und senkrecht ($\perp$) zur „Hauptebene" des doppelbrechenden Glassubstrates liegen, zurück.

Für den ordentlichen (o) Strahlengang liegt die Schwingungsrichtung bzw. die Polarisationsrichtung senkrecht zur Hauptebene und es gilt $n_{\mathrm{o}}(\lambda_0, T) = n_{\mathrm{GL}\,\perp}(\lambda_0, T)$, wogegen der außerordentliche (a) Strahlengang in der Hauptebene schwingt bzw. in dieser polarisiert ist und $n_{\mathrm{a}}(\lambda_0, T) = n_{\mathrm{GL}\,\parallel}(\lambda_0, T)$ gilt [12, S. 294 Mitte][75, S. 73 Mitte][144, S. 704-706][156, S. 60 oben].

Unter der Maßgabe, dass das von *Robert Hooke* 1678 empirisch ermittelte „Hookesche Elastizitätsgesetz" [164] $\sigma = E \cdot \varepsilon$ gilt sowie für kleine Änderungen der thermisch induzierten mechanischen Spannungen $\sigma_{\mathrm{th}}(T)$, lassen sich die richtungsabhängigen, materialspezifischen photo-elastischen Koeffizienten C_1 und C_2 in den Formen

$$K_{\|} = C_1 = \frac{\mathrm{d}n_{\mathrm{GL}\,\|}(\lambda_0, T)}{\mathrm{d}\sigma_{\mathrm{th}}(T)} \tag{2.18}$$

und

$$K_{\perp} = C_2 = \frac{\mathrm{d}n_{\mathrm{GL}\,\perp}(\lambda_0, T)}{\mathrm{d}\sigma_{\mathrm{th}}(T)} \tag{2.19}$$

[139, S. 108 unten][145, S. 187 unten][148, S. 4 Mitte links][158, S. 2 Mitte] aufstellen. Sie geben die richtungsabhängige Änderung der parallel und senkrecht auftretenden Brechzahlen $n_{\mathrm{GL}\,\|}(\lambda_0, T)$ und $n_{\mathrm{GL}\,\perp}(\lambda_0, T)$ eines Glassubstrates durch eine auftretende thermisch induzierte mechanische Spannung $\sigma_{\mathrm{th}}(T)$ wieder. $K_{\|}$ beschreibt die Änderung der Brechzahl $n_{\mathrm{GL}\,\|}(\lambda_0, T)$ eines Glassubstrates parallel (‖) zu $\sigma_{\mathrm{th}}(T)$ und $K_{\perp}$ beschreibt die Änderung der Brechzahl $n_{\mathrm{GL}\,\perp}(\lambda_0, T)$ eines Glassubstrates senkrecht (⊥) zu $\sigma_{\mathrm{th}}(T)$.

Die Bestimmung von $K_{\|}$ und $K_{\perp}$ erfolgt z. B. über die „Vier-Punkt-Biegemethode" [165][166] durch eine von außen einachsig auf ein Glassubstrat aufgebrachte mechanische Prüfkraft F_{m}, die eine senkrecht zu dieser auftretende mechanische Spannung σ_{m} im Glassubstrat zur Folge hat. Anhand eines zu F_{m} und σ_{m} das Glassubstrat wiederum senkrecht durchstrahlenden Laserstrahls, lässt sich die richtungsabhängige Auswirkung der mechanischen Spannung σ_{m} auf die Brechzahl $n_{\mathrm{GL}}(\lambda_0, T)$ des Glassubstrates betrachten. Gemessen bei dem Mittelwert $\overline{\lambda_0} = 589{,}3$ nm der Wellenlänge im Vakuum des Laserlichts der Natrium-D-Line können die Beträge von $K_{\|}$ und $K_{\perp}$ Werte zwischen 0 und $9 \cdot 10^{-12}\ \mathrm{m}^2 \cdot \mathrm{N}^{-1}$ annehmen [122, S. 43 Mitte]. Dementsprechend bewirken bereits geringe Änderungen von $\sigma_{\mathrm{th}}(T)$ in Glassubstraten mit großen Werten für $K_{\|}$ und $K_{\perp}$ Brechzahländerungen von 10^{-5} [122, S. 43 Mitte].

Die Differenz der photo-elastischen Koeffizienten definiert den glassubstratabhängigen „spannungs-optischen Koeffizienten"

$$K_{\mathrm{GL}} = K_{\|} - K_{\perp} \tag{2.20}$$

[120, S. 46 unten links][144, S. 706 Mitte links u. 744 unten rechts][145, S. 187 unten][146] [147, S. 322 unten rechts][158, S. 2 unten][163, S. 56 Mitte][167, S. 179, Mitte rechts] als Maß für die optische Anisotropie der Brechzahlen $n_{\mathrm{GL}\,\|}(\lambda_0, T)$ und $n_{\mathrm{GL}\,\perp}(\lambda_0, T)$. Strebt K_{GL} gegen 0, tritt kaum bis keine optische Anisotropie auf [122, S. 43 Mitte].

Aufgrund der zuvor eingeführten Definition, dass $\sigma_{\mathrm{th}\,3}(T)$ entlang der optischen Achse z wirkt, bleibt die parallel zu $\sigma_{\mathrm{th}\,3}(T)$ orientierte Hauptbrechzahl $n_{\mathrm{GL}\,3}(\lambda_0, \sigma_{\mathrm{th}})$ ohne Bedeutung und die Gleichung (2.17) fällt weg. Es ergeben sich ohne Einschränkung der Allgemeingültigkeit aus den Gleichungen (2.15) und (2.16) für die Schwingungsebenen der TEM-Wellen eines Laserstrahls parallel und senkrecht zu den thermisch induzierten mechanischen Hauptnormalspannungen $\sigma_{\mathrm{th}\,1}(T)$ und $\sigma_{\mathrm{th}\,2}(T)$ in der zu einem einfallenden Laserstrahl senkrechten Ebene abschließend die Beziehungen

$$n_{\text{abs GL}\,\sigma\text{th}\,\parallel}(\lambda_0, T) =$$
$$n_{\text{abs GL}\,0}(\lambda_0, T_{\text{GL}\,0}) + \frac{\mathrm{d}n_{\text{abs GL}\,\parallel}(\lambda_0, T)}{\mathrm{d}\sigma_{\text{th}}(T)} \cdot \sigma_{\text{th}\,1}(T)$$
$$+ \frac{\mathrm{d}n_{\text{abs GL}\,\perp}(\lambda_0, T)}{\mathrm{d}\sigma_{\text{th}}(T)} \cdot \left(\sigma_{\text{th}\,2}(T) + \sigma_{\text{th}\,3}(T)\right) \quad (2.21)$$

und

$$n_{\text{abs GL}\,\sigma\text{th}\,\perp}(\lambda_0, T) =$$
$$n_{\text{abs GL}\,0}(\lambda_0, T_{\text{GL}\,0}) + \frac{\mathrm{d}n_{\text{abs GL}\,\parallel}(\lambda_0, T)}{\mathrm{d}\sigma_{\text{th}}(T)} \cdot \sigma_{\text{th}\,2}(T)$$
$$+ \frac{\mathrm{d}n_{\text{abs GL}\,\perp}(\lambda_0, T)}{\mathrm{d}\sigma_{\text{th}}(T)} \cdot \left(\sigma_{\text{th}\,3}(T) + \sigma_{\text{th}\,1}(T)\right) \quad (2.22)$$

[145, S. 187 Mitte][158, S. 2 Mitte] für die Brechzahlen $n_{\text{abs GL}\,\sigma\text{th}\,\parallel}(\lambda_0, T)$ und $n_{\text{abs GL}\,\sigma\text{th}\,\perp}(\lambda_0, T)$ gegenüber dem Vakuum eines radialen, axialsymmetrischen, homogenen, lokal optisch anisotropen Glassubstrates. Das Vorgehen bei der Anpassung der im Vakuum bestimmten Brechzahlen $n_{\text{abs GL}\,\sigma\text{th}\,\parallel}(\lambda_0, T)$ und $n_{\text{abs GL}\,\sigma\text{th}\,\perp}(\lambda_0, T)$ an die auf das umgebende Medium (med) bezogenen relativen Brechzahlen $n_{\text{rel GL}\,\sigma\text{th}\,\parallel}(\text{med}, \lambda_0, T)$ und $n_{\text{rel GL}\,\sigma\text{th}\,\perp}(\text{med}, \lambda_0, T)$ eines Glassubstrates ist in der allgemeinen Form im Abschnitt 2.2.3 ausgeführt.

2.2.2.4 End-Effekt

Aufgrund eines Temperaturanstiegs wächst die Energie der ungeordneten Bewegung der Atome und sie schwingen verstärkt um ihre Ruhelage. Der mittlere Abstand nimmt mit steigender Energie zu und das Glassubstrat dehnt sich aus. [7, S. 235 Mitte][142, S. 29 oben][168, S. 1-2] Demzufolge treten im linear-elastischen Bereich neben thermisch induzierten mechanischen Spannungen (vgl. Abschnitt 2.2.2.3) in einem Glassubstrat rein thermisch induzierte Dehnungseffekte an der mechanisch nicht behinderten Oberfläche eines optischen Elementes auf [142, S. 29 unten u. 31 unten].

Reine Wärmedehnungen ε_{th}, wie sie im Hookeschen Elastizitätsgesetz auftreten, erfolgen in homogenen, isotropen Glassubstraten (Def. vgl. Abschnitt 3.2.2) richtungsunabhängig gleich, bewirken einen gleichmäßigen Zuwachs oder eine gleichmäßige Abnahme ΔL der Ausgangslänge $L(T_{\text{GL}\,0})$, mit der Ausgangstemperatur $T_{\text{GL}\,0}$ des thermisch unbelasteten Glassubstrates, [142, S. 29 Mitte][169, S. 3.16 oben] und sind bei einem Temperaturanstieg immer größer als 0 [90, S. 25388 unten]. Diese lassen sich für ein radiales axialsymmetrisches Glassubstrat mit der optischen Achse (Symmetrieachse) z unter der Annahme des temperaturunabhängigen, mittleren linearen thermischen Ausdehnungskoeffizienten $\overline{\alpha_{\text{T}}}$ (vgl. Abschnitt 3.2.2) sowie einer gleichmäßigen Temperaturänderung $\Delta T_{\text{GL}} = T_{\text{GL}}(r, t) - T_{\text{GL}\,0}$ des Glassubstrates als relative Längenänderung durch den vereinfachten exponentiellen Ausdruck

$$\varepsilon_{\text{th}}(T) = \frac{\Delta L}{L(T_{\text{GL}\,0})} = \mathrm{e}^{\overline{\alpha_{\text{T}}} \cdot \Delta T_{\text{GL}}} - 1 \quad (2.23)$$

berechnen. Für Wärmeaufnahmevorgänge gilt $\Delta T_{\mathrm{GL}} > 0$ und für Wärmeabgabevorgänge gilt $\Delta T_{\mathrm{GL}} < 0$ [142, S. 29 Mitte]. Für kleine Temperaturänderungen ΔT_{GL} des Glassubstrates und mit einem vernachlässigbaren Fehler ist die Gleichung (2.23) in der Form

$$\varepsilon_{\mathrm{th}}(T) = \frac{\Delta L}{L(T_{\mathrm{GL\,0}})} \approx \overline{\alpha_{\mathrm{T}}} \cdot \Delta T_{\mathrm{GL}} \tag{2.24}$$

[142, S. 29 Mitte][143, S. 42 Mitte][169, S. 3.16 oben][170, S. 26 oben] linearisierbar.

Mit der laserstrahlinduzierten, radius- und zeitabhängigen, inhomogenen Temperaturverteilung $T_{\mathrm{GL}}(r,t)$ im Glassubstrat wächst das Ausgangsvolumen $V(T_{\mathrm{GL\,0}})$ inhomogen an und spiegelt sich in einer (veränderten) Oberflächenwölbung bzw. in (veränderten) Krümmungsradien $R_1(T)$ und $R_2(T)$ eines optischen Elementes wider (vgl. Abbildung 2.5). Mit diesen Veränderungen geht eine veränderte Länge $L(T)$ bzw. radiusabhängige Dicke $d(T)$ eines optischen Elementes einher. [43, S. 2 unten rechts][45, S. 49 oben u. 50 oben rechts][46, S. 288 unten links][47, S. 26-27][49, S. 3 unten][125, S. 2550 Mitte links] Diesen Effekt beschreibt die Fachliteratur als „End-Effekt"; ein weiterer Beitrag zu einer Thermischen Linse (vgl. Abbildung 2.5) [44, S. 2 oben][54, S. 52 Mitte][56, S. 5 Mitte][130, S. 443 Mitte][171, S. 1125 unten][172, S. 3] und folglich zu einem Fokus-Shift Δz_{F} (Def. vgl. Abschnitt 2.2.4).

Sowohl $d(T_{\mathrm{GL\,0}})$ als auch $R_1(T_{\mathrm{GL\,0}})$ und $R_2(T_{\mathrm{GL\,0}})$ sind grundlegende Kenngrößen eines thermisch unbelasteten, radialen, rotationssymmetrischen, laserstrahldurchlässigen optischen Elementes mit der optischen Achse z für die Berechnung seiner Brennweite f_{L} bzw. seiner Brechkraft D_{L} [47, S. 26-27][77, S. 39-41][81, S. 106][132, S. 233 oben] (vgl. Tabelle 2.4).

Die thermische Veränderung der temperaturabhängigen Kenngrößen $d(T)$, $R_1(T)$ und $R_2(T)$ bewirkt die thermisch induzierte Brechkraft D_{G} des End-Effektes, die der Brechkraft D_{L} eines thermisch unbelasteten optischen Elementes überlagert ist. Die im Ergebnis hervorgerufene thermisch veränderte Brechkraft $D_{\mathrm{L\,th\,G}}$ eines thermisch belasteten optischen Elementes lässt sich mit dem Zusammenhang

$$\begin{aligned} D_{\mathrm{L\,th\,G}} &= \frac{1}{f_{\mathrm{L\,th\,G}}} = D_{\mathrm{L}} + D_{\mathrm{G}} \\ &= D_{\mathrm{L}} + \left(\frac{n_{\mathrm{abs\,GL\,0}}(\lambda_0, T_{\mathrm{GL\,0}})}{n_{\mathrm{med\,0}}(\lambda_0, T_{\mathrm{U}}, p_0)} - 1\right) \\ &\quad \cdot \left[\frac{1}{\Delta R_1(T)} - \frac{1}{\Delta R_2(T)} + \left(1 - \frac{n_{\mathrm{med\,0}}(\lambda_0, T_{\mathrm{U}}, p_0)}{n_{\mathrm{abs\,GL\,0}}(\lambda_0, T_{\mathrm{GL\,0}})}\right) \cdot \frac{\Delta d(T)}{\Delta R_1(T) \cdot \Delta R_2(T)}\right] \end{aligned} \tag{2.25}$$

[149, S. 31][173, S. 100 Mitte][174, S. 274 links] berechnen, wobei die Ausgangsbrechzahlen $n_{\mathrm{abs\,GL\,0}}(\lambda_0, T_{\mathrm{GL\,0}})$ des thermisch unbelasteten Glassubstrates und $n_{\mathrm{med\,0}}(\lambda_0, T_{\mathrm{U}}, p_0)$ des umgebenden Mediums (med) im thermisch unbelasteten Zustand unverändert beibehalten werden. Für das thermisch unbelastete optische Element sind die Glassubstrattemperatur $T_{\mathrm{GL}}(r,t)$ und die Umgebungstemperatur T_{U} gleich, sodass $\Delta T_{\mathrm{GL}} = T_{\mathrm{GL}}(r,t) - T_{\mathrm{U}} = 0$, mit $T_{\mathrm{GL}}(r,t) = T_{\mathrm{GL\,0}}$, gilt. Die Vorzeichen der Krümmungsradien $R_1(T)$ und $R_2(T)$ sind in der Abhängigkeit von der Krümmung der laserstrahldurchlässigen Oberflächen des optischen Elementes gemäß der Norm DIN ISO 10110-12:2021-09 [175, S. 8

unten] zu verwenden (vgl. Tabelle 2.4). Der Krümmungsradius R_1 bzw. R_2 weist ein positives Vorzeichen auf, wenn der auf der optischen Achse z liegende Krümmungsmittelpunkt rechts vom Flächenscheitel der laserstrahldurchlässigen Oberfläche liegt (vgl. Abbildung 2.6). Liegt der auf der optischen Achse z liegende Krümmungsmittelpunkt links vom Flächenscheitel der laserstrahldurchlässigen Oberfläche, weist der Krümmungsradius R_1 bzw. R_2 ein negatives Vorzeichen auf (vgl. Abbildung 2.6).

Die Änderung Δf_{G} der Brennweite f_{L} ergibt sich auf der Basis der Gleichung (2.25) durch die Beziehung

$$\begin{aligned} \Delta f_{\mathrm{G}} &= f_{\mathrm{L\,th\,G}} - f_{\mathrm{L}} \\ &= \frac{1}{D_{\mathrm{L\,th\,G}}} - \frac{1}{D_{\mathrm{L}}}. \end{aligned} \tag{2.26}$$

Die aufgrund der thermischen Veränderung der Kenngrößen $d(T)$, $R_1(T)$ und $R_2(T)$ hervorgerufene Brennweitenverschiebung Δf_{G} ist in der Abbildung 2.6 an den Beispielen einer bikonvexen und einer bikonkaven Linse grafisch dargestellt.

In der Praxis umgibt meist Luft als Medium optische Elemente. Damit lässt sich in der Gleichung (2.25) für die Brechzahl $n_{\mathrm{med\,0}}(\lambda_0, T_{\mathrm{U}}, p_0)$ des umgebenden Mediums im thermisch unbelasteten Zustand die Brechzahl n_{air} der Luft im thermisch unbelasteten Zustand gemäß der Gleichung (2.35) verwenden. Alternativ kann direkt das Ergebnis der Gleichung (2.30) genutzt werden, wenn die auf das umgebende Medium bezogene relative Brechzahl $n_{\mathrm{rel\,GL\,0}}(\mathrm{med}, \lambda_0, T_{\mathrm{GL\,0}})$ des thermisch unbelasteten Glassubstrates bekannt ist.

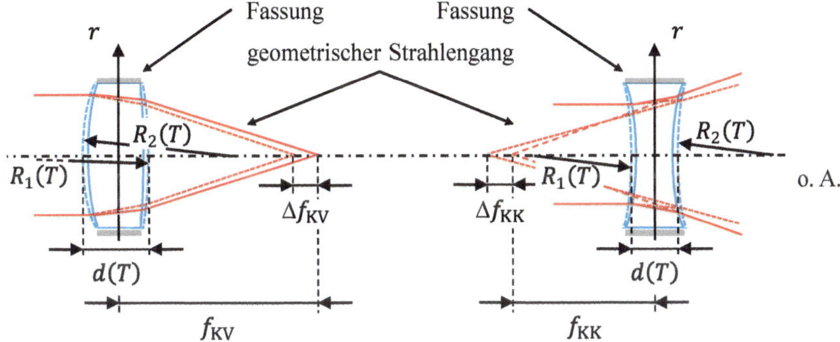

Abbildung 2.6 Geometrieänderungen an den Beispielen einer bikonvexen radialen rotationssymmetrischen und einer bikonkaven radialen rotationssymmetrischen Linse entlang der optischen Achse (o. A.). Eine Ausdehnung (gestrichelte Konturen der Linsenoberflächen) der senkrecht zur optischen Achse liegenden optisch wirksamen Oberflächen führt zu einer Verringerung (konvex) bzw. Verlängerung (konkav) der Krümmungsradien $R_1(T)$ und $R_2(T)$ der Oberflächen. Die für die thermisch unbelastete Linse vorliegende Brennweite f_{KV} verkürzt bzw. f_{KK} verlängert sich und eine Brennweitenverschiebung Δf_{KV} bzw. Δf_{KK} entsteht. Zusätzlich steigt vor allem im Umfeld der optischen Achse, im Allgemeinen ein Ort sehr hoher Temperaturen $T_{\mathrm{GL}}(r, t)$, die radiusabhängige Linsendicke $d(T)$ an. [43, S. 2-3][45, S. 49 oben u. 50 oben rechts][46, S. 288][47, S. 26-27][49, S. 3 unten][125, S. 2550 Mitte links]

2.2.2.5 Überlagerung des thermo-optischen, des spannungs-optischen und des End-Effektes

Der thermo-optische (vgl. Abschnitt 2.2.2.2), der spannungs-optische (vgl. Abschnitt 2.2.2.3) und der End-Effekt (vgl. Abschnitt 2.2.2.4) wirken in der Summe, jedoch in unterschiedlich starker Ausprägung, gleichzeitig auf die resultierende zeitabhängige Verschiebung der Soll-Prozessfokuslage z_F.

Aus dem thermo-optischen und dem spannungs-optischen Effekt resultiert die materialspezifische Brechzahl $n_{GL}(\lambda_0, T)$ des Glassubstrates optischer Elemente. In der Kombination der Gleichungen (2.13), (2.21) und (2.22) ergeben sich für die Gesamtbrechzahlen eines optischen Elementes gegenüber dem Vakuum für die senkrecht aufeinander stehenden Schwingungsebenen der TEM-Wellen eines Laserstrahls und in der zu einem einfallenden Laserstrahl senkrechten Ebene die Summen

$$\begin{aligned} n_{\mathrm{abs\,GL}\parallel}(\lambda_0, T) = n_{\mathrm{abs\,GL\,0}}(\lambda_0, T_{\mathrm{GL\,0}}) &+ \frac{\mathrm{d}n_{\mathrm{abs\,GL}}(\lambda_0, T)}{\mathrm{d}T_{\mathrm{GL}}(r, t)} \cdot (T_{\mathrm{GL}}(r, t) - T_{\mathrm{GL\,0}}) \\ &+ \frac{\mathrm{d}n_{\mathrm{abs\,GL}\parallel}(\lambda_0, T)}{\mathrm{d}\sigma_{\mathrm{th}}(T)} \cdot \sigma_{\mathrm{th\,1}}(T) \\ &+ \frac{\mathrm{d}n_{\mathrm{abs\,GL}\perp}(\lambda_0, T)}{\mathrm{d}\sigma_{\mathrm{th}}(T)} \cdot \left(\sigma_{\mathrm{th\,2}}(T) + \sigma_{\mathrm{th\,3}}(T)\right) \end{aligned} \quad (2.27)$$

und

$$\begin{aligned} n_{\mathrm{abs\,GL}\perp}(\lambda_0, T) = n_{\mathrm{abs\,GL\,0}}(\lambda_0, T_{\mathrm{GL\,0}}) &+ \frac{\mathrm{d}n_{\mathrm{abs\,GL}}(\lambda_0, T)}{\mathrm{d}T_{\mathrm{GL}}(r, t)} \cdot (T_{\mathrm{GL}}(r, t) - T_{\mathrm{GL\,0}}) \\ &+ \frac{\mathrm{d}n_{\mathrm{abs\,GL}\parallel}(\lambda_0, T)}{\mathrm{d}\sigma_{\mathrm{th}}(T)} \cdot \sigma_{\mathrm{th\,2}}(T) \\ &+ \frac{\mathrm{d}n_{\mathrm{abs\,GL}\perp}(\lambda_0, T)}{\mathrm{d}\sigma_{\mathrm{th}}(T)} \cdot \left(\sigma_{\mathrm{th\,3}}(T) + \sigma_{\mathrm{th\,1}}(T)\right) \end{aligned} \quad (2.28)$$

[125, S. 2548 unten rechts][126, S. 2383 unten rechts][127, S. 32 unten][161, S. 3658 Mitte rechts] in der Abhängigkeit von einer inhomogenen radiusabhängigen Temperaturverteilung $T_{GL}(r, t)$ in einem Glassubstrat. λ_0 beschreibt die betrachtete Wellenlänge im Vakuum und t definiert einen Betrachtungszeitpunkt bzw. -zeitraum. Das Vorgehen bei der Anpassung der im Vakuum bestimmten Brechzahlen $n_{\mathrm{abs\,GL}\parallel}(\lambda_0, T)$ und $n_{\mathrm{abs\,GL}\perp}(\lambda_0, T)$ eines Glassubstrates an die auf das umgebende Medium (med) bezogenen relativen Brechzahlen $n_{\mathrm{rel\,GL}\parallel}(\mathrm{med}, \lambda_0, T)$ und $n_{\mathrm{rel\,GL}\perp}(\mathrm{med}, \lambda_0, T)$ eines Glassubstrates ist in der allgemeinen Form im Abschnitt 2.2.3 ausgeführt.

Durch die inhomogenen Verteilungen der Brechzahlen $n_{\mathrm{abs\,GL}\parallel}(\lambda_0, T)$ und $n_{\mathrm{abs\,GL}\perp}(\lambda_0, T)$ bzw. $n_{\mathrm{rel\,GL}\parallel}(\mathrm{med}, \lambda_0, T)$ und $n_{\mathrm{rel\,GL}\perp}(\mathrm{med}, \lambda_0, T)$ eines Glassubstrates verhält sich das Glassubstrat selbst wie ein fokussierendes laserstrahldurchlässiges Element, dessen thermisch induzierte Brennweiten $f_{\mathrm{th}\parallel}$ und $f_{\mathrm{th}\perp}$ der Brennweite f_L eines thermisch unbelasteten optischen Elementes überlagert sind [43, S. 2-3][44, S. 1-2][46, S. 288][48, S. 170-171][69, S. 1 Mitte links].

Ein weiterer Anteil der optischen Wirkung kommt durch die inhomogene Deformation der optisch wirksamen Oberflächen, der End-Effekt, hinzu [43, S. 2 unten rechts][44, S. 2 oben][46, S. 288][48, S. 171 rechts oben].

In der Notation der Brechkraft [77, S. 39-41][81, S. 106] lässt sich die gesamte optische Wirkung eines optischen Elementes in der Form

$$\begin{aligned} D_{\mathrm{L\,th}} &= \frac{1}{f_{\mathrm{L\,th}}} = D_{\mathrm{L}} + D_{\mathrm{th}} \\ &= D_{\mathrm{L}} + D_{\mathrm{T}} + D_{\sigma\mathrm{th}} + D_{\mathrm{G}} \end{aligned} \tag{2.29}$$

[46, S. 288 oben rechts][48, S. 170-171][54, S. 51 oben][56, S. 5 unten][130, S. 444 oben] [132, S. 234 oben][176, S. 384 unten rechts] schreiben. Die Einheit der Brechkraft ist eins pro Meter und $f_{\mathrm{L\,th}}$ ist die Brennweite eines thermisch veränderten optischen Elementes. Die Größen D_{T}, $D_{\sigma\mathrm{th}}$ und D_{G} beschreiben die der Brechkraft D_{L} eines thermisch unbelasteten optischen Elementes überlagerten Brechkräfte des thermo-optischen, des spannungsoptischen und des End-Effektes und sind in der Größe D_{th} zusammengefasst. Ist $D_{\mathrm{L\,th}} > D_{\mathrm{L}}$ verkürzt sich die Brennweite f_{L} eines thermisch unbelasteten optischen Elementes. Ist $D_{\mathrm{L\,th}} < D_{\mathrm{L}}$ verlängert sich die Brennweite f_{L} eines thermisch unbelasteten optischen Elementes.

Für eine detaillierte Analyse des Fokus-Shifts Δz_{F} (Def. vgl. Abschnitt 2.2.4) eines optischen Systems ist der Beitrag aller optischen Komponenten zu einer Verschiebung der Soll-Prozessfokuslage z_{F} zu beachten [45, S. 50 oben links]. Dabei beeinflussen die einzelnen thermisch veränderten Brennweiten $f_{\mathrm{L\,th}}$ der laserstrahldurchlässigen optischen Elemente maßgeblich die Systembrennweite f_{S} und damit die Soll-Prozessfokuslage z_{F} [46, S. 288 oben rechts] (vgl. Abschnitt 1.2).

2.2.3 Einflüsse wichtiger Umgebungsgrößen

Zusätzlich zu den thermisch induzierten laserstrahlabhängigen Einflüssen auf optische Elemente tragen zur Veränderung der laserstrahlrelevanten Prozessparameter an der Wirkstelle (vgl. Abschnitte 1.2 und 2.2.2) Einflussgrößen im freien Raum zwischen optischen Elementen sowie an Medienübergängen (vgl. Abschnitte 2.2.2.1 und 2.2.2.5) bei. Im freien Raum befindet sich Luft oder befinden sich von der Luft abweichende, gasförmige Kühlmedien [57, S. 101]. Diese Medien sind orts- und zeitabhängigen Schwankungen der Umgebungsbedingungen unterworfen [177, S. 49 unten].

Ein Temperaturgradient $\nabla T(t)$ zwischen dem Umgebungsmedium niedrigerer Temperatur und den Oberflächen höherer Temperatur eines optischen Elementes ruft einen Wärmetransport hervor (vgl. Abschnitt 2.2.1) und das Umgebungsmedium erwärmt sich lokal. Somit führen bei einem gegebenen absoluten Druck p verstärkte Molekularbewegungen zu einer Volumenausdehnung und daraus resultierend zu einer geringeren Dichte im umgebenden Medium (med), die wiederum direkt die Brechzahl $n_{\mathrm{med}}(\lambda_0, T_{\mathrm{U}}, p)$ des Mediums verringert [135, S. 129 unten][178, S. 157 unten rechts]. Zusätzlich wirken auf eine Dichteänderung der absolute Druck p sowie die Zusammensetzung und der Zustand des Umgebungsmediums; bei Luft insbesondere die relative Luftfeuchtigkeit RH [135, S. 128 unten][179, S. 110 unten links].

Die Änderung der optischen Eigenschaften bewirkt unterschiedliche Brechzahlübergänge zwischen dem umgebenden Medium und einem Glassubstrat und verändert kontinuierlich den Medienübergang eines Laserstrahls. In der Summe tragen die Anzahl und die Art der Brechzahlübergänge sowie die optischen Eigenschaften des umgebenden Mediums zwischen den optischen Elementen und der Wirkstelle zu einer Laserstrahlveränderung an der Wirkstelle bei (vgl. Abschnitte 1.2 und 2.2.4). Daher ist im Allgemeinen eine Überführung der absoluten Brechzahl $n_{\mathrm{abs\,GL}}(\lambda_0, T)$ in die auf das umgebende Medium (med) bezogene relative Brechzahl $n_{\mathrm{rel\,GL}}(\mathrm{med}, \lambda_0, T)$ eines Glassubstrates nicht mehr vernachlässigbar, um den Einfluss des umgebenden Mediums auf eine veränderte Laserstrahlausbreitung erfassen zu können [56, S. 4 Mitte][177, S. 49 unten]. So kann *Davis et al.* [56, S. 4 Mitte] zufolge der Unterschied zwischen dem absoluten thermo-optischen Koeffizienten $\beta_{\mathrm{abs\,GL}}$ im Vakuum und dem auf das umgebende Medium bezogenen relativen thermo-optischen Koeffizienten $\beta_{\mathrm{rel\,GL}}$ erheblich sein. Außerdem können sich gemäß den Untersuchungen von *Alexander Gatej* [61, S. 15 Mitte] $n_{\mathrm{abs\,GL}}(\lambda_0, T)$ und $n_{\mathrm{rel\,GL}}(\mathrm{med}, \lambda_0, T)$ sogar im Vorzeichen unterscheiden. Eine Überführung lässt sich mit dem Zusammenhang der Brechzahlen

$$n_{\mathrm{rel\,GL}}(\mathrm{med}, \lambda_0, T) = \frac{n_{\mathrm{abs\,GL}}(\lambda_0, T)}{n_{\mathrm{med}}(\lambda_0, T_{\mathrm{U}}, p)} \tag{2.30}$$

und der thermo-optischen Koeffizienten

$$\beta_{\mathrm{rel\,GL}} = \frac{\beta_{\mathrm{abs\,GL}} - n_{\mathrm{rel\,GL}}(\mathrm{med}, \lambda_0, T) \cdot \beta_{\mathrm{med}}}{n_{\mathrm{med}}(\lambda_0, T_{\mathrm{U}}, p)} \tag{2.31}$$

durchführen [56, S. 4 Mitte][136, S. 2 unten][139, S. 106 unten][180, S. 6 unten]. Während die Temperaturabhängigkeit von $n_{\mathrm{abs\,GL}}(\lambda_0, T)$ lediglich gegenüber den Materialeigenschaften besteht, beinhaltet die Temperaturabhängigkeit von $n_{\mathrm{rel\,GL}}(\mathrm{med}, \lambda_0, T)$ außerdem die Änderung der Brechzahl $n_{\mathrm{med}}(\lambda_0, T_{\mathrm{U}}, p)$ des umgebenden Mediums mit der Umgebungstemperatur T_{U} und dem absoluten Druck p bei derselben Wellenlänge λ_0 im Vakuum [122, S. 19-20][135, S. 144 oben]. Der temperaturabhängige Brechzahlgradient β_{med} des Mediums ist, äquivalent zu der Gleichung (2.12), gegeben durch

$$\beta_{\mathrm{med}} = \frac{\mathrm{d}n_{\mathrm{med}}(\lambda_0, T_{\mathrm{U}}, p)}{\mathrm{d}T_{\mathrm{U}}}. \tag{2.32}$$

In Laser-Remote-Bearbeitungsköpfen umgibt größtenteils Luft Linsensysteme und Freistrahlaperturen, deshalb wird im konkreten Fall für die weitere Betrachtung $n_{\mathrm{med}}(\lambda_0, T_{\mathrm{U}}, p) = n_{\mathrm{air}}$ gesetzt und die absolute Brechzahl $n_{\mathrm{abs\,GL}}(\lambda_0, T)$ eines Glassubstrates auf die Brechzahl n_{air} der Luft bezogen. Mit der Gleichung (2.30) führt dies zur relativen Brechzahl $n_{\mathrm{rel\,GL}}(\lambda_0, T)$ eines Glassubstrates gegenüber der Luft.

Bei einer Vernachlässigung der Differenz der Brechzahl n_{air} der Luft gegenüber der Brechzahl $n_{\mathrm{vac}} = 1$ des Vakuums führt dies zu einem systematischen Fehler der optischen Wegstrecke eines Laserstrahls in der Luft, der der Brechzahldifferenz $n_{\mathrm{air}} - n_{\mathrm{vac}}$ pro Meter beträgt [177, S. 49 unten][179, S. 110 unten links]. Aus diesem Grund ist es wichtig, n_{air} genau zu kennen [181, S. 28 unten].

Maßgeblich beeinflussen

- die Umgebungstemperatur T_{U},
- der absolute Druck p und
- der Wasserdampfpartialdruck p_{wv}, ermittelt über die relative Luftfeuchtigkeit RH,

die Brechzahl n_{air} der Luft. Weitere wichtige Einflussgrößen spiegeln

- die Verunreinigungen der Luft, speziell der Kohlenstoffdioxid (CO_2)-Gehalt x_{CO2}, sowie
- die Frequenz f_0 bzw. Wellenlänge λ_0 im Vakuum der relevanten Strahlung

wider. [135, S. 128-133][173, S. 95][177, S. 49-50][179, S. 110 unten links][182, S. 10 Mitte links] Der absolute Druck p bezieht sich auf den Referenzdruck $p_{\mathrm{vac}} = 0$ Pa im Vakuum [183, S. 251 Mitte].

Die relative Luftfeuchtigkeit RH beschreibt das Verhältnis zwischen der tatsächlichen und der maximalen molaren Masse des Wasserdampfes (Feuchte) in der Luft [7, S. 268 oben]. Der Zusammenhang zwischen dem Wasserdampfpartialdruck p_{wv} und der relativen Luftfeuchtigkeit RH in Prozent besteht durch den Sättigungsdampfdruck $p_{\mathrm{swv}}(T_{\mathrm{U}})$ (vgl. Abschnitt 4.5.1) bei der Umgebungstemperatur T_{U} in der Form

$$p_{\mathrm{wv}} = \frac{RH}{100\ \%} \cdot p_{\mathrm{swv}}(T_{\mathrm{U}}) \tag{2.33}$$

[7, S. 268 Mitte][132, S. 104 Mitte][182, S. 10 Mitte links][183, S. 294 unten][184, S. 12] [185, S. 1535 Mitte links]. Der molare Anteil x_{wv} des Wasserdampfes in der Luft lässt sich mit dem Wasserdampfpartialdruck p_{wv} durch den Ausdruck

$$x_{\mathrm{wv}} = p_{\mathrm{wv}} \cdot \frac{\mathrm{ehf}(p, T_{\mathrm{U}})}{p} \tag{2.34}$$

[184, S. 13][186, S. 425 oben links][187, S. 1568 unten links][188, S. 153 unten rechts] berechnen und kann den Wertebereich $0 \leq x_{\mathrm{wv}} \leq 1$ einnehmen. Die empirische Größe $\mathrm{ehf}(p, T_{\mathrm{U}})$ beschreibt den „Enhancement Factor", der auch als „Anpassungsfaktor" bezeichnet wird (vgl. Abschnitt 4.5.1).

Die wellenlängenabhängige Änderung der Brechzahl n wird durch die „Dispersion" beschrieben [9, S. 173-174][135, S. 129-130][151, S. 2 oben][156, S. 72 unten][189, S. 312 Mitte] (vgl. Abschnitt 4.4.2.1).

Die Auswirkungen der fünf Einflussgrößen T_{U}, p, p_{wv} bzw. RH, x_{CO2} und λ_0 auf die Brechzahl n_{air} der Luft untersuchten unter anderem *Bengt Edlén* [190], *James C. Owens* [191], *Frank E. Jones* [192] sowie *Birch et al.* [178][193] eingehend und beschrieben verschiedene, empirisch motivierte mathematische Formulierungen, diese zu bestimmen. *Philip E. Ciddor* [187][194][195] fasste die vorrangegangenen Leistungen zusammen und entwickelte die bislang umfangreichste und präziseste Berechnung von n_{air} [182, S. 11 Mitte links][184, S. 3][196, S. 5]. Diese mündet in die Beziehung

$$n_{\mathrm{air}} = 1 + (n_{\mathrm{da\,CO2\,s}} - 1) \cdot \frac{\rho_{\mathrm{da}}}{\rho_{\mathrm{da\,CO2\,s}}} + (n_{\mathrm{wv\,s}} - 1) \cdot \frac{\rho_{\mathrm{wv}}}{\rho_{\mathrm{wv\,s}}} \tag{2.35}$$

[184, S. 15][187, S. 1568 oben rechts] zur Berechnung der Brechzahl n_{air} der Luft. Die Berechnung basiert auf den verschiedenen Brechzahlen n und Dichten ρ der definierten „Standardbedingungen" (Index s) und den aktuellen Bedingungen der (feuchten) Umgebungsluft. Die Bedeutung der Indizes ist in der Tabelle 2.2 zusammengefasst.

Tabelle 2.2 Bedeutung der Indizes in der Gleichung (2.35).

Index	Bedeutung
da	Größen beziehen sich auf den molaren Anteil $1 - x_{\mathrm{wv}}$ der trockenen Luft
s	Größen beziehen sich auf die Standardbedingung
wv	Größen beziehen sich auf den molaren Anteil x_{wv} des Wasserdampfes
CO2	Größen beziehen sich auf den aktuellen CO_2-Gehalt x_{CO2} der trockenen Luft

Weiterhin fasst die Tabelle 2.3 die wesentlichen Größen und ihre Werte der geltenden Standardbedingungen für trockene Luft mit $RH = 0\,\%$ und für puren Wasserdampf zusammen.

Die mathematische Modellbildung für die angestrebte Korrekturmethode erfolgt im Abschnitt 4.5.2 und stellt den Zusammenhang der prozessbegleitend gemessenen Umgebungsgrößen T_{U}, p und RH mit der Brechzahl n_{air} der Luft her.

Unter den Laborbedingungen $T_{\mathrm{U}} = 20\,°\mathrm{C}$, $p = 101325\,\mathrm{Pa}$, $RH = 50\,\%$ und $x_{\mathrm{CO2}} = 450\,\mu\mathrm{mol} \cdot \mathrm{mol}^{-1}$ und bei den Wellenlängen λ_0 im Vakuum von 480 nm bis zu 1700 nm beträgt n_{air} gemäß der Gleichung (2.35) gerundet 1,00027 [179, S. 110 unten links][184]. Dies verändert die optische Wegstrecke eines Laserstrahls in der Luft um gerundet $+0{,}27\,\mathrm{mm} \cdot \mathrm{m}^{-1}$ gegenüber der Ausbreitung im Vakuum [177, S. 49 unten][179, S. 110 unten links]. Außerdem zeigen gemäß *Frank-Thomas Lentes* [181, S. 28 unten] bereits Änderungen der Umgebungstemperatur T_{U} um $\pm 5\,°\mathrm{C}$ und/oder des absoluten Drucks p um $\pm 2000\,\mathrm{Pa}$ eine nicht zu vernachlässigende Auswirkung auf die Brechzahl n_{air} der Luft. Diesbezüglich bemerken *Davis et al.* [56, S. 4 Mitte] und *Hans-Jürgen Hoffmann* [135, S. 144 Mitte], dass sich n_{air} vergleichsweise stark mit der Umgebungstemperatur T_{U}

Tabelle 2.3 Größen und Werte der definierten Standardbedingungen für trockene Luft mit $RH = 0\,\%$ und für puren Wasserdampf in der Gleichung (2.35) [135, S. 129 oben][173, S. 95 unten][184, S. 14][187, S. 1568 Mitte rechts][197][198, S. 33-34][199, S. 2 Mitte].

Standardbedingung trockene Luft	Standardbedingung purer Wasserdampf
$T_{\mathrm{da\,s}} = 15\,°\mathrm{C}$	$T_{\mathrm{wv\,s}} = 20\,°\mathrm{C}$
$p_{\mathrm{da\,s}} = 101325\,\mathrm{Pa}$	$p_{\mathrm{wv\,s}} = 1333\,\mathrm{Pa}$
$RH_{\mathrm{da\,s}} = 0\,\%$	
$x_{\mathrm{CO2\,da\,s}} = 450\,\mu\mathrm{mol} \cdot \mathrm{mol}^{-1}$	

ändert, da der Brechzahlgradient β_{air} der Luft am stärksten mit T_{U} gegenüber anderen Umgebungseinflüssen variiert [177, S. 51 Mitte][179, S. 110 oben rechts][182, S. 10 Mitte links] und den größten Einfluss ausübt (vgl. Abschnitt 4.5.1). In der Konsequenz verändern sich die strahlablenkenden Eigenschaften des optischen Systems.

Um dem entgegenzuwirken, wird anhand der ständig gemessenen Umgebungsbedingungen durch die Verwendung der Gleichung (2.35) prozessbegleitend die berechnete Anpassung von n_{air} für die angestrebte Korrekturmethode zur Fokuslagenstabilisierung (vgl. Kapitel 4) bereitgestellt sowie $n_{\mathrm{rel\,GL}}(\mathrm{med}, \lambda_0, T)$ und $\beta_{\mathrm{rel\,GL}}$ der Gleichungen (2.30) und (2.31) korrigiert. Im Anschluss lassen sich mit der Gleichung (2.29) Schlüsse auf die thermisch veränderte Brechkraft $D_{\mathrm{L\,th}}$ bzw. Brennweite $f_{\mathrm{L\,th}}$ eines optischen Elementes und in der Überlagerung aller veränderten Brennweiten aller optischen Elemente auf den Fokus-Shift Δz_{F} (Def. vgl. Abschnitt 2.2.4) eines optischen Systems ziehen.

2.2.4 Fokus-Shift

Eine Thermische Linse (vgl. Abschnitt 2.2.2) äußert sich vorrangig in einer Fokuslagenverschiebung Δz_{F} (vgl. Abbildung 2.5) entlang der optischen Achse z, die Änderungen des Fokusdurchmessers und der -form sowie der Leistungsdichteverteilung $I(r, t)$ im Strahlengang nach sich zieht [45, S. 48][50, S. 85 oben][64, S. 293 oben rechts][65, S. 50 oben][98, S. 28 Mitte rechts][115, S. 3] (vgl. Abbildung 2.5). Das Ausmaß der Änderungen an der Wirkstelle kann beim Erreichen einer kritischen Schwelle der Intensitätsverteilung $I_{\mathrm{W}}(r, t)$ einen instabilen Bearbeitungsprozess bewirken [65, S. 50 Mitte][69, S. 1 Mitte links].

In der Fachsprache wird die Fokuslagenverschiebung Δz_{F} als „Fokus-Shift" bezeichnet [44, S. 3 unten][51, S. 2 Mitte]. *Wedel et al.* [55, S. 47 unten rechts] geben an, dass eine um 3 °C bis zu 10 °C erhöhte Temperatur im Zentrum eines optischen Elementes bereits einen deutlich messbaren Fokus-Shift Δz_{F} bewirken kann. Denn gemäß *Günter Kögel* [98, S. 29 Mitte links] führen selbst mit einem hohen Fertigungsaufwand erzeugte synthetische Quarzglasoptiken (vgl. Abschnitt 3.2.2) zu einer thermischen Fokuslagenverschiebung Δz_{F} von einer Zehntel Rayleigh-Länge z_{R} pro Kilowatt Laserleistung P_{L}. Die Rayleigh-Länge z_{R} ist im Abschnitt 2.1.4.6 definiert.

In Hochleistungsoptiken zählt der Fokus-Shift Δz_{F} zu den Haupteinflüssen auf das Prozessergebnis und beeinflusst in industriellen Anwendungen die Prozessleistung [44, S. 1 oben][200, S. 1-2].

Hügel et al. [36, S. 90 unten] beschreiben für den Laserstrahlschneidprozess, dass eine Fokuslagenverkürzung einer Linse von wenigen Zehntel Millimetern bereits einen negativen Einfluss auf die Qualitätsvorgaben zeigen kann. Vergleichbare Beobachtungen bestätigt *T. Kugler* [49, S. 5 Mitte]. Erfolgt zusätzlich die Bearbeitung hochreflektierender Werkstoffe, verstärkt sich der thermisch induzierte Effekt durch eine erhöhte thermische Belastung der optischen Elemente im optischen Aufbau. Die erhöhte thermische Belastung ergibt sich durch die geringere Absorption der Laserstrahlung an der Wirkstelle und die damit verbundene intensivierte Reflexion zurück in die Optik. [36, S. 90-91] *Reitemeyer et al.* [64, S. 295 links] ermitteln den Fokus-Shift Δz_{F} als Haupteinflussfaktor für die beobachtete Veränderung des Prozessergebnisses beim Laserstrahlschweißen.

Die präzise Fokuspositionierung eines Laserstrahls an der Wirkstelle erfordert die Regelung der Abweichung der Prozessfokuslage von der Soll-Prozessfokuslage z_{F} (Def. vgl.

Abschnitt 1.2) zur Korrektur des Fokus-Shifts Δz_{F} [98, S. 29 Mitte links][200, S. 2][201, S. 4]. Randbedingungen, die den Fokus-Shift Δz_{F} des optischen Aufbaus beeinflussen, sind unter anderem

- die Leistungsdichteverteilung $I(r, t)$ eines Laserstrahls,
- der Durchmesser $2 \cdot r_{\mathrm{L}}$ der optischen Elemente,
- der Durchmesser $2 \cdot r_{\mathrm{B}}(z)$ eines Laserstrahls in den optischen Elementen,
- die Güte der Oberflächenbeschichtung und des Glassubstrates der optischen Elemente, um den absorbierten Anteil A_{L} des eingestrahlten Laserlichts zu minimieren,
- die Kühlsituation der einzelnen optischen Elemente und
- die thermische Stabilität der Fassung der einzelnen optischen Elemente

[41, S. 5030 oben links][44, S. 1 unten][46, S. 288 Mitte links]. Wichtige Kriterien sind deshalb die Auslegung der Optik (vgl. Abschnitt 3.4.2) und die prozesstechnische Kontrolle (vgl. Abschnitt 3.4.3 und Kapitel 4) zur Reduzierung thermischer Effekte [98, S. 29 unten rechts][129, S. 260 oben]. $r_{\mathrm{B}}(z)$ beschreibt den durch die Profilgrenze gemäß der Varianzdurchmesserdefinition (Def. vgl. Abschnitt 2.1.4.1) bestimmten Laserstrahlradius bei der halben Dicke $0{,}5 \cdot d(r = 0)$ eines optischen Elementes in der senkrechten Schnittebene zur optischen Achse z.

Der Fokus-Shift Δz_{F} lässt sich als die Differenz zwischen der Soll-Prozessfokuslage z_{F} eines thermisch unbelasteten, laserstrahldurchlässigen optischen Elementes bzw. eines thermisch unbelasteten optischen Systems und der durch eine Thermische Linse nach der Zeit t_{th} veränderten Soll-Prozessfokuslage, die Ist-Prozessfokuslage, $z_{\mathrm{F}}\big(t_{\mathrm{th}}, P_{\mathrm{L}}(t_{\mathrm{EM}})\big) = z_{\mathrm{F\,th}}$ mit

$$\Delta z_{\mathrm{F}} = z_{\mathrm{F\,th}} - z_{\mathrm{F}} \tag{2.36}$$

bestimmen (vgl. Abschnitt 1.2). Nimmt Δz_{F} Werte kleiner 0 an, ist die Ist-Prozessfokuslage $z_{\mathrm{F\,th}}$ gegenüber der Soll-Prozessfokuslage z_{F} verkürzt. Tritt der Fall ein, dass Δz_{F} Werte größer 0 annimmt, ist die Ist-Prozessfokuslage $z_{\mathrm{F\,th}}$ gegenüber der Soll-Prozessfokuslage z_{F} verlängert. Im Allgemeinen tritt eine Verschiebung der Soll-Prozessfokuslage z_{F} entlang der optischen Achse z in die Richtung des Laserbearbeitungskopfes auf [43, S. 3 links][45, S. 48 unten rechts][51, S. 2][64, S. 295 oben links][65, S. 54 unten][200, S. 1 oben].

Der Fokus-Shifts Δz_{F} einer optischen Konfiguration kann bis zur gemessenen Rayleigh-Länge z_{R} der optischen Konfiguration und darüber hinaus betragen [46, S. 287-288] [49, S. 5][64, S. 295 oben links][65, S. 55 Mitte u. 58 Mitte][66, S. 9][97, S. 8][115, S. 9-10] (vgl. Abschnitt 1.2).

Mit der Berücksichtigung des SPP (Def. vgl. Abschnitt 2.1.4.3) als Maß für die Strahlgüte sowie den Abbildungseigenschaften eines optischen Systems (vgl. Abschnitt 2.3) lässt sich die Gleichung (2.36) umformulieren. Es muss weiterhin eine paraxiale Näherung der betrachteten Strahlausbreitung ($\theta \to 0$: $\sin\theta = \tan\theta = \theta$) [36, S. 17 oben][74, S. 38 Mitte][78, S. 65 oben][80, S. 45 oben][81, S. 86 Mitte] (vgl. Abschnitt 2.1.1) beachtet werden. Dann lässt sich Δz_{F} für einen zuvor im optischen System kollimierten austretenden Laserstrahl mit der Annahme $\theta_{\sigma} \approx r_{\mathrm{B}}(z) \cdot f_{\mathrm{S}}^{-1}$ [17, S. 20 unten][36, S. 38 oben][39, S. 10-11][44, S. 3 oben][82, S. 254][202, S. 117-118] in der Form

$$\Delta z_{\mathrm{F}} = \frac{\left(r_{\mathrm{B}}(z)\right)^2}{\mathrm{SPP}} \cdot \left(\frac{f_{\mathrm{S\,th}} - f_{\mathrm{S}}}{f_{\mathrm{S}}^2}\right) \cdot z_{\mathrm{R}} \tag{2.37}$$

[48, S. 170 unten rechts] schreiben. θ_σ gibt den Fernfelddivergenzwinkel (vgl. Abschnitt 2.1.4.5), f_{S} die Systembrennweite und $f_{\mathrm{S\,th}}$ die thermisch veränderte Systembrennweite (vgl. Abschnitt 1.2) eines optischen Systems an. $r_{\mathrm{B}}(z)$ ist der Laserstrahlradius bei der halben Dicke $0{,}5 \cdot d(r = 0)$ im letzten optischen Element in der senkrechten Schnittebene zur optischen Achse z. Anstelle von z_{F} und $z_{\mathrm{F\,th}}$ lassen sich zur Berechnung f_{S} und $f_{\mathrm{S\,th}}$ verwenden, da eine relative Änderung betrachtet wird. Dadurch berechnet sich Δz_{F} direkt aus den gegebenen Werten des optischen Systems und der softwarebasierten Bestimmung von f_{S} und $f_{\mathrm{S\,th}}$ mit der angestrebten Korrekturmethode zur Fokuslagenstabilisierung im Kapitel 4, da das ermittelte SPP für dasselbe optische System stets invariant bleibt (vgl. Abschnitt 2.1.4.3). Die Einheit des Fokus-Shifts Δz_{F} ist Meter.

Die Normierung des Fokus-Shifts Δz_{F} auf die gemessene Rayleigh-Länge z_{R} bildet gemäß *Blomster et al.* [44, S. 4 Mitte] und *T. Kugler* [49, S. 3 unten] den „System Focal Shift Factor" SFSF mit dem Formelausdruck

$$\mathrm{SFSF} = \frac{\Delta z_{\mathrm{F}}}{z_{\mathrm{R}}} = \frac{z_{\mathrm{F\,th}} - z_{\mathrm{F}}}{z_{\mathrm{R}}} \tag{2.38}$$

und ermöglicht den Vergleich unterschiedlicher Optiksysteme [45, S. 51 unten][65, S. 55 oben][203, S. 2 unten links]. Zudem lassen sich Δz_{F} und der SFSF in Prozent auf die Laserleistung P_{L} in den Formen $\Delta z_{\mathrm{F}} \cdot P_{\mathrm{L}}^{-1}$ und $\mathrm{SFSF} \cdot 100 \cdot P_{\mathrm{L}}^{-1}$ beziehen. Die Einheiten sind Meter pro Watt sowie Prozent pro Watt [66, S. 5][98, S. 29 rechts].

Weiterhin lässt sich der Laserstrahldurchmesser $2 \cdot w_\sigma(z_{\mathrm{F}})$ an der Wirkstelle aus dem System Focal Shift Factor SFSF in der Kombination der Gleichungen (2.7) und (2.38) in der Form

$$2 \cdot w_\sigma(z_{\mathrm{F}}) = 2 \cdot w_{0\,\sigma} \cdot \sqrt{1 + \mathrm{SFSF}^2} \tag{2.39}$$

[44, S. 4 unten] berechnen. Für die Anwendung der Gleichung (2.39) sind für den System Focal Shift Factor SFSF Werte zwischen 0 und 1 einzusetzen.

Martin Valentin [98, S. 29 Mitte links] zufolge darf im optischen System der thermisch induzierte Fokus-Shift Δz_{F} für stabile Prozessverhältnisse 50 % der gemessenen Rayleigh-Länge z_{R} nicht übersteigen. Ein Fokus-Shift Δz_{F} von 100 % der gemessenen Rayleigh-Länge z_{R} führt gemäß der Gleichung (2.39) zu einer entscheidenden Änderung des Laserstrahldurchmessers $2 \cdot w_\sigma(z_{\mathrm{F}})$ an der Wirkstelle [64, S. 295][65, S. 55 Mitte] und reduziert die Intensitätsverteilung $I_{\mathrm{W}}(r, t)$ an der Wirkstelle auf 50 % der prozessrelevanten Intensitätsverteilung $I_{\mathrm{W}}(r, t)$ [66, S. 5][203, S. 2 unten links] (vgl. Abschnitt 1.2). *Blomster et al.* [44, S. 4 unten] beschreiben für eine prozessstabile Bearbeitung eine Änderung des Laserstrahldurchmessers $2 \cdot w_\sigma(z_{\mathrm{F}})$ an der Wirkstelle von mehr als 40 % als nicht mehr akzeptabel. *Martin Valentin* [98, S. 29 Mitte links] gibt außerdem an, dass ein Fokus-Shift Δz_{F} von weniger als 50 % der gemessenen Rayleigh-Länge z_{R} dagegen zu einer im Allgemeinen prozessverträglichen Änderung des Laserstrahldurchmessers $2 \cdot w_\sigma(z_{\mathrm{F}})$ von 10 % führt (vgl. Abschnitt 2.1.4.2).

Jedoch steigen mit der Erhöhung der Intensität $I(r, t)$ eines Laserstrahls, mit der optische Elemente belastet werden, die Anforderungen an ein optisches System an, um die vorgenannten prozessverträglichen Veränderungen eines Laserstrahls an der Wirkstelle nicht zu übersteigen [43, S. 1 Mitte links][45, S. 48 unten links][98, S. 29 oben rechts][115, S. 3] und die Qualitätsvorgaben zu erfüllen. Dies ist bei Hochleistungslasern im Multimode-Bereich mit z. B. 30 kW und im Single-Mode-Bereich mit z. B. 5 kW der Fall.

Weiterhin ist der Fokus-Shift Δz_F optischer Elemente sowohl in der Wärmeaufnahme- als auch in der Wärmeabgabephase zeitabhängig und lässt sich durch den Anfangs-End-wert-Satz in der Form

$$\Delta z_F(t - t_0) = \Delta z_F(\infty) + \left(\Delta z_F(t_0) - \Delta z_F(\infty)\right) \cdot \mathrm{e}^{-\frac{t-t_0}{\tau_{\Delta zF}}} \tag{2.40}$$

[46, S. 290 Mitte rechts] beschreiben. t_0, t und $\tau_{\Delta zF}$ symbolisieren in der Reihenfolge den Startzeitpunkt, einen beliebigen Betrachtungszeitpunkt und die Zeitkonstante für die Änderungsgeschwindigkeit des Fokus-Shifts Δz_F.

In der Wärmeaufnahmephase erfolgt die Energiezufuhr in der Form von Wärme über das gesamte Volumen eines optischen Elementes [45, S. 50 links][49, S. 3 Mitte][129, S. 259 unten]. Der Fokus-Shift Δz_F folgt einer ansteigenden e-Funktion und kann je nach Glassubstrat, optischem Aufbau und vorgegebener Laserleistung P_L bereits innerhalb von 10 s der Einschaltdauer t_{EM} der Strahlemission erkennbar sein. Bis zum stationären Zustand von Δz_F, der für diese Arbeit annähernd nach $5 \cdot \tau_{\Delta zF}$, mit $\tau_{\Delta zF} = \tau_{\Delta zF\,Auf}$, erreicht ist und gerundet 99,33 % des Maximalwertes von Δz_F entspricht, können mehrere Minuten vergehen. Die Wärmeabgabephase lässt sich durch eine abfallende e-Funktion beschreiben und der Ausgangszustand wird für diese Arbeit annähernd nach $5 \cdot \tau_{\Delta zF}$, mit $\tau_{\Delta zF} = \tau_{\Delta zF\,Ab}$, erreicht und entspricht gerundet 0,67 % des Maximalwertes von Δz_F. [43, S. 7-8][46, S. 290-291][49, S. 6 oben][50, S. 85 oben][66, S. 7][200, S. 2 unten] Die stattfindenden Wärmetransportmechanismen (vgl. Abschnitt 2.2.1) verhindern eine der Wärmeaufnahmephase spiegelbildliche Wärmeabgabephase. Der Wärmeabgabeprozess kann durchaus die doppelte Zeit t des Wärmeaufnahmeprozesses betragen, da der Wärmeabgabeprozess hauptsächlich zweidimensional in der Ebene senkrecht zur optischen Achse z durch die Wärmeleitung im Glassubstrat und die Wärmeableitung über die Mantelflächen eines optischen Elementes an die Fassung erfolgt [43, S. 3 Mitte links][45, S. 50 Mitte][46, S. 291][49, S. 3 Mitte][54, S. 26 unten][123, S. 1060 rechts][129, S. 259 unten]. Somit sind auch die Zeitkonstanten $\tau_{\Delta zF\,Auf}$ und $\tau_{\Delta zF\,Ab}$ für die Änderungsgeschwindigkeit des Fokus-Shifts Δz_F in der Wärmeaufnahme- und in der Wärmeabgabephase verschieden. Die vor dem Beginn der Bearbeitungsaufgabe eingestellte Soll-Prozessfokuslage z_F erreicht das optische System aufgrund der längeren für die Wärmeabgabephase erforderlichen Zeit t und der dafür lediglich zur Verfügung stehenden unproduktiven Nebenzeiten $t_{\overline{EM}}$ zwischen den Einschaltdauern t_{EM} des Laserstrahls einer Bearbeitungsaufgabe bei der Laser-Remote-Bearbeitung nicht mehr, da bei der erneuten Aktivierung des Lasersystems noch Restwärme im optischen System enthalten ist [46, S. 291][49, S. 3 unten u. 6 oben][66, S. 7][204, S. 4 oben]. Deshalb ist eine Korrektur des auftretenden Fokus-Shifts Δz_F zum Wiedererreichen der Soll-Prozessfokuslage z_F bei der erneuten Aktivierung des Lasersystems notwendig, um die Qualitätsvorgaben zu erfüllen.

Den gegenwärtigen Stand der Technik und der Wissenschaft von Methoden zur Analyse und Korrektur einer Fokuslagenverschiebung Δz_F beschreibt der Abschnitt 3.3 und ein neuer adaptiver, softwarebasierter Lösungsansatz zur Fokuslagenkorrektur wird im Kapitel 4 dargestellt.

Das Verhalten des 30-kW-Laser-Remote-Scannersystems „Dragon" (vgl. Abschnitt 3.1.4) ist in den Abschnitten 5.2.4 und 5.3.2 beschrieben.

2.3 Matrizenoptik

2.3.1 Rechenmethode

Für die mathematische Modellbildung des optischen Aufbaus eines Laser-Remote-Scannersystems ist eine formale Beschreibungsform beliebiger optischer Elemente unabdingbar. Gleiches gilt für die systematische Analyse und Berechnung der Strahlausbreitung in hintereinandergereihten optischen Elementen bei der Wechselwirkung mit Laserlicht, dem „Raytracing" [61, S. 20 u. 25 u. 27][77, S. 412-416][79, S. 237 Mitte u. 250-251][200] [205, S. 95 Mitte][206].

In homogenen, isotropen Materialien (Def. vgl. Abschnitt 3.2.2) ist dies mit der Näherung einer paraxial betrachteten Strahlausbreitung auf eine komfortable Weise durch lineare Transformationen unter der Nutzung der in der geometrischen Optik angesiedelten Matrizenoptik handhabbar [74, S. 46 Mitte][77, S. 399 Mitte][80, S. 54-55][189, S. 316] [207, S. 20 unten]. Sie ist eine Rechenmethode, die das Auftreffen eines Lichtstrahls auf ein optisches Element, die Wechselwirkung mit diesem und das Austreten aus dem optischen Element als Transfermatrizen, die Höhen- und Winkeländerungen des Strahlengangs beinhalten, beschreibt [9, S. 24-25][77, S. 399 unten].

Eine paraxial betrachtete Strahlausbreitung bedeutet einerseits eine achsnahe, annähernd parallele Betrachtung der Wellenausbreitung, wobei die optische Achse (Symmetrieachse) des optischen Elementes oder Systems mit der z-Achse zusammenfällt und die Strahlausbreitung in der z-Richtung erfolgt [36, S. 17 oben][78, S. 65 oben][79, S. 237 oben]. Andererseits beinhaltet die paraxiale Näherung einen sehr kleinen Aufweitungswinkel der sich ausbreitenden Lichtstrahlen gegenüber der optischen Achse z, sodass die Vereinfachung $\theta \to 0$: $\sin\theta = \tan\theta = \theta$ erlaubt ist [74, S. 38 Mitte][80, S. 45 oben][81, S. 86 Mitte] (vgl. Abschnitt 2.1.1).

Weiterhin sind die Transfermatrizen der Matrizenoptik einfach parametrierbar, in einer Programmiersprache abbildbar und gut für numerische Berechnungen geeignet [74, S. 46 Mitte][77, S. 399 unten]. Ein zusätzlicher Vorteil ist die Kapselung vollständiger optischer Konfigurationen einer beliebigen Komplexität [9, S. 27 Mitte][77, S. 399 unten]. Eine einzige Transfermatrix ist in der Lage, ein komplexes optisches System in einer schlanken, eleganten Form zu beschreiben und gleichzeitig wertvolles Wissen über die Auslegung des optischen Systems zu schützen.

Aufgrund der Annahme der paraxialen Näherung lassen sich die Höhen- und Winkeländerungen des Strahlengangs eines Laserstrahls bei der Wechselwirkung mit optischen Elementen durch lineare Gleichungen abbilden [9, S. 24 Mitte u. 25 Mitte][74, S. 46 Mitte] [77, S. 399 Mitte][79, S. 237 Mitte][189, S. 316-317]. Die linearen Gleichungen ergeben sich mit der optischen Achse z aus der Betrachtung der optischen Konfiguration.

Die Ausrichtung jedes paraxial approximierten Lichtstrahls in der z-r-Ebene ist eineindeutig durch den Abstand $w(z)$ senkrecht zur optischen Achse (o. A.) z und durch den Winkel θ, gegenüber dem ein Lichtstrahl zur optischen Achse z gedreht ist, beschreibbar [9, S. 24 Mitte][80, S. 54 unten][189, S. 316-317]. Die Abbildung 2.7a) verdeutlicht das Prinzip.

Ein so approximierter, in ein optisches System eintretender Lichtstrahl und der durch das optische System mit den Faktoren A_M, B_M, C_M und D_M veränderte austretende Lichtstrahl, die sich in derselben Betrachtungsebene befinden, stehen in der linearen Beziehung

$$w_2(z_2) = A_M \cdot w_1(z_1) + B_M \cdot \theta_1 \tag{2.41}$$

$$\theta_2 = C_M \cdot w_1(z_1) + D_M \cdot \theta_1 \tag{2.42}$$

[74, S. 46-47][77, S. 406 u. 594][87, S. 583 unten][189, S. 316]. Die Abbildung 2.7b) zeigt den Sachverhalt. Die Größen $w_1(z_1)$ und θ_1 parametrieren den eintretenden Lichtstrahl, die Größen $w_2(z_2)$ und θ_2 bilden den austretenden Lichtstrahl ab. Aus den Gleichungen (2.41) und (2.42) lässt sich in symbolischer Schreibweise die kompakte Matrixnotierung

$$\begin{pmatrix} w_2(z_2) \\ \theta_2 \end{pmatrix} = \boldsymbol{M} \cdot \begin{pmatrix} w_1(z_1) \\ \theta_1 \end{pmatrix}, \qquad \text{mit} \qquad \boldsymbol{M} = \begin{pmatrix} A_M & B_M \\ C_M & D_M \end{pmatrix} \in \mathbb{R}^{2\times 2}, \tag{2.43}$$

[9, S. 25][77, S. 405-406][80, S. 55 unten][87, S. 583 unten] für die Ausbreitung in einem homogenen, isotropen Glassubstrat bzw. allgemeiner für jedes optische Element erster Ordnung entwickeln. Die Matrixnotierung separiert den eintretenden und den austretenden Lichtstrahl von einem Übertragungssystem. Die Elemente A_M und B_M sowie C_M und D_M der Transfermatrix $\boldsymbol{M}$ symbolisieren die beeinflussenden Faktoren des jeweiligen optischen Systems und geben $\boldsymbol{M}$ auch den Namen „ABCD-Matrix".

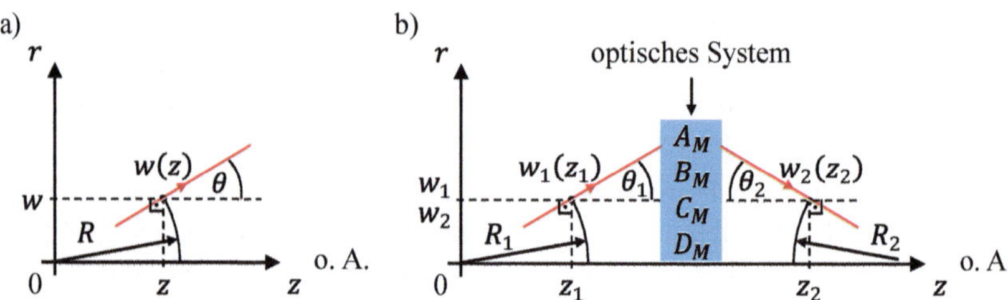

Abbildung 2.7 Darstellung a) eines paraxial approximierten Lichtstrahls und b) eines verallgemeinerten optischen Systems mit dem eintretenden (Index 1) und dem veränderten austretenden (Index 2) Lichtstrahl gemäß a). Für die Betrachtung fallen die optische Achse (o. A.) und die z-Achse zusammen. Die Bestimmung der eineindeutigen Lage eines paraxial approximierten Lichtstrahls erfolgt in der zwischen der optischen Achse z und der dazu senkrecht stehenden Abstandsachse r definierten Ebene durch den Abstand $w(z)$ zur optischen Achse z und durch den Winkel θ, gegenüber dem ein Lichtstrahl zur optischen Achse z gedreht ist. Weiterhin ist der Krümmungsradius R der Wellenfronten abgebildet. Die den Lichtstrahl beeinflussenden Faktoren A_M, B_M, C_M und D_M des optischen Systems beschreiben die Elemente der Transfermatrix $\boldsymbol{M}$, mit $\boldsymbol{M} \in \mathbb{R}^{2\times 2}$. [9, S. 25 oben][74, S. 46-47][189, S. 317]

2.3.2 Transfermatrizen optischer Elemente

Jedes optische Element erster Ordnung besitzt eine eigene Transfermatrix [80, S. 55].

Das folgende Beispiel eines sich frei im Raum divergent ausbreitenden Lichtstrahls beschreibt das grundsätzliche Entwicklungsschema für eine Transfermatrix. Die Abbildung 2.8 führt die erforderlichen Größen auf.

Angenommen ein Lichtstrahl breitet sich divergent von seiner Quelle paraxial entlang der optischen Achse z aus, dann lässt sich nach der Strecke z_1 der Abstand $w_1(z_1)$ senkrecht zur optischen Achse z bestimmen. Der Divergenzwinkel beträgt in der paraxialen Näherung $\theta_1 \to 0$: $\tan\theta_1 = \theta_1$. Nach der Strecke $L = z_2 - z_1$ besteht weiterhin derselbe Divergenzwinkel θ_1, der gleich dem Divergenzwinkel θ_2 ist, da die Matrizenoptik auf der geradlinigen Ausbreitung von Lichtstrahlen im selben Medium basiert. Der neue Abstand $w_2(z_1 + L)$ senkrecht zur optischen Achse z berechnet sich mit der Gleichung $w_2(z_1 + L) = w_1(z_1) + L \cdot \tan\theta_1$. In der paraxialen Näherung ergibt sich $w_2(z_1 + L) = w_1(z_1) + L \cdot \theta_1$. Abschließend erfolgt durch eine Größenseparierung das Aufstellen des Gleichungssystems der linearen Transfermatrix gemäß dem Matrixformalismus anhand der Gleichungen (2.41) und (2.42). Es ergeben sich die linearen Beziehungen

$$w_2(z_1 + L) = 1 \cdot w_1(z_1) + L \cdot \theta_1 \tag{2.44}$$

$$\theta_2 = 0 \cdot w_1(z_1) + 1 \cdot \theta_1 \tag{2.45}$$

aus denen sich mit der Gleichung (2.43) die Transfermatrix für die freie Ausbreitung

$$\boldsymbol{M} = \begin{pmatrix} 1 & L \\ 0 & 1 \end{pmatrix}, \qquad \text{mit} \qquad \boldsymbol{M} \in \mathbb{R}^{2\times 2}, \tag{2.46}$$

ablesen lässt.

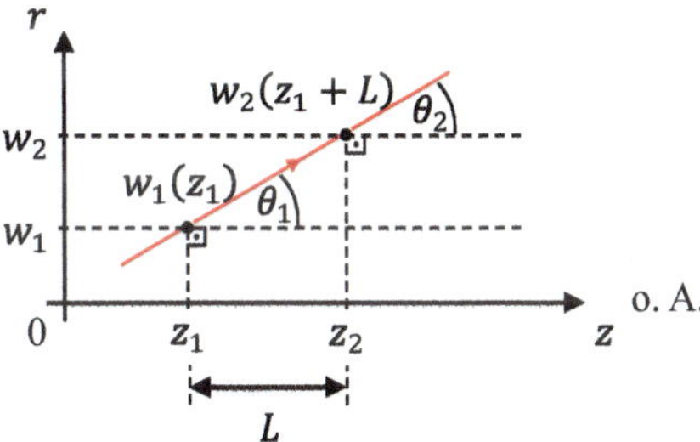

Abbildung 2.8 Divergente Ausbreitung eines Lichtstrahls im freien Raum nach dem Prinzip der geometrischen Optik [74, S. 46][77, S. 400][79, S. 237 Mitte][80, S. 55]. Für die Betrachtung fallen die optische Achse (o. A.) und die z-Achse zusammen. z_1 beschreibt die Strecke vom Koordinatenursprung für den ersten Stützpunkt mit dem Abstand $w_1(z_1)$ zur optischen Achse z und z_2 symbolisiert die Strecke vom Koordinatenursprung für den zweiten Stützpunkt mit dem Abstand $w_2(z_1 + L)$ zur optischen Achse z. Der Abstand zwischen z_1 und z_2 beträgt L. Die mit der paraxialen Näherung $\theta \to 0$: $\tan\theta = \theta$ jeweils dazu gehörenden Divergenzwinkel sind θ_1 und θ_2.

Die Entwicklung weiterer Transfermatrizen folgt demselben Schema und ist in der Fachliteratur bei *Christopher C. Davis* [189, S. 316-327], bei *Reinhard Iffländer* [80, S. 55-68], bei *Peatross et al.* [79, S. 236-243] und bei *Pedrotti et al.* [77, S. 399-407] nachzuschlagen.

Tabelle 2.4 Zusammenstellung der Transfermatrizen (TFM) $\boldsymbol{M}$, mit $\boldsymbol{M} \in \mathbb{R}^{2\times 2}$, optischer Grundelemente und $\boldsymbol{M}_\mathrm{S}$, mit $\boldsymbol{M}_\mathrm{S} \in \mathbb{R}^{2\times 2}$, einfacher optischer Systeme [9, S. 26-27][75, S. 111][77, S. 404][79, S. 240 Mitte][80, S. 60][208, S. 1313]. $\boldsymbol{L}$ beschreibt die Strecke zwischen zwei Betrachtungspunkten, $\boldsymbol{d}$ gibt die Dicke eines optischen Elementes an und $\boldsymbol{n_1}$ und $\boldsymbol{n_2}$ definieren verschiedene Brechzahlen. $\boldsymbol{R_\mathrm{F}}$ steht für den Krümmungsradius einer Oberfläche und $\boldsymbol{R_1}$ und $\boldsymbol{R_2}$ stehen für die Krümmungsradien der ein- und ausgangsseitigen Oberflächen. $\boldsymbol{f_\mathrm{L}}$ definiert die Brennweite einer äquivalenten dünnen Linse eines zusammengesetzten optischen Elementes oder Systems. Für die Betrachtung fallen die $\boldsymbol{z}$-Achse und die optische Achse (o. A.) zusammen. Die Vorzeichen der Krümmungsradien sind gemäß der Norm DIN ISO 10110-12:2021-09 [175, S. 8 unten] zu verwenden.

optisches Grundelement/System und TFM	Prinzipskizze	Bemerkung
freie Ausbreitung $\boldsymbol{M} = \begin{pmatrix} 1 & L \\ 0 & 1 \end{pmatrix}$	r, L, z, o. A.	
Brechung an sphärischer Fläche $\boldsymbol{M} = \begin{pmatrix} 1 & 0 \\ \left(\frac{n_1}{n_2} - 1\right) \cdot \frac{1}{R_\mathrm{F}} & \left(\frac{n_1}{n_2}\right) \end{pmatrix}$	r, R_F, z, o. A., n_1, n_2	$+R_\mathrm{F} :=$ konvex $-R_\mathrm{F} :=$ konkav
dicke Linse $\boldsymbol{M}_\mathrm{S} = \begin{pmatrix} 1 & 0 \\ \left(\frac{n_2}{n_1} - 1\right) \cdot \frac{1}{R_2} & \left(\frac{n_2}{n_1}\right) \end{pmatrix} \cdot \begin{pmatrix} 1 & d \\ 0 & 1 \end{pmatrix} \cdot \begin{pmatrix} 1 & 0 \\ \left(\frac{n_1}{n_2} - 1\right) \cdot \frac{1}{R_1} & \left(\frac{n_1}{n_2}\right) \end{pmatrix}$ $\boldsymbol{M}_\mathrm{S} = \begin{pmatrix} 1 + \left(\frac{n_1}{n_2} - 1\right) \cdot \frac{d}{R_1} & \left(\frac{n_1}{n_2}\right) \cdot d \\ \left(\frac{n_2}{n_1} - 1\right) \cdot \left[\frac{1}{R_2} - \frac{1}{R_1} + \left(\frac{n_1}{n_2} - 1\right) \cdot \frac{d}{R_1 \cdot R_2}\right] & 1 - \left(\frac{n_1}{n_2} - 1\right) \cdot \frac{d}{R_2} \end{pmatrix}$	r, d, R_2, R_1, z, o. A., n_1, n_2, n_1	$+R_1$ und $-R_2$ $:=$ bikonvex $-R_1$ und $+R_2$ $:=$ bikonkav
dünne Linse mit $\boldsymbol{d} \ll \boldsymbol{R_1}$ und $\boldsymbol{d} \ll \boldsymbol{R_2}$ $\boldsymbol{M}_\mathrm{S} = \begin{pmatrix} 1 & 0 \\ -\left(\frac{1}{f_\mathrm{L}}\right) & 1 \end{pmatrix}$	r, f_L, z, o. A.	$+f_\mathrm{L} :=$ konvex $-f_\mathrm{L} :=$ konkav
flache Platte mit $R_1 \to \infty$ und $R_2 \to \infty$ $\boldsymbol{M}_\mathrm{S} = \begin{pmatrix} 1 & \left(\frac{n_1}{n_2}\right) \cdot d \\ 0 & 1 \end{pmatrix}$	r, d, z, o. A., n_1, n_2, n_1	

Die Matrizenoptik bietet außerdem die Möglichkeit der einfachen Berechnung der Transformationsvorschrift hintereinandergereihter optischer Elemente der Anzahl N, mit $N \in \mathbb{N}^+$, für wechselwirkende Lichtstrahlen. Mathematisch bedeutet dies die vom Ende eines optischen Systems beginnende Multiplikation der einzelnen Elementmatrizen $\boldsymbol{M}_i$, mit $\boldsymbol{M}_i \in \mathbb{R}^{2\times2}$ und $i \in \{1, \ldots, N\} \subset \mathbb{N}$, gemäß der Vorschrift

$$\boldsymbol{M}_\mathrm{S} = \boldsymbol{M}_N \cdot \boldsymbol{M}_{N-1} \cdot \ldots \cdot \boldsymbol{M}_2 \cdot \boldsymbol{M}_1, \qquad \text{mit} \qquad \boldsymbol{M}_\mathrm{S} \in \mathbb{R}^{2\times2}, \tag{2.47}$$

[9, S. 27 Mitte][36, S. 33 Mitte][75, S. 109 oben][77, S. 403 oben][87, S. 593 unten]. Die so entstandene Transfermatrix $\boldsymbol{M}_\mathrm{S}$ vom einfach bis zum komplexen Übertragungssystem erlaubt in abstrahierter Form das kontinuierliche und effiziente Raytracing (vgl. Abschnitt 2.3.1) der Strahlausbreitung bis zur Wirkstelle.

Die tabellarische Darstellung 2.4 zeigt die für diese Arbeit wichtigsten optischen Grundelemente und einfachen optischen Systeme, deren prinzipiellen Aufbau sowie die dazugehörende Transfermatrix. Die Lichtstrahlausbreitung erfolgt ausnahmslos in der positiven z-Richtung [80, S. 60 oben][207, S. 22 unten].

Ein komplexes, aus mehreren optischen Grundelementen bestehendes optisches System kann außerdem durch nur eine äquivalente Systembrennweite f_S (Def. vgl. Abschnitt 1.2) ausgedrückt werden. Gemäß der Gleichung (2.43) lässt sich anhand des Matrixelementes C_S der Transfermatrix $\boldsymbol{M}_\mathrm{S}$ des optischen Übertragungssystems die äquivalente Systembrennweite $f_\mathrm{S} = f_\mathrm{L}$ einer dünnen Linse (vgl. Tabelle 2.4) mit

$$f_\mathrm{S} = -\frac{1}{C_\mathrm{S}} \tag{2.48}$$

[79, S. 246-247][87, S. 596 Mitte][189, S. 318-319][208, S. 1313 oben rechts] direkt ablesen.

2.4 Sensorsysteme

Zeitabhängige Umgebungs- und Störgrößen beeinflussen die Systemantwort in der Abbildung eines Laserstrahls an der Wirkstelle (vgl. Abschnitt 2.2.3). Eine Messung dieser Größen erfolgt anhand spezifischer Sensoren und folgt der allgemeinen Messkette

- der Datenerfassung,
- der Datenaufbereitung und
- der busgebundenen Datenweitergabe

eines intelligenten Sensorsystems [183, S. 7 unten][209, S. 31 oben][210, S. 3-4], wie es in der Abbildung 2.9 schematisch dargestellt ist.

Wirken gleichzeitig unterschiedliche Einzelsensoren sprechen *Hesse et al.* [183, S. 10 Mitte u. 505 unten] von einem „Multisensorsystem". Im Rahmen dieser Arbeit bedeutet dies die Verwendung von parallel messenden, intelligenten, busfähigen Sensorsystemen mit einer rein digitalen Datenweitergabe (vgl. Abschnitt 5.1.4.1). Aufgrund der stetigen Rastergrößenreduzierung lassen sich diese in einem zunehmenden Maße gut in optische Systeme an den gewünschten Messstellen integrieren (vgl. Abschnitt 5.1.4.2).

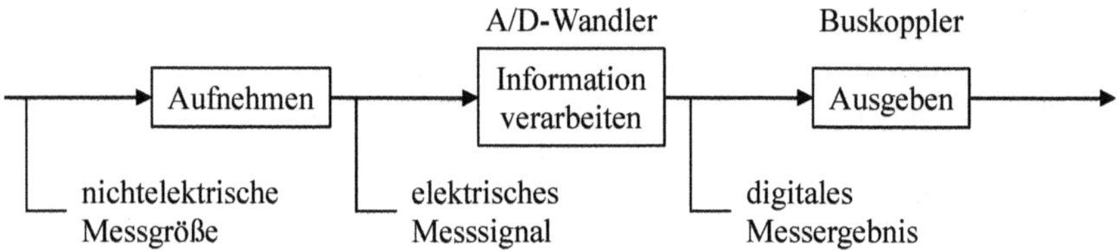

Abbildung 2.9 Schematische Darstellung der Datenerfassung, -aufbereitung und -weitergabe eines allgemeinen intelligenten Sensorsystems [183, S. 7-8][209, S. 31 oben][210, S. 4 oben].

Die deterministisch gemessenen Werte können über eine softwarebasierte Schnittstelle aus einem Mikrocontroller zyklisch in die Modellparameter einer übergeordneten Laser-Remote-Scannersteuerung einfließen. Das Regelungssystem reagiert auf die Veränderungen und passt im Interpolationstakt Δt der Steuerung schrittweise die Achsenparameter zur Stabilisierung der Soll-Prozessfokuslage z_F an.

Die vorgenannte Strategie wird für die angestrebte Korrekturmethode zur Fokuslagenstabilisierung (vgl. Kapitel 4) vorgesehen. Das Korrekturprinzip wird im Abschnitt 4.1 beschrieben und im Abschnitt 4.5 wird die mathematische Modellbildung zur Einbindung der gemessenen Umgebungs- und Störgrößen dargestellt.

Am Beispiel des vorgegebenen 30-kW-Laser-Remote-Scannersystems „Dragon“ (vgl. Abschnitt 3.1.4) wird im Abschnitt 5.1.4 die Auswahl und die Integration intelligenter Sensorsysteme vorgestellt.

3 Stand der Technik und der Wissenschaft

3.1 Linsenbasierte Laser-Remote-Scannertechnologie

3.1.1 Einführung

Laser-Remote-Bearbeitungsköpfe mit integriertem Scanner positionieren einen Laserstrahl im Bearbeitungsraum definiert auf der Werkstückoberfläche durch eine hochdynamische Optikeinheit [17, S. 22 Mitte]. Die Laserstrahlablenkung, das „Scannen", erfolgt über einen beweglichen oder mehrere bewegliche Spiegel, die orthogonal zueinander angeordnet sind [211, S. 82 oben].

Aufgrund der prinzipbedingt langen Systembrennweiten f_S (Def. vgl. Abschnitt 1.2) von ca. 300 mm bis zu 1600 mm [17][25][26][29][31] bewirken bereits kleine Veränderungen der Spiegelposition im Scannerkopf große Verschiebungen der Laserstrahlposition an der Wirkstelle. Auf diese Weise lassen sich je nach der Laserstrahlquelle Bearbeitungsgeschwindigkeiten bis ca. 800 $m \cdot min^{-1}$ bei Abtrag- und Dünnblechschneidprozessen [17][212][213] und bis ca. 25 $m \cdot min^{-1}$ bei Dünnblechschweißprozessen [28, S. 424 oben][32][214] erreichen. Mit einem ausgeschalteten Laserstrahl ergeben sich Positioniergeschwindigkeiten im Bereich von 600 $m \cdot min^{-1}$ bis zu 1080 $m \cdot min^{-1}$ je nach der Sprunglänge und dem Beschleunigungsvermögen des elektro-mechanischen Systems [26][215][216].

Laserstrahldurchlässige optische Elemente übernehmen die Aufgabe der Laserstrahlformung und der Fokuslageneinstellung, um konstruktionsbedingt sphärisch gekrümmte Bearbeitungsebenen auszugleichen [211, S. 82 Mitte][217, S. 88 links][218, S. 157-159].

Der Aufbau der optischen Fokussiereinheit lässt sich in „vor-" bzw. „pre-objektive" und „nach-" bzw. „post-objektive" Konstruktionsprinzipien unterteilen [218, S. 157 links][219, S. 430-431][220, S. 71-72].

3.1.2 Konstruktionsprinzipien

3.1.2.1 Vor-objektives Konstruktionsprinzip

Beim vor-objektiven Aufbau breitet sich ein zuvor abgelenkter, kollimierter Laserstrahl durch ein den Laserstrahl und den Prozessfokus formendes, in einem Objektiv zusammengefasstes, wellenlängenabhängiges Linsenpaket aus [17, S. 23 unten][218, S. 157-158]. Die Fachliteratur bezeichnet diese als „Planfeldlinsen", „Flachfeldobjektive" oder „F-Theta-Objektive" [17][218, S. 157-158][221, S. 97 Mitte][222, S. 771 unten]. Eine ausführliche Beschreibung des vor-objektiven Konstruktionsprinzips lässt sich bei *Bliedtner et al.* [218, S. 157-158], bei *Jean Montagu* [219, S. 430-431] und bei *Stephen F. Sagan* [220, S. 71-72] nachschlagen.

Da ein Laserstrahl die mehrlinsige Fokussierlinse aufgrund ihrer Bauform radius- und linsenschichtabhängig in verschiedenen Linsenbereichen durchdringt, bilden sich inhomo-

G. Cerwenka, *Adaptive Fokuslagenkorrektur fasergebundener Laser-Remote-Scanner mit Linsenoptiken für hohe Laserleistungen*, Light Engineering für die Praxis, https://doi.org/10.1007/978-3-662-70885-9_3

gene Temperaturfelder aus, die zu einer Änderung der jeweiligen Brechzahl n_{GL} des verwendeten Glassubstrates (vgl. Abschnitt 3.2) einer Linse sowie zu einem thermisch induzierten Linsenverzug führen und somit unerwünschte Laserstrahlveränderungen an der Wirkstelle hervorrufen [217, S. 87 links][223, S. 48] (vgl. Abschnitt 2.2.2.1).

Nicht trivial abbildbare thermische Bedingungen, Komplexität, Größe, Gewicht und Preis [224, S. 18 Mitte u. 33 oben] sowie der Wunsch nach einem erweiterten Arbeitsbereich sind Gründe, weshalb für Hochleistungslaseranwendungen auf F-Theta-Objektive verzichtet wird.

3.1.2.2 Nach-objektives Konstruktionsprinzip

Beim nach-objektiven Aufbau wirken ausschließlich die vor der Ablenkeinheit im Strahlengang positionierten optischen Elemente auf den Prozessfokus. Zur Korrektur der sphärischen Bearbeitungsfläche lassen sich die laserstrahldurchlässigen optischen Elemente im Strahlengang axial entlang der optischen Achse (Symmetrieachse) z mit einer hohen Dynamik verschieben, um jederzeit die Soll-Prozessfokuslage z_F (Def. vgl. Abschnitt 1.2) an der Wirkstelle einzuhalten [17, S. 23 unten][217, S. 88 links][223, S. 49]. Der entstehende Bearbeitungsraum entspricht einem Pyramidenstumpf [29, S. 374 unten links]. Zusätzlich besteht die Möglichkeit, gezielt verschiedene Laserstrahldurchmesser einzustellen.

Konstruktionsbedingt lässt sich der Arbeitsabstand z_A des Laser-Remote-Bearbeitungskopfes von der prozessseitigen Oberfläche des Schutzglases (SG) bis zur Wirkstelle (vgl. Abbildung 1.1) beim nach-objektiven Konstruktionsprinzip gegenüber dem vor-objektiven Konstruktionsprinzip (vgl. Abschnitt 3.1.2.1) in der Abhängigkeit von der gegebenen Geometrie erweitern, was in einen größeren Bearbeitungsraum mündet. Eine ausführliche Beschreibung des nach-objektiven Konstruktionsprinzips lässt sich bei *Bliedtner et al.* [218, S. 157-158], bei *Jean Montagu* [219, S. 430-431] und bei *Stephen F. Sagan* [220, S. 71-72] nachschlagen.

Aufgrund der Tatsache, dass ein Laserstrahl im nach-objektiven Aufbau idealisiert stets axialsymmetrisch das Linsensystem mit der optischen Achse z passiert und lediglich durch die Fokusverstellmöglichkeit in der Ausdehnung variiert, reduzieren sich zeitabhängige thermisch induzierte Effekte. Dennoch rufen hochenergetische Lasersysteme aufgrund von Absorptionserscheinungen in den nach wie vor vorhandenen laserstrahldurchlässigen optischen Elementen weiterhin unerwünschte Veränderungen der Laserstrahl- und Fokuseigenschaften auf der Werkstückoberfläche hervor (vgl. Abschnitt 2.2.2.1).

3.1.3 Laser-Remote-Scannersysteme mit kardanischer Aufhängung

Auf dem Markt verfügbare, linsenbasierte Laser-Remote-Scannersysteme mit zwei Ablenkspiegeln verbunden mit hochdynamischen Drehmagnet-Galvanometerantrieben [225][226][227][228] zeigen bauartbedingte Beschränkungen im Einsatz für Laserleistungen $P_L > 8$ kW und Systembrennweiten $f_S > 600$ mm, wie sie *Jean Montagu* [219, S. 396-418] beschreibt. Die für höhere Laserleistungen P_L und längere Systembrennweiten f_S (Def. vgl. Abschnitt 1.2) erforderlichen größeren und dickeren sowie in der erreichbaren Steifigkeit begrenzten Scanspiegel benötigen neue Aufhängungs- und Antriebskonzepte, um den Zuwachs des Massenträgheitsmomentes ohne Einbußen der Systemdynamik auszugleichen.

Claus Emmelmann [23, S. 5 oben links] und *Albrecht Kienemund* [229] beschreiben einen in einem nach-objektiven Scannersystem (vgl. Abschnitt 3.1.2.2) doppelkardanisch

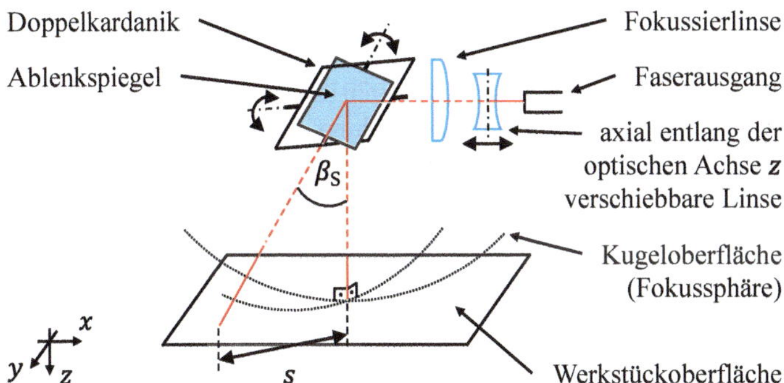

Abbildung 3.1 Strahlführung mit doppelkardanisch aufgehängtem Ablenkspiegel in der Verbindung mit einer im Strahlengang positionierten, axial entlang der optischen Achse **z** verschiebbaren Linse und einer Fokussierlinse als Fokussiereinheit. β_S beschreibt den Strahlablenkwinkel (Scanwinkel) und s stellt den resultierenden Strahlversatz auf der Werkstückoberfläche dar.

aufgehängten Ablenkspiegel in der Verbindung mit an der Spiegelfassung angebundenen Linearantrieben als eine geeignete Lösung.

Linearantriebe bieten für die zykluszeitrelevante Auslenkung des Ablenkspiegels das erforderliche Beschleunigungsverhalten bei einer gleichzeitig hohen Schubkraft. Für ein hochdynamisches System sind dennoch die zu beschleunigenden Massen durch eine kompakte, gewichtsoptimierte Konstruktion gering zu halten.

Die Abbildung 3.1 zeigt schematisch das doppelkardanische Funktionsprinzip in der Verbindung mit einer im Strahlengang positionierten, axial entlang der optischen Achse z verschiebbaren Linse.

Einer der wesentlichen Vorteile des doppelkardanisch aufgehängten Ablenkspiegels besteht darin, dass sich die beiden senkrecht aufeinander stehenden Drehachsen in einem gemeinsamen Punkt auf der Spiegeloberfläche schneiden [230, S. 173 oben links][231]. Damit behält ein abzulenkender Laserstrahl seine feste Position bei und das abwechselnde Wandern zwischen Volumenelementen des Scanspiegels mit verschiedenen Temperaturen, wie es bei zwei getrennten, einachsig verstellbaren Ablenkspiegeln der Fall ist, wird unterbunden. Dadurch lassen sich thermisch induzierte Verformungen eingrenzen und vorhersagen sowie vorab vermessen und berechnen. Im Ergebnis bleiben thermische Effekte lediglich von der Laserleistung $P_L(t)$ und dem Laserstrahldurchmesser $2 \cdot w_\sigma(z)$ (Def. vgl. Abschnitt 2.1.4.4) abhängig. Gemäß *Toesko et al.* [217, S. 88 rechts] ergibt sich eine erheblich vereinfachte Korrektur des Fokus-Shifts Δz_F (Def. vgl. Abschnitt 2.2.4) und es wird ein präziseres Korrekturergebnis erzielt. Erste prinzipielle Funktionsdemonstratoren werden von den Arbeitsgruppen um *Claus Emmelmann* [23][232][233][234] mit dem System „Dragon" (vgl. Abschnitt 3.1.4) und um *Albrecht Kienemund* [217][229] mit dem System „Thor" beschrieben.

3.1.4 30-kW-Laser-Remote-Scannersystem „Dragon"

Die Erforschung und Entwicklung des ersten 30-kW-Laser-Remote-Scannersystems erfolgte seit 2005 am *Institut für Laser- und Anlagensystemtechnik (iLAS)* der *Technischen Universität Hamburg-Harburg (TUHH)* über mehrere Iterationsstufen unter dem Projektnamen „Dragon“ [23][224][233][234][235][236]. Dieser Hochleistungs-Laser-Remote-Scanner kombiniert das doppelkardanische Funktionsprinzip (vgl. Abschnitt 3.1.3) mit parallelkinematischen Linearantrieben (DE 102012012780 A1 [235]), um die Winkeleinstellung β_S der Strahlablenkung (vgl. Abbildung 3.1) vorzunehmen. Ein weiterer Linearantrieb dient zur Positionierung einer im Strahlengang des Laserstrahls axial entlang der optischen Achse z verschiebbaren Linse zur Einstellung der Soll-Prozessfokuslage z_F (Def. vgl. Abschnitt 1.2) und des Laserstrahldurchmessers $2 \cdot w_\sigma(z_F)$ an der Wirkstelle sowie zur Korrektur des Fokus-Shifts Δz_F (Def. vgl. Abschnitt 2.2.4).

Aufgrund der in diesem System maximal übertragbaren Laserleistung $P_L = 30$ kW misst der Ablenkspiegel (SP3) zur Positionierung eines Laserstrahls auf der Werkstückoberfläche $298 \cdot 210$ mm^2, was der Größe eines DIN-A4-Blattes entspricht. Die dafür entwickelte abbildende Optik besteht aus fünf Linsen sowie aus drei in den Strahlengang eingebrachten Umlenkspiegeln, die diesen falten und den linsenbasierten optischen Aufbau kompakt halten, wovon zwei nicht verstellbar sind und der dritte der linear zweiachsig verstellbare Ablenkspiegel (SP3) ist. Alle drei Spiegeloberflächen sind hochreflektierend vergütet. Die fünf optischen Strahlformungselemente sind als Glaslinsen, bestehend aus einem synthetischen Quarzglas (vgl. Abschnitt 3.2.2) des Herstellers *Corning* mit der Glasbezeichnung HPFS® 7980 Standard Grade [237], ausgeführt und mit einer Antireflex (AR)-Beschichtung des Herstellers *Sill Optics* mit der Bezeichnung /328 [115, S. 11][119, S. 15-16] vergütet (vgl. Abschnitt 5.1.3.1), um den Reflexionseinfluss auf den Laserstrahl an den optisch wirksamen Oberflächen (vgl. Abschnitt 2.2.2.1) gering zu halten.

Insgesamt ist der optische Aufbau in der Art gestaltet, dass sich thermische Linseneffekte (vgl. Abschnitt 2.2.2) teilweise aufheben können, da die Effekte der im Strahlengang integrierten, axial entlang der optischen Achse z verschiebbaren Linse den Effekten der anderen optischen Elemente im optischen Aufbau entgegenwirken. So wurde bereits ein ausgewogenes passives optisches Gesamtsystem konzipiert. Die Abbildung 3.2 zeigt die Anordnung der optischen Komponenten in der Anlehnung an das vom Hersteller *Sill Optics* [238] in der Optikentwicklungsumgebung ZEMAX OpticStudio® [206] erstellte 2D-Computer-Aided-Design (CAD)-Modell der vom selben Hersteller gestalteten Optik.

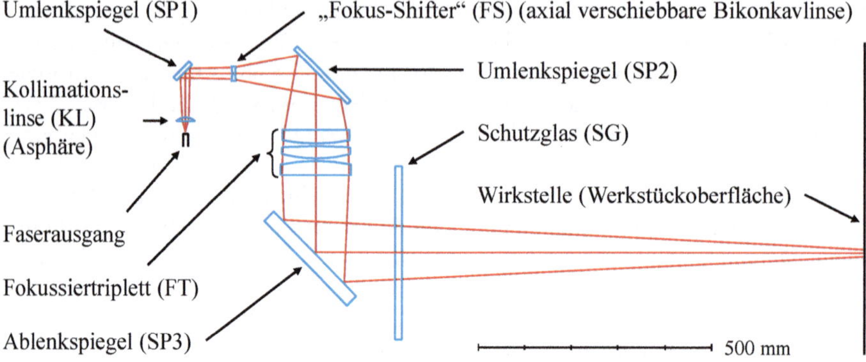

Abbildung 3.2 Schematische Darstellung der Anordnung der optischen Komponenten im 30-kW-Laser-Remote-Scannersystem „Dragon“ in der Anlehnung an das vom Hersteller *Sill Optics* [238] in der Optikentwicklungsumgebung ZEMAX OpticStudio® erstellte 2D-CAD-Modell.

Die erste Kollimationslinse (KL) fängt einen aus der Prozessfaser kommenden Laserstrahl auf und parallelisiert diesen. Die folgende, axial entlang der optischen Achse z im Strahlengang verschiebbare Strahlaufweitungslinse, der „Fokus-Shifter" (FS), weitet den Laserstrahl auf und stellt im Prozess im Interpolationstakt Δt der 30-kW-Laser-Remote-Scannersteuerung den Arbeitspunkt, die Soll-Prozessfokuslage z_F an der Wirkstelle, ein. Es lässt sich jederzeit eine ebene Fokuspunktfläche erzeugen, jedoch ändert sich die Form des Prozessfokus anhand des eingestellten Strahlablenkwinkels β_S (vgl. Abbildung 3.1). Der aufgeweitete Laserstrahl trifft auf das Fokussiertriplett (FT), bestehend aus einer zweiten Kollimationslinse (FT1), einer weiteren Strahlaufweitungslinse (FT2) sowie der tatsächlichen Fokussierlinse (FL). Gemäß *Martin Bäker* [239, S. 102 unten] besteht die Fokussieroptik meist aus mehreren Linsen, um sphärische Aberrationseffekte gering zu halten.

Die Scanneroptik bietet einen langen mittleren Arbeitsabstand $z_{A\,m}$ in der durch den abgelenkten Laserstrahl gebildeten Ebene von der prozessseitigen Oberfläche des Schutzglases (SG) bis zur Wirkstelle. $z_{A\,m}$ ergibt sich gemäß der Abbildung 3.3 mit der Berechnungsvorschrift

$$z_{A\,m} = f_S - 185\text{ mm} - 170\text{ mm} - 15\text{ mm} \pm \Delta z_0 \qquad (3.1)$$

und bezieht sich auf die bei der Mittelstellung des Fokus-Shifters (FS) eingestellte Systembrennweite f_S und die Verschiebung Δz_0 der Soll-Prozessfokuslage z_F an der Wirkstelle gegenüber der durch das optische System vorgegebenen Fokuslage z_0 des Laserstrahls (vgl. Abbildung 1.1). f_S wird von der scanspiegelseitigen Oberfläche der Fokussierlinse (FL) bis zur Fokuslage z_0 angegeben. Ausgehend von dem mittleren Arbeitsabstand $z_{A\,m}$ in der Ebene lässt sich der Arbeitsabstand z_A (Def. vgl. Abbildung 1.1) durch den Fokus-Shifter (FS) entlang der optischen Achse (o. A.) z um ± 125 mm variieren. Es entsteht ein im Abschnitt 3.1.2.2 vorgestellter Bearbeitungsraum entsprechend eines Pyramidenstumpfes.

Fällt die Soll-Prozessfokuslage z_F mit der Fokuslage z_0 zusammen, sodass die Verschiebung Δz_0 den Wert 0 annimmt, beträgt der mittlere Arbeitsabstand $z_{A\,m}$ in der Ebene gerundet 979 mm, wie es in der Abbildung 3.3 dargestellt ist.

Die Verwendung eines einzelnen, durch die Parallelkinematik zweiachsig verstellbaren Ablenkspiegels (SP3) erlaubt die Minimierung des Lichtweges zwischen der scanspiegelseitigen Oberfläche der Fokussierlinse (FL) und dem Ablenkspiegel (SP3), sodass sich bei derselben Systembrennweite f_S ein längerer Arbeitsabstand z_A als mit der Verwendung zweier, nur einachsig verstellbarer Ablenkspiegel ergibt. Trotz des langen Arbeitsabstandes z_A erzeugt das optische System einen kleinen minimalen Fokusdurchmesser $2 \cdot w_{0\,\sigma}$ (Def. vgl. Abschnitt 2.1.4.4), der aufgrund der vorgegebenen Systemkonfiguration (vgl. Abschnitt 5.1) bei einer 2:1-Abbildung der Optik zwischen 600 µm und 1200 µm beträgt.

Die umgesetzte konstruktive Anordnung aller beschriebenen Komponenten zeigt die 3D-CAD-Zeichnung in der Abbildung 3.4.

Die Berechnung der Maschinenkoordinaten zur Ansteuerung der beweglichen Optikelemente für die Einstellung der Soll-Prozessfokuslage z_F in der Bearbeitungsebene übernehmen am *iLAS* erforschte softwarebasierte Algorithmen, die die hinterlegten mechanischen Konstruktionskenndaten mit den kinematischen Vorwärts- und Rückwärtstransfor-

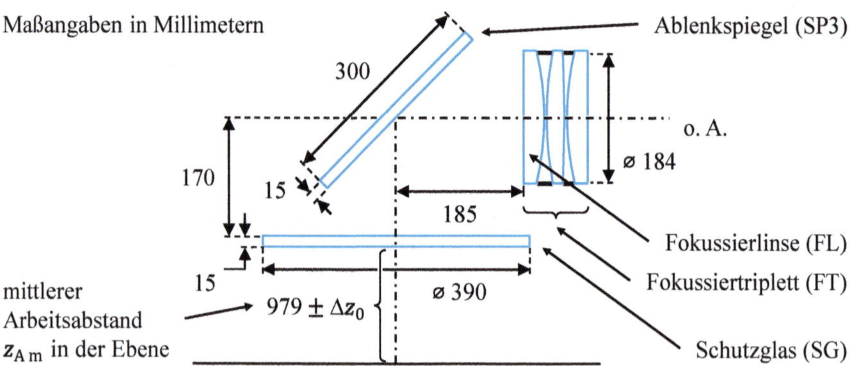

Abbildung 3.3 Auslegung des mittleren Arbeitsabstandes $z_{A\,m}$ in der Ebene bei der Mittelstellung des Fokus-Shifter (FS) im optischen Aufbau des 30-kW-Laser-Remote-Scannersystems „Dragon" in der Anlehnung an *Hugel* [240]. Δz_0 beschreibt die Verschiebung der Soll-Prozessfokuslage z_F an der Wirkstelle gegenüber der durch das optische System vorgegebenen Fokuslage z_0 des Laserstrahls. o. A. bezeichnet die optische Achse.

Nr.	Beschreibung
1	Faserausgang
2	Kollimationslinse (KL) (Asphäre)
3	fest montierter Umlenkspiegel (SP1)
4	„Fokus-Shifter" (FS) (axial entlang der optischen Achse z verschiebbare Bikonkavlinse)
5	fest montierter Umlenkspiegel (SP2)
6	Fokussiertriplett (FT)
7	doppelkardanisch aufgehängter Ablenkspiegel (SP3)
8	Schutzglas (SG)

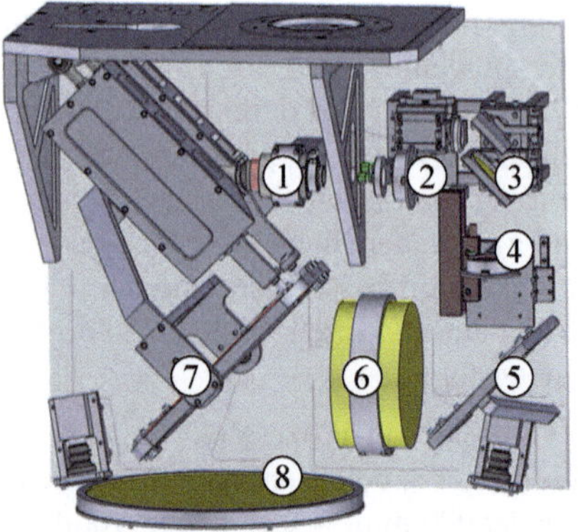

Abbildung 3.4 Umgesetzte konstruktive Anordnung der mechanischen und optischen Komponenten im 30-kW-Laser-Remote-Scannersystem „Dragon".

mationen des Gesamtsystems Laser-Remote-Scanner verknüpfen. Das zugrundeliegende Modell ist bei *Cerwenka et al.* [236, S. 31 Mitte rechts] dargestellt.

3.2 Glassubstrate optischer Komponenten

3.2.1 Einführung

Optische Systeme zur Laserstrahlübertragung, -führung und -manipulation bestehen im Allgemeinen entweder aus opaken Materialen oder aus transparenten kristallinen oder amorphen Substraten [12, S. 242-245][140, S. 41-42]. Sie werden in der Regel mit einer oberflächenveredelnden, funktionsangepassten Beschichtung versehen [118, S. 15-16 u. 19-20][119, S. 7 oben links u. 15-17][140, S. 275-276].

Die mit der vorliegenden Arbeit betrachteten optischen Elemente basieren auf einer amorphen Gefügestruktur eines anorganischen Substrates, die als „Glassubstrate" bezeichnet werden [118, S. 5][140, S. 41-42][241, S. 259][242, S. 151 oben][243, S. 2].

Nahezu alle industriell hergestellten Glassubstrate gelten als Silikatgläser [120, S. 6 unten rechts]. In dieser Gruppe repräsentiert Quarzglas das wichtigste, aus einer Komponente bestehende Glasmaterial [120, S. 9 oben rechts]. Natürlich vorkommende sowie synthetisch erzeugte Quarzgläser sind auf dem Markt erhältlich [241, S. 263 Mitte].

3.2.2 Synthetische Quarzgläser

Synthetisch erzeugte Quarzgläser bezeichnet die Fachliteratur als „Fused Silica" [118, S. 5] [243, S. 2][244, S. 8119 oben links]. Ihre Strukturen sind optisch rein, ausgenommen einem geringen Anteil eingelagerter Hydroxygruppen (OH-Gruppen), der bei auf dem Markt erhältlichen Standardgüten im Bereich von 800 ppm bis zu 1200 ppm liegt. Es stehen jedoch ebenfalls Güten zur Verfügung, die Werte im Bereich von 1 ppm bis zu 10 ppm aufweisen. Verunreinigungen, die nicht auf OH-Gruppen basieren, betragen lediglich 1 ppm. [120, S. 11][243, S. 3][245, S. 3][246, S. 3 u. 6][247]

Das Gefüge ist homogen: jede Stelle im kontinuierlichen Gefüge besitzt die gleichen Materialeigenschaften unabhängig von der Lage [140, S. 23 unten][248, S. 34-35][249, S. 59 oben]. Das Substrat ist statistisch isotrop: keine Raumrichtung ist bevorzugt und besitzt z. B. die gleichen transversalen, elektromagnetischen (TEM-)Eigenschaften [120, S. 1 unten links u. 46 unten links][139, S. 97 oben][140, S. 23 unten][189, S. 312 Mitte][242, S. 151 oben][248, S. 35 unten links][249, S. 58 unten].

Fused-Silica-Gläser sind für ein breites Wellenlängenspektrum vom UV-Bereich mit $\lambda = 150$ nm bis in den nahen Infrarotbereich mit $\lambda = 3500$ nm durchlässig und die Brechzahl n_{GL} variiert zwischen 1,4 für lange Wellenlängen und 1,5 für kurze Wellenlängen [250, S. 251 unten].

Die Änderung der Abmessungen von Fused-Silica-Gläsern bei einer Temperaturänderung wird durch den thermischen Ausdehnungskoeffizient $\alpha_{\mathrm{T}}(T)$ beschrieben. Da der thermische Ausdehnungskoeffizient $\alpha_{\mathrm{T}}(T)$ selbst temperaturabhängig ist, erfolgt in der Regel für die Praxis die Angabe des mittleren linearen thermischen Ausdehnungskoeffizienten $\overline{\alpha_{\mathrm{T}}}$ in der Form des konstanten Schar- und Raummittelwertes für einen definierten Temperaturbereich, um die Unabhängigkeit von der Temperatur zu gewährleisten [142, S. 29 unten][168, S. 2 unten][241, S. 139-140]. $\overline{\alpha_{\mathrm{T}}}$ ist für Fused-Silica-Gläser ausgesprochen gering und beträgt je nach gewähltem Glashersteller und je nach betrachtetem Bereich der Glassubstrattemperatur T_{GL}, mit $T_{\mathrm{GL}} = [0, 320]$ °C, zwischen $5{,}1 \cdot 10^{-7}\ \mathrm{K}^{-1}$, $5{,}5 \cdot 10^{-7}\ \mathrm{K}^{-1}$ und $5{,}7 \cdot 10^{-7}\ \mathrm{K}^{-1}$ [120, S. 10][241, S. 142 Mitte][243, S. 3][245, S. 3] [246, S. 7].

Eine weitere wichtige Kenngröße stellt die materialspezifische Wärmeleitfähigkeit $\kappa(T, p)$ in der Abhängigkeit von der Temperatur T und von dem absoluten Druck p dar. Für angewandte Berechnungen erfolgt ebenfalls häufig die Vereinfachung, $\kappa(T, p)$ als konstante materialspezifische Wärmeleitfähigkeit κ anzunehmen [109, S. 23 Mitte][110, S. 125]. Außerdem wird κ für isotrope Materialien als skalare Größe angenommen, das heißt, dass deren Wärmeleitvermögen an einem festen Ort richtungsunabhängig ist [110,

S. 4]. Bei einer definierten Raumtemperatur weisen Fused-Silica-Gläser die höchste materialspezifische Wärmeleitfähigkeit κ, mit $\kappa = 1{,}38\ \mathrm{W \cdot m^{-1} \cdot K^{-1}}$, der auf dem Markt erhältlichen Gläser auf [120, S. 10 u. 38 Mitte links][245, S. 3][246, S. 7].

Weiterhin zeichnet sich Fused Silica durch eine hohe Belastbarkeit gegenüber schnellen und/oder großen Temperaturschwankungen, eine hohe Beständigkeit gegenüber Säuren und Laugen sowie durch geringe Materialkosten aus [140, S. 50-51][250, S. 251 Mitte].

Der optische Aufbau des mit dieser Arbeit verwendeten 30-kW-Laser-Remote-Scannersystems „Dragon“ (vgl. Abschnitt 3.1.4) basiert auf dem Fused-Silica-Glassubstrat mit der Bezeichnung HPFS® 7980 Standard Grade [237] (vgl. Abschnitt 5.1.3.1) des Herstellers *Corning*.

3.3 Modellierung und Simulation optischer Systeme

3.3.1 Einführung

Für Modellierungs- und Simulationsaufgaben optischer Systeme stehen unterschiedlich komplexe und unterschiedlich leistungsfähige Lösungen zur Verfügung. Es lässt sich in einem fließenden Übergang zwischen ausgestalteten, meist kommerziellen Entwicklungsprogrammen und lediglich Teilbereiche abdeckenden, oft frei zugänglichen Programmmodulen und Algorithmen wählen. Je nach der Komplexität der mathematischen Modellbildung bestimmter physikalischer Effekte basieren die hinterlegten Modelle auf den verschiedenen Abstraktionsebenen der Optik, wie sie z. B. *Saleh et al.* [9, S. 2] beschreiben.

Die konsequente Anwendung moderner Lösungsmethoden, wie z. B. der Matrizenoptik (vgl. Abschnitt 2.3) und der seit 1960 *Ray William Clough* [251] begrifflich zugeschriebenen numerischen „Finite-Elemente-Methode“ (FEM), spielen bereits bei der Problemformulierung eine entscheidende Rolle [252, S. 2][253, S. 3], da analytische Lösungen meist nur für relativ einfache physikalische Fragestellungen zur Verfügung stehen [110, S. 218-219][111, S. 104][112, S. 77 Mitte][114, S. 339 Mitte].

Aus weiteren Quellen [56, S. 6][58, S. 3 unten][60, S. 410 links][61, S. 25-64][254][255, S. 3] ist zu entnehmen, dass viele Untersuchungen und Entwicklungen in vorgefertigten oder eigenen Lösungen auf die FE-Modellierung und -Analyse gemäß der oder in der Anlehnung an die FE-Methode als Hilfsmittel in einem numerischen Lösungsprozess zurückgreifen, um thermodynamische und opto-mechanische Fragestellungen in optischen Systemen praxisorientiert zu beantworten. Im Rahmen der geforderten Genauigkeit lassen sich die gestellten Aufgaben auf in der physikalischen Modellkomplexität reduzierte Berechnungsmodelle gezielt vereinfachen und effizient lösen [256, S. 3 unten].

Oft erfolgt eine Kombination mit dem Raytracing [61, S. 20 u. 25 u. 27][257, S. 1][258, S. 2 unten u. 5-6] (vgl. Abschnitt 2.3.1) häufig unter dem Einsatz der Matrizenoptik [47, S. 55-65][259][260, S. 29-31] (vgl. Abschnitt 2.3).

3.3.2 Kommerzielle Software

Heute sind kommerzielle

- und universell einsetzbare Software für lineare, elasto-mechanische Fragestellungen und nichtlineare Festigkeitsberechnungen sowie Dynamik- oder Wärmeleitungsfragen, wie z. B. ANSYS® [60, S. 410][253, S. 4 Mitte][258, S. 2 unten][261][262][263],

- eigenständige Programmsysteme für multiphysikalische Simulationen, wie z. B. COMSOL Multiphysics® [56, S. 6][58, S. 3][201][264], und
- ausgeprägte Entwicklungsumgebungen für optische Systeme aller Art, wie z. B. ZEMAX OpticStudio® [61, S. 28 oben][205, S. 123][206][254][265],

in der Lage, auf der Basis von finiten Elementen und den verschiedenen Abstraktionsebenen der Optik (vgl. Abschnitt 3.3.1) komplexe physikalische Fragestellungen zu lösen. Jedoch handelt es sich im Allgemeinen um geschlossene Systeme mit vordefinierten Schnittstellen, die in der Regel starr in ihrer Benutzung und nicht direkt in eigene, echtzeitfähige Entwicklungen integrierbar sind. Eventuell besteht die Möglichkeit, diese durch (eigene) vorgefertigte Module zu erweitern.

Zudem erschweren Lizenzmodelle den Einsatz.

3.3.3 Frei verfügbare Software

Anders stellt es sich für frei verfügbare Software dar. Zugängliche Algorithmen und Programmmodule bieten im Rahmen ihres Funktionsumfangs eine günstige Alternative zu kommerziellen Produkten, sofern sie sich an die Bedürfnisse einer Eigenentwicklung individuell anpassen lassen. In der konkreten Anwendung schränken jedoch oftmals gekapselte Funktionsbibliotheken den Nutzen ein, da sie keinen Zugang zum Quelltext erlauben und in der Regel keine Informationen über vorgenommene Modellvereinfachungen vorliegen [61, S. 22 unten]. Gelingt dennoch eine Individualisierung für eine Eigenentwicklung, entspricht dies oft einer Neuentwicklung, denn eine Einarbeitung in einen nicht selbst entwickelten und implementierten Quelltext ist aufwendig und zeitintensiv [260, S. 3 Mitte].

Dem Einsatz freier, nicht selbst entwickelter Software in industriellen Produkten stehen auch Haftungsfragen entgegen. Vielfach lässt sich die sichere Anwendbarkeit außerhalb eigener Anpassungen nicht hinreichend gewährleisten. Eine Ausnahme können geprüfte, gekapselte sowie direkt zugeschnittene und einbindbare Funktionsbibliotheken bilden, die jedoch häufig nicht kostenfrei sind.

Des Weiteren ist grundsätzlich die Frage hinsichtlich der Echtzeitfähigkeit nicht geklärt.

3.4 Analyse- und Korrekturmethoden einer Fokuslagenverschiebung

3.4.1 Einführung

Die Bandbreite der Veröffentlichungen des Standes der Technik und der Wissenschaft reicht von der Diagnostik und der passiven Korrektur bis zur regelkreisbasierten aktiven Korrektur der Fokuslagenverschiebung Δz_F (Def. vgl. Abschnitt 2.2.4) während des Bearbeitungsprozesses. Die Inhalte setzten sich hauptsächlich mit Bearbeitungsköpfen exklusive einer aktiven Ablenkeinheit für das Laserstrahlschneiden und -schweißen auseinander, deren Ergebnisse neben Labormustern für spezielle Anwendungen heute teilweise eingesetzte industriegeeignete Lösungen zeigen. Zusätzlich besteht eine größere Anzahl an Patenten, die sich vor allem mit aktiven Korrekturmethoden auseinandersetzt. Außerdem befassen sich mit der zunehmenden Verbreitung der Laser-Remote-Technologie Entwicklungen verstärkt mit Lösungen für Laser-Remote-Scannersysteme in Schneid-, Schweiß- und selektiven Schmelzanwendungen. Dabei spielen Lösungen, die für geringe Laserleistungen P_L umsetzbar sind, keine Rolle für hohe Laserleistungen P_L und werden nicht betrachtet; Miniaturspiegel- und flüssigkeitsbasierte Prinzipien eignen sich nicht.

3.4.2 Passive Analyse- und Korrekturmethoden

In der Auslegung und in der Anwendung optischer Systeme für die Lasermaterialbearbeitung beschreibt *Alexander Gatej* [61, S. 18 unten] passive Korrekturmethoden als die wünschenswerteste, jedoch auch die schwierigste Lösung, eine Thermische Linse (vgl. Abschnitt 2.2.2) und einhergehend einen auftretenden Fokus-Shift Δz_F (vgl. Abschnitt 2.2.4) zu vermeiden. Diesbezüglich nennen *Degallaix et al.* [60, S. 412 Mitte links] die Reduzierung des Temperaturgradienten $\nabla T_{GL}(r,t)$ innerhalb eines optischen Elementes als eine der besten Möglichkeiten einem Fokus-Shift Δz_F gezielt entgegenzuwirken und Optimierungsmethoden eines optischen Systems spielen eine entscheidende Rolle.

Der Idealzustand erfordert eine passive Korrektur einer Fokuslagenverschiebung Δz_F und anderer thermisch induzierter Aberrationen unabhängig von der Laserleistung $P_L(t_{EM})$ und der Einschaltdauer t_{EM} eines Laserstrahls. Theoretisch lässt sich durch den Ausgleich der positiven und der negativen thermischen Aberrationen eine optimale Korrektur herbeiführen. [61, S. 18 unten]

Deshalb beinhalten Optimierungsmethoden eines optischen Systems häufig angepasste und/oder größere Aperturen, eine Verringerung der Anzahl, mit z. B. sich von Fused Silica unterscheidenden synthetischen Quarzgläsern, sowie die Auswahl verschiedener Materialgüte- bzw. -reinheitsklassen (vgl. Abschnitt 3.2) und verbesserter AR-Beschichtungen (vgl. Abschnitt 2.2.2.1) laserstrahldurchlässiger optischer Elemente. So lässt sich z. B. durch die Ausnutzung verschiedener positiver und negativer thermo-optischer Koeffizienten β_{GL} (vgl. Abschnitt 2.2.2.2) synthetischer Quarzgläser mit einem speziell angepassten Glasensemble eine Fokuslagenverschiebung Δz_F durchaus um 60 % reduzieren [90] oder teilweise sogar weitgehend kompensieren [58][266, S. 4 unten].

Insgesamt weisen die in Frage kommenden Glassubstrate jedoch oft stark voneinander abweichende Eigenschaften, wie z. B. den mittleren linearen thermischen Ausdehnungskoeffizienten $\overline{\alpha_T}$ (vgl. Abschnitt 3.2.2), die materialspezifische Wärmeleitfähigkeit κ (vgl. Abschnitt 3.2.2) oder den materialspezifischen Streuverlust (vgl. Abschnitt 2.2.2.1), auf, sodass deren Kombination in der Anwendung von Hochleistungslasern einen nicht unerheblichen Aufwand bei der Optikauslegung bedeutet [49, S. 6 Mitte][61, S. 66-67][200].

Zusätzlich können mit dem Volumen der optischen Elemente, der Auswahl der Glassubstrate sowie der Reinheitsklasse die Beschaffungskosten erheblich variieren [36, S. 94 Mitte][49, S. 6 Mitte][59, S. 1 Mitte]. Nicht auszuschließen sind ein Gewichtszuwachs sowie ein vergrößerter Bauraum erweiterter Aperturen [36, S. 94 Mitte].

Eine weitere Optimierungsmethode eines optischen Systems ist die Mischung von laserstrahldurchlässigen mit vorzugsweise metallbasierten reflektierenden optischen Elementen oder der vollständige Austausch durch vorzugsweise metallbasierte reflektierende optische Elemente [36, S. 88 Mitte u. 90 Mitte], wobei *Goran Bjelajac* [267] und *Steen et al.* [62, S. 119-120] die Befestigung und die Justage von metallbasierten Ablenkelementen als sehr anspruchsvoll anführen.

Ergänzend zu den passiven Korrekturmethoden ordnet diese Arbeit die prozessseparierte und außerhalb des Bearbeitungskopfes durchgeführte Vermessung eines Laserstrahls z. B mit einem Kaustikmessgerät und/oder durch Probeschweißungen ebenfalls den passiven Korrekturmethoden zu. Ein Fokus-Shift Δz_F lässt sich durch ein direktes Abtasten des Bearbeitungslaserstrahls Ebene für Ebene während der Emission feststellen [50, S. 85 oben]. Definierte Probeschweißungen entlang einer festgelegten Strecke zeigen anhand einer bekannten Referenz eine Fokuslagenverschiebung Δz_F auf [268]. Diese Vorgänge berücksichtigen jegliche Art von Veränderungen aller beteiligten Systemkomponenten im vermessenen Strahlengang. Jedoch muss eine Korrektur des Fokus-Shifts Δz_F prozessspariert in einem zusätzlichen Arbeitsschritt erfolgen und kann durchaus im unteren zweistelligen Minutenbereich liegen.

Die Tabelle A.1.1 im Anhang gibt einen vertiefenden Quellenüberblick zu den zuvor beschriebenen passiven Analyse- und Korrekturmethoden einer thermisch veränderten Soll-Prozessfokuslage z_F.

3.4.3 Aktive Analyse- und Korrekturmethoden

Aktive Analyse- und Korrekturmethoden zur Vermeidung einer Fokuslagenverschiebung Δz_F (vgl. Abschnitt 2.2.4) zielen auf Optimierungsmaßnahmen des auftretenden Temperaturzustandes und auf Messprozeduren einer resultierenden Fokuslagenverschiebung Δz_F mit in der Regel einer anschließenden Fokuslagenkorrektur ab.

Prinzipien, die das thermische Verhalten optischer Elemente im Sinne einer stabilisierten Soll-Prozessfokuslage z_F begünstigen können, bestehen hauptsächlich aus zwei Strategien.

Zum einen ist das insbesondere bei laserstrahldurchlässigen optischen Elementen die Kombination einer Angleichung der Randtemperatur an die Temperatur im Zentrum des optischen Elementes mit einer Temperaturregelung, wobei zusätzliche Komponenten und veränderte Aufnahmen der optischen Elemente für eine Temperierung erforderlich sind.

Zum anderen ist das eine optimierte Kühlung der eingesetzten laserstrahldurchlässigen optischen Elemente über speziell angepasste Flansche, wobei das Temperaturniveau variieren kann, um den Wärmetransport an die Fassung zu begünstigen. Eine schnellere Wärmeabfuhr wirkt einem vom Zentrum aus entstehenden Wärmestau entgegen und verringert die Bildung einer Thermischen Linse (vgl. Abschnitt 2.2.2). Da jedoch die materialspezifische Wärmeleitfähigkeit κ (vgl. Abschnitt 3.2.2) des verwendeten Glassubstrates gemäß der Gleichung (4.9) den maximalen Wärmestrom $\dot{Q}(t)$ im Material bestimmt [58, S. 3 oben][60, S. 412 unten rechts], erzeugt eine Randkühlung einen steileren radialen Temperaturgradienten $\nabla T_{GL}(r, t)$. Dies wirkt sich insbesondere bei laserstrahldurchlässigen optischen Elementen mit einer kurzen axialen Dicke $d \ll 2 \cdot r_L$ im Vergleich zum Radius r_L aus [58, S. 3 oben], wobei die optische Achse z die Symmetrieachse ist. Die steileren radialen Temperaturgradienten $\nabla T_{GL}(r, t)$ können die durch die Temperatursenkung erzielte Verringerung der Thermischen Linse (teilweise) wieder aufheben [58, S. 3 oben] oder das thermische Verhalten im Sinne einer zu stabilisierenden Soll-Prozessfokuslage z_F sogar verschlechtern. Eine Verschlechterung unterstützt das Ausbilden mechanischer Spannungen zwischen dem Zentrum und dem Rand eines laserstrahldurchlässigen optischen Elementes.

Alternativ lassen sich laserstrahldurchlässige optische Elemente mit metallbasierten reflektierenden optischen Elementen mischen oder austauschen. Dafür eignen sich insbesondere kupferbasierte verspiegelte Ablenkelemente, die rückseitig mit Kühlkanälen versehen werden, deren Wirkung die Dynamik und die Stärke eines Fokus-Shifts Δz_F im Hochleistungslaserbereich erheblich vermindert [36, S. 87-88]. Gemäß *T. Kugler* [49, S. 6-8] sinkt diese auf 10 % bis zu 15 % im Vergleich zu synthetischen Quarzgläsern ab und ein Fokus-Shift Δz_F spiegelt sich hauptsächlich in einer Deformation der reflektierenden Oberfläche wider, jedoch kaum durch eine vollständige Thermische Linse [36, S. 88 Mitte][55, S. 48 Mitte][61, S. 16 unten] (vgl. Abschnitt 2.2.2). Ein Nachteil kann in der erhöhten Komplexität der einzelnen Elemente sowie des optischen Aufbaus bestehen, geben *Wedel et al.* [55, S. 48 Mitte] an, da der Strahlengang mehrfach umgelenkt werden muss (Faltung) und *Goran Bjelajac* [267] bemerkt, dass beim Befestigen derartiger Elemente streng darauf zu achten ist, dass mechanische Oberflächenverzerrungen ausbleiben. Wenige Mikrometer genügen, um einen Laserstrahl an der Wirkstelle so stark zu verändern, dass dies zu schlechten Prozessergebnissen führt [267]. Außerdem zeigen *Steen et al.* [62, S. 119-120] zufolge metallbasierte Ablenkelemente eine höhere Anfälligkeit gegenüber Justagefehlern.

Aus der Forschung und Entwicklung hervorgegangene und teilweise in industriellen Systemen integrierte aktive Messprozeduren mit in der Regel einer anschließenden aktiven Fokuslagenkorrektur kombinieren auf verschiedenste Art und Weise Lichtbrechungs-, -streuungs- und -reflexionseffekte mit digitalen, optischen Sensorsystemen (vgl. Abschnitt 2.4) in unterschiedlichen Ausprägungen und angepassten Lösungen einer automatisierten Justage des Strahlengangs. Allerdings bemerken z. B. *Stephan Hunze* [47, S. 34] und *Otto et al.* [70, S. 173-174], dass ganz allgemein prozessseitig reflektierte Strahlung den Einflüssen der Werkstückbeschaffenheit und der Umgebung unterliegt, sodass es zu einer starken Streuung der Laserstrahlung, zu einer Beeinflussung aufgrund aufsteigender Dämpfe und zu Änderungen der Brechzahl n_{med} des umgebenden Mediums (med) (vgl. Abschnitt 2.2.3) kommen kann.

Optische Sensorsysteme können laufzeit-, lichtschnitt-, kamera- und photodetektorbasiert sein. Dabei verhindern einerseits z. B. systembedingt funktionale Oberflächenbeschichtungen (vgl. Abschnitt 2.2.2.1 und 3.2.1) das Durchdringen und/oder das Reflektieren der (Mess-)Strahlung, da diese für ausgewählte Wellenlängen ausgelegt sind. Andererseits schränkt z. B. der erfassbare Spektralbereich die Anwendungsmöglichkeiten bei Glassubstraten für optische Elemente ein, da Fused-Silica-Glassubstrate, wie *Füßler et al.* [269, [0009]] darstellen, einen besonders breiten spektralen Transmissionsbereich (vgl. Abschnitt 3.2.2) aufweisen.

Es lassen sich weitere Sensoren, wie z. B. Kontakt-Temperatursensoren an den optischen Einheiten, integrieren. Hierbei sind zwar direkt Randtemperaturen messbar, aber Kerntemperaturen sind erst nach einer Zeitverzögerung und mit der Kenntnis der Wärmeleitungsvorgänge und Randbedingungen erfassbar.

Insgesamt muss messmethodenabhängig für die Integration zusätzlicher Komponenten zusätzlicher Bauraum vorgesehen werden und die Systemkomplexität steigt.

Weiterhin sind alle vorgestellten Lösungen mit angepassten Detektions- und Auswertungsalgorithmen verknüpft und arbeiten mit teilweise dafür konzipierten elektronischen Schaltungen und digitalen Signalprozessoren (DSP). Die Algorithmen lassen sich zusätzlich mit intelligenten, teilweise prädiktiven, mathematischen Modellen und Methoden, wie

z. B. kognitiven Ansätzen (wie neuronale Netze), verknüpfen. Oft verwenden eingesetzte Lösungen Kalibrierdaten sowie gespeicherte Muster und Korrelationen, um eine zufriedenstellende Korrektur des Fokus-Shifts Δz_{F} durchführen zu können. Dies schränkt einen bedienerunabhängigen, wartungsfreien und vollautomatischen Einsatz ein.

Die Tabelle A.1.2 im Anhang gibt einen vertiefenden Quellenüberblick zu den zuvor beschriebenen aktiven Analyse- und Korrekturmethoden einer thermisch veränderten Soll-Prozessfokuslage z_{F}.

3.5 Defizite und Anforderungen

3.5.1 Auswertung des Standes der Technik und der Wissenschaft

Die Quellen zum Stand der Technik und der Wissenschaft legen dar (vgl. Abschnitte 1.2, 2.2.2.1 und 2.2.4), dass die für die verschiedenen Laserleistungen P_{L} und Intensitäten $I(r, z)$ verfügbaren fasergebundenen optischen Systeme mit laserstrahldurchlässigen optischen Elementen und ohne eine Regelung der Abweichung der Prozessfokuslage von der Soll-Prozessfokuslage z_{F} (Def. vgl. Abschnitt 1.2) als wesentliches Defizit einen Fokus-Shift Δz_{F} (Def. vgl. Abschnitt 2.2.4) aufweisen.

Bezogen auf das vorgegebene mit einer am *iLAS* entwickelten internen Regeleinheit der Scannersteuerung (vgl. Abbildung 4.3) versehene 30-kW-Laser-Remote-Scannersystems „Dragon" (vgl. Abschnitt 3.1.4) zeigt die Analyse das gleiche Ergebnis. Insgesamt lassen sich die Defizite, die eine prozesssichere Laserbearbeitung (vgl. Abschnitte 1.2 und 2.2.4) beeinflussen, folgendermaßen benennen:

- Die Einstellung der Soll-Prozessfokuslage z_{F} ist aufgrund des implementierten linearen Fokusmodells fehlerbehaftet.
- Die Auslegung des linsenbasierten optischen Aufbaus erzeugt bereits bei einer Laserleistung $P_{\mathrm{L}}(t_{\mathrm{EM}}) \leq 10$ kW und einer Einschaltdauer t_{EM} des Laserstrahls von ≤ 10 s einen Fokus-Shift Δz_{F} der Soll-Prozessfokuslage z_{F} entlang der optischen Achse z.
- Die interne Regeleinheit der Scannersteuerung beinhaltet keinen Korrekturalgorithmus, um einem Fokus-Shift Δz_{F} entgegenzuwirken und die Soll-Prozessfokuslage z_{F} zu stabilisieren.
- Der optische Aufbau bietet keine technischen Möglichkeiten, einen Fokus-Shift Δz_{F} zu analysieren.
- Die präzise Einstellung der Soll-Prozessfokuslage z_{F} sowie die Korrektur des Fokus-Shifts Δz_{F} kann nur durch arbeitsintensive, prozessseparierte Maßnahmen erfolgen.

Um den vorgenannten Defiziten zu begegnen und zur Stabilisierung der Soll-Prozessfokuslage z_{F} beizutragen, wird in der Auswertung der Quellen zum Stand der Technik und der Wissenschaft ersichtlich, dass ein breites Angebot an Lösungen in der Anwendung auf Bearbeitungssysteme hoher Laserleistung zur Verfügung steht. Es existieren sowohl kommerzielle als auch frei verfügbare Software zur Modellierung und Simulation optischer Systeme (vgl. Abschnitte 3.3.2 und 3.3.3). Außerdem werden passive und aktive Methoden zur Analyse und Korrektur (vgl. Abschnitte 3.4.2 und 3.4.3) beschrieben.

Jedoch zeigen diese Lösungen trotz des breiten Angebotes einerseits Defizite in der Anwendung auf Laser-Remote-Scannersysteme verschiedener Laserleistung auf (vgl. Abschnitte 3.3.2 bis 3.4.3) und deren Eignung muss im konkreten Einzelfall betrachtet werden.

Andererseits treten speziell bei dem 30-kW-Laser-Remote-Scannersystems „Dragon“ systemimmanente Randbedingungen in den Vordergrund (vgl. Abschnitt 3.1.4), die im Ergebnis einen nicht unerheblichen technischen und finanziellen Aufwand nach sich ziehen, um den Stand der Technik und der Wissenschaft zu erreichen und dem Fokus-Shift Δz_F entgegenzuwirken, da keine serienmäßige Lösung besteht.

Unter der Beachtung der Randbedingungen des 30-kW-Laser-Remote-Scannersystems „Dragon“ sind zur Kompensation der aufgezeigten Defizite die Zusammenhänge der im Abschnitt 1.2 aufgezeigten Problemstellungen zu erforschen und daraus abgeleitet ist eine individuell selbstgestaltete, softwarebasierte Korrekturmethode zu entwickeln, die zudem zur Ertüchtigung vorhandener Laser-Remote-Scannersysteme verschiedener Laserleistung eingesetzt werden kann.

3.5.2 Anforderungen an die Entwicklung einer Korrekturmethode

Um den Fokus-Shift Δz_F (Def. vgl. Abschnitt 2.2.4) zu korrigieren und die Soll-Prozessfokuslage z_F (Def. vgl. Abschnitt 1.2) zu stabilisieren, wird zur Ertüchtigung von fasergebundenen Laser-Remote-Scannersystemen verschiedener Laserleistung mit dieser Arbeit die Erforschung der Zusammenhänge der im Abschnitt 1.2 aufgezeigten Problemstellungen und daraus abgeleitet die Entwicklung einer adaptiven, softwarebasierten Korrekturmethode für den industriellen Einsatz umgesetzt.

Für das 30-kW-Laser-Remote-Scannersystem „Dragon“ (vgl. Abschnitt 3.1.4) werden zur Kompensation der im Abschnitt 3.5.1 beschriebenen Defizite folgende Anforderungen an die Korrekturmethode gestellt:

- Das Fokusmodell zur Einstellung der Soll-Prozessfokuslage z_F muss die Auslegung des optischen Systems widerspiegeln und eine Verbesserung gegenüber dem implementierten linearen Fokusmodell sein.
- Für die am *iLAS* entwickelte interne Regeleinheit der Scannersteuerung muss ein Korrekturalgorithmus zur Korrektur des Fokus-Shifts Δz_F implementiert werden.
- Es muss im Interpolationstakt Δt der Scannersteuerung eine integrierte Berechnung der Einstellung der Soll-Prozessfokuslage z_F sowie der Korrektur des Fokus-Shifts Δz_F anstelle einer nachgelagerten Ergebnisuntersuchung und -bewertung erfolgen.
- Die Korrektur des Fokus-Shifts Δz_F muss im Interpolationstakt Δt der Scannersteuerung erfolgen.
- Die Integration in die vorhandene Steuerungsarchitektur muss in wenigen Programmierschritten mit anpassbaren Schnittstellen erfolgen.
- Die Auslegung des linsenbasierten optischen Aufbaus muss unverändert bleiben.
- Es dürfen ausschließlich die vorhandenen mechanischen und opto-elektronischen Komponenten genutzt werden.
- Die Integration intelligenter Sensorsysteme, die die Umgebungsbedingungen (vgl. Abschnitt 2.2.3) im Linsenumfeld prozessbegleitend messen, ist mit geringem technischen Aufwand zu gewährleisten.
- Es dürfen keine Kalibrierprozesse und gespeicherten Korrelationen bzw. Muster erforderlich sein.

4 Korrekturmethode zur Fokuslagenstabilisierung

4.1 Korrekturprinzip

Eine konstante Soll-Prozessfokuslage z_F (vgl. Abschnitt 1.2 und 2.2.4) an der Wirkstelle und einhergehend stabile Laserstrahlparameter (vgl. Abschnitt 2.1.4.2) gewährleisten die Reproduzierbarkeit der Fertigungsergebnisse. Diese Anforderungen werden mit den mit dieser Arbeit erforschten Zusammenhängen der im Abschnitt 1.2 aufgezeigten Problemstellungen und daraus abgeleitet der entwickelten Korrekturmethode zur Fokuslagenstabilisierung für Laser-Remote-Scannersysteme gemäß dem im Abschnitt 3.1.2.2 beschriebenen nach-objektiven Konstruktionsprinzip erfüllt. Die Korrekturmethode reagiert auf zeitabhängige Veränderungen der laserstrahlbeaufschlagten Systemkomponenten (vgl. Abschnitt 2.2.2) sowie auf zeitabhängige, prozessbegleitend gemessene Umgebungsbedingungen (vgl. Abschnitt 2.2.3).

Die Abschnitte 4.1 bis 4.6 beschreiben die durchgeführte Entwicklung der Korrekturmethode und die Implementierung dieser in einem Regelkreis.

Für das Korrekturprinzip sind die Kenntnis des Aufbaus eines Laser-Remote-Scannersysteme gemäß dem nach-objektiven Konstruktionsprinzip und die präzise Einstellung des Arbeitspunktes des Prozesses, die Soll-Prozessfokuslage z_F an der Wirkstelle, des thermisch unbelasteten optischen Gesamtsystems von maßgebender Bedeutung. Die präzise Einstellung der Soll-Prozessfokuslage z_F erfolgt im Interpolationstakt Δt der Laser-Remote-Scannersteuerung auf der Basis des aus dem optischen Aufbau abgeleiteten Fokusmodells und ist untrennbar mit der Korrektur des Fokus-Shifts Δz_F (Def. vgl. Abschnitt 2.2.4) und der Stabilisierung der Soll-Prozessfokuslage z_F an der Wirkstelle verbunden. Die Fokuslagenkorrektur und -stabilisierung sind während des gesamten Bearbeitungsvorgangs aktiv.

Die Abbildung 4.1 stellt das Korrekturprinzip im Interpolationstakt Δt der Laser-Remote-Scannersteuerung schematisch dar.

Die Struktur des zeitdiskreten Regelkreises der Korrekturmethode beinhaltet die

- Regeleinheit: Analyse-, Einstell-, Vergleichs- und Korrekturalgorithmen, die im Programm-Code der Laser-Remote-Scannersteuerung im Teil der Maschinenkoordinatenberechnung implementiert sind.
- Stelleinheit: Controller der Achsenantriebe für die Berechnung des physischen Verstellweges s_A der Achsen zur Einstellung der Soll-Prozessfokuslage z_F und zur Korrektur des Fokus-Shifts Δz_F.
- Regelstrecke: Achsenantriebe im Laser-Remote-Bearbeitungskopf.
- Störgröße: Umgebungsbedingungen in unmittelbarer Nähe des optischen Strahlengangs und die zur Laufzeit veränderlichen optischen Systemkomponenten.

G. Cerwenka, *Adaptive Fokuslagenkorrektur fasergebundener Laser-Remote-Scanner mit Linsenoptiken für hohe Laserleistungen*, Light Engineering für die Praxis, https://doi.org/10.1007/978-3-662-70885-9_4

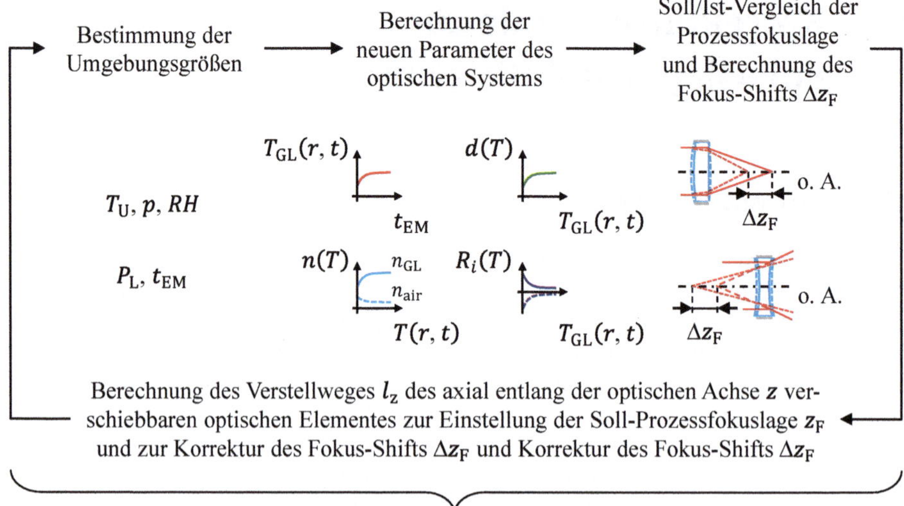

Abbildung 4.1 Schema der Einstellung der Soll-Prozessfokuslage z_F und der Korrektur eines Fokus-Shifts Δz_F der Soll-Prozessfokuslage z_F. T_U, p, RH, P_L und t_{EM} geben die Umgebungstemperatur, den absoluten Druck, die relative Luftfeuchtigkeit, die von einem Lasersystem abgegebene optische Leistung und die Einschaltdauer der Strahlemission wieder. $T_{GL}(r,t)$, $n_{GL}(T)$, $d(T)$ und $R_i(T)$, mit $i \in \{1,2\}$, geben für eine Linse den radius- und zeitabhängigen Temperaturverlauf im Glassubstrat, die Brechzahl des Glassubstrates, die Dicke und die Stirnflächenradien in der Abhängigkeit von $T_{GL}(r,t)$ an. n_{air} beschreibt die Brechzahl der Luft in der Abhängigkeit von T_U. o. A. bezeichnet die optische Achse z.

- indirekte Messeinrichtung: prozessbegleitende Messung der Umgebungsbedingungen T_U, p und RH sowie die Aufnahme der Laserstrahlgrößen P_L und t_{EM}; berechnete, thermisch veränderte Systemkomponenten und berechnete Ist-Prozessfokuslage $z_{F\,th}$ (Def. vgl. Abschnitt 2.2.4)

und ist schematisch in der Abbildung 4.2 verdeutlicht.

Das aus der Einstellung der Soll-Prozessfokuslage z_F an der Wirkstelle und der Korrektur des Fokus-Shifts Δz_F bestehende Korrekturprinzip ist im Folgenden ausführlich am vorgegebenen 30-kW-Laser-Remote-Scannersystems „Dragon“ (vgl. Abschnitt 3.1.4) beschrieben.

Der Bahnplanungsalgorithmus der 30-kW-Laser-Remote-Scannersteuerung ermittelt in der Grobinterpolation t_k, mit $k \in \mathbb{N}$, die Soll-Prozessfokuslage z_F an der Wirkstelle anhand der Bearbeitungsaufgabe auf der Basis einer vordefinierten Bahn aus einem digitalen Datensatz.

Mit diesem Ergebnis gibt die am *iLAS* entwickelte interne Regeleinheit der 30-kW-Laser-Remote-Scannersteuerung auf der Basis eines implementierten, aus dem optischen Aufbau des Scanners abgeleiteten Fokusmodells in der Feininterpolation t_m, mit $m \in \mathbb{N}$, den Sollwert-Maschinenkoordinatenvektor $\boldsymbol{x}_S(t_m)$ der Achsenantriebe für die externe Po-

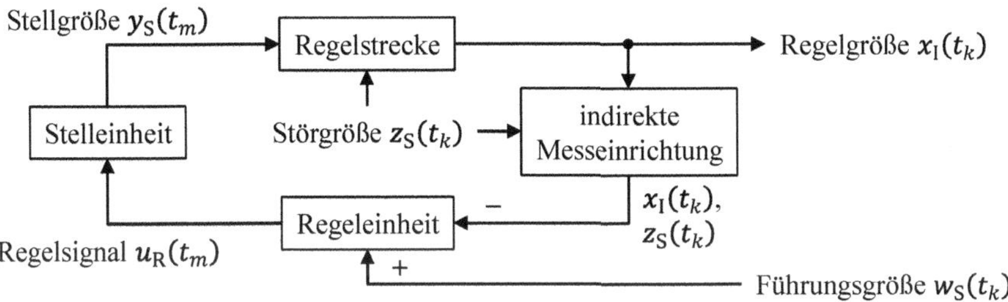

$u_R(t_m)$:= Sollwert-Maschinenkoordinatenvektor $\boldsymbol{x}_S(t_m)$ der Achsenantriebe
$w_S(t_k)$:= Soll-Prozessfokuslage z_F
$x_I(t_k)$:= Ist-Prozessfokuslage $z_{F\,th}$
$y_S(t_m)$:= physischer Verstellweg $s_A(t_m)$ der Achsen
$z_S(t_k)$:= $T_U, p, RH, P_L, t_{EM}, T_{GL}(r, t)$

Abbildung 4.2 Schema des zeitdiskreten Regelkreises [270, S. 11-12][271, S. 41 oben][272, S. 26-27][273, S. 170 Mitte][274, S. 6-7] der in einer Laser-Remote-Scannersteuerung implementierten Korrekturmethode. T_U, p, RH, P_L, t_{EM} und $T_{GL}(r, t)$ beschreiben die Umgebungstemperatur, den absoluten Druck, die relative Luftfeuchtigkeit, die von einem Lasersystem abgegebene optische Leistung, die Einschaltdauer der Strahlemission und den radius- und zeitabhängigen Temperaturverlauf im Glassubstrat. t_k, mit $k \in \mathbb{N}$, symbolisiert die Grobinterpolation und t_m, mit $m \in \mathbb{N}$, symbolisiert die Feininterpolation.

sitionsregeleinheit der Linearantriebe vor, um die geforderte Soll-Prozessfokuslage z_F für die Bearbeitungsaufgabe auf dem Werkstück an der Wirkstelle durch die Bewegung des Ablenkspiegels (SP3) und des Fokus-Shifters (FS) über den physischen Verstellweg $s_A(t_m)$ der Achsen einzustellen.

Bislang erfolgt dies mit einem in die interne Regeleinheit implementierten linearen Fokusmodell direkt und ohne eine Anpassung an den tatsächlichen optischen Aufbau, wodurch die Einstellung der Soll-Prozessfokuslage z_F begrenzt ist, da das lineare Fokusmodell die aufgrund der Auslegung des optischen Aufbaus nichtlineare Abhängigkeit der eingestellten Soll-Prozessfokuslage z_F von dem vorgegebenen Verstellweg l_z des Fokus-Shifters (FS) nicht vollständig abbildet (vgl. Abschnitt 3.5.1).

Des Weiteren beinhaltet die interne Regeleinheit keine Korrektur des Fokus-Shifts Δz_F und damit keine Stabilisierung der Soll-Prozessfokuslage z_F an der Wirkstelle (vgl. Abschnitt 3.5.1).

Die Ist-Prozessfokuslage $z_{F\,th}$ und somit auch der thermisch veränderte Laserstrahldurchmesser $2 \cdot w_{\sigma\,th}(z_F)$ an der Wirkstelle ergeben sich aufgrund der mit dem implementierten linearen Fokusmodell nur angenähert eingestellten Soll-Prozessfokuslage z_F und aufgrund einer zusätzlichen Überlagerung von Störgrößen $z_S(t_k)$, die im linsennahen Umfeld des in der Abbildung 3.2 dargestellten optischen Aufbaus, im Strahlengang des Laserstrahls und durch thermische Veränderungen der optischen Systemkomponenten auftreten.

Mit der vorgesehenen Korrekturmethode zur Fokuslagenstabilisierung erfolgt auf der Basis der Matrizenoptik und des Raytracings (Def. vgl. Abschnitt 2.3) eine verbesserte

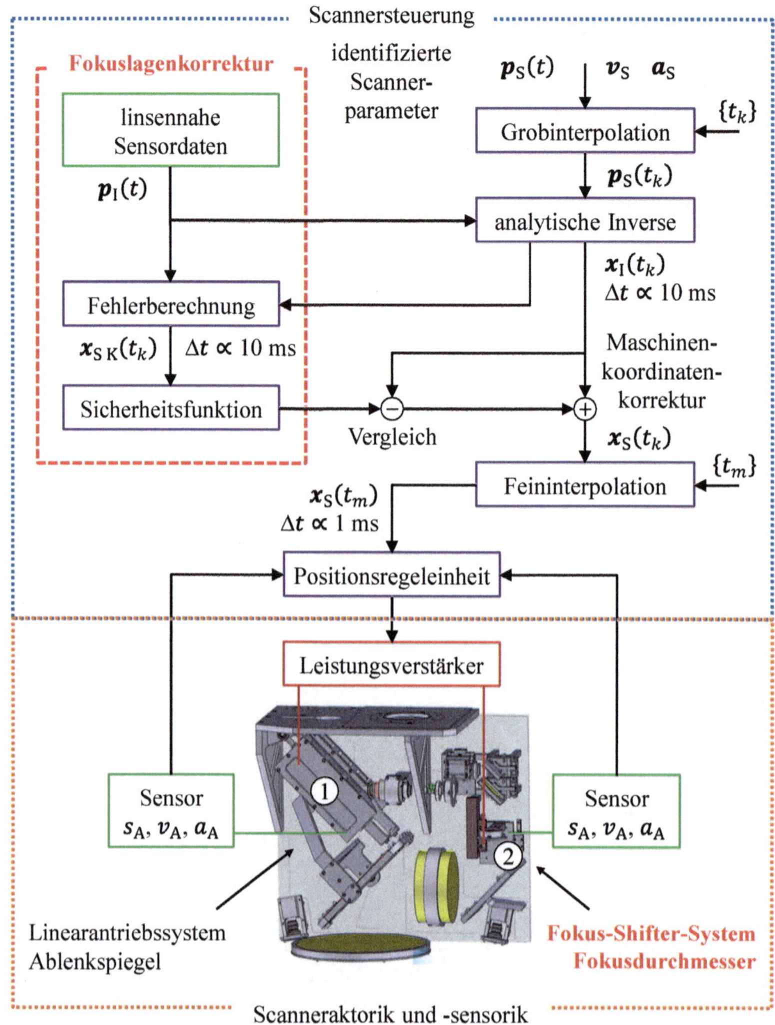

$\boldsymbol{a}$:= Beschleunigungsvektor	S := Sollwert
$\boldsymbol{v}$:= Geschwindigkeitsvektor	I := Istwert
$\boldsymbol{p}$:= Parametervektor des Modells	K := Korrektur
$\boldsymbol{x}$:= Maschinenkoordinatenvektor	A := Linearantrieb
$(t), (t_k), (t_m), \{t_k\}, \{t_m\}$:= Zeitstempel	Δt := Taktzeit

Abbildung 4.3 Signalflussdiagramm des nichtkorrigierten Signalweges $\boldsymbol{x}_I(t_k)$ erweitert um den Korrektursignalweg $\boldsymbol{x}_{S\,K}(t_k)$ mit den korrigierten Vorgabewerten $\boldsymbol{x}_S(t_m)$ für die Positionsregeleinheit zur Ansteuerung der Linearantriebe für die Strahlablenkung (1) und für die Einstellung des Fokusdurchmessers (2) zur Fokuslagenpositionierung.

Einstellung der geforderten Soll-Prozessfokuslage z_F sowie zusätzlich eine Korrektur des ermittelten Fokus-Shifts Δz_F und damit die Einhaltung des vorgegebenen Laserstrahldurchmessers $2 \cdot w_\sigma(z_F)$ an der Wirkstelle. Dazu werden durch die Korrekturmethode zur Fokuslagenstabilisierung Analyse-, Einstell-, Vergleichs- und Korrekturalgorithmen bereitgestellt, die in die interne Regeleinheit implementiert werden.

Einerseits wird durch den Austausch des bislang genutzten linearen Fokusmodells mit dem in dieser Arbeit entwickelten Fokusmodell (vgl. Abschnitt 4.6) die nichtlineare Abhängigkeit der eingestellten Soll-Prozessfokuslage z_F von dem vorgegebenen Verstellweg l_z des Fokus-Shifters (FS) durch die verbesserte interne Regeleinheit der 30-kW-Laser-Remote-Scannersteuerung berücksichtigt.

Andererseits ermittelt die verbesserte interne Regeleinheit der 30-kW-Laser-Remote-Scannersteuerung durch einen Soll/Ist-Vergleich der Prozessfokuslage eine Regelabweichung $e_A(t_k)$ in der Grobinterpolation t_k mit dem Zusammenhang $e_A(t_k) = z_F - z_{F\,th}$ in der Anlehnung an *Zacher et al.* [274, S. 335 unten] und berechnet in der Grobinterpolation t_k und in der Feininterpolation t_m einen neuen Sollwert-Maschinenkoordinatenvektor $\boldsymbol{x}_S(t_m)$ der Achsenantriebe für die Korrektur des Fokus-Shifts Δz_F. Die Ermittlung der Regelabweichung $e_A(t_k)$ erfolgt durch die Verknüpfung der prozessbegleitend gemessenen Störgrößen $z_S(t_k)$, der zur Laufzeit berechneten Veränderungen der optischen Systemkomponenten in der Form des Fokus-Shifts Δz_F und der Ist-Prozessfokuslage $z_{F\,th}$ mit der Soll-Prozessfokuslage z_F.

Die interne Regeleinheit der 30-kW-Laser-Remote-Scannersteuerung überträgt den aktuellen Gegebenheiten einen angepassten Sollwert-Maschinenkoordinatenvektor $\boldsymbol{x}_S(t_m)$ der Achsenantriebe an die externe Positionsregeleinheit, die die Linearantriebe für eine stabile Soll-Prozessfokuslage z_F ansteuert, und positioniert den Fokus-Shifter (FS) zur Fokuslagenkorrektur entlang der optischen Achse z neu.

Das Signalflussdiagramm in der Abbildung 4.3 zeigt die Erweiterung des nichtkorrigierten Signalweges um den korrigierten Signalweg der Scannersteuerung des 30-kW-Laser-Remote-Scannersystems „Dragon“.

4.2 Software-Entwicklung

Um dem Einfluss des thermo-optischen (vgl. Abschnitt 2.2.2.2), des spannungs-optischen (vgl. Abschnitt 2.2.2.3) und des End-Effektes (vgl. Abschnitt 2.2.2.4) sowie der Umgebungsgrößen (vgl. Abschnitt 2.2.3) auf die Soll-Prozessfokuslage z_F (vgl. Abschnitt 1.2) entgegenzuwirken, wurde problemorientiert ein Korrekturmodell in der Analyseumgebung MATLAB® geschaffen und für die Steuerungsimplementierung anschließend in C++-Code überführt.

Das Korrekturmodell erlaubt die separate Analyse jedes Einflussfaktors sowie ihre Überlagerungen und berechnet die zu erwartende Verschiebung der Soll-Prozessfokuslage z_F in der Form des Fokus-Shifts Δz_F (vgl. Abschnitt 2.2.4).

Die Entwicklung basiert auf dem „Glass-“ [275, S. 53] oder auch „White-Box-Modell“ [276, S. 77 oben][277, S. 12 oben], bei dem die innere Struktur des zu beschreibenden Systems bekannt ist und bewusst für den Modellzweck abstrahiert, modifiziert und reduziert wird, und die Modellbildung folgt der vorgegebenen Struktur.

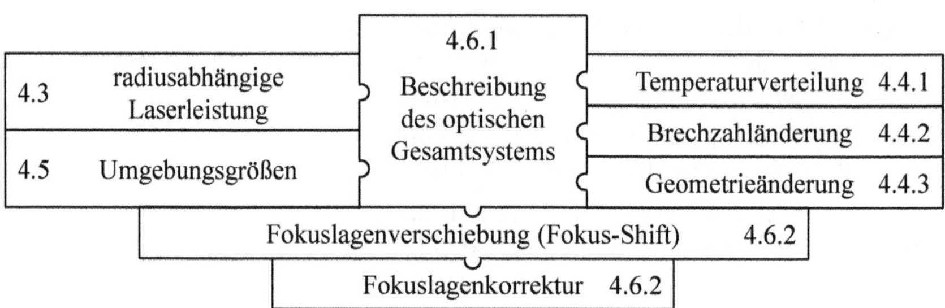

Abbildung 4.4 In der Korrekturmethode modellierte Bausteine, die das gesamte optische Strahlsystem eines Laser-Remote-Bearbeitungskopfes und die wirkenden Einflussfaktoren widerspiegeln. Die Nummerierung gibt den jeweiligen Abschnitt in dieser Arbeit an.

Für die Modellbildung vorgenommene Vereinfachungen basieren auf den Annahmen

- radialer rotationssymmetrischer Laserstrahlen,
- radialer rotationssymmetrischer Linsen in einem optischen Aufbau,
- in sich selbst und an der Oberfläche homogener und statistisch isotroper Glassubstrate (vgl. Abschnitt 3.2.2) der Linsen,
- radialer rotationssymmetrischer Fassungen der Linsen,
- homogener und statistisch isotroper Materialien der Fassungen sowie
- einer entlang der z-Achse gleichbleibenden homogenen Temperaturverteilung $T_{\mathrm{GL}}(r, t)$, da die Linsendicke $d(T)$ klein gegenüber dem Linsendurchmesser $2 \cdot r_{\mathrm{L}}$, mit $d(T) \ll 2 \cdot r_{\mathrm{L}}$ [41, S. 5032 unten links], und die Intensitätsverteilung $I(r, z)$ entlang der z-Achse als unveränderlich, angenommen werden,

wobei die Strahlachse mit der z-Achse und der optischen Achse (Symmetrieachse) zusammenfällt. Daraus folgt, dass alle optischen Elemente im Strahlengang entlang der optischen Achse z koaxial angeordnet sind und senkrecht zu dieser stehen.

Die getroffenen Annahmen erlauben mit der Verwendung des Zylinderkoordinatensystems die Ausnutzung der Symmetrie zur Vereinfachung der in den folgenden Abschnitten beschriebenen Modellbildung.

Die Abbildung 4.4 zeigt die Bausteine inklusive der Entwicklungsabschnitte des Korrekturmodells, die das gesamte optische Strahlsystem eines Laser-Remote-Bearbeitungskopfes und die wirkenden Einflussfaktoren widerspiegeln.

4.3 Mathematische Modellbildung der radiusabhängigen Laserleistung

Die mathematische Modellbildung der radiusabhängigen Laserleistung $P(r, z)$, die im Strahlengang eines Laserstrahls an einer beliebigen Stelle z entlang der optischen Achse, die mit der z-Achse zusammenfällt, auf eine Linsenfläche A wirkt, basiert auf den im Abschnitt 4.2 getroffenen Annahmen eines radialen rotationssymmetrischen Laserstrahles mit der optischen Achse z (Symmetrieachse) als Strahlachse. Im Ergebnis lässt sich für die mathematische Modellbildung der nur noch vom Radius r abhängige eindimensionale Modellansatz in einer senkrecht zur optischen Achse z ausgebildeten Ebene verwenden und es lässt sich in dieser Ebene ein radiales rotationssymmetrisches Intensitätsprofil eines Laserstrahls betrachten.

Gaußförmige und gaußähnliche Intensitätsprofile sowie annähernd rechteckförmige Multi-Gauß-Strahl-Intensitätsprofile bzw. Top-Hat-Profile stellen die für technische Anwendungen eingesetzten Strahlprofile dar (vgl. Abschnitte 2.1.1 und 2.1.2).

Bei Festkörperlasern, die im Fokus des Laserstrahls an der Stelle des realen Taillendurchmessers $2 \cdot w_{0\,\sigma}$ (Def. vgl. Abschnitt 2.1.4.4) eine Top-Hat-Intensitätsverteilung $I(r,z)$ aufweisen, ändert sich das Strahlprofil entlang der optischen Achse z rechts und links des Fokus zunehmend in eine gaußähnliche bis gaußförmige Intensitätsverteilung $I(r,z)$, die außerhalb der ermittelten Rayleigh-Länge z_{R} (Def. vgl. Abschnitt 2.1.4.6) gaußförmig vorliegt, wie z. B. *Jan-Oliver Brassel* [278, S. 39], *R. Hack* [279], *Hügel et al.* [36, S. 105 Mitte], *Lange et al.* [43, S. 4] und *Reitemeyer et al.* [64, S. 295 unten rechts] für bis zu 7 kW Laserleistung beschreiben. Eigene Messungen bestätigen die vorgenannten Aussagen für 10 kW Laserleistung, wie es im Abschnitt 5.1.1 dargestellt ist. Damit besteht ebenfalls ein gaußförmiges Intensitätsprofil in den Linsen eines optischen Aufbaus, wenn keine optischen Elemente enthalten sind, die die Intensitätsverteilung $I(r,z)$ umverteilen.

Für die Korrekturmethode steht als Eingangsgröße der an ein fasergebundenes Laser-Remote-Scannersystem angeschlossenen Laserstrahlquelle die Beschreibung des gaußförmigen Intensitätsprofiles in den Linsen eines optischen Aufbaus zur Verfügung.

Gemäß der Gleichung (2.1) ergibt sich für den spezifischen Exponenten $m = 2$ und den Faktor $a = 2$ [46, S. 289 oben links][89, S. 84 links][90, S. 25388 Mitte] die Intensitätsverteilung $I(r,z)$ des radialen rotationssymmetrischen Gauß-Strahls (Def. vgl. Abschnitt 2.1.1) mit der optischen Achse z als Strahlachse in der eindimensionalen Ebene senkrecht zur optischen Achse z, die der mathematischen Beschreibung

$$I(r,z) = I_0 \cdot \left(\frac{w_0}{w(z)}\right)^2 \cdot \mathrm{e}^{-2 \cdot \left(\frac{r}{w(z)}\right)^2}, \qquad \text{mit} \qquad I_0 = \frac{2 \cdot P_{\mathrm{L}}}{\pi \cdot w_0^2}, \tag{4.1}$$

genügt. I_0 beschreibt die maximale Intensität im Zentrum eines Laserstrahls an der Stelle $r = 0$ und z_0 entlang der optischen Achse z (vgl. Abbildung 2.2) als Ergebnis der Gesamtlaserleistung P_{L} [75, S. 98 Mitte][77, S. 597 Mitte]. Die Größe w_0 bezeichnet den minimalen Strahlradius (vgl. Abschnitt 2.1.4.4) an der Stelle z_0.

Da zwischen der Laserleistung $P(r,z)$ und der radiusabhängigen Intensitätsverteilung $I(r,z)$ des radialen rotationssymmetrischen Gauß-Strahls ein Zusammenhang über die durchstrahlte Fläche A besteht (vgl. Abschnitt 2.1.3), lässt sich die Gleichung (4.1) mit der Gleichung (2.3) integrieren.

Im Ergebnis ergibt sich die für die Laserleistung $P(r,z)$ zu modellierende und zu implementierende mathematische Beschreibung

$$P(r,z) = P_{\mathrm{L}} \cdot \left[1 - \mathrm{e}^{-2 \cdot \left(\frac{r}{w(z)}\right)^2}\right] \tag{4.2}$$

[9, S. 79 oben][77, S. 597 unten][78, S. 10 unten][80, S. 48 oben][87, S. 666 unten] in der Abhängigkeit vom Radius r, von der Position z entlang der optischen Achse z und von der Gesamtlaserleistung P_L.

Die Abbildung 4.5 zeigt die Verläufe und markanten Stellen der Gleichungen (4.1) und (4.2) für den Laserstrahlfokus an der Stelle z_0 entlang der optischen Achse z auf.

86,5 % der Gesamtlaserleistung P_L wirken beim Gauß-Strahl auf die durchstrahlte Fläche A mit dem Radius $r = w(z)$. Dabei sinkt die Intensität $I(w(z), z)$ bei demselben Radius $r = w(z)$ auf 13,5 % ab. Nach dem Radius $r = 1{,}5 \cdot w(z)$ wirken 99 % und nach dem Radius $r = 2 \cdot w(z)$ wirken 100 % der Gesamtlaserleistung P_L. Demzufolge ist es für die praktische Anwendung sinnvoll, den Linsendurchmesser $2 \cdot r_L$ in der Abhängigkeit vom Radius r_B des Laserstrahls gemäß der Vorgabe $2 \cdot r_L \geq 3 \cdot r_B$ [77, S. 598 oben][80, S. 48 Mitte][87, S. 666 unten] zu wählen (vgl. Abbildung 4.5). r_B wird durch die Profilgrenze gemäß der Varianzdurchmesserdefinition (Def. vgl. Abschnitt 2.1.4.1) bei der halben Dicke $0{,}5 \cdot d(r = 0)$ einer Linse in der senkrechten Schnittebene zur optischen Achse z bestimmt.

Das vorgenannte lässt sich auf die Linsen eines optischen Aufbaus anwenden und die Gleichung (4.2) dient als Grundlage zur Berechnung der in der Abhängigkeit vom Radius r und von der Gesamtlaserleistung P_L auf eine Linsenfläche A wirkenden Laserleistung $P(r, z)$. Daraus berechnet sich die für diese Linsenfläche A absorbierte Laserleistung $P_{ABL}(t)$ gemäß der Gleichung (4.26) und wirkt als Wärmequelle bei der Entstehung einer Thermischen Linse (Def. vgl. Abschnitt 2.2.2) und folglich eines Fokus-Shifts Δz_F (Def. vgl. Abschnitt 2.2.4).

Der optische Aufbau des 30-kW-Laser-Remote-Scannersystems „Dragon" (vgl. Abschnitt 3.1.4) ist gemäß der Vorgabe $2 \cdot r_L \geq 3 \cdot r_B$ [77, S. 598 oben][80, S. 48 Mitte][87, S. 666 unten] ausgeführt.

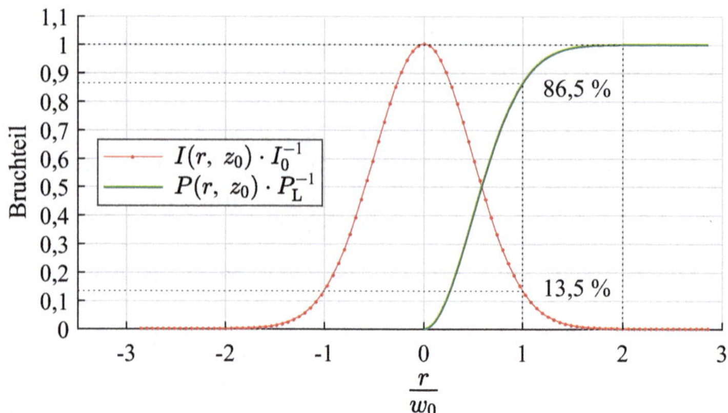

Abbildung 4.5 Transversal begrenztes Gauß-Strahl-Intensitätsprofil und resultierende Laserleistung gemäß den Gleichungen (4.1) und (4.2). Die Intensitätsverteilung $I(r, z_0)$ ist auf die maximale Intensität I_0 im Zentrum für $r = 0$ und z_0 und die resultierende Laserleistung $P(r, z_0)$ ist auf die Gesamtleistung P_L normiert. Die radiale Ausbreitung r ist auf den minimalen Strahlradius w_0 im Fokus eines Laserstrahls an der Stelle z_0 entlang der optischen Achse z normiert.

4.4 Mathematische Modellbildung der Thermischen Linse

4.4.1 Temperaturverteilung im Glassubstrat einer Linse

4.4.1.1 Finite-Elemente-Modell

Die Entwicklung des Finite-Elemente (FE)-Modells zur radius- und zeitabhängigen Berechnung der Temperaturverteilung im Glassubstrat einer Linse basiert auf den im Abschnitt 4.2 getroffenen Annahmen und mündet in einem radialen rotationssymmetrischen Modellansatz mit der optischen Achse (Symmetrieachse) z.

Das thermische Verhalten einer Linse hängt vom Wärmehaushalt des Glassubstrates ab. Zur Bestimmung der radius- und zeitabhängigen Änderung $\Delta T_{\mathrm{GL}} = T_{\mathrm{GL}}(r,t) - T_{\mathrm{GL\,0}}$ der Temperaturverteilung im Glassubstrat einer Linse bei einer bestimmten eingestrahlten Laserleistung $P_{\mathrm{L}}(t)$ gegenüber dem thermischen Gleichgewicht $\Delta T_{\mathrm{GL}} = 0$ bei der Ausgangstemperatur $T_{\mathrm{GL\,0}}$ des thermisch unbelasteten Glassubstrates dient die im Glassubstrat vorliegende Energiebilanz des geschlossenen Systems als Ausgangspunkt (vgl. Abschnitt 2.2.1 und 2.2.2.1).

Zur Energiebilanz tragen

- Wärmeleitungsvorgänge im Glassubstrat einer Linse zum Linsenrand und von dort in die Fassung,
- freie Konvektionsvorgänge zwischen dem umgebenden Medium und der nicht durch die Fassung abgedeckten Linsenoberfläche,
- Wärmestrahlungsvorgänge über die nicht durch die Fassung abgedeckten Linsenoberflächen an das umgebende Medium sowie
- die absorbierte Laserleistung $P_{\mathrm{ABL}}(t)$ anhand des durchstrahlten Linsenvolumens V_{ABL}

bei. Die Abbildung 2.4 zeigt die einwirkende Laserstrahlung und die wärmeabführenden Übertragungsvorgänge.

Im weiteren Verlauf wird in den Abschnitten 4.4.1.1 bis 4.6 zu Gunsten der Übersichtlichkeit im Wesentlichen auf die Darstellung bzw. die Mitführung der Zeitkomponente (t) verzichtet.

Um die Wärmeübertragungsprozesse in der Abhängigkeit von der volumenbezogenen Lasereinstrahlung entlang des gesamten Linsenradius r_{L} vollständig mit einer mathematischen Funktion abbilden sowie rechnerbasiert ermitteln zu können, basiert die Entwicklung des Temperaturmodells auf der im Abschnitt 3.3.1 aufgeführten Finite-Elemente-Methode (FEM). Auf diese Weise lassen sich beliebige Intensitätsprofile (vgl. Abschnitte 2.1.2 und 4.3) sowie die Überlagerung des Energieeintrags und der Energieabfuhr für beliebige Linsenabschnitte und Zeitschritte Δt berechnen.

Die Anwendung der FE-Methode diskretisiert jeden Linsenkörper mit dem Linsenradius r_{L} im optischen Aufbau in N, mit $N \in \mathbb{N}^{+}$, Elemente, deren Breite $\mathrm{d}r = r_{\mathrm{L}} \cdot N^{-1}$ als kleine betrachtete Abschnitte des Linsenradius r_{L}, mit $\mathrm{d}r \ll r_{\mathrm{L}}$, definiert ist und je nach der gewünschten Berechnungszeit und geforderten Genauigkeit durch die Anzahl N anpassbar ist. Die Anordnung der N definierten Elemente erfolgt zylinderschalenförmig um die optische Achse (o. A.) z entlang des Linsenradius r_{L}. Die Abbildung 4.6 veranschau-

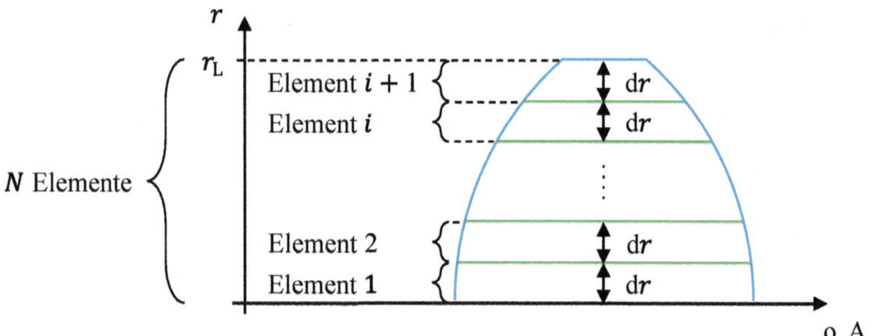

Abbildung 4.6 In N, mit $N \in \mathbb{N}^+$, Elemente zylinderschalenförmig um die optische Achse (o. A.) entlang des Linsenradius r_L unterteilte Linse gemäß der FE-Methode am Beispiel einer beliebigen aufgeschnittenen Linsenhälfte mit der konstanten Elementbreite $dr = r_L \cdot N^{-1}$. i, mit $i \in \{1, \ldots, N\} \subset \mathbb{N}$, beschreibt ein beliebiges betrachtetes Element.

licht anhand einer beliebigen aufgeschnittenen Linsenhälfte die Aufteilung der N Elemente.

Für die mathematische Modellbildung der radius- und zeitabhängigen Änderung ΔT_{GL} der Temperaturverteilung besitzt jedes Element i, mit $i \in \{1, \ldots, N\} \subset \mathbb{N}$, die gleichen Materialeigenschaften sowie elementspezifische Eigenschaften, wie z. B. das Volumen V_i und die Masse m_i, und lässt sich mit derselben mathematischen Beziehung für die Energiebilanz darstellen. Deshalb genügt es zur Entwicklung des Gleichungssystems, die Energiebilanz eines einzelnen Elementes i zu betrachten.

Basierend auf der in Energiegrößen ausgedrückten Gleichung (2.10) ist die Energiebilanz des geschlossenen Systems für jedes Element i gemäß dem Energieerhaltungssatz immer 0; die aufgenommene Energiemenge abzüglich der abgegebenen Energiemenge entspricht der gespeicherten Energiemenge, die innere Energie U_i, eines Elementes i zu jedem Zeitpunkt t der Betrachtung (vgl. Abschnitt 2.2.1). In der Abbildung 4.7 sind die wirkenden Energieanteile sowie deren allgemeine mathematische Berechnung aus den auftretenden Leistungsanteilen zusammengefasst.

Die resultierende innere Energie U_i eines Elementes i, wie sie in der Abbildung 4.7 dargestellt ist, lässt sich für das abgeschlossene Zeitintervall $[t_0, t]$ durch die Addition des Integrals der resultierenden Leistungsbilanz mit dem Anfangszustand der inneren Energie $U_{0\,i}$ zum Startzeitpunkt t_0 eines Elementes i in der Form

$$U_i = U_{0\,i} + \int_{t_0}^{t} (P_{ABL\,i} + P_{WLK\,i-1\,i} - P_{WLK\,i\,i+1} - P_{FKO\,i} - P_{NST\,i}) \cdot dt \tag{4.3}$$

ausdrücken. Per Definition berücksichtigt die Gleichung (4.3) die Größen aufgenommener Leistungen mit einem positiven Vorzeichen und die Größen abgegebener Leistungen mit einem negativen Vorzeichen.

Zur rechnergestützten Berechnung der Gleichung (4.3) erfolgt eine einfache und zweckmäßige Näherung des analytischen Integrals durch seine Diskretisierung und der

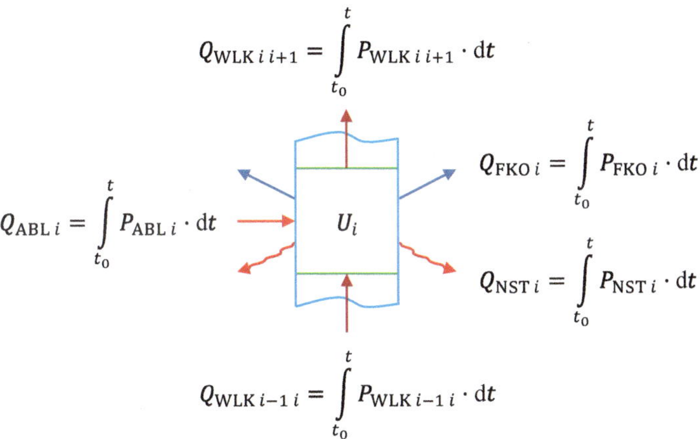

Abbildung 4.7 Energiebilanz eines Elementes $\boldsymbol{i}$, mit $\boldsymbol{i} \in \{1, \ldots, N\} \subset \mathbb{N}$, deren Summe gemäß dem Energieerhaltungssatz immer 0 ist. U_i beschreibt die innere Energie. $P_{\mathrm{ABL}\,i}$ beschreibt die absorbierte Laserleistung bei einem idealen Übergang zwischen dem umgebenden Medium, im allgemeinen Luft, und dem Linsenmaterial mit einer Reflexion an und einer Absorption in der Oberflächenbeschichtung; $Q_{\mathrm{ABL}\,i}$ ist die entstehende Energiegröße. $P_{\mathrm{FKO}\,i}$ beschreibt die durch die freie Konvektion an das umgebende Medium über die Oberfläche A_i (Vorder- und Rückseite) abgegebene Leistung; $Q_{\mathrm{FKO}\,i}$ ist die entstehende Energiegröße. $P_{\mathrm{NST}\,i}$ beschreibt die an das umgebende Medium über die Oberfläche A_i (Vorder- und Rückseite) abgegebene Nettoleistung; $Q_{\mathrm{NST}\,i}$ ist die entstehende Energiegröße. $P_{\mathrm{WLK}\,i-1\,i}$ beschreibt die aufgenommene Leistung aus einem benachbarten, dem Linsenzentrum näher gelegenen Element $\boldsymbol{i} - 1$ und ruft eine Wärmeleitung an der Kontaktfläche hervor; $Q_{\mathrm{WLK}\,i-1\,i}$ ist die entstehende Energiegröße. $P_{\mathrm{WLK}\,i\,i+1}$ beschreibt die abgegebene Leistung zum benachbarten, vom Linsenzentrum weiter entfernt gelegenen Element $\boldsymbol{i} + 1$ und ruft eine Wärmeleitung an der Kontaktfläche hervor; $Q_{\mathrm{WLK}\,i\,i+1}$ ist die entstehende Energiegröße. t_0 ist der Start- und t ein beliebiger Endzeitpunkt des betrachteten Zeitintervalls.

anschließen den numerischen Integration der Leistungsbilanz. Dafür wird in einem kurzen diskreten Zeitschritt Δt die zu integrierende Leistungsbilanz P_i als konstant angenommen und zum Betrachtungszeitpunkt $t_k = t_0 + k \cdot \Delta t$, mit $k \in \mathbb{N}$, weist das Element i im Zeitschritt Δt die momentane diskretisierte Leistungsbilanz $P_{k\,i}$ auf. Der vorherige Betrachtungszeitpunkt $t_{k-1} = t_0 + (k-1) \cdot \Delta t$ ergibt sich im Abstand Δt zu t_k; der nachfolgende Betrachtungszeitpunkt $t_{k+1} = t_0 + (k+1) \cdot \Delta t$ ergibt sich ebenfalls im Abstand Δt zu t_k. Es addiert sich im Zeitschritt Δt eine bestimmte Energiemenge $U_{k\,i\,\Delta t}$ zur bereits zum Betrachtungszeitpunkt t_k vorhandenen, numerisch berechneten inneren Energie $U_{K\,i}$, mit $K \in \mathbb{N}$. Die Abbildung 4.8 verdeutlicht das Vorgehen bei der diskreten Berechnung.

Die in der Abbildung 4.8 rot schraffierte Fläche aufgenommener oder abgegebener innerer Energie $U_{k\,i\,\Delta t}$ im Zeitschritt Δt zu einem beliebigen Betrachtungszeitpunkt t_k lässt sich mit

$$U_{k\,i\,\Delta t} = (P_{\mathrm{ABL}\,k\,i} + P_{\mathrm{WLK}\,k\,i-1\,i} - P_{\mathrm{WLK}\,k\,i\,i+1} - P_{\mathrm{FKO}\,k\,i} - P_{\mathrm{NST}\,k\,i}) \cdot \Delta t \tag{4.4}$$

berechnen.

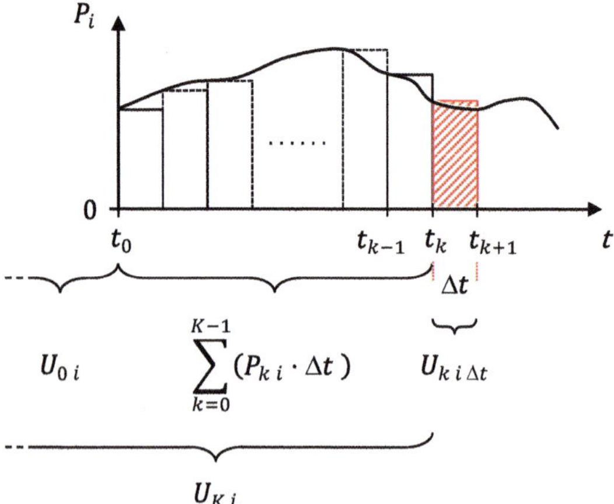

Abbildung 4.8 Diskretisierung und anschließende numerische Integration der Leistungsbilanz P_i, mit $i \in \{1, \ldots, N\} \subset \mathbb{N}$, für ein Element i in einem beliebigen Zeitintervall $[t_0, t_k]$, mit $t_k = t_0 + k \cdot \Delta t$ und $k \in \mathbb{N}$. $P_{k\,i}$ beschreibt die momentane diskretisierte Leistungsbilanz des Elementes i im Zeitschritt Δt zum Betrachtungszeitpunkt t_k. k ist die Laufvariable. t_{k-1} beschreibt den vorherigen Betrachtungszeitpunkt mit $t_{k-1} = t_0 + (k-1) \cdot \Delta t$ im Abstand Δt zu t_k und t_{k+1} ist der nachfolgende Betrachtungszeitpunkt mit $t_{k+1} = t_0 + (k+1) \cdot \Delta t$ im Abstand Δt zu t_k. Die bereits vorhandene innere Energie zum Betrachtungszeitpunkt t_k ist durch $U_{K\,i}$, mit $K \in \mathbb{N}$, abgebildet und bildet sich aus dem Anfangszustand der inneren Energie $U_{0\,i}$ zum Startzeitpunkt t_0 sowie der aufgenommenen und abgegebenen Energiemenge eines beliebigen Zeitintervalls $[t_0, t_k]$. Die zu einem beliebigen Betrachtungszeitpunkt t_k im Zeitschritt Δt aufgenommene oder abgegebene innere Energie $U_{k\,i\,\Delta t}$ ist durch den rot schraffierten Bereich dargestellt.

Die danach vorhandene innere Energie $U_{K+1\,i}$ eines Elementes i wird durch

$$U_{K+1\,i} = U_{K\,i} + U_{k\,i\,\Delta t} \tag{4.5}$$

bestimmt.

Mit der Kenntnis der in einem Element i zum Startzeitpunkt t_0 der Betrachtung bereits vorhandenen inneren Energie $U_{0\,i}$, die als Ausgangsgröße zusammen mit den Randbedingungen bei t_0 in die Betrachtung eingeht, lässt sich für die Betrachtung eines beliebigen Zeitintervalls $[t_0, t_k]$ zum Betrachtungszeitpunkt $t_k = t_0 + k \cdot \Delta t$ die Gleichung (4.3) in der zeitdiskreten, numerisch berechenbaren Form

$$U_{K\,i} = U_{0\,i} + \sum_{k=0}^{K-1} (P_{\mathrm{ABL}\,k\,i} + P_{\mathrm{WLK}\,k\,i-1\,i} - P_{\mathrm{WLK}\,k\,i\,i+1} - P_{\mathrm{FKO}\,k\,i} - P_{\mathrm{NST}\,k\,i}) \cdot \Delta t \tag{4.6}$$

verallgemeinert schreiben. Damit lässt sich jeder energetische Zustand eines Elementes i für jeden beliebigen Betrachtungszeitpunkt t_k berechnen.

Die gesamte zum Betrachtungszeitpunkt t_k aufgenommene oder abgegebene innere Energie $\Delta U_{K\,i}$ gegenüber dem thermischen Gleichgewicht bei dem Ausgangszustand der inneren Energie $U_{0\,i}$ eines thermisch unbelasteten Elementes i ergibt sich aus der Gleichung (4.6) und lässt sich mit der Beziehung

$$\Delta U_{K\,i} = U_{K\,i} - U_{0\,i} \tag{4.7}$$

berechnen.

Zur Bestimmung der Wärmetransportvorgänge ist im Modell jedes entlang des Linsenradius r_{L} zylinderschalenförmig um die optische Achse z angeordnete Element i linienförmig auf seine Mittellinie parallel zur optischen Achse z abstrahiert. Dies ist möglich, da die Elementbreite $\mathrm{d}r = r_{\mathrm{L}} \cdot N^{-1}$ klein gegenüber dem Linsenradius r_{L}, mit $\mathrm{d}r \ll r_{\mathrm{L}}$, ist. Somit entspricht der Abstand eines Elementes i vom Linsenzentrum bei $r = 0$ dem mittleren Radius $r_i = (i - 0{,}5) \cdot \mathrm{d}r$.

Die Abmaße jedes Elementes i ergeben sich

- in der Länge aus der elementbezogenen, radiusabhängigen Linsendicke $d_i(r_i)$,
- in der Breite durch den Zusammenhang $\mathrm{d}r = r_{\mathrm{L}} \cdot N^{-1}$ und
- für den Umfang, der durch eine Zylinderschale abgebildet wird, über die elementbezogene, radiusabhängige Beziehung $L_{\mathrm{U}\,i} = 2 \cdot \pi \cdot r_i$.

Damit begrenzt jedes finite Element i einen um die optische Achse z zylinderschalenförmig angeordneten, gemäß den Annahmen im Abschnitt 4.2 isothermen Bereich mit der konstanten Glassubstrattemperatur $T_{\mathrm{GL}\,i}$. Entlang der zuvor beschriebenen, im Element i parallel zur optischen Achse z liegenden Mittelline bei dem mittleren Radius r_i ergibt sich außerdem eine isotherme Fläche, die durch die Linsendicke $d_i(r_i)$ und den Umfang $L_{\mathrm{U}\,i}$ begrenzt ist.

Die Abbildung 4.9 zeigt die getroffenen Annahmen.

Zusammenfassend lassen sich die Leistungsanteile in der Gleichung (4.6) der verallgemeinerten numerischen Näherung $U_{K\,i}$ für die Berechnung des resultierenden Wärme-

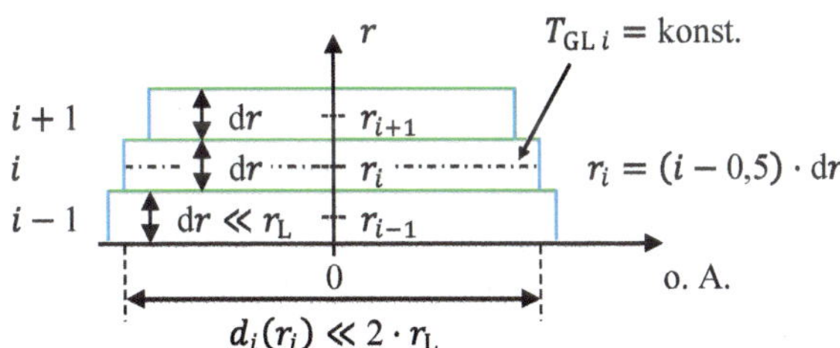

Abbildung 4.9 Annahmen zur Bestimmung der Wärmetransportvorgänge. Mit der linienförmigen Betrachtung eines Elementes i, mit $i \in \{1, \ldots, N\} \subset \mathbb{N}$, bezieht sich der Abstand des Elementes i von der optischen Achse (o. A.) bzw. vom Linsenzentrum bei $r = 0$ auf seine Mittellinie parallel zur optischen Achse und entspricht dem Radius $r_i = (i - 0{,}5) \cdot \mathrm{d}r$. $d_i(r_i)$, mit $d_i(r_i) \ll 2 \cdot r_{\mathrm{L}}$ [41, S. 5032 unten links], ist die elementbezogene, radiusabhängige Linsendicke und $\mathrm{d}r$, mit $\mathrm{d}r \ll r_{\mathrm{L}}$, definiert kleine betrachtete Abschnitte des Linsenradius r_{L}. Für den dabei gebildeten isothermen Bereich ist die Glassubstrattemperatur $T_{\mathrm{GL}\,i}$ konstant.

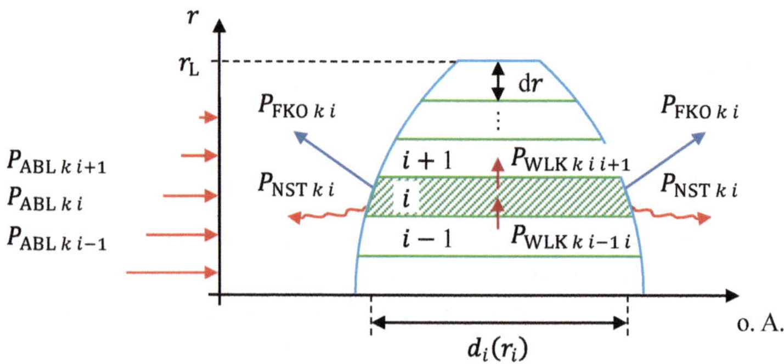

Abbildung 4.10 Leistungsanteile für den resultierenden Wärmetransport der verallgemeinerten numerischen Näherung $U_{K\,i}$, mit $K \in \mathbb{N}$ und $i \in \{1, \ldots, N\} \subset \mathbb{N}$, aus der Betrachtung dreier benachbarter Elemente $i-1$, i und $i+1$ zum Betrachtungszeitpunkt t_k, mit $k \in \mathbb{N}$. $P_{ABL\,k\,i-1}$, $P_{ABL\,k\,i}$ und $P_{ABL\,k\,i+1}$ beschreiben die im jeweiligen Element absorbierte Laserleistung. $P_{FKO\,k\,i}$ beschreibt die durch die freie Konvektion an das umgebende Medium abgegebene Leistung. $P_{NST\,k\,i}$ beschreibt die an das umgebende Medium abgegebene Nettoleistung. $P_{WLK\,k\,i-1\,i}$ beschreibt die aufgenommene Leistung aus einem benachbarten, dem Linsenzentrum näher gelegenen Element $i-1$. $P_{WLK\,k\,i\,i+1}$ beschreibt die abgegebene Leistung zum benachbarten, vom Linsenzentrum weiter entfernt gelegenen Element $i+1$. $d_i(r_i)$ ist die elementbezogene, radiusabhängige Linsendicke und dr definiert kleine betrachtete Abschnitte des Linsenradius r_L. o. A. bezeichnet die optische Achse.

transportes aus der Betrachtung dreier benachbarter Elemente $i-1$, i und $i+1$ bestimmen.

Die Abbildung 4.10 zeigt die Zusammenführung der Größen für die in den Abschnitten 4.4.1.2 bis 4.4.1.5 dargestellte mathematische Modellbildung der numerisch lösbaren Wärmeströme.

4.4.1.2 Wärmeleitung

Die Wärmeleitung trägt als erster Wärmeübertragungsanteil (vgl. Abbildung 2.4) zur Leistungsbilanz (vgl. Abschnitt 4.4.1.1) in einem finiten Element i, mit $i \in \{1, \ldots, N\} \subset \mathbb{N}$, bei.

Als Ausgangspunkt für die mathematische Modellbildung dient ein koaxiales Linsenmodell. Für dieses eignet sich ein radialer rotationssymmetrischer Körper, dessen Symmetrieachse mit der optischen Achse (o. A.) z zusammenfällt. Deshalb lassen sich zwei ineinandergeschobene koaxiale Hohlzylinder der Längen $d_{i-1}(r_{i-1})$ und $d_i(r_i)$ bzw. $d_i(r_i)$ und $d_{i+1}(r_{i+1})$, die gleichzeitig die Dicken zweier benachbarter Elemente $i-1$ und i bzw. i und $i+1$ sind, als schalenförmige Abschnitte des FE-Modells (vgl. Abschnitt 4.4.1.1) einer radialen rotationssymmetrischen Linse interpretieren. Weiterhin ist dr die Wanddicke der Hohlzylinder bzw. die Breite eines Elementes i. Gemäß der im Abschnitt 4.4.1.1 getroffenen Annahme $dr \ll r_L$, wobei r_L der Linsenradius ist, geben die Radien r_{i-1}, r_i und r_{i+1} die Abstände der Wände der Hohlzylinder bzw. der Elemente $i-1$, i und $i+1$ vom Linsenzentrum bei $r = 0$ an und beziehen sich auf deren linienförmig abstrahierten Mittellinien parallel zur optischen Achse z (vgl. Abbildung 4.9).

Die beiden ineinandergeschobenen koaxialen Hohlzylinder bilden die Basis zur Berechnung des lokalen Wärmestroms $\dot{Q}_{\mathrm{WLK}\,k}$, mit $\boldsymbol{k} \in \mathbb{N}$, bzw. der lokalen Leistung $P_{\mathrm{WLK}\,k}$ der Wärmeleitung (Def. vgl. Abschnitt 2.2.1) zum Betrachtungszeitpunkt $\boldsymbol{t_k}$ zwischen zwei benachbarten Elementen $\boldsymbol{i} - 1$ und $\boldsymbol{i}$ bzw. $\boldsymbol{i}$ und $\boldsymbol{i} + 1$ der Breite d$\boldsymbol{r}$ (vgl. Abbildung 4.10) für das FE-basierte Temperaturmodell. Die Abbildung 4.11 zeigt die betrachtete Geometrie.

In der konkreten Anordnung ist der Wärmestromdichte-Vektor $\dot{\boldsymbol{q}}_{\mathrm{WLK}\,k}$, mit $\dot{\boldsymbol{q}}_{\mathrm{WLK}\,k} \in \mathbb{R}^3$, zum Betrachtungszeitpunkt $\boldsymbol{t_k}$ zwischen einer Wärmequelle und einer Wärmesenke radial gerichtet, trifft senkrecht auf die Austauschfläche $\boldsymbol{A_{i-1\,i}}$ und ist überall gleich zwischen den entlang der optischen Achse (o. A.) $\boldsymbol{z}$ gemäß dem Abschnitt 4.4.1.1 schalenförmig ausgedehnten isothermen Flächen mit den konstanten Glassubstrattemperaturen $T_{\mathrm{GL}\,i-1}$ und $T_{\mathrm{GL}\,i}$ des jeweiligen Hohlzylinders bzw. der Elemente $\boldsymbol{i} - 1$ und $\boldsymbol{i}$ [110, S. 3-4][280, S. 19 Mitte].

Der Betrag von $\dot{\boldsymbol{q}}_{\mathrm{WLK}\,k}$ zum Betrachtungszeitpunkt $\boldsymbol{t_k}$ verringert sich umgekehrt proportional mit steigendem Abstand $\boldsymbol{r}$ von der optischen Achse $\boldsymbol{z}$ [114, S. 331 Mitte].

Entgegengesetzt dem radial gerichteten Wärmestromdichte-Vektor $\dot{\boldsymbol{q}}_{\mathrm{WLK}\,k}$ wirkt der ebenfalls radial gerichtete Temperaturgradient

$$\nabla T_{\mathrm{GL}}(r) = \frac{\mathrm{d}T_{\mathrm{GL}}(r)}{\mathrm{d}r} \cdot \boldsymbol{e}_r, \qquad \text{mit} \qquad \boldsymbol{e}_r \in \mathbb{R}^3, \tag{4.8}$$

der in isotropen Materialien (Def. vgl. Abschnitt 3.2.2) stets senkrecht auf den isothermen Flächen steht und stets in die Richtung des steilsten Temperaturanstiegs weist [110, S. 3-4][114, S. 329 Mitte u. 331 Mitte][280, S. 18 unten].

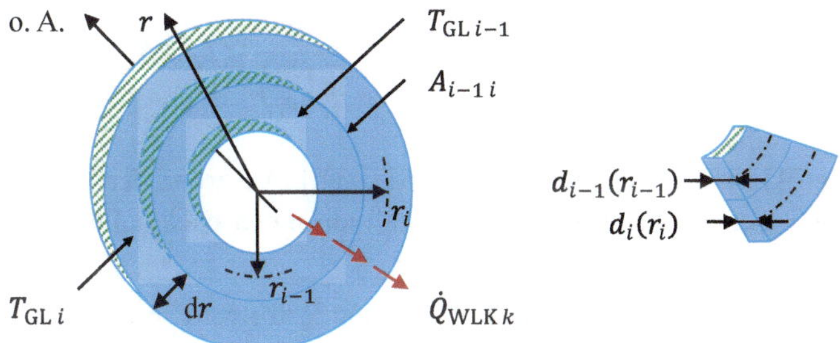

Abbildung 4.11 Zwei ineinandergeschobene koaxiale Hohlzylinder der Längen $d_{i-1}(r_{i-1})$ und $d_i(r_i)$, mit $\boldsymbol{i} \in \{1, \ldots, N\} \subset \mathbb{N}$, wobei $\boldsymbol{i}$ ein beliebiges Element beschreibt, und der Wanddicke d$\boldsymbol{r}$ sind die Basis zur Berechnung des Wärmestroms $\dot{Q}_{\mathrm{WLK}\,k}$, mit $\boldsymbol{k} \in \mathbb{N}$, zum Betrachtungszeitpunkt $\boldsymbol{t_k}$. d$\boldsymbol{r}$ ist ein kleiner betrachteter Abschnitt des Linsenradius r_{L}, mit d$r \ll r_{\mathrm{L}}$. r_{i-1} und r_i beschreiben die Abstände der Wände der Hohlzylinder bzw. der Elemente $\boldsymbol{i} - 1$ und $\boldsymbol{i}$ von der optischen Achse (o. A.) bzw. vom Linsenzentrum bei $\boldsymbol{r} = 0$ bis zu ihren linienförmig abstrahierten Mittellinien (Strichpunktlinie) parallel zur optischen Achse. $\dot{Q}_{\mathrm{WLK}\,k}$ fließt senkrecht von einer Wärmequelle zu einer Wärmesenke, die durch die isothermen Flächen mit den konstanten Glassubstrattemperaturen $T_{\mathrm{GL}\,i-1}$ und $T_{\mathrm{GL}\,i}$ entlang der Mittellinien abgebildet werden, über die Austauschfläche $A_{i-1\,i}$. [112, S. 27 unten][114, S. 331 oben][280, S. 60 oben].

Der zeitabhängige Wärmestrom $\dot{Q}_{\mathrm{WLK}}$, der durch eine Querschnittsfläche A fließt, ergibt sich ganz allgemein aus dem Integral des 1822 von *Jean Baptist Joseph Fourier* formulierten Grundgesetzes der Wärmeleitung $\dot{\boldsymbol{q}}_{\mathrm{WLK}} = -\kappa(T,p) \cdot \nabla T(r)$ in der Form

$$\dot{Q}_{\mathrm{WLK}} = -\kappa(T,p) \cdot \nabla T(r) \cdot \int_A \mathrm{d}A \tag{4.9}$$

[112, S. 18 oben][150, S. 271 unten links]. Das Minuszeichen berücksichtigt den zweiten Hauptsatz der Thermodynamik, wonach $\dot{\boldsymbol{q}}_{\mathrm{WLK}}$ stets in die Richtung der niedrigeren Temperatur weist [109, S. 23][110, S. 4][111, S. 20 unten]. Die Größe $\kappa(T,p)$ symbolisiert die materialspezifische Wärmeleitfähigkeit (vgl. Abschnitt 3.2.2).

Werden unabhängig vom Medium die Gleichung (4.8) für $\nabla T(r)$ und die Austauschfläche $A = 2 \cdot \pi \cdot r \cdot d(r)$ am Übergang zweier Hohlzylinder in der Form einer Wärmequelle (Index 1) und einer Wärmesenke (Index 2) in die Gleichung (4.9) eingesetzt sowie gemäß dem Abschnitt 3.2.2 $\kappa(T,p) = \kappa$ angenommen, entsteht nach einer Variablentrennung die größenseparierte Form

$$\dot{Q}_{\mathrm{WLK}} \cdot \int_{r_1}^{r_2} \frac{1}{r} \cdot \mathrm{d}r = -2 \cdot \pi \cdot d(r) \cdot \kappa \cdot \int_{T_1}^{T_2} \mathrm{d}T(r) \tag{4.10}$$

[112, S. 27 Mitte][114, S. 331 unten]. Die Radien der Hohlzylinder sind r_1 und r_2. Die Temperatur der Wärmequelle ist T_1 und die der Wärmesenke T_2, sodass $T_1 > T_2$ gilt. Die anschließende Integration der Gleichung (4.10) repräsentiert den Wärmestrom $\dot{Q}_{\mathrm{WLK}}$ zwischen zwei Hohlzylindern radial zur Symmetrieachse der Hohlzylinder. Mit der Temperaturdifferenz $\Delta T = T_2 - T_1$ ergibt sich die Lösung

$$\dot{Q}_{\mathrm{WLK}\,1\to 2} = -2 \cdot \pi \cdot d(r) \cdot \kappa \cdot \frac{1}{\ln\left(\frac{r_2}{r_1}\right)} \cdot (T_2 - T_1) \tag{4.11}$$

[112, S. 28 oben][114, S. 331 unten][280, S. 61 oben]. Aufgrund der Wahl der Integrationsrichtung fließt der Wärmestrom $\dot{Q}_{\mathrm{WLK}}$ radial von innen nach außen und ergibt einen positiven Wert [114, S. 332 oben].

Im FE-basierten Temperaturmodell können eine Wärmequelle und eine Wärmesenke sowohl benachbarte Elemente i mit der Breite $\mathrm{d}r$ einer in N, mit $N \in \mathbb{N}^+$, Elemente unterteilten Linse entlang des Linsenradius r_{L} (vgl. Abbildung 4.6), als auch benachbarte Elemente im Übergang zwischen dem Linsenrand und der Fassung sein.

Für die spätere Berechnung der Temperaturverteilung $T_{\mathrm{GL}}(r,t)$ mit der Matrizenrechnung (vgl. Abschnitt 4.4.1.6) gilt für das weitere Vorgehen im mathematischen Modellbildungsprozess der Wärmeleitung, dass die Glassubstrattemperatur $T_{\mathrm{GL}\,i}$ eines Elementes i durch die Temperaturdifferenz

$$\Delta T_{\mathrm{GL}\,i\,\mathrm{U}} = T_{\mathrm{GL}\,i} - T_{\mathrm{U}} \tag{4.12}$$

zwischen dessen Glassubstrattemperatur $T_{\mathrm{GL}\,i}$ und der Umgebungstemperatur T_{U} ersetzt wird. Dadurch lassen sich alle Wärmeübertragungsvorgänge in einer Matrix kombinieren und in einem diskreten Zeitschritt Δt berechnen.

In der Anwendung der Gleichung (4.11) auf zwei benachbarte Elemente $i-1$ und i ergibt sich zum Betrachtungszeitpunkt t_k der bzw. die aus dem Element $i-1$ in das Element i aufgenommene Wärmestrom $\dot{Q}_{\mathrm{WLK}\,k\,i-1\,i}$ bzw. aufgenommene Leistung $P_{\mathrm{WLK}\,k\,i-1\,i}$ mit

$$\begin{aligned} P_{\mathrm{WLK}\,k\,i-1\,i} &= \dot{Q}_{\mathrm{WLK}\,k\,i-1\,i} \\ &= -2\cdot\pi\cdot\kappa\cdot d_{i-1\,i}(r_{i-1\,i})\cdot\frac{1}{\ln\left(\frac{r_i}{r_{i-1}}\right)}\cdot(\Delta T_{\mathrm{GL}\,i\,\mathrm{U}}-\Delta T_{\mathrm{GL}\,i-1\,\mathrm{U}}). \end{aligned} \tag{4.13}$$

Für die beiden hohlen koaxialen Ersatzzylinder gelten die Radien r_{i-1} und r_i sowie die gemittelte Länge $d_{i-1\,i}(r_{i-1\,i})$ am Übergang $r_{i-1\,i}=(i-1)\cdot\mathrm{d}r$, die der Linsendicke entspricht (vgl. Abbildung 4.9).

Für den bzw. die zum Betrachtungszeitpunkt t_k aus dem Element i in das Element $i+1$ abgegebenen Wärmestrom $\dot{Q}_{\mathrm{WLK}\,k\,i\,i+1}$ bzw. abgegebene Leistung $P_{\mathrm{WLK}\,k\,i\,i+1}$ gilt zwischen zwei hohlen koaxialen Ersatzzylindern der Zusammenhang

$$\begin{aligned} P_{\mathrm{WLK}\,k\,i\,i+1} &= \dot{Q}_{\mathrm{WLK}\,k\,i\,i+1} \\ &= -2\cdot\pi\cdot\kappa\cdot d_{i\,i+1}(r_{i\,i+1})\cdot\frac{1}{\ln\left(\frac{r_{i+1}}{r_i}\right)}\cdot(\Delta T_{\mathrm{GL}\,i+1\,\mathrm{U}}-\Delta T_{\mathrm{GL}\,i\,\mathrm{U}}). \end{aligned} \tag{4.14}$$

r_i und r_{i+1} sind die Radien und $d_{i\,i+1}(r_{i\,i+1})$ ist die gemittelte Länge der Hohlzylinder am Übergang $r_{i\,i+1}=i\cdot\mathrm{d}r$, die der Linsendicke entspricht (vgl. Abbildung 4.9).

Die Berechnung der Beiträge der Wärmeleitung erfordert die Bestimmung der Linsendicke $d_{i-1\,i}(r_{i-1\,i})$ bzw. $d_{i\,i+1}(r_{i\,i+1})$ am Übergang zweier in der radialen Richtung r benachbarter finiter Elemente $i-1$ und i bzw. i und $i+1$.

Am Beispiel einer bikonvexen Linse ist der Sachverhalt für die Elemente $i-1$ und i in der Abbildung 4.12 dargestellt. Äquivalent gilt dies für die Elemente i und $i+1$, wobei die Strecke $(i-1)\cdot\mathrm{d}r$ durch die Strecke $i\cdot\mathrm{d}r$ zu ersetzen ist.

Die Linsendicke $d_{i-1\,i}(r_{i-1\,i})$ bzw. $d_{i\,i+1}(r_{i\,i+1})$ am Übergang zweier in der radialen Richtung r benachbarter Elemente $i-1$ und i bzw. i und $i+1$ ergibt sich verallgemeinert aus der Linsendicke $d(r=0)$ im Linsenzentrum reduziert oder erweitert, je nach der Oberflächenkrümmung, um die Beträge $\mathrm{d}R_{1\,i-1\,i}$ und $\mathrm{d}R_{2\,i-1\,i}$ bzw. $\mathrm{d}R_{1\,i\,i+1}$ und $\mathrm{d}R_{2\,i\,i+1}$, die die Differenz zu $d(r=0)$ ausdrücken, mit

$$d_{i-1\,i}(r_{i-1\,i}) = d(r=0)-\mathrm{sign}(R_{1\,i-1\,i})\cdot\mathrm{d}R_{1\,i-1\,i}+\mathrm{sign}(R_{2\,i-1\,i})\cdot\mathrm{d}R_{2\,i-1\,i} \tag{4.15}$$

bzw. mit

$$d_{i\,i+1}(r_{i\,i+1}) = d(r=0)-\mathrm{sign}(R_{1\,i\,i+1})\cdot\mathrm{d}R_{1\,i\,i+1}+\mathrm{sign}(R_{2\,i\,i+1})\cdot\mathrm{d}R_{2\,i\,i+1}. \tag{4.16}$$

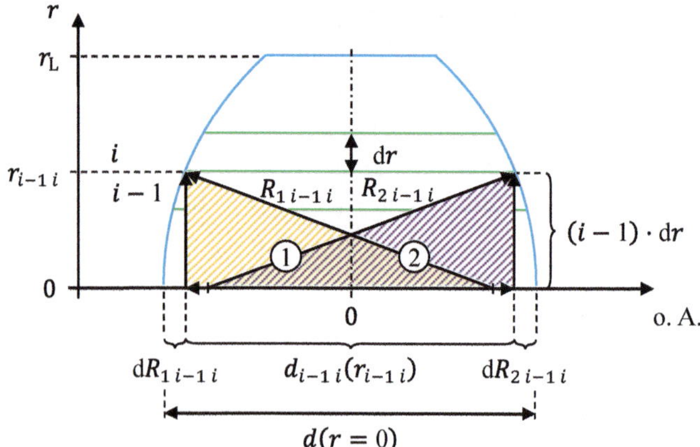

Abbildung 4.12 Modell zur Berechnung der Linsendicke $d_{i-1\,i}(r_{i-1\,i})$, mit $i \in \{1, \ldots, N\} \subset \mathbb{N}$, am Übergang zweier in der radialen Richtung benachbarter Elemente $i-1$ und i. $d(r=0)$ ist die Linsendicke im Linsenzentrum auf der optischen Achse (o. A.) und $\mathrm{d}r$ definiert kleine betrachtete Abschnitte des Linsenradius r_L. $R_{1\,i-1\,i}$ und $R_{2\,i-1\,i}$ beschreiben die Krümmungsradien der Laserstrahleintritts- sowie -austrittsoberfläche einer Linse und $\mathrm{d}R_{1\,i-1\,i}$ und $\mathrm{d}R_{2\,i-1\,i}$ geben die Anteile an, die die Differenz zwischen $d(r=0)$ und $d_{i-1\,i}(r_{i-1\,i})$ ausdrücken. Die Dreiecke (1) und (2) dienen der Berechnung von $\mathrm{d}R_{1\,i-1\,i}$ und $\mathrm{d}R_{2\,i-1\,i}$.

Die Sprungfunktion (lat. Signumfunktion) [281, S. 342] $\mathrm{sign}(R_{m\,i-1\,i})$ bzw. $\mathrm{sign}(R_{m\,i\,i+1})$, mit $m \in \{1, 2\}$, extrahiert aus den Radien $R_{1\,i-1\,i}$ und $R_{2\,i-1\,i}$ bzw. $R_{1\,i\,i+1}$ und $R_{2\,i\,i+1}$ der Oberflächenkrümmung ihre Vorzeichen.

$\mathrm{d}R_{1\,i-1\,i}$ und $\mathrm{d}R_{2\,i-1\,i}$ bzw. $\mathrm{d}R_{1\,i\,i+1}$ und $\mathrm{d}R_{2\,i\,i+1}$ berechnen sich mit der Hilfen der in der Abbildung 4.12 schraffierten Dreiecke (1) und (2) aus dem Krümmungsradius $R_{1\,i-1\,i}$ bzw. $R_{1\,i\,i+1}$ der Laserstrahleintrittsoberfläche und aus dem Krümmungsradius $R_{2\,i-1\,i}$ bzw. $R_{2\,i\,i+1}$ der Laserstrahlaustrittsoberfläche mit

$$\mathrm{d}R_{m\,i-1\,i} = |R_{m\,i-1\,i}| - \sqrt{R_{m\,i-1\,i}^2 - [(i-1)\cdot \mathrm{d}r]^2}, \quad \text{mit} \quad m \in \{1, 2\}, \tag{4.17}$$

bzw. mit

$$\mathrm{d}R_{m\,i\,i+1} = |R_{m\,i\,i+1}| - \sqrt{R_{m\,i\,i+1}^2 - (i\cdot \mathrm{d}r)^2}, \quad \text{mit} \quad m \in \{1, 2\}. \tag{4.18}$$

Zu beachten ist die Vorzeichenkonvention der Krümmungsradien R_1 und R_2 gemäß der Norm DIN ISO 10110-12:2021-09 [175, S. 8 unten], wonach der Krümmungsradius R_1 bzw. R_2 ein positives Vorzeichen aufweist, wenn der auf der optischen Achse z liegende Krümmungsmittelpunkt rechts vom Flächenscheitel der laserstrahldurchlässigen Oberfläche liegt (vgl. Abbildung 4.12). Liegt der auf der optischen Achse z liegende Krümmungsmittelpunkt links vom Flächenscheitel der laserstrahldurchlässigen Oberfläche, weist der Krümmungsradius R_1 bzw. R_2 ein negatives Vorzeichen auf (vgl. Abbildung 4.12).

Anhand des entwickelten Modells ist der Vorgang der Wärmeleitung, implementiert in einem Algorithmus der im Abschnitt 4.1 dargestellten Korrekturmethode zur Fokuslagenstabilisierung, in der Steuerung eines Laser-Remote-Scannersystems auf der Basis der in den Abschnitten 3.3.1 aufgeführten und 4.4.1.1 beschriebenen FE-Methode numerisch im Interpolationstakt Δt der Steuerung berechenbar. Das Modell erfasst die Wärmeleitungsvorgänge entlang des Linsenradius r_{L} vom Linsenzentrum durch das Glassubstrat einer Linse bis zum Linsenrand und von dort über die Kontaktfläche zwischen dem Linsenrand und der Fassung in die Fassung.

4.4.1.3 Freie Konvektion

In Laser-Remote-Scannersystemen verwendete Linsenoptiken sind meist von dem Medium Luft umgeben. Luft, insbesondere als ruhendes Medium, ist ein schlechter Wärmeleiter im Sinne der Konduktion (Def. vgl. Abschnitt 2.2.1). Aus diesem Grund stellt die freie Konvektion bei der Wärmeübertagung an die Luft über die nicht durch die Fassung abgedeckten Linsenoberflächen A den dominierenden Transportmechanismus dar [114, S. 335 unten].

Die Korrekturmethode beinhaltet keine mathematische Modellbildung der erzwungenen Konvektion (Def. vgl. Abschnitt 2.2.1), da im Allgemeinen in Laser-Remote-Bearbeitungsköpfen keine aktive Oberflächenkühlung durch eine erzwungene Luftströmung vorhanden bzw. vorgesehen ist.

Die freie Konvektion trägt als zweiter Wärmeübertragungsanteil (vgl. Abbildung 2.4) zur Leistungsbilanz (vgl. Abschnitt 4.4.1.1) mit dem abgegebenen Wärmestrom $\dot{Q}_{\mathrm{FKO}\,k\,i}$ bzw. der abgegebenen Leistung $P_{\mathrm{FKO}\,k\,i}$ über die Gesamtoberfläche A_i der Vorder- und Rückseite eines Elementes i, mit $i \in \{1, \ldots, N\} \subset \mathbb{N}$, zum Betrachtungszeitpunkt t_k, mit $k \in \mathbb{N}$, bei.

Die für das FE-basierte Temperaturmodel angewendeten Größen zeigt die Abbildung 4.13. Der abgebildete koaxiale Hohlzylinder mit der Dicke dr der Zylinderwand und der Länge $d_i(r_i)$ des Zylinders entspricht dem grün schraffierten Element i einer Linse in der Abbildung 4.10.

Die Berechnung des zwischen dem Glassubstrat und der umgebenden Luft eines Elementes i auftretenden flächenbezogenen Wärmestroms $\dot{Q}_{\mathrm{FKO}\,k\,i}$ zum Betrachtungszeitpunkt t_k basiert auf dem 1701 von *Isaac Newton* [282] in seiner Grundform beschriebenen „Newtonschen Abkühlungsgesetz“

$$\dot{Q}_{\mathrm{FKO}\,1\rightarrow 2} \approx -\alpha_{\mathrm{K}} \cdot A \cdot (T_2 - T_1) \tag{4.19}$$

[111, S. 20 unten][283, S. 17-18][284]. Nach dem Newtonschen Abkühlungsgesetz ist an der Grenzschicht zwischen einem Festkörper (Index 1) und einem Fluid (Index 2) $\dot{Q}_{\mathrm{FKO}}$ näherungsweise proportional zu der wärmeübertragenden Querschnittsfläche A und der Temperaturdifferenz $\Delta T = T_2 - T_1$, wobei $T_1 \geq T_2$ ist. Der Proportionalitätsfaktor α_{K} beschreibt den konvektiven Wärmeübergangskoeffizient, auch als Wärmeübergangszahl bezeichnet, als spezifische Kennzahl für den Wärmeübergang zwischen einem Festkörper und einem Fluid [109, S. 5][111, S. 21 oben][112, S. 6 unten][114, S. 336 Mitte]. Vergrößert sich α_{K}, verbessert sich der Wärmeübergang, verkleinert sich α_{K}, verschlechtert sich der Wärmeübergang [109, S. 5 unten].

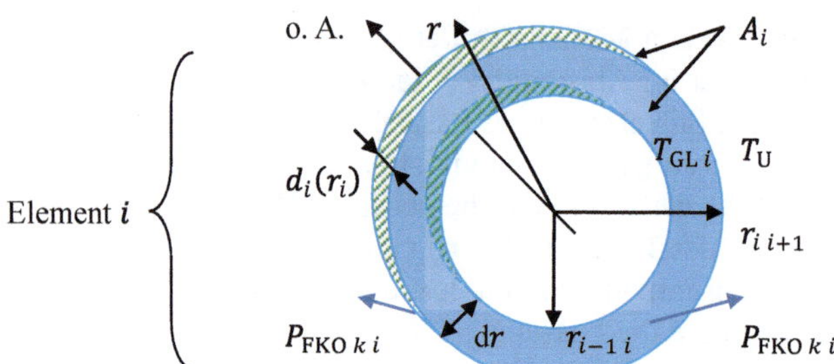

Abbildung 4.13 Freigeschnittenes Element i, mit $i \in \{1, \ldots, N\} \subset \mathbb{N}$, einer in N, mit $N \in \mathbb{N}^+$, Elemente unterteilten Linse mit den für die freie Konvektion angewendeten Größen zur Ermittlung der über die Gesamtoberfläche A_i der Vorder- und Rückseite zum Betrachtungszeitpunkt t_k an das umgebende Medium abgegebenen Leistung $P_{\mathrm{FKO}\,k\,i}$. $r_{i-1\,i} = (i-1) \cdot \mathrm{d}r$ und $r_{i\,i+1} = i \cdot \mathrm{d}r$ beschreiben den zum Linsenzentrum näher gelegenen und den vom Linsenzentrum weiter entfernt gelegenen Randabstand und begrenzen das Element i entlang des Linsenradius r_{L}. $d_i(r_i)$ ist die elementbezogene, radiusabhängige Linsendicke und $\mathrm{d}r$ definiert kleine betrachtete Abschnitte von r_{L}. $T_{\mathrm{GL}\,i}$ gibt die Glassubstrattemperatur und T_{U} gibt die Umgebungstemperatur an. o. A. bezeichnet die optische Achse.

Vor diesem Hintergrund lässt sich im FE-basierten Temperaturmodel zum Betrachtungszeitpunkt t_k

- für kleine Temperaturdifferenzen $\Delta T_{\mathrm{GL}\,i\,\mathrm{U}} = -\Delta T_{\mathrm{U\,GL}\,i} = T_{\mathrm{GL}\,i} - T_{\mathrm{U}}$ zwischen dem Glassubstrat und der Luft und
- der Gesamtoberfläche $A_i = 2 \cdot \pi \cdot (r_{i\,i+1}^2 - r_{i-1\,i}^2)$

eines Elementes i der zeitabhängige, konvektiv abgegebene Wärmestrom bzw. die zeitabhängige, konvektiv abgegebene Leistung durch

$$P_{\mathrm{FKO}\,k\,i} = \dot{Q}_{\mathrm{FKO}\,k\,i} \approx -2 \cdot \pi \cdot \alpha_{\mathrm{K}} \cdot (r_{i\,i+1}^2 - r_{i-1\,i}^2) \cdot \Delta T_{\mathrm{U\,GL}\,i} \tag{4.20}$$

bestimmen. Gemäß dem zweiten Hauptsatz der Thermodynamik weist $\dot{Q}_{\mathrm{FKO}}$ stets von der höheren Temperatur, der Glassubstrattemperatur $T_{\mathrm{GL}\,i}$, zu der niedrigeren Temperatur, der Umgebungstemperatur T_{U}. Da $T_{\mathrm{GL}\,i} \geq T_{\mathrm{U}}$ und $\Delta T_{\mathrm{U\,GL}\,i} = T_{\mathrm{U}} - T_{\mathrm{GL}\,i}$ sind, ergibt die Gleichung (4.20) einen positiven Wert. [111, S. 20 unten] Die Radien $r_{i-1\,i} = (i-1) \cdot \mathrm{d}r$ und $r_{i\,i+1} = i \cdot \mathrm{d}r$ (vgl. Abbildung 4.9) begrenzen das Element i entlang des Linsenradius r_{L}. Sie beschreiben den zum Linsenzentrum näher gelegenen und den vom Linsenzentrum weiter entfernt gelegenen Randabstand.

Mit dem entwickelten Modell ist der Vorgang der freien Konvektion, implementiert in einem Algorithmus der im Abschnitt 4.1 dargestellten Korrekturmethode zur Fokuslagenstabilisierung, in der Steuerung eines Laser-Remote-Scannersystems auf der Basis der in den Abschnitten 3.3.1 aufgeführten und 4.4.1.1 beschriebenen FE-Methode numerisch im Interpolationstakt Δt der Steuerung berechenbar. Das Modell erfasst die freien konvektiven Wärmeübertragungsvorgänge zwischen dem umgebenden Medium, im speziellen Fall Luft, und der nicht durch die Fassung abgedeckten Linsenoberfläche A.

4.4.1.4 Wärmestrahlung

Mit dem Modell des dritten Wärmeübertragungsanteils (vgl. Abbildung 2.4), der Wärmestrahlung, schließt die mathematische Modellbildung der wärmeabführenden Anteile der für das FE-basierte Temperaturmodell aufgestellten und im Abschnitt 4.4.1.1 dargestellten Leistungsbilanz eines Elementes i, mit $i \in \{1, \dots, N\} \subset \mathbb{N}$, ab.

Der bzw. die zum Betrachtungszeitpunkt t_k, mit $k \in \mathbb{N}$, an das umgebende Medium über die Gesamtoberfläche A_i der Vorder- und Rückseite abgegebene Nettowärmestrom bzw. -leistung ist im Folgenden mit $\dot{Q}_{\mathrm{NST}\,k\,i}$ bzw. $P_{\mathrm{NST}\,k\,i}$ gekennzeichnet. Weiterhin gilt, dass die Glassubstrattemperatur $T_{\mathrm{GL}\,i}$ eines Elementes i gleich der oder größer als die Umgebungstemperatur T_{U} ist. Außerdem erfolgt keine aktive Kühlung der nicht durch die Fassung abgedeckten Linsenoberfläche.

Der in der Abbildung 4.14 dargestellte koaxiale Hohlzylinder mit der Dicke dr der Zylinderwand und der Länge $d_i(r_i)$ des Zylinders entspricht dem grün schraffierten Ausschnitt des Elementes i einer Linse in der Abbildung 4.10.

In der Folge eines stattfindenden Wärmestrahlungsaustausches reduziert sich die von einem Medium abgegebene Wärmestrahlung um die aus dessen Umgebung aufgenommene Wärmestrahlung derselben Fläche A [285, S. 39 Mitte links] (vgl. Abschnitt 2.2.1).

Der zeitabhängige, wärmestrahlungsbedingt übergehende Nettowärmestrom $\dot{Q}_{\mathrm{NST}}$ lässt sich auf der Basis des von *Joseph Stefan* 1879 vorgeschlagenen und von *Ludwig Boltzmann* 1884 theoretisch begründeten Naturgesetzes, das „Stefan-Boltzmannsche Strahlungsgesetz", $\dot{q}_{\mathrm{ST}} = \sigma_{\mathrm{SB}} \cdot T^4$ [109, S. 173 Mitte u. 187-188][112, S. 220 Mitte][132, S. 126 Mitte][150, S. 275 Mitte rechts u. 595 Mitte rechts][156, S. 166 oben][285, S. 39 links] beschreiben. In der Fachliteratur ist es außerdem als „T^4-Gesetz" bekannt [110, S. 28 unten]. Die „Stefan-Boltzmann-Konstante" σ_{SB} hängt ausschließlich von der Lichtgeschwin-

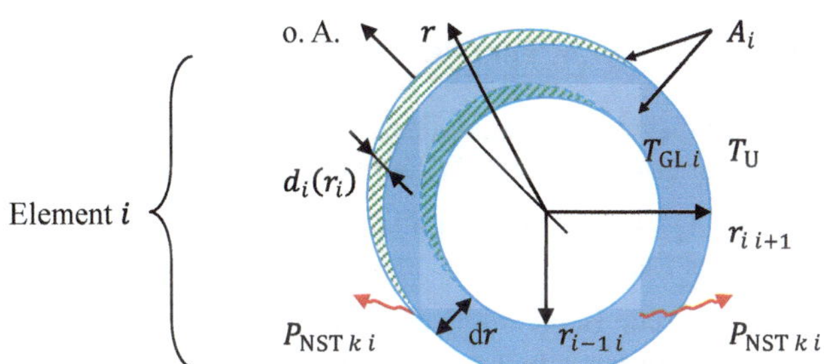

Abbildung 4.14 Freigeschnittenes Element i, mit $i \in \{1, \dots, N\} \subset \mathbb{N}$, einer in N, mit $N \in \mathbb{N}^+$, Elemente unterteilten Linse mit den für die Wärmestrahlung angewendeten Größen zur Ermittlung der über die Gesamtoberfläche A_i der Vorder- und Rückseite zum Betrachtungszeitpunkt t_k an das umgebende Medium abgegebenen Nettoleistung $P_{\mathrm{NST}\,k\,i}$. $r_{i-1\,i} = (i-1) \cdot \mathrm{d}r$ und $r_{i\,i+1} = i \cdot \mathrm{d}r$ beschreiben den zum Linsenzentrum näher gelegenen und den vom Linsenzentrum weiter entfernt gelegenen Randabstand und begrenzen das Element i entlang des Linsenradius r_{L}. $d_i(r_i)$ ist die elementbezogene, radiusabhängige Linsendicke und dr definiert kleine betrachtete Abschnitte von r_{L}. $T_{\mathrm{GL}\,i}$ gibt die Glassubstrattemperatur und T_{U} gibt die Umgebungstemperatur an. o. A. bezeichnet die optische Achse.

digkeit c_0 im Vakuum, der Boltzmann-Konstante k_B und der Planck-Konstante h sowie von Vorfaktoren ab und hat den Wert $5{,}670374419 \cdot 10^{-8}\ \mathrm{W} \cdot \mathrm{m}^{-2} \cdot \mathrm{K}^{-4}$ (Stand 2019) [286].

Für den von einem Medium mit einer höheren Temperatur T_1 auf ein Medium mit einer niedrigeren Temperatur T_2 übergehenden Nettowärmestrom $\dot{Q}_\mathrm{NST}$ ergibt sich die Näherung

$$\dot{Q}_{\mathrm{NST}\,1\to 2} \approx -\varepsilon_\mathrm{OF}(T) \cdot \sigma_\mathrm{SB} \cdot A \cdot (T_2^4 - T_1^4) \tag{4.21}$$

[7, S. 321 oben][109, S. 187-188][110, S. 31 Mitte][111, S. 21 unten][150, S. 275 unten rechts][285, S. 39 unten links].

Der Emissionsgrad $\varepsilon_\mathrm{OF}(T) \leq 1$ der Oberfläche trägt der Tatsache Rechnung, dass reale Oberflächen mit unterschiedlichen Oberflächenbeschaffenheiten von einer ideal wärmeabstrahlenden Oberfläche mit $\varepsilon_\mathrm{OF}(T) = 1$, das Verhalten des „Schwarzen Körpers" [7, S. 319 Mitte][109, S. 171-177][110, S. 29 oben u. 642-652][111, S. 239-246][132, S. 125-126], abweichen und der übergehende Nettowärmestrom $\dot{Q}_\mathrm{NST}$ verringert wird [109, S. 189 oben][110, S. 29 Mitte, 30-31][111, S. 244 unten][112, S. 218]. Da die Temperaturabhängigkeit von $\varepsilon_\mathrm{OF}(T)$ gegenüber dem Einfluss der vierten Potenz der Temperaturdifferenz $T_2^4 - T_1^4$ auf $\dot{Q}_\mathrm{NST}$ bei vielen praktischen Anwendungen vernachlässigbar ist, lässt sich für $\varepsilon_\mathrm{OF}(T) = \varepsilon_\mathrm{OF}$ schreiben.

Aufgrund der nichtlinearen Abhängigkeit von $\dot{Q}_\mathrm{NST}$ in der vierten Potenz der Temperatur T ist $\dot{Q}_\mathrm{NST}$ bei höheren Temperaturen wirksamer als bei niedrigeren Temperaturen [111, S. 21 unten].

Mit der Verwendung der Gleichung (4.21) und mit $\varepsilon_\mathrm{OF}(T) = \varepsilon_\mathrm{OF}$ sowie unter der Beachtung der Strahlungsrichtung beträgt der bzw. die über die Gesamtoberfläche $A_i = 2 \cdot \pi \cdot (r_{i\,i+1}^2 - r_{i-1\,i}^2)$ eines Elementes i wärmestrahlungsbedingt abgegebene Nettowärmestrom $\dot{Q}_{\mathrm{NST}\,k\,i}$ bzw. -leistung $P_{\mathrm{NST}\,k\,i}$ zum Betrachtungszeitpunkt t_k

$$P_{\mathrm{NST}\,k\,i} = \dot{Q}_{\mathrm{NST}\,k\,i} \approx -2 \cdot \pi \cdot \varepsilon_\mathrm{OF} \cdot \sigma_\mathrm{SB} \cdot (r_{i\,i+1}^2 - r_{i-1\,i}^2) \cdot (T_\mathrm{U}^4 - T_{\mathrm{GL}\,i}^4). \tag{4.22}$$

Aufgrund der Einheitenzusammensetzung der Stefan-Boltzmann-Konstante σ_SB sind alle Temperaturgrößen in der Gleichung (4.22) zwingend in der Einheit Kelvin anzugeben.

Der innere Radius $r_{i-1\,i} = (i-1) \cdot dr$ und der äußere Radius $r_{i\,i+1} = i \cdot dr$ stellen die radiale Begrenzung eines Elementes i dar.

Die interaktive numerische Berechnung der Leistungsbilanz mit der Matrizenrechnung (vgl. Abschnitt 4.4.1.6) erfordert eine Linearisierung der Temperaturdifferenz $T_\mathrm{U}^4 - T_{\mathrm{GL}\,i}^4$. Durch eine Reihenentwicklung lässt sich die Gleichung (4.22) für kleine Temperaturdifferenzen $\Delta T_{\mathrm{GL}\,i\,\mathrm{U}} = -\Delta T_{\mathrm{U\,GL}\,i} = T_{\mathrm{GL}\,i} - T_\mathrm{U}$ in die Form

$$P_{\mathrm{NST}\,k\,i} = \dot{Q}_{\mathrm{NST}\,k\,i} \approx -4 \cdot 2 \cdot \pi \cdot \varepsilon_\mathrm{OF} \cdot \sigma_\mathrm{SB} \cdot (r_{i\,i+1}^2 - r_{i-1\,i}^2) \cdot T_\mathrm{U}^3 \cdot \Delta T_{\mathrm{U\,GL}\,i} \tag{4.23}$$

[60, S. 413 unten rechts][109, S. 187 Mitte][150, S. 275 unten rechts][285, S. 39 Mitte links][287, S. 2 oben rechts] überführen. Die Größen T_U^3 sowie T_U und $T_{\mathrm{GL}\,i}$ der Temperaturdifferenz $\Delta T_{\mathrm{U\,GL}\,i}$ müssen ebenfalls zwingend in der Einheit Kelvin eingesetzt werden.

Aufgrund der Linearisierung der Gleichung (4.22) ergibt sich in der Abhängigkeit von der Umgebungstemperatur T_U bei der Berechnung von $\dot{Q}_{NST\,k\,i}$ bzw. $P_{NST\,k\,i}$ ein Fehler. Dieser ist jedoch vernachlässigbar, da durch die Nettowärmestrahlung weniger als 10 % der in einem Element i absorbierten Laserleistung $P_{ABL\,k\,i}$ abgeführt werden, wenn das Verhältnis $r_L < 3 \cdot d$ einer Linse vorliegt [46, S. 289][123, S. 1060 Mitte rechts]. r_L beschreibt den Linsenradius und d symbolisiert die Linsendicke im Linsenzentrum auf der optischen Achse z.

Mit dem entwickelten Modell ist der Vorgang der Wärmestrahlung, implementiert in einem Algorithmus der im Abschnitt 4.1 dargestellten Korrekturmethode zur Fokuslagenstabilisierung, in der Steuerung eines Laser-Remote-Scannersystems auf der Basis der in den Abschnitten 3.3.1 aufgeführt und 4.4.1.1 beschriebenen FE-Methode (vgl. Abschnitte 3.3.1 und 4.4.1.1) numerisch im Interpolationstakt Δt der Steuerung berechenbar. Das Modell erfasst die Wärmestrahlungsvorgänge zwischen dem umgebenden Medium, im speziellen Fall Luft, und der nicht durch die Fassung abgedeckten Linsenoberfläche A.

4.4.1.5 Absorbierte Laserleistung

Die zum Betrachtungszeitpunkt t_k, mit $k \in \mathbb{N}$, in einem Element i, mit $i \in \{1, \ldots, N\} \subset \mathbb{N}$, absorbierte Laserleistung $P_{ABL\,k\,i}$ lässt sich für die für das FE-basierte Temperaturmodell aufgestellte und im Abschnitt 4.4.1.1 dargestellte Leistungsbilanz aus der Gesetzmäßigkeit des von *Pierre Bouguer* [288] 1729 veröffentlichten, von *Johann Heinrich Lambert* [289] 1760 erneut dargestellten und von *August Beer* [290] 1852 erweiterten „Bouguer-Lambert-Beerschen Gesetz“ $I_A(d) = I_E \cdot \mathrm{e}^{-\alpha \cdot d}$ [7, S. 567 unten][36, S. 41 oben][122, S. 54 Mitte][150, S. 574 unten links][207, S. 227 Mitte][291] ableiten. α ist der Absorptionskoeffizient und d ist die Dicke des durchstrahlten Mediums. I_E symbolisiert die Intensität vor dem Eintritt in das Medium und $I_A(d)$ gibt die Intensität nach dem Austritt aus dem Medium an.

Der absorbierte Anteil A_L des eingestrahlten Laserlichts (vgl. Abschnitt 2.2.2.1), mit $A_L = \big(I_E - I_A(d)\big) \cdot I_E^{-1}$, setzt sich aus einem konstanten absorbierten Anteil A_B des eingestrahlten Laserlichts in der Antireflex (AR)-Beschichtung einer Linse (Oberflächenabsorption) und aus den variablen absorbierten Anteilen A_{GL} und B_{GL} des eingestrahlten Laserlichts im Glassubstrat einer Linse (Volumenabsorption), bezogen auf die radiusabhängige Linsendicke $d_i(r_i)$ eines Elementes i zusammen [121, S. 16-17].

Der nichtlineare absorbierte Anteil B_{GL} des eingestrahlten Laserlichts im Glassubstrat einer Linse wird im mathematischen Modellbildungsprozess nicht weiter betrachtet.

Der lineare absorbierte Anteil A_{GL} des eingestrahlten Laserlichts im Glassubstrat einer Linse ist proportional zu $d_i(r_i)$ [121, S. 17], sodass sich beispielhaft die Kurvenverläufe in der Abbildung 4.15 für unterschiedliche Linsentypen eines Laser-Remote-Scannersystems ergeben.

Das Absorptionsverhalten charakterisieren die Absorptionskoeffizienten α_B der Oberflächenbeschichtung und α_{GL} des Glassubstrates einer Linse. Es ergeben sich $A_B = \alpha_B$ und $A_{GL} = 1 - \mathrm{e}^{-\alpha_{GL} \cdot d_i(r_i)}$, wobei für die mathematische Modellbildung die Laufstrecke der Laserstrahlung durch das absorbierende Glassubstrat eines Elementes i der radiusabhängigen Linsendicke $d_i(r_i)$ des Elementes i entspricht, da das Glassubstrat eines Elementes i gemäß den im Abschnitt 4.2 getroffenen Annahmen als homogen und statistisch isotrop (vgl. Abschnitt 3.2.2) vorausgesetzt wird [149, S. 1 unten].

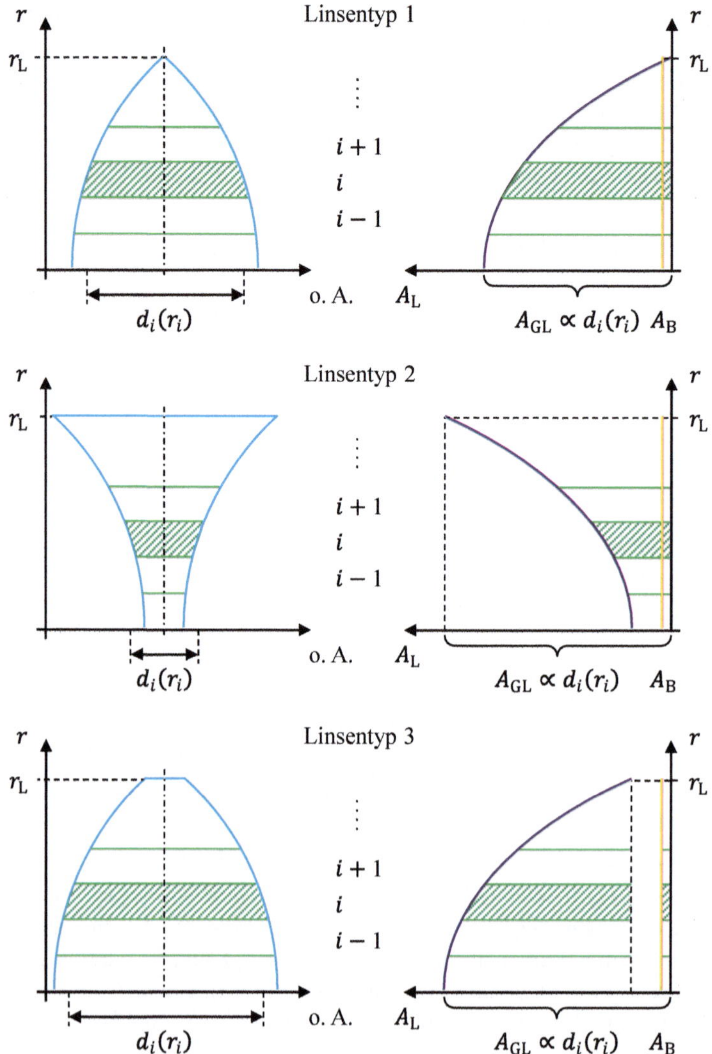

Abbildung 4.15 Unterschiedliche Linsentypen eines Laser-Remote-Scannersystems und beispielhafte Kurvenverläufe des elementbezogenen, radiusabhängigen absorbierten Anteils A_L des eingestrahlten Laserlichts aufgetragen über dem Linsenradius r_L. Der absorbierte Anteil A_L des eingestrahlten Laserlichts setzt sich aus dem konstanten absorbierten Anteil A_B des eingestrahlten Laserlichts in der AR-Beschichtung einer Linse (Oberflächenabsorption) und dem variablen absorbierten Anteil A_{GL} des eingestrahlten Laserlichts im Glassubstrat einer Linse (Volumenabsorption) zusammen. $d_i(r_i)$ beschreibt die radiusabhängige Linsendicke eines Elementes i, mit $i \in \{1, \ldots, N\} \subset \mathbb{N}$. o. A. bezeichnet die optische Achse.

Unter der Beachtung des reflektierten Anteils R_L des eingestrahlten Laserlichts (vgl. Abschnitt 2.2.2.1) sowohl beim Übergang einer Laserstrahlung an der Grenzfläche zwischen dem umgebenden Medium und dem Glassubstrat einer Linse als auch umgekehrt sowie unter der Beachtung von Mehrfachreflexionen zwischen den Linsenoberflächen in der Linse beschreibt die Formulierung

$$P_{\mathrm{ABL}\,k\,i} = \dot{Q}_{\mathrm{ABL}\,k\,i} = P_{\mathrm{L}\,i} \cdot \left[2 \cdot \alpha_{\mathrm{B}} + \frac{(1 - R_{\mathrm{L}})^2}{1 - R_{\mathrm{L}}^2} \cdot \left(1 - \mathrm{e}^{-\alpha_{\mathrm{GL}} \cdot d_i(r_i)}\right)\right] \tag{4.24}$$

[36, S. 128-129][120, S. 43 Mitte links][122, S. 57 unten] den aufgenommenen Wärmestrom $\dot{Q}_{\mathrm{ABL}\,k\,i}$ bzw. die absorbierte Laserleistung $P_{\mathrm{ABL}\,k\,i}$ zum Betrachtungszeitpunkt t_k in einem Element i (vgl. Abbildung 4.10). Die Größe $P_{\mathrm{L}\,i}$ gibt die auf ein Element i wirkende Laserleistung an.

Die Berechnung der auf ein Element i wirkenden Laserleistung $P_{\mathrm{L}\,i}$ erfordert die Bestimmung der von der Gesamtlaserleistung P_{L} abhängigen Laserleistungen $P_{\mathrm{L}\,0\,i-1}(r_{i-1\,i})$ und $P_{\mathrm{L}\,0\,i}(r_{i\,i+1})$, wobei die Radien $r_{i-1\,i}$ und $r_{i\,i+1}$ den jeweiligen vom Linsenzentrum ausgehenden radialen Wirkungsbereich in einer Linse mit dem Linsenradius r_{L} begrenzen (vgl. Abschnitt 4.3). Die Abbildung 4.16 zeigt den betrachteten Sachverhalt und die für die mathematische Modellbildung angewendeten Größen.

Ausgehend von der Modellbeschreibung gemäß der Abbildung 4.16 ergibt sich innerhalb einer Linse für zwei benachbarte finite Elemente $i - 1$ und i in der Abhängigkeit von den jeweiligen äußeren Radien $r_{i-1\,i}$ und $r_{i\,i+1}$ der Ausdruck für die auf das Element i wirkende Laserleistung $P_{\mathrm{L}\,i}$ in der allgemeinen Form

$$P_{\mathrm{L}\,i} = P_{\mathrm{L}\,0\,i}(r_{i\,i+1}) - P_{\mathrm{L}\,0\,i-1}(r_{i-1\,i}). \tag{4.25}$$

Mit der Verwendung der Gleichung (4.2) in der Gleichung (4.25) und dem Einsetzen dieser in die Gleichung (4.24) entsteht abschließend für einen Gauß-Strahl (Def. vgl. Abschnitt 2.1.1) die Beziehung

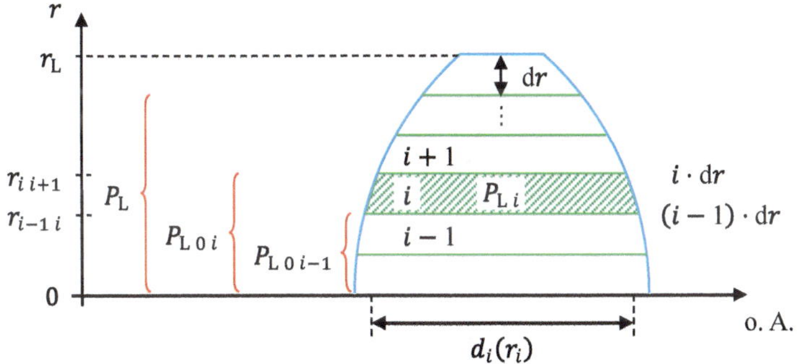

Abbildung 4.16 Angewendete Größen für die Berechnung der auf ein Element i wirkenden Laserleistung $P_{\mathrm{L}\,i}$, mit $i \in \{1, \ldots, N\} \subset \mathbb{N}$, aus der Betrachtung zweier benachbarter Elemente $i - 1$ und i zum Betrachtungszeitpunkt t_k. $i - 1$ ist das dem Linsenzentrum näher gelegene Element und i ist das vom Linsenzentrum weiter entfernt gelegene Element. $P_{\mathrm{L}\,0\,i-1}$ und $P_{\mathrm{L}\,0\,i}$ beschreiben die von dem jeweiligen Radius $r_{i-1\,i}$ und $r_{i\,i+1}$ abhängenden Laserleistungen. P_{L} ist die Gesamtlaserleistung. $d_i(r_i)$ ist die elementbezogene, radiusabhängige Linsendicke und $\mathrm{d}r$ definiert kleine betrachtete Abschnitte des Linsenradius r_{L}. o. A. bezeichnet die optische Achse.

$$P_{\mathrm{ABL}\,k\,i} = \dot{Q}_{\mathrm{ABL}\,k\,i}$$
$$= P_{\mathrm{L}} \cdot \left[\mathrm{e}^{-2 \cdot \left(\frac{r_{i-1\,i}}{r_{\mathrm{B}}}\right)^2} - \mathrm{e}^{-2 \cdot \left(\frac{r_{i\,i+1}}{r_{\mathrm{B}}}\right)^2} \right] \cdot \left[2 \cdot \alpha_{\mathrm{B}} + \frac{(1 - R_{\mathrm{L}})^2}{1 - R_{\mathrm{L}}^2} \cdot \left(1 - \mathrm{e}^{-\alpha_{\mathrm{GL}} \cdot d_i(r_i)}\right) \right] \tag{4.26}$$

für den bzw. die zum Betrachtungszeitpunkt t_k in einem Element i aufgenommenen Wärmestrom $\dot{Q}_{\mathrm{ABL}\,k\,i}$ bzw. absorbierte Laserleistung $P_{\mathrm{ABL}\,k\,i}$ (vgl. Abbildung 4.10) für das mit dieser Arbeit entwickelte und im Abschnitt 4.4.1.1 dargestellte FE-Modell. Die Größe P_{L} gibt die Gesamtlaserleistung an. Der innere Radius $r_{i-1\,i} = (i - 1) \cdot dr$ und der äußere Radius $r_{i\,i+1} = i \cdot dr$ stellen die radiale Begrenzung des Elementes i der Breite dr dar. r_{B} beschreibt den Strahlradius eines Laserstrahls in der Linsenebene bei der halben Dicke $0{,}5 \cdot d(r = 0)$ einer Linse in der senkrechten Schnittebene zur optischen Achse z. r_{B} wird durch die Profilgrenze gemäß der Varianzdurchmesserdefinition (vgl. Abschnitt 2.1.4.1) bestimmt.

4.4.1.6 Temperaturberechnung

Für die Aufstellung des matrixbasierten Gleichungssystems zur zeitgleichen Berechnung der Änderung ΔU_{K+1} der inneren Energie zum nächsten Betrachtungszeitpunkt t_{k+1}, mit $k \in \mathbb{N}$, in allen N, mit $N \in \mathbb{N}^+$, Elementen des mit dieser Arbeit für Linsen entwickelten und im Abschnitt 4.4.1.1 dargestellten FE-Modells ist in den Wärmestrom- bzw. Leistungsgleichungen (4.13), (4.14), (4.20), (4.23) und (4.24) die Temperaturdifferenz $\Delta T_{\mathrm{GL}\,i\,\mathrm{U}} = -\Delta T_{\mathrm{U\,GL}\,i} = T_{\mathrm{GL}\,i} - T_{\mathrm{U}}$ eines Element i, mit $i \in \{1, \ldots, N\} \subset \mathbb{N}$, die zwischen der Glassubstrattemperatur $T_{\mathrm{GL}\,i}$ und der Umgebungstemperatur T_{U} auftritt und zu einem Wärmestrom bzw. zu einer Leistungsabgabe und -aufnahme führt, durch die äquivalente Energiemenge ΔQ_i auszudrücken.

Das Verhältnis der beiden veränderlichen Größen, nämlich der übertragenen Wärme bzw. Energiemenge $\mathrm{d}Q$ und der Temperaturänderung $\mathrm{d}T$, beschreibt die Wärmekapazität

$$C = \frac{\mathrm{d}Q}{\mathrm{d}T} \tag{4.27}$$

[7, S. 251 oben][150, S. 258-259] des betrachteten Körpers. Besteht dieser aus einem homogenen Material, wie z. B. synthetisch hergestelltes Quarzglas (vgl. Abschnitt 3.2.2), lässt sich C als materialspezifische Wärmekapazität $c = C \cdot m_{\mathrm{K}}^{-1}$ [7, S. 252 Mitte] mit der Masse m_{K} des Körpers schreiben. Dieser vereinfachte lineare Zusammenhang ergibt sich durch die Annahme, die temperaturabhängige materialspezifische Wärmekapazität $c(T)$ als konstanten spezifischen Materialwert c anzunehmen [110, S. 125 Mitte].

Weiterhin werden für das FE-Modell die Annahmen getroffen, dass

- das eine Linse umgebende Medium im Vergleich zum Linsenkörper als unendlich betrachtet,
- der Einfluss eines Temperaturgradienten $\nabla T(t)$ an der Grenzschicht zwischen einer Linse und dem umgebenden Medium vernachlässigt und
- anstelle des Temperaturgradienten $\nabla T(t)$ die auftretende Temperaturdifferenz $\Delta T_{\mathrm{GL\,U}} = T_{\mathrm{GL}}(r, t) - T_{\mathrm{U}}$ verwendet wird.

Mit diesen Annahmen erwärmt sich die Umgebungstemperatur T_{U} in der Linsennähe nicht und die Temperaturänderung dT in der Gleichung (4.27) lässt sich auf die Umgebungstemperatur T_{U} beziehen.

Weiterhin ist die Ausgangstemperatur $T_{\mathrm{GL}\,0}$ des thermisch unbelasteten Glassubstrates gleich der Umgebungstemperatur T_{U}, sodass ein thermisches Gleichgewicht $\Delta T_{\mathrm{GL\,U}} = T_{\mathrm{GL}}(r,t) - T_{\mathrm{U}} = 0$, mit $T_{\mathrm{GL}}(r,t) = T_{\mathrm{GL}\,0}$ besteht.

Wird das Vorgenannte auf ein Element i des entwickelten FE-Modells angewendet, ergibt sich mit der Temperaturdifferenz $\Delta T_{\mathrm{GL}\,i\,\mathrm{U}} = T_{\mathrm{GL}\,i} - T_{\mathrm{U}}$ zwischen der Glassubstrattemperatur $T_{\mathrm{GL}\,i}$ und der Umgebungstemperatur T_{U} bzw. der der Umgebungstemperatur T_{U} gleichgesetzten Ausgangstemperatur $T_{\mathrm{GL}\,0}$ des Glassubstrates und mit der Masse m_i des Elementes i die Beziehung

$$\Delta Q_i = c \cdot m_i \cdot \Delta T_{\mathrm{GL}\,i\,\mathrm{U}}, \qquad \text{mit} \qquad m_i = \pi \cdot (r_{i\,i+1}^2 - r_{i-1\,i}^2) \cdot \rho \cdot d_i(r_i), \tag{4.28}$$

für die übertragene Wärme bzw. Energiemenge ΔQ_i.

Die Masse m_i setzt sich aus der Dichte ρ des homogenen Glassubstrates sowie aus dem Volumen V_i des Elementes i zusammen. Für Festkörper lassen sich geringe Dichteänderungen $\Delta\rho$, initiiert durch Temperatur- und Druckänderungen, vernachlässigen und die Annahme des Materialmodells eines inkompressiblen Körpers mit $\rho =$ konst. treffen [110, S. 123 oben]. Das Volumen V_i des Elementes i ist gegeben durch die elementbezogene, radiusabhängige Linsendicke $d_i(r_i)$ und den elementbezogenen, radiusabhängigen, nicht durch die Fassung abgedeckten Oberflächenabschnitt $A_{\mathrm{E}\,i} = \pi \cdot (r_{i\,i+1}^2 - r_{i-1\,i}^2)$ einer Linsenseite. Der Oberflächenabschnitt $A_{\mathrm{E}\,i}$ wird durch den inneren Elementradius $r_{i-1\,i} = (i-1) \cdot \mathrm{d}r$ und den äußeren Elementradius $r_{i\,i+1} = i \cdot \mathrm{d}r$ begrenzt.

Vorteilhaft gestaltet sich zur Bestimmung der Wärmekapazität C_i die Verwendung von konstruktiven Daten anstelle von gemessenen Daten für c und m_i für jedes Element i der Linsen im Laser-Remote-Scannersystem.

Zu jedem beliebigen Betrachtungszeitpunkt t_k, mit $k \in \mathbb{N}$, ist die durch die Temperaturdifferenz $\Delta T_{\mathrm{GL}\,K\,i\,\mathrm{U}}$ gemäß der Gleichung (4.28) hervorgerufene, elementbezogene Energiemenge $\Delta Q_{K\,i}$ identisch mit der Änderung $\Delta U_{K\,i}$ der inneren Energie und lässt sich mit dieser in der Gleichung (4.28) ersetzen.

Zusammenfassend ergeben sich aus den Gleichungen (4.13), (4.14), (4.20), (4.23) und (4.24) mit der modifizierten Gleichung (4.28) die numerisch berechenbaren Wärmetransportgleichungen für die Ermittlung der gemäß der Gleichung (4.4) zu einem beliebigen Betrachtungszeitpunkt t_k im Zeitschritt Δt aufgenommenen oder abgegebenen diskreten inneren Energiemenge $U_{k\,i\,\Delta t}$ eines Elementes i. Es gilt mit $i \in \{1, \ldots, N\} \subset \mathbb{N}$ und der Gesamtoberfläche $A_i = 2 \cdot \pi \cdot (r_{i\,i+1}^2 - r_{i-1\,i}^2)$ der Vorder- und Rückseite eines Elementes i für den Vorgang der

- Wärmeleitung

$$Q_{\mathrm{WLK}\,k\,i-1\,i\,\Delta t} = a_i \cdot \Delta t \cdot \Delta U_{K\,i-1} - b_i \cdot \Delta t \cdot \Delta U_{K\,i}, \tag{4.29}$$

$$\text{mit} \quad a_i = \frac{2 \cdot \pi \cdot \kappa \cdot d_{i-1\,i}(r_{i-1\,i})}{c \cdot m_{i-1} \cdot \ln\left(\frac{r_i}{r_{i-1}}\right)} \quad \text{und mit} \quad b_i = \frac{2 \cdot \pi \cdot \kappa \cdot d_{i-1\,i}(r_{i-1\,i})}{c \cdot m_i \cdot \ln\left(\frac{r_i}{r_{i-1}}\right)}.$$

$$Q_{\mathrm{WLK}\,k\,i\,i+1\,\Delta t} = -e_i \cdot \Delta t \cdot \Delta U_{K\,i} + f_i \cdot \Delta t \cdot \Delta U_{K\,i+1}, \tag{4.30}$$

mit $e_i = \dfrac{2 \cdot \pi \cdot \kappa \cdot d_{i\,i+1}(r_{i\,i+1})}{c \cdot m_i \cdot \ln\left(\frac{r_{i+1}}{r_i}\right)}$ und mit $f_i = \dfrac{2 \cdot \pi \cdot \kappa \cdot d_{i\,i+1}(r_{i\,i+1})}{c \cdot m_{i+1} \cdot \ln\left(\frac{r_{i+1}}{r_i}\right)}$.

- freien Konvektion

$$Q_{\mathrm{FKO}\,k\,i\,\Delta t} \approx -c_i \cdot \Delta t \cdot \Delta U_{K\,i}, \qquad \text{mit} \qquad c_i = \frac{\alpha_{\mathrm{K}} \cdot A_i}{c \cdot m_i}. \tag{4.31}$$

- Wärmestrahlung

$$Q_{\mathrm{NST}\,k\,i\,\Delta t} \approx -d_i \cdot \Delta t \cdot \Delta U_{K\,i}, \qquad \text{mit} \qquad d_i = \frac{4 \cdot \varepsilon_{\mathrm{OF}} \cdot \sigma_{\mathrm{SB}} \cdot A_i \cdot T^3_{\mathrm{U\,Kel}}}{c \cdot m_i}. \tag{4.32}$$

- absorbierten Laserleistung

$$Q_{\mathrm{ABL}\,k\,i\,\Delta t} = g_i \cdot \Delta t \cdot P_{\mathrm{L}}, \tag{4.33}$$

mit $g_i = \left[\mathrm{e}^{-2 \cdot \left(\frac{r_{i-1\,i}}{r_{\mathrm{B}}}\right)^2} - \mathrm{e}^{-2 \cdot \left(\frac{r_{i\,i+1}}{r_{\mathrm{B}}}\right)^2}\right] \cdot \left[2 \cdot \alpha_{\mathrm{B}} + \frac{(1-R_{\mathrm{L}})^2}{1-R_{\mathrm{L}}^2} \cdot \left(1 - \mathrm{e}^{-\alpha_{\mathrm{GL}} \cdot d_i(r_i)}\right)\right]$.

Die zu den Koeffizienten a_i, b_i, c_i, d_i, e_i und f_i zusammengefassten Terme stellen Gewichtungsfaktoren für den Zuwachs oder die Abnahme der inneren Energie $U_{K\,i}$ eines Elementes i dar und finden sich in den Termen der Matrixelemente im Gleichungssystem (4.39) zur Berechnung aller N Elemente wieder. Die zwei Terme a_i und b_i bzw. e_i und f_i in der Gleichung (4.29) bzw. (4.30) spiegeln die gleichzeitige Energieveränderung in den Elementen $i-1$, i und $i+1$ im Zeitschritt Δt wider, da beim Vorgang der Wärmeleitung Energie vom Linsenzentrum radial zum Linsenrand durch das Glassubstrat einer in N Elemente unterteilten Linse transportiert wird.

Mit dem Einsetzen der Gleichungen (4.29) bis (4.33) in die Gleichung (4.4) und dem Einsetzen dieser in die Gleichung (4.5) sowie der Kombination mit der Gleichung (4.7) besitzt die Gleichung (4.5) für die Berechnung der Änderung ΔU_{K+1} der inneren Energie des nächsten diskreten Betrachtungszeitpunktes t_{k+1} im Zeitschritt Δt eines finiten Elementes i die Form

$$\begin{aligned}\Delta U_{K+1\,i} = \Delta U_{K\,i} &+ a_i \cdot \Delta t \cdot \Delta U_{K\,i-1} - b_i \cdot \Delta t \cdot \Delta U_{K\,i} - c_i \cdot \Delta t \cdot \Delta U_{K\,i} \\ &- d_i \cdot \Delta t \cdot \Delta U_{K\,i} - e_i \cdot \Delta t \cdot \Delta U_{K\,i} + f_i \cdot \Delta t \cdot \Delta U_{K\,i+1} \\ &+ Q_{\mathrm{ABL}\,k\,i\,\Delta t}\end{aligned} \tag{4.34}$$

im Gleichungssystem (4.39).

Nach der Sortierung der Energieanteile und deren Zusammenfassung ergibt sich die Vereinfachung der Gleichung (4.34) in der Form

$$\begin{aligned}\Delta U_{K+1\,i} = a_i \cdot \Delta t \cdot \Delta U_{K\,i-1} &+ [1 - (b_i + c_i + d_i + e_i) \cdot \Delta t] \cdot \Delta U_{K\,i} \\ &+ f_i \cdot \Delta t \cdot \Delta U_{K\,i+1} + Q_{\mathrm{ABL}\,k\,i\,\Delta t}.\end{aligned} \tag{4.35}$$

Schlussendlich lässt sich die Gleichung (4.35) für ein Element i vektoriell niederschreiben. Die vektorielle Darstellung besitzt die Form

$$\underbrace{\Delta U_{K+1\,i}}_{\substack{\text{Änderung}\\ \text{der Wärme-}\\ \text{bzw. Ener-}\\ \text{gieanteile}\\ \text{zum Be-}\\ \text{trachtungs-}\\ \text{zeitpunkt } t_{k+1}}} = \underbrace{\begin{pmatrix} a_i & \frac{1}{\Delta t} - (b_i + c_i + d_i + e_i) & f_i \end{pmatrix} \cdot \Delta t}_{\substack{\text{für ein Element } i \text{ auftretende}\\ \text{Wärmetransportprozesse:}\\ \text{Wärmeleitung,}\\ \text{freie Konvektion,}\\ \text{Wärmestrahlung}}} \cdot \underbrace{\begin{pmatrix} \Delta U_{K\,i-1} \\ \Delta U_{K\,i} \\ \Delta U_{K\,i+1} \end{pmatrix}}_{\substack{\text{Änderung}\\ \text{der Wärme-}\\ \text{bzw. Ener-}\\ \text{gieanteile}\\ \text{zum Be-}\\ \text{trachtungs-}\\ \text{zeitpunkt } t_k}} + \underbrace{P_{\mathrm{ABL}\,k\,i}}_{\substack{\text{absorbierte}\\ \text{Laserleis-}\\ \text{tung im Ele-}\\ \text{ment } i \text{ zum}\\ \text{Betrach-}\\ \text{tungszeit-}\\ \text{punkt } t_k}} \cdot \Delta t. \tag{4.36}$$

Zur Bestimmung der Änderung ΔU_{K+1} der inneren Energie zum nächsten Betrachtungszeitpunkt t_{k+1} in allen N Elementen gelten zudem Randbedingungen für das erste, an das Linsenzentrum angrenzende Element sowie für das in der radialen Richtung r betrachtet letzte, an die Fassung angrenzende Element am Linsenrand (vgl. Abbildung 4.6).

Das erste Element besitzt keinen Elementnachbarn über das Linsenzentrum hinaus, sondern lediglich einen Elementnachbarn in der positiven radialen Richtung r zum Linsenrand. Dadurch ergeben sich für die Berechnung des Energiezustandes des ersten Elementes die Koeffizienten $a_1 = 0$ und $b_1 = 0$. Für das letzte, an die Fassung angrenzende Element N am Linsenrand gilt $\Delta T_{\mathrm{GL}\,N+1\,\mathrm{U}} = 0$. Somit ist der Koeffizient $f_N = 0$.

Wird zwischen dem letzten, an die Fassung angrenzenden Element N und der Fassung zusätzlich ein nicht idealer Wärmeübergang mit einem Wärmeübergangskoeffizient $\alpha_{\mathrm{M}} \neq \infty$ angenommen, ergibt sich anstelle für e_i, mit $i = N$, in der Gleichung (4.30) für e_N der Ausdruck

$$e_N = \frac{\alpha_{\mathrm{M}} \cdot A_{\mathrm{M}}}{c \cdot m_N}. \tag{4.37}$$

Die Berechnung der Mantelfläche A_{M} erfolgt durch den Linsenumfang $L_{\mathrm{U}\,N} = 2 \cdot \pi \cdot r_{N\,N+1}$ und die Linsendicke $d_{N\,N+1}(r_{N\,N+1})$ am Linsenrand in der Form $A_{\mathrm{M}} = 2 \cdot \pi \cdot r_{N\,N+1} \cdot d_{N\,N+1}(r_{N\,N+1})$. Für die Masse m_N ergibt sich der Zusammenhang $m_N = \pi \cdot (r_{N\,N+1}^2 - r_{N-1\,N}^2) \cdot \rho \cdot d_N(r_N)$, wobei ρ die Dichte des homogenen Glassubstrates und $d_N(r_N)$ die elementbezogene, radiusabhängige Linsendicke beschreiben. Das Element N wird durch den inneren Elementradius $r_{N-1\,N} = (N-1) \cdot dr$ und den äußeren Elementradius $r_{N\,N+1} = N \cdot dr$ begrenzt.

Das gesamte Gleichungssystem zur Bestimmung der Änderung ΔU_{K+1} der inneren Energie aller N Elemente für den nächsten Betrachtungszeitpunkt t_{k+1} besitzt in der symbolischen Matrixdarstellung die Form

$$\boldsymbol{u}_{K+1} = \boldsymbol{M}_{\mathrm{W}} \cdot \boldsymbol{u}_K + \boldsymbol{p}_{\mathrm{ABL}\,k} \cdot \Delta t, \qquad \text{mit} \qquad \begin{matrix} \boldsymbol{p}_{\mathrm{ABL}\,k}, \boldsymbol{u}_K, \boldsymbol{u}_{K+1} \in \mathbb{R}^N, \\ \boldsymbol{M}_{\mathrm{W}} \in \mathbb{R}^{N \times M} \text{ und } M, N \in \mathbb{N}^+, \end{matrix} \tag{4.38}$$

und in der ausformulierten Matrixschreibweise mit den in der Wärmetransportmatrix $\boldsymbol{M}_{\mathrm{W}}$ eingetragenen Matrixelementen w_{ij}, mit $i \in \{1, \ldots, N\} \subset \mathbb{N}$ und $j \in \{1, \ldots, M\} \subset \mathbb{N}$, die Form

$$\begin{pmatrix} \Delta U_{K+1\,1} \\ \Delta U_{K+1\,2} \\ \vdots \\ \Delta U_{K+1\,N} \end{pmatrix} = \begin{pmatrix} w_{11} & w_{12} & 0 & & 0 & 0 & 0 \\ w_{21} & w_{22} & w_{23} & \cdots & 0 & 0 & 0 \\ 0 & w_{32} & w_{33} & & 0 & 0 & 0 \\ & \vdots & & \ddots & & \vdots & \\ 0 & 0 & 0 & & w_{N-2M-2} & w_{N-2M-1} & 0 \\ 0 & 0 & 0 & \cdots & w_{N-1M-2} & w_{N-1M-1} & w_{N-1M} \\ 0 & 0 & 0 & & 0 & w_{NM-1} & w_{NM} \end{pmatrix} \cdot \boldsymbol{u}_K + \begin{pmatrix} P_{\mathrm{ABL}\,k\,1} \\ P_{\mathrm{ABL}\,k\,2} \\ \vdots \\ P_{\mathrm{ABL}\,k\,N} \end{pmatrix} \cdot \Delta t, \tag{4.39}$$

$$\text{mit} \quad (\boldsymbol{u}_K)^{\mathrm{T}} = \left(\begin{pmatrix} 0 \\ \Delta U_{K\,1} \\ \Delta U_{K\,2} \end{pmatrix} \begin{pmatrix} \Delta U_{K\,1} \\ \Delta U_{K\,2} \\ \Delta U_{K\,3} \end{pmatrix} \cdots \begin{pmatrix} \Delta U_{K\,N-1} \\ \Delta U_{K\,N} \\ 0 \end{pmatrix} \right),$$

wobei die N Elemente des FE-Modells durch die N Zeilen (Index 1) und die für jedes Element i beeinflussten Elemente $i-1$, i und $i+1$ durch die M Spalten (Index 2) der Wärmetransportmatrix $\boldsymbol{M}_{\mathrm{W}}$ repräsentiert werden. Die Wärmetransportmatrix $\boldsymbol{M}_{\mathrm{W}}$ ist in der Hauptdiagonale sowie in den rechts- und linksseitigen Nebendiagonalen gefüllt. Alle weiteren Matrixelemente sind mit 0 besetzt.

Ausgehend von den enthaltenen Koeffizienten a_i, b_i, c_i, d_i, e_i und f_i für jedes Element i ergeben sich für die in der Wärmetransportmatrix $\boldsymbol{M}_{\mathrm{W}}$ eingetragenen Matrixelemente w_{ij}, mit $i = j$, die im Temperaturmodell implementierten Bildungsvorschriften

$$w_{ij-1} = a_i \cdot \Delta t, \tag{4.40}$$

$$w_{ij} = 1 - (b_i + c_i + d_i + e_i) \cdot \Delta t \tag{4.41}$$

und

$$w_{ij+1} = f_i \cdot \Delta t. \tag{4.42}$$

Wie zuvor beschrieben, weicht das erste Element des entwickelten und im Abschnitt 4.4.1.1 dargestellten FE-Modells, das in der Wärmetransportmatrix $\boldsymbol{M}_{\mathrm{W}}$ mit den Indizes $i = 1$ und $j = 1$ gekennzeichnet ist, von der Bildungsvorschrift ab und es ergibt sich der Term

$$w_{11} = 1 - (c_1 + d_1 + e_1) \cdot \Delta t. \tag{4.43}$$

Nach der Berechnung der Änderung ΔU_{K+1} der inneren Energie aller N Elemente erfolgt unter der Benutzung der Gleichung (4.28) eine Rücktransformation in die resultierenden Temperaturdifferenzen $\Delta T_{\mathrm{GL}\,K+1\,N\,\mathrm{U}} = T_{\mathrm{GL}\,K+1\,N} - T_{\mathrm{U}\,K+1}$ aller N Elemente mit dem Gleichungssystem

$$\begin{pmatrix} \Delta T_{\text{GL}\,K+1\,1\,\text{U}} \\ \Delta T_{\text{GL}\,K+1\,2\,\text{U}} \\ \vdots \\ \Delta T_{\text{GL}\,K+1\,N\,\text{U}} \end{pmatrix} = \frac{1}{c} \cdot \begin{pmatrix} \frac{\Delta U_{K+1\,1}}{m_1} \\ \frac{\Delta U_{K+1\,2}}{m_2} \\ \vdots \\ \frac{\Delta U_{K+1\,N}}{m_N} \end{pmatrix}. \tag{4.44}$$

Damit lässt sich die gegenüber dem thermischen Gleichgewicht $\Delta T_{\text{GL U}} = T_{\text{GL}}(r,t) - T_{\text{U}} = 0$, mit $T_{\text{GL}}(r,t) = T_{\text{GL}\,0}$, bei dem die Ausgangstemperatur $T_{\text{GL}\,0}$ des thermisch unbelasteten Glassubstrates gleich der Umgebungstemperatur T_{U} ist, veränderte radius- und zeitabhängige Temperaturverteilung $\Delta T_{\text{GL}\,K+1\,\text{U}}$ zum Betrachtungszeitpunkt t_{k+1} für jede im Strahlengang eines Laser-Remote-Scannersystems befindliche Linse im Zeitschritt Δt bestimmen und über dem Linsenradius r_{L} und der Zeit t auftragen (vgl. Abschnitt 5.2.1).

Die veränderte radius- und zeitabhängige Temperaturverteilung $\Delta T_{\text{GL U}}$, mit $\Delta T_{\text{GL U}} > 0$, innerhalb des Glassubstrates einer Linse bildet den Ausgangspunkt für die direkte Ermittlung der in der Tabelle 2.1 beschriebenen temperaturabhängigen Größen

- der Änderung der Brechzahl $n_{\text{GL}}(\lambda, T)$ des Glassubstrates (vgl. Abschnitte 2.2.2.2 und 4.4.2.2) sowie
- der Änderung der Dicke $d(T)$ und der Stirnflächenradien $R_1(T)$ und $R_2(T)$ (vgl. Abschnitte 2.2.2.4 und 4.4.3)

einer Linse.

Der indirekte Temperatureinfluss auf die Änderung der Brechzahl $n_{\text{GL}}(\lambda, T)$ des Glassubstrates einer Linse, wie in der Tabelle 2.1 beschrieben, erfolgt durch die Berechnung

- der thermisch induzierten mechanischen Spannung $\sigma_{\text{th}}(T)$ (vgl. Abschnitte 2.2.2.3 und 4.4.2.3),

die durch die veränderte radius- und zeitabhängige Temperaturverteilung $\Delta T_{\text{GL U}}$, mit $\Delta T_{\text{GL U}} > 0$, innerhalb des Glassubstrates einer Linse hervorgerufen wird.

Alle vier Einflussgrößen rufen eine Thermische Linse hervor (vgl. Abschnitt 2.2.2) und verursachen folglich einen unerwünschten Fokus-Shift Δz_{F} (Def. vgl. Abschnitt 2.2.4).

Nach der Berechnung der vier Einflussgrößen erfolgt die im Abschnitt 4.6.2 beschriebene Neuberechnung der ABCD-Matrizen (Def. vgl. Abschnitt 2.3.1) der modellierten optischen Elemente und des Verstellweges l_z des axial entlang der optischen Achse verschiebbaren optischen Elementes zur Korrektur des Fokus-Shifts Δz_{F} und damit der Stabilisierung der Soll-Prozessfokuslage z_{F} (Def. vgl. Abschnitt 1.2) an der Wirkstelle.

4.4.2 Brechzahländerung des Glassubstrates einer Linse

4.4.2.1 Referenzbrechzahl des thermisch unbelasteten Glassubstrates

Das Vorhandensein von Materie ist die Ursache für eine Brechzahl n größer als die Brechzahl $n_{\text{vac}} = 1$ des Vakuums und führt zur Absorption von TEM-Wellen (Def. vgl. Abschnitt 2.1.1) [139, S. 96 Mitte]. Es ergibt sich eine wellenlängenabhängige Änderung der Brechzahl n, die „Dispersion“ [9, S. 173-174][135, S. 129-130][151, S. 2 oben][156, S. 72 unten][189, S. 312 Mitte].

Für fasergebundene Hochleistungs-Laser-Remote-Scannersysteme mit Linsenoptiken (vgl. Abschnitt 3.1.2.2) werden im Allgemeinen die im Abschnitt 3.2.2 beschriebenen Fused-Silica-Glassubstrate, amorphe synthetische Glassubstrate, für die optischen Strahlführungskomponenten verwendet. Fused Silica ist im Bereich des Ultravioletten bis zum Nahinfraroten für Laserstrahlung durchlässig und stellt die zur verlustarmen Übertragung notwendigen Eigenschaften bereit.

Die Bestimmung interner Substratveränderungen bezieht sich auf die im Vakuum auftretende absolute Ausgangsbrechzahl $n_{\mathrm{abs\,GL\,0}}(\lambda_0, T_{\mathrm{GL\,0}})$ des thermisch unbelasteten Glassubstrates einer Linse, bei dem die Glassubstrattemperatur $T_{\mathrm{GL}}(r,t)$ der Umgebungstemperatur T_{U} entspricht und das thermische Gleichgewicht $\Delta T_{\mathrm{GL\,U}} = T_{\mathrm{GL}}(r,t) - T_{\mathrm{U}} = 0$, mit $T_{\mathrm{GL}}(r,t) = T_{\mathrm{GL\,0}}$, vorliegt. $n_{\mathrm{abs\,GL\,0}}(\lambda_0, T_{\mathrm{GL\,0}})$ berechnet sich auf der Basis der Ausführungen im Abschnitt 4.4.2.2 aus der absoluten Referenzbrechzahl $n_{\mathrm{abs\,GL\,Ref}}(\lambda_0, T_{\mathrm{Ref}})$. Die Bereitstellung von $n_{\mathrm{abs\,GL\,Ref}}(\lambda_0, T_{\mathrm{Ref}})$ erfolgt gemäß der Gleichung (2.30) durch die Überführung der relativen Referenzbrechzahl $n_{\mathrm{rel\,GL\,Ref}}(\mathrm{med}, \lambda_0, T_{\mathrm{Ref}})$ des Glassubstrates, die gegenüber dem umgebenden Referenzmedium (med) mit den Angaben in den Datenblättern der Glashersteller berechnet wird. λ_0 beschreibt die Wellenlänge im Vakuum des verwendeten Lasersystems und T_{Ref} beschreibt die in den Datenblättern der Glashersteller angegebene Referenztemperatur. Für $n_{\mathrm{abs\,GL\,Ref}}(\lambda_0, T_{\mathrm{Ref}})$ und $n_{\mathrm{rel\,GL\,Ref}}(\mathrm{med}, \lambda_0, T_{\mathrm{Ref}})$ gilt der in den Datenblättern der Glashersteller angegebene absolute Referenzdruck p_{Ref}.

Mit der 1871 von *Wolfgang von Sellmeier* [292] veröffentlichten, empirisch ermittelten und auf drei Terme begrenzten Dispersionsformel, allgemein als „Sellmeier-Gleichung“ bezeichnet,

$$n_{\mathrm{rel\,GL\,Ref}}(\mathrm{med}, \lambda_0, T_{\mathrm{Ref}}) \approx \sqrt{\sum_{j=1}^{3} \frac{B_{\mathrm{GL}\,i} \cdot \lambda_0^2}{\lambda_0^2 - C_{\mathrm{GL}\,i}} + 1} \tag{4.45}$$

[9, S. 180 Mitte][76, S. 324-326][135, S. 132 Mitte][151, S. 5][180, S. 6 oben][181, S. 25 oben][245, S. 6 unten][246, S. 5 Mitte][293, S. 221][294, S. 6 oben] lässt sich für Fused-Silica-Glassubstrat eine Anpassungsfunktion finden, um den Verlauf der relativen Referenzbrechzahl $n_{\mathrm{rel\,GL\,Ref}}(\mathrm{med}, \lambda_0, T_{\mathrm{Ref}})$ zu gewinnen. Die Sellmeier-Gleichung (4.45) zeigt hervorragende Anpassungseigenschaften, da sie auf physikalischen Schlussfolgerungen basiert [181, S. 25 Mitte].

$B_{\mathrm{GL}\,i}$ und $C_{\mathrm{GL}\,i}$, mit $i \in \{1, 2, 3\}$, beschreiben für das ausgewählte Glassubstrat die „Sellmeier-Koeffizienten“ der Glashersteller, die meist bei einer Referenztemperatur $T_{\mathrm{Ref}} = 20\,°\mathrm{C}$ oder $T_{\mathrm{Ref}} = 22\,°\mathrm{C}$, einem absoluten Referenzdruck $p_{\mathrm{Ref}} = 101325\,\mathrm{Pa}$ und einer Stickstoff (N_2)-Atmosphäre ermittelt werden [135, S. 132-133][151, S. 5 Mitte] [245, S. 6 Mitte][246, S. 5 oben][294, S. 6 oben]. Für $B_{\mathrm{GL}\,i}$ ergeben sich dimensionslose Werte, die als Amplituden interpretierbar sind. Werte für $C_{\mathrm{GL}\,i} = \lambda_i^2$ lassen sich als Quadrate wirksamer Resonanzwellenlängen λ_i von Absorptionslinien oder -bändern erklären und werden gewöhnlich in $\mu\mathrm{m}^2$ angegeben. [135, S. 132 Mitte][136, S. 1 unten][181, S. 25 oben][293, S. 221 oben]

Vom ultravioletten bis zum nahinfraroten Lichtspektrum lässt sich für die Werteberechnung von $n_{\mathrm{rel\,GL\,Ref}}(\mathrm{med}, \lambda_0, T_{\mathrm{Ref}})$ eine Genauigkeit von besser als 10^{-5} angegeben [135, S. 132 Mitte][139, S. 105 unten][151, S. 5 unten][181, S. 25 Mitte].

Hans-Jürgen Hoffmann [135, S. 133 unten] zufolge ist die Sellmeier-Gleichung (4.45) formal lediglich für das Vakuum begründet. Da jedoch ein vergleichsweise geringer Einfluss der Dispersion der Luft bzw. ihrer Bestandteile besteht, lässt sich die Sellmeier-Gleichung (4.45) in einer sehr guten Näherung zur Beschreibung der Dispersion von Fused-Silica-Glassubstrat relativ zur Luft und ihrer Bestandteile verwenden [135, S. 133 unten]. In der Abbildung 4.17 ist der Einfluss der Dispersion der Luft gemäß der Gleichung (2.35) gezeigt.

Aus dem Verlauf der Brechzahl n_{air} lässt sich für das gewählte Spektrum der Wellenlänge λ_0 im Vakuum von 1000 nm bis zu 1200 nm, in dem $\lambda_0 = 1070$ nm des verwendeten Lasersystems (vgl. Abschnitt 5.1.1) liegt, eine äußerst geringe Änderung von n_{air} mit $\Delta n_{\mathrm{air}} = 4{,}67 \cdot 10^{-7}$ ablesen.

Das Vorgenannte unterstützt die Verwendung der Sellmeier-Gleichung (4.45) für die Berechnung von $n_{\mathrm{rel\,GL\,Ref}}(\mathrm{med}, \lambda_0, T_{\mathrm{Ref}})$ des Glassubstrates gegenüber der Luft und ihrer Bestandteile mit der adaptiven, softwarebasierten Korrekturmethode zur Fokuslagenstabilisierung bei der Wellenlänge λ_0 im Vakuum des verwendeten Lasersystems.

Die absolute Referenzbrechzahl $n_{\mathrm{abs\,GL\,Ref}}(\lambda_0, T_{\mathrm{Ref}})$ des Glassubstrates im Vakuum ergibt sich abschließend, indem die Gleichung (2.30) adaptiert, nach $n_{\mathrm{abs\,GL\,Ref}}(\lambda_0, T_{\mathrm{Ref}})$ aufgelöst und die Sellmeier-Gleichung (4.45) für $n_{\mathrm{rel\,GL\,Ref}}(\mathrm{med}, \lambda_0, T_{\mathrm{Ref}})$ eingesetzt wird, mit dem Ausdruck

$$n_{\mathrm{abs\,GL\,Ref}}(\lambda_0, T_{\mathrm{Ref}}) = n_{\mathrm{med\,Ref}}(\lambda_0, T_{\mathrm{Ref}}, p_{\mathrm{Ref}}) \cdot \sqrt{\sum_{i=1}^{3} \frac{B_{\mathrm{GL}\,i} \cdot \lambda_0^2}{\lambda_0^2 - C_{\mathrm{GL}\,i}} + 1}. \qquad (4.46)$$

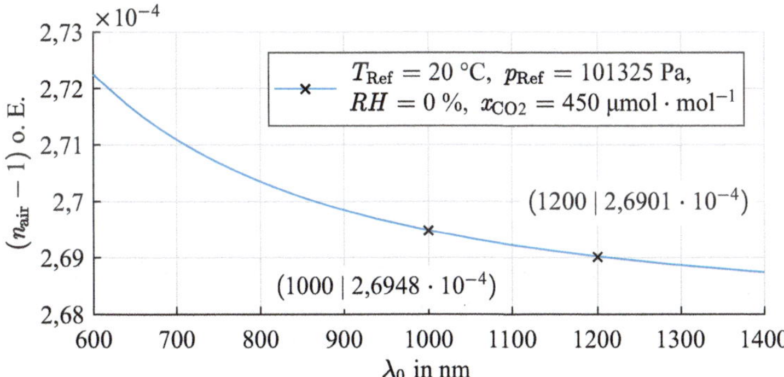

Abbildung 4.17 Abhängigkeit der Brechzahl n_{air} von der Wellenlänge λ_0 im Vakuum, die Dispersion, gemäß der Gleichung (2.35) für das gewählte Spektrum, in dem $\lambda_0 = 1070$ nm des verwendeten Lasersystems liegt. Es zeigt sich eine äußerst geringe Änderung von n_{air} im markierten Bereich und es lässt sich $\Delta n_{\mathrm{air}} = 4{,}67 \cdot 10^{-7}$ ablesen.

Die Anwendung auf das im Abschnitt 3.1.4 beschriebene 30-kW-Laser-Remote-Scannersystems „Dragon“ erfolgt im Abschnitt 5.1.3.1.

4.4.2.2 Direkter Einfluss einer Temperaturänderung

Die theoretischen Betrachtungen zum thermo-optischen Effekt im Abschnitt 2.2.2.2 verlangen für eine direkte wellenlängen- und temperaturabhängige Bestimmung der durch den thermo-optischen Effekt hervorgerufenen absoluten Brechzahl $n_{\mathrm{abs\,GL\,T}}(\lambda_0, T)$ des Glassubstrates einer radialen rotationssymmetrischen Linse mit der optischen Achse (Symmetrieachse) $\boldsymbol{z}$ gemäß der Gleichung (2.13) nach einer wellenlängen- und temperaturabhängigen Berechnung des absoluten thermo-optischen Koeffizienten $\beta_{\mathrm{abs\,GL}}$ gemäß der Gleichung (2.12). Es besteht jedoch für die mathematische Modellbildung des absoluten thermo-optischen Koeffizienten $\beta_{\mathrm{abs\,GL}}$ keine alle verfügbaren Glassubstrate abdeckende Berechnungsvorschrift. Vielmehr bestehen verschiedene Bereiche abdeckende, teilweise herstellerspezifische Dispersionsgleichungen [131, S. 117-127], die den absoluten bzw. den auf das umgebende Medium (med) bezogenen relativen thermo-optischen Koeffizienten $\beta_{\mathrm{abs\,GL}}$ bzw. $\beta_{\mathrm{rel\,GL}}$ oder direkt Inkremente und Dekremente $\Delta n_{\mathrm{abs\,GL\,T}}(\lambda_0, T)$ bzw. $\Delta n_{\mathrm{rel\,GL\,T}}(\mathrm{med}, \lambda_0, T)$ beschreiben.

Eine komfortable Variante für die Berechnung von $\beta_{\mathrm{abs\,GL}}$ der häufig verwendeten Glassubstrate des Herstellers *SCHOTT* in der Abhängigkeit von der Temperaturdifferenz $\Delta T_{\mathrm{GL}} = T_{\mathrm{GL}}(r, t) - T_{\mathrm{Ref}}$ stellt die von *Hoffmann et al.* [293, S. 221-222] erarbeitete und 1990 veröffentlichte Dispersionsgleichung

$$\beta_{\mathrm{abs\,GL}} = \frac{n^2_{\mathrm{abs\,GL\,Ref}}(\lambda_0, T_{\mathrm{Ref}}) - 1}{2 \cdot n_{\mathrm{abs\,GL\,Ref}}(\lambda_0, T_{\mathrm{Ref}})} \cdot \left[D_0 + 2 \cdot D_1 \cdot \Delta T_{\mathrm{GL}} + 3 \cdot D_2 \cdot (\Delta T_{\mathrm{GL}})^2 + \frac{E_0 + 2 \cdot E_1 \cdot \Delta T_{\mathrm{GL}}}{\lambda_0^2 - \lambda_{\mathrm{TK}}^2}\right] \tag{4.47}$$

[136, S. 2 oben links] dar. Sie ist eine Ableitung einer Gleichung des Sellmeier-Typs, ähnlich der Sellmeier-Gleichung (4.45), nach der Glassubstrattemperatur $T_{\mathrm{GL}}(r, t)$, jedoch lediglich mit einem Term [136, S. 2 oben links][293, S. 221-222]. T_{Ref} beschreibt die in den Datenblättern der Glassubstrate des Herstellers *SCHOTT* angegebene Referenztemperatur und λ_0 ist die Wellenlänge des Laserlichts im Vakuum [131, S. 119 unten][293, S. 221-222].

Die sechs experimentell ermittelten, glassubstratspezifischen und konstanten Anpassungsparameter D_0, D_1, D_2, E_0, E_1 und λ_{TK} [136, S. 2 Mitte links] lassen sich aus den Datenblättern der Glassubstrate entnehmen. λ_{TK} beschreibt die mittlere effektive Resonanzwellenlänge in der Einheit Mikrometer [131, S. 120 oben].

Der Gültigkeitsbereich der Dispersionsgleichung (4.47) besteht für den Glassubstrattemperaturbereich von −100 °C bis zu 140 °C sowie den Wellenlängenbereich von 365 nm bis zu 1014 nm [151, S. 5][293, S. 222 unten][294, S. 6 oben].

Neben der Dispersionsgleichung (4.47) für den absoluten thermo-optischen Koeffizienten $\beta_{\mathrm{abs\,GL}}$ bieten *Hoffmann et al.* [135, S. 145 oben][293, S. 223 oben] zugleich eine einfache, rechnergestützte und effiziente Lösung mit einem erweiterten Wellenlängenbereich zur direkten Berechnung der Inkremente und Dekremente $\Delta n_{\mathrm{abs\,GL\,T}}(\lambda_0, T)$. Die Lösung

$$\Delta n_{\text{abs GL T}}(\lambda_0, T) = \frac{n^2_{\text{abs GL Ref}}(\lambda_0, T_{\text{Ref}}) - 1}{2 \cdot n_{\text{abs GL Ref}}(\lambda_0, T_{\text{Ref}})} \cdot \left[D_0 \cdot \Delta T_{\text{GL}} + D_1 \cdot (\Delta T_{\text{GL}})^2 + D_2 \cdot (\Delta T_{\text{GL}})^3 + \frac{E_0 \cdot \Delta T_{\text{GL}} + E_1 \cdot (\Delta T_{\text{GL}})^2}{\lambda_0^2 - \lambda_{\text{TK}}^2} \right] \tag{4.48}$$

[136, S. 2 unten links][293, S. 223 oben] ergibt sich als Funktion von $T_{\text{GL}}(r, t)$ und λ_0 durch die Integration der Dispersionsgleichung (4.47) unter der Voraussetzung, dass λ_0 und der Vorfaktor $(n^2_{\text{abs GL Ref}}(\lambda_0, T_{\text{Ref}}) - 1) \cdot \left(2 \cdot n_{\text{abs GL Ref}}(\lambda_0, T_{\text{Ref}})\right)^{-1}$ als temperaturunabhängig angenommen werden [293, S. 223 oben] und $T_{\text{GL}}(r, t)$ geschlossen integrierbar ist [136, S. 2 Mitte links]. Die sechs experimentell ermittelten, glassubstratspezifischen Anpassungsparameter sind dieselben der Dispersionsgleichung (4.47).

Änderungen von $n_{\text{abs GL Ref}}(\lambda_0, T_{\text{Ref}})$ lassen sich für den Glassubstrattemperaturbereich von -100 °C bis zu 150 °C sowie den Wellenlängenbereich von 400 nm bis zu 1110 nm gemäß *Hans-Jürgen Hoffmann* [135, S. 145 oben] im Rahmen der Messgenauigkeit sehr gut beschreiben.

Sowohl die Dispersionsgleichung (4.47) als auch die Dispersionsgleichung (4.48) lassen sich mit dem mit dieser Arbeit entwickelten und im Abschnitt 4.4.1 dargestellten Temperaturmodell durch die Substitution $\Delta T_{\text{GL}} = \Delta T_{\text{GL U}} + T_{\text{U}} - T_{\text{Ref}}$ sowie mit der Wellenlänge λ_0 im Vakuum verknüpfen und $\beta_{\text{abs GL}}$ bzw. $\Delta n_{\text{abs GL T}}(\lambda_0, T)$ berechnen. $\Delta T_{\text{GL U}} = T_{\text{GL}}(r, t) - T_{\text{U}}$ gibt die zum Betrachtungszeitpunkt t_k, mit $k \in \mathbb{N}$, veränderte radius- und zeitabhängige Temperaturverteilung im Glassubstrat wieder, die sich vom Linsenzentrum bis zum Linsenrand über alle N, mit $N \in \mathbb{N}^+$, Elemente des im Abschnitt 4.4.1.1 dargestellten FE-Modells ausbildet.

Jedoch besteht keine Möglichkeit, die Dispersionsgleichung (4.47) und somit die Dispersionsgleichung (4.48) auf Glassubstrate anderer Hersteller anzuwenden [131, S. 120 oben]. Demnach stehen für Glassubstrate anderer Hersteller nicht die sechs spezifischen Anpassungsparameter zur Verfügung, sondern oftmals lediglich in einem bestimmten Glassubstrattemperaturbereich und für auf das umgebende Medium (med) bezogene relative Brechzahlen $n_{\text{rel GL}}(\text{med}, \lambda_0, T)$ eines Glassubstrates als konstant (k) angenommene relative thermo-optische Koeffizienten $\beta_{\text{rel GL k}}$.

So gibt der Hersteller *Corning* [245, S. 6 unten] für die Berechnung des für einen Glassubstrattemperaturbereich von 20 °C bis zu 25 °C relativen thermo-optischen Koeffizienten $\beta_{\text{rel GL k}}$ für seine Fused-Silica-Glassubstrate die Dispersions-Anpassungsfunktion

$$\beta_{\text{rel GL k}} = \frac{\Delta n_{\text{rel GL T}}(\text{med}, \lambda_0, T)}{\Delta T_{\text{GL}}} = F_0 + \frac{F_1}{\lambda_0^2} + \frac{F_2}{\lambda_0^4} + \frac{F_3}{\lambda_0^6} \tag{4.49}$$

an. Werte für die Wellenlänge λ_0 im Vakuum sind zwingend in Mikrometern einzusetzen und Werte für $\beta_{\text{rel GL k}}$ ergeben sich in der Dimension 10^{-6} K^{-1}. Die vier in einer Stickstoff (N_2)-Atmosphäre ermittelten, glassubstratspezifischen und konstanten Anpassungsparameter F_0, F_1, F_2 und F_3 lassen sich aus den Datenblättern der Glassubstrate entnehmen. Der Gültigkeitsbereich der Wellenlängen reicht von 185 nm bis zu 1129 nm. Somit lässt sich sofort die Lösung zur direkten Berechnung der Inkremente und Dekremente

$$\Delta n_{\text{rel GL T}}(\text{med}, \lambda_0, T) = \left(F_0 + \frac{F_1}{\lambda_0^2} + \frac{F_2}{\lambda_0^4} + \frac{F_3}{\lambda_0^6}\right) \cdot \Delta T_{\text{GL}} \tag{4.50}$$

der relativen Brechzahl $n_{\text{rel GL}}(\text{med}, \lambda_0, T)$ des Glassubstrates einer Linse gegenüber dem umgebenden Medium ableiten.

Ab einer Glassubstrattemperatur $T_{\text{GL}}(r, t) > 25$ °C führt die Einschränkung von $\beta_{\text{rel GL}}$ auf $\beta_{\text{rel GL k}}$ zwangsläufig zu Ungenauigkeiten in der Berechnung von $n_{\text{rel GL T}}(\text{med}, \lambda_0, T)$, da β_{GL} nicht linear ist [255, S. 5 Mitte].

Weiterhin tritt eine Abweichung des Wertes von $n_{\text{rel GL T}}(\text{med}, \lambda_0, T)$ gegenüber der Luft auf, da F_0, F_1, F_2 und F_3 in einer Stickstoff (N_2)-Atmosphäre ermittelt werden. Für eine Verbesserung der Annäherung an den tatsächlichen Wert von $n_{\text{rel GL T}}(\text{med}, \lambda_0, T)$ gegenüber der Luft lassen sich die Ergebnisse der Gleichung (4.49) bzw. (4.50) in $\beta_{\text{abs GL k}}$ bzw. $\Delta n_{\text{abs GL T}}(\lambda_0, T)$ gemäß der Gleichung (2.31) bzw. (2.30) umrechnen und direkt für die wellenlängen- und temperaturabhängige Berechnung der absoluten Brechzahl $n_{\text{abs GL T}}(\lambda_0, T)$ des Glassubstrates einer Linse gemäß der Gleichung (2.13) bzw. (4.53) verwenden.

Eine ähnliche Vorgehensweise zum Hersteller *Corning* bei der Bereitstellung von Werten ist für andere Hersteller ebenfalls anzutreffen. Dazu zählen z. B. *Heraeus Quarzglas* [246, S. 6] und *OHARA* [180, S. 6 unten], die ebenfalls lediglich für relative Brechzahlen $n_{\text{rel GL}}(\text{med}, \lambda_0, T)$ als konstant angenommene relative thermo-optische Koeffizienten $\beta_{\text{rel GL k}}$ für ihre Fused-Silica-Glassubstrate in verschiedenen Glassubstrattemperaturbereichen angeben. Für diese Einschränkungen lässt sich gemäß der Gleichung (2.12) für einen Glassubstrattemperaturbereich der Zusammenhang

$$\begin{aligned} \beta_{\text{rel GL k}} &= \frac{\Delta n_{\text{rel GL T}}(\text{med}, \lambda_0, T)}{\Delta T_{\text{GL}}} \\ &= \frac{n_{\text{rel GL T 2}}(\text{med}, \lambda_0, T) - n_{\text{rel GL T 1}}(\text{med}, \lambda_0, T)}{T_{\text{GL 2}} - T_{\text{GL 1}}} \end{aligned} \tag{4.51}$$

[135, S. 145 Mitte][293. S. 220] für die Berechnung des relativen thermo-optischen Koeffizienten $\beta_{\text{rel GL k}}$ anwenden.

In der Verbindung mit dem mit dieser Arbeit entwickelten und im Abschnitt 4.4.1 dargestellten Temperaturmodell durch die Substitution $\Delta T_{\text{GL}} = \Delta T_{\text{GL U}}$ zeigt sich insbesondere bei größeren inhomogenen Temperaturänderungen $\Delta T_{\text{GL U}}$, dass die mathematische Modellbildung mit den Dispersionsgleichungen (4.47) und (4.48) vorteilhaft gegenüber einem als konstant angenommenen relativen thermo-optischen Koeffizienten $\beta_{\text{rel GL k}}$ ist, wie auch *Bonhoff et al.* [255, S. 4] bestätigen.

Wenn für die Berechnung von $n_{\text{abs GL T}}(\lambda_0, T)$ die in den Datenblättern der Glashersteller für die materialspezifischen Größen angegebene Referenztemperatur T_{Ref} von der Ausgangstemperatur $T_{\text{GL 0}}$ des thermisch unbelasteten Glassubstrates abweicht, muss die Referenzbrechzahl $n_{\text{abs GL Ref}}(\lambda_0, T_{\text{Ref}})$ in die Ausgangsbrechzahl $n_{\text{abs GL 0}}(\lambda_0, T_{\text{GL 0}})$ umgerechnet werden. Dies erfolgt auf der Basis der Gleichung (2.13) in der angepassten Form

$$n_{\mathrm{abs\,GL\,0}}(\lambda_0, T_{\mathrm{GL\,0}}) = n_{\mathrm{abs\,GL\,Ref}}(\lambda_0, T_{\mathrm{Ref}}) + \beta_{\mathrm{abs\,GL}} \cdot (T_{\mathrm{GL\,0}} - T_{\mathrm{Ref}}). \tag{4.52}$$

Die Anwendung auf das im Abschnitt 3.1.4 beschriebene 30-kW-Laser-Remote-Scannersystems „Dragon" erfolgt in den Abschnitten 5.1.3.2 und 5.2.

Die Abbildung 4.18a) zeigt den Berechnungsvergleich des absoluten thermo-optischen Koeffizienten $\beta_{\mathrm{abs\,GL}}$ zwischen der Dispersionsgleichung (4.47) gemäß dem Hersteller *SCHOTT* und der Dispersions-Anpassungsfunktion (4.49) gemäß dem Hersteller *Corning*. Weiterhin zeigt die Abbildung 4.18b) den Berechnungsvergleich der direkten Brechzahländerung $\Delta n_{\mathrm{abs\,GL\,T}}(\lambda_0, T)$ zwischen der Dispersionsgleichung (4.48) gemäß dem Hersteller *SCHOTT* und der Dispersions-Anpassungsfunktion (4.50) gemäß dem Hersteller *Corning*. Als Beispiele werden die Fused-Silica-Glassubstrate (Def. vgl. Abschnitt 3.2.2) Lithosil®Q1 [294] des Herstellers *SCHOTT* und HPFS® 7980 Standard Grade [237] (vgl. Abschnitt 5.1.3.1) des Herstellers *Corning*, wie es im 30-kW-Laser-Remote-Scannersystem „Dragon" (vgl. Abschnitt 3.1.4) eingesetzt wird, verwendet.

Es lässt sich bestätigen, dass die Verläufe für Lithosil®Q1 einen nichtlinearen Zusammenhang mit der Glassubstrattemperatur $T_{\mathrm{GL}}(r, t)$ aufweisen und sich die Steigungen invers verhalten. Das bedeutet, dass sich der Wert des absoluten thermo-optischen Koeffizienten $\beta_{\mathrm{abs\,GL}}$ mit zunehmender Glassubstrattemperatur $T_{\mathrm{GL}}(r, t)$ verringert, während insgesamt die Brechzahländerung $\Delta n_{\mathrm{abs\,GL\,T}}(\lambda_0, T)$ gegenüber der Ausgangsbrechzahl $n_{\mathrm{abs\,GL\,0}}(\lambda_0, T_{\mathrm{GL\,0}})$ des thermisch unbelasteten Glassubstrates einer Linse aufgrund der steigenden Temperaturdifferenz ΔT_{GL} zunimmt. Für HPFS® 7980 Standard Grade zeigt sich der lineare Zusammenhang mit $T_{\mathrm{GL}}(r, t)$ aufgrund des in $\beta_{\mathrm{abs\,GL\,k}}$ umgerechneten konstanten Wertes für $\beta_{\mathrm{rel\,GL}}$ für einen Glassubstrattemperaturbereich von 20 °C bis zu 25 °C. Insgesamt sind die Verläufe mit demselben konstanten Wert für $\beta_{\mathrm{rel\,GL}}$ extrapoliert.

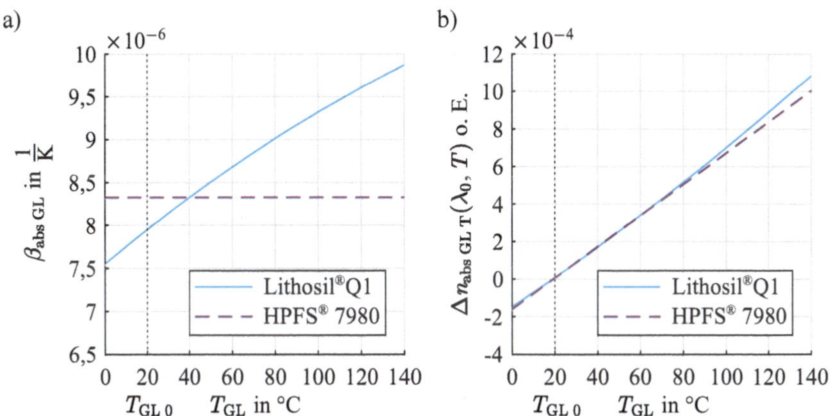

Abbildung 4.18 Berechnungsvergleich a) des absoluten thermo-optischen Koeffizienten $\beta_{\mathrm{abs\,GL}} = \mathrm{d}n_{\mathrm{abs\,GL}}(\lambda_0, T) \cdot (\mathrm{d}T_{\mathrm{GL}})^{-1}$ und b) der direkten Brechzahländerung $\Delta n_{\mathrm{abs\,GL\,T}}(\lambda_0, T)$ in der Abhängigkeit von der Glassubstrattemperatur $T_{\mathrm{GL}}(r, t)$ an den Beispielen der Fused-Silica-Glassubstrate Lithosil®Q1 des Herstellers *SCHOTT* mit den Dispersionsgleichungen (4.47) für a) und (4.48) für b) und HPFS® 7980 Standard Grade des Herstellers *Corning* mit den Dispersions-Anpassungsfunktionen (4.49) für a) und (4.50) für b). $T_{\mathrm{GL\,0}}$ beschreibt die Ausgangstemperatur des thermisch unbelasteten Glassubstrates.

Aufgrund der Verfügbarkeit von Formeln für die direkte Berechnung von Inkrementen und Dekrementen $\Delta n_{\text{abs GL T}}(\lambda_0, T)$ der Brechzahl $n_{\text{abs GL 0}}(\lambda_0, T_{\text{GL 0}})$ eines Glassubstrates erfolgt für die adaptive, softwarebasierte Korrekturmethode zur Fokuslagenstabilisierung eine angepasste mathematische Modellbildung von $n_{\text{abs GL T}}(\lambda_0, T)$ und die Gleichung (2.13) erhält die Form

$$n_{\text{abs GL T}}(\lambda_0, T) = n_{\text{abs GL 0}}(\lambda_0, T_{\text{GL 0}}) + \Delta n_{\text{abs GL T}}(\lambda_0, T) \tag{4.53}$$

[136, S. 2 unten links][293, S. 223 oben].

Das Ergebnis der Brechzahländerung $\Delta n_{\text{abs GL T}}(\lambda_0, T)$ für das Glassubstrat einer Linse geht in die Berechnung der absoluten Gesamtbrechzahl $n_{\text{abs GL}}(\lambda_0, T)$ in die Gleichung (4.62) ein.

Eine Umrechnung zwischen der absoluten Brechzahl $n_{\text{abs GL T}}(\lambda_0, T)$ des Glassubstrates einer Linse im Vakuum und der relativen Brechzahl $n_{\text{rel GL T}}(\text{med}, \lambda_0, T)$ des Glassubstrates einer Linse gegenüber dem umgebenden Medium erfolgt gemäß der Gleichung (2.30) und ist im Abschnitt 4.4.2.4 beschrieben.

Aus den vorgenannten Gründen nutzt das entwickelte Modell zur Berechnung der inhomogenen Verteilung der absoluten Brechzahl $n_{\text{abs GL T}}(\lambda_0, T)$ des Glassubstrates einer radialen rotationssymmetrischen Linse im Interpolationstakt Δt der Laser-Remote-Scannersteuerung für den thermo-optischen Effekt die von den Herstellern für ihre Fused-Silica-Glassubstrate zur Verfügung gestellten Dispersionsgleichungen bzw. Werte. Das Modell erfasst auf diese Weise die wellenlängen- und temperaturabhängige Änderung des absoluten thermo-optischen Koeffizienten $\beta_{\text{abs GL}}$ eines Glassubstrates oder die Inkremente und Dekremente $\Delta n_{\text{abs GL T}}(\lambda_0, T)$ der Ausgangsbrechzahl $n_{\text{abs GL 0}}(\lambda_0, T_{\text{GL 0}})$ eines thermisch unbelasteten Glassubstrates.

4.4.2.3 Einfluss einer thermisch induzierten mechanischen Spannung

Der im Abschnitt 2.2.2.3 dargestellte spannungs-optische Effekt beschreibt den Einfluss thermisch induzierter mechanischer Spannungen $\sigma_{\text{th}}(T)$ auf die absolute Brechzahl $n_{\text{abs GL}}(\lambda_0, T)$ des Glassubstrates einer radialen rotationssymmetrischen Linse mit der optischen Achse (Symmetrieachse) z.

Für die mathematische Modellbildung der resultierenden von der Wellenlänge λ_0 im Vakuum, der thermisch induzierten mechanischen Spannung $\sigma_{\text{th}}(T)$ und der Orientierung der Schwingungsebene der TEM-Wellen (Def. vgl. Abschnitt 2.1.1) eines Laserstrahls in Bezug auf die Spannungsachse abhängigen sowie senkrecht zueinander auftretenden absoluten Brechzahlen $n_{\text{abs GL}\,\sigma\text{th}\,\parallel}(\lambda_0, T)$ und $n_{\text{abs GL}\,\sigma\text{th}\,\perp}(\lambda_0, T)$ des Glassubstrates im Vakuum gemäß den Gleichungen (2.21) und (2.22) eignet sich als Ausgangspunkt der Entwicklung ein radialer rotationssymmetrischer Körper, dessen Symmetrieachse mit der optischen Achse z zusammenfällt und durch den ein koaxiales Linsenmodell abgebildet wird. Die Länge des radialen rotationssymmetrischen Körpers entspricht der Dicke $d(T)$ einer Linse und der Laserstrahl breitet sich entlang der optischen Achse z aus.

Äußere Behinderungen lassen sich aufgrund der Randbedingungen

- einer sehr geringen thermischen Ausdehnung von synthetischen Quarzgläsern (vgl. Abschnitt 3.2.2),

- einer kurzen axialen Dicke $d(T) \ll 2 \cdot r_L$ [41, S. 5032 unten links] einer Linse mit dem Radius r_L und der optischen Achse z und
- einer zum Linsenrand absinkenden inhomogenen Temperaturverteilung $T_{GL}(r, t)$ im Glassubstrat, die nach dem letzten Element N, mit $N \in \mathbb{N}^+$, des entwickelten FE-basierten Temperaturmodells (vgl. Abschnitt 4.4.1) am Linsenrand der Umgebungstemperatur T_U entspricht und die Temperaturdifferenz $\Delta T_{GL\,N+1\,U} = 0$ zwischen dem Linsenrand und der Fassung aufweist (vgl. Abschnitt 4.4.1.6),

vernachlässigen. Es werden am Umfang einer radialen rotationssymmetrischen Linse keine zusätzlichen äußeren mechanischen Kräfte eingeleitet. Zudem wirken keine axialen Kräfte entlang der optischen Achse z und das Glassubstrat einer Linse kann sich entlang der optischen Achse z frei verformen.

Weiterhin wird vorausgesetzt, wie im Abschnitt 4.2 angenommen, dass die Glassubstrate homogen und statistisch isotrop (vgl. Abschnitt 3.2.2) sind.

Die Randbedingung $d(T) \ll 2 \cdot r_L$ [41, S. 5032 unten links] erlaubt, die Linsen im optischen Aufbau als „ebene Modelle" abzubilden, sodass sich die radiale rotationssymmetrische Linse vereinfacht als eine in der Ebene belastete radiale rotationssymmetrische Scheibe mit der optischen Achse (Symmetrieachse) z darstellt [146][169, S. 3.7 unten] [295, S. 68 oben]. Diese Form der Belastung wird durch den „ebenen Spannungszustand" (ESZ) beschrieben [163, S. 5][169, S. 3.20 Mitte][296, S. 11 Mitte][297, S. 288 unten]. Im Zylinderkoordinatensystem besteht dieser aus den senkrecht zueinander und zur z-Achse, die optische Achse, in der r-φ-Spannungsebene im Glassubstrat der Scheibe wirkenden thermisch induzierten mechanischen Hauptnormalspannungen $\sigma_{th\,rr}(T)$ in der radialen (||) und $\sigma_{th\,\varphi\varphi}(T)$ in der tangentialen (⊥) Richtung. Diese verursachen lokal eine optische Anisotropie des Glassubstrat (vgl. Abschnitt 2.2.2.3). Die Bezeichnungen rr und $\varphi\varphi$ bilden die Richtung der Schnittebenennormalen (Index 1) und die Richtung der Spannung (Index 2) ab [169, S. 3.3 oben][295, S. 64 oben]. Die Ausbreitung des Laserstrahls entlang der optischen Achse z erfolgt senkrecht zu $\sigma_{th\,rr}(T)$ und $\sigma_{th\,\varphi\varphi}(T)$.

Weiterhin lassen sich die Hauptnormalspannungen $\sigma_{th\,rr}(T)$ und $\sigma_{th\,\varphi\varphi}(T)$ durch die Vereinfachung des ebenen Spannungszustandes über die gesamte Scheiben- bzw. Linsendicke $d(T)$ als konstant annehmen, d. h., $\sigma_{th\,rr}(T)$ und $\sigma_{th\,\varphi\varphi}(T)$ sind unabhängig von der z-Komponente entlang der optischen Achse z [146][163, S. 5 Mitte][169, S. 3.7 unten] [296, S. 11 Mitte].

Beim ebenen Spanungszustand trägt der axial entlang der optischen Achse z im Glassubstrat der Scheibe wirkende Spannungsanteil nicht zum spannungs-optischen Effekt bei, da die Hauptnormalspannung $\sigma_{th\,zz}(T)$ entlang der optischen Achse z senkrecht zu der im Glassubstrat betrachteten r-φ-Spannungsebene gerichtet ist. $\sigma_{th\,zz}(T)$ lässt sich im mathematischen Modellbildungsprozess zu 0 setzen und wird nicht weiter betrachtet. [146] [163, S. 5 Mitte][169, S. 3.7 unten][295, S. 68 oben][297, S. 116 Mitte] Die Vereinfachung des ebenen Spannungszustandes behält ihre Gültigkeit, solange axiale Spannungen als verschwindend angesehen werden können [297, S. 124 unten] und keine mechanische Einspannung an den Stirnflächen vorhanden ist [142, S. 31 Mitte]. Die Abbildung 4.19 zeigt den ebenen Spannungszustand für eine gefasste Linse.

Auf der Basis des ebenen Spannungszustandes, wobei $\sigma_{th\,1}(T) = \sigma_{th\,rr}(T)$, $\sigma_{th\,2}(T) = \sigma_{th\,\varphi\varphi}(T)$ und $\sigma_{th\,3}(T) = \sigma_{th\,zz}(r, T) = 0$ sind, vereinfachen sich die Glei-

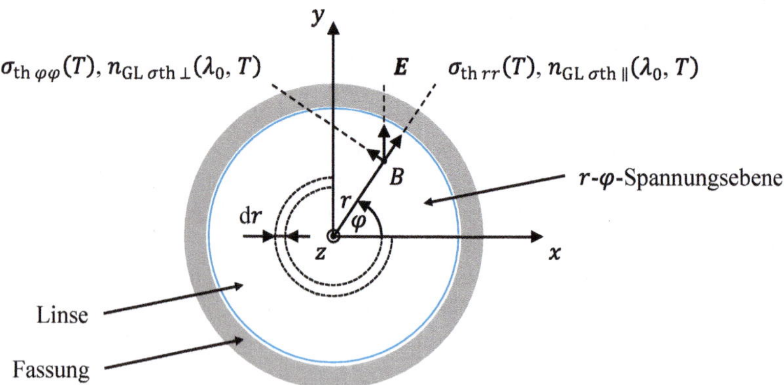

Abbildung 4.19 „Ebener Spannungszustand" (ESZ) in einer gefassten Linse mit den Orientierungen der Brechzahlen $n_{\mathrm{GL}\,\sigma\mathrm{th}\,\parallel}(\lambda_0, T)$ und $n_{\mathrm{GL}\,\sigma\mathrm{th}\,\perp}(\lambda_0, T)$, verursacht durch die radial (‖) und tangential (⊥) thermisch induzierten mechanischen Hauptnormalspannungen $\sigma_{\mathrm{th}\,rr}(T)$ und $\sigma_{\mathrm{th}\,\varphi\varphi}(T)$. B beschreibt einen beliebigen Betrachtungspunkt entlang des Radius r in einer Linse im kleinen Abschnitt $\mathrm{d}r$ und $\boldsymbol{E}$, mit $\boldsymbol{E} \in \mathbb{R}^3$, gibt den orts- und zeitabhängigen Vektor der elektrischen Feldstärke an. [54, S. 43][130, S. 441 oben u. 450 unten][298, S. 10 oben][299, S. 73][300, S. 3 Mitte links]

chungen (2.21) und (2.22) und für die von der Orientierung der Schwingungsebene der TEM-Wellen in Bezug auf die Spannungsachse abhängigen absoluten Brechzahlen $n_{\mathrm{abs\,GL}\,\sigma\mathrm{th}\,\parallel}(\lambda_0, T)$ und $n_{\mathrm{abs\,GL}\,\sigma\mathrm{th}\,\perp}(\lambda_0, T)$ des Glassubstrates im Vakuum lassen sich in der Verbindung mit den Gleichungen (2.18) und (2.19) die Ausdrücke

$$n_{\mathrm{abs\,GL}\,\sigma\mathrm{th}\,\parallel}(\lambda_0, T) = n_{\mathrm{abs\,GL}\,0}(\lambda_0, T_{\mathrm{GL}\,0}) + K_{\parallel} \cdot \sigma_{\mathrm{th}\,rr}(T) + K_{\perp} \cdot \sigma_{\mathrm{th}\,\varphi\varphi}(T) \tag{4.54}$$

parallel zur Hauptnormalspannung $\sigma_{\mathrm{th}\,rr}(r)$ und senkrecht zur Hauptnormalspannung $\sigma_{\mathrm{th}\,\varphi\varphi}(r)$ in der radialen Richtung in einer Linse und

$$n_{\mathrm{abs\,GL}\,\sigma\mathrm{th}\,\perp}(\lambda_0, T) = n_{\mathrm{abs\,GL}\,0}(\lambda_0, T_{\mathrm{GL}\,0}) + K_{\parallel} \cdot \sigma_{\mathrm{th}\,\varphi\varphi}(T) + K_{\perp} \cdot \sigma_{\mathrm{th}\,rr}(T) \tag{4.55}$$

senkrecht zur Hauptnormalspannung $\sigma_{\mathrm{th}\,rr}(r)$ und parallel zur Hauptnormalspannung $\sigma_{\mathrm{th}\,\varphi\varphi}(r)$ in der tangentialen Richtung in einer Linse, wie es die Abbildung 4.19 zeigt, schreiben. $n_{\mathrm{abs\,GL}\,0}(\lambda_0, T_{\mathrm{GL}\,0})$ ist die im Vakuum auftretende absolute Ausgangsbrechzahl des thermisch unbelasteten Glassubstrates einer Linse, bei dem die Glassubstrattemperatur $T_{\mathrm{GL}}(r, t)$ der Umgebungstemperatur T_{U} entspricht und das thermische Gleichgewicht $\Delta T_{\mathrm{GL\,U}} = T_{\mathrm{GL}}(r, t) - T_{\mathrm{U}} = 0$, mit $T_{\mathrm{GL}}(r, t) = T_{\mathrm{GL}\,0}$, vorliegt. $K_{\parallel}$ und $K_{\perp}$ symbolisieren die richtungsabhängigen, materialspezifischen photo-elastischen Koeffizienten. $K_{\parallel}$ beschreibt die Änderung der Brechzahl $n_{\mathrm{GL}\,\parallel}(\lambda_0, T)$ eines Glassubstrates parallel (‖) zu $\sigma_{\mathrm{th}}(T)$ und $K_{\perp}$ beschreibt die Änderung der Brechzahl $n_{\mathrm{GL}\,\perp}(\lambda_0, T)$ eines Glassubstrates senkrecht (⊥) zu $\sigma_{\mathrm{th}}(T)$.

Da für die in einer radialen rotationssymmetrischen Linse senkrecht zueinander wirkenden thermisch induzierten mechanischen Hauptnormalspannungen $\sigma_{\mathrm{th}\,rr}(T)$ und

$\sigma_{\text{th}\,\varphi\varphi}(T)$ keine allgemein verfügbaren instationären analytischen Spannungsmodelle zur Verfügung stehen, die eine schnelle, rechnergestützte Berechnung in der Abhängigkeit von einer orts- und zeitabhängigen Änderung ΔT_{GL} der Glassubstrattemperatur $T_{\text{GL}}(r,t)$ erlauben, werden die Gleichungen (4.54) und (4.55) weiter vereinfacht.

Anstelle der mathematischen Modellbildung der von der Schwingungsrichtung der TEM-Wellen eines Laserstrahls abhängigen Änderungen $K_{\parallel} \cdot \sigma_{\text{th}\,rr}(T) + K_{\perp} \cdot \sigma_{\text{th}\,\varphi\varphi}(T)$ und $K_{\parallel} \cdot \sigma_{\text{th}\,\varphi\varphi}(T) + K_{\perp} \cdot \sigma_{\text{th}\,rr}(T)$ der absoluten Ausgangsbrechzahl $n_{\text{abs GL}\,0}(\lambda_0, T_{\text{GL}\,0})$ des Glassubstrates einer Linse erfolgt mit der Voraussetzung des ebenen Spannungszustandes für die adaptive, softwarebasierte Korrekturmethode zur Fokuslagenstabilisierung eine angepasste mathematische Modellbildung zur direkten Berechnung von Inkrementen und Dekrementen $\Delta n_{\text{abs GL}\,\sigma\text{th}}(\lambda_0, T)$ von $n_{\text{abs GL}\,0}(\lambda_0, T_{\text{GL}\,0})$. Für die direkte Berechnung der Inkremente und Dekremente $\Delta n_{\text{abs GL}\,\sigma\text{th}}(\lambda_0, T)$ nutzt *Claude A. Klein* [42, S. 346 Mitte links][301, S. 346 oben] zugleich einen handhabbaren, rechnergestützten und effizienten Ansatz, der auf dem über die beiden Hauptnormalspannungsrichtungen gemittelten spannungs-optischen Effekt beruht und aus der Beziehung

$$\Delta n_{\text{abs GL}\,\sigma\text{th}}(\lambda_0, T) = \frac{\overline{\alpha_{\text{T}}} \cdot E \cdot (K_{\parallel} + K_{\perp})}{2} \cdot \Delta T_{\text{GL}} \tag{4.56}$$

[90, S. 25388 oben][302, S. 219 unten links][303, S. 878 unten links] besteht, wobei der Vorfaktor $n^3_{\text{abs GL}\,0}(\lambda_0, T_{\text{GL}\,0}) \cdot 2^{-1}$ in den materialspezifischen photo-elastischen Koeffizienten $K_{\parallel}$ und $K_{\perp}$ enthalten ist. $\overline{\alpha_{\text{T}}}$ beschreibt den mittleren linearen thermischen Ausdehnungskoeffizient (vgl. Abschnitt 3.2.2) und E symbolisiert der materialspezifische Elastizitätsmodul.

Durch die Substitution $\Delta T_{\text{GL}} = \Delta T_{\text{GL U}}$ ergibt sich in der Verbindung mit dem mit dieser Arbeit entwickelten und im Abschnitt 4.4.1 dargestellten FE-basierten Temperaturmodell das Ergebnis für die Inkremente und Dekremente $\Delta n_{\text{abs GL}\,\sigma\text{th}}(\lambda_0, T)$.

Weiterhin ist für die mathematische Modellbildung die Implementierung der materialspezifischen photo-elastischen Koeffizienten $K_{\parallel}$ und $K_{\perp}$ vorzunehmen.

Sind die „piezo-optischen Koeffizienten" [42, S. 344 u. 348-349][56, S. 4-5][139, S. 110 Mitte] q_{11} und q_{12} und/oder die „elasto-optischen Koeffizienten" bzw. „dehnungs-optischen Koeffizienten" [41, S. 5032 unten rechts][56, S. 4-5][130, S. 440 Mitte][139, S. 110 Mitte] p_{11} und p_{12} bekannt, lassen sich unter der Maßgabe, dass das Hookesche Elastizitätsgesetz [164] $\sigma = E \cdot \varepsilon$ gilt sowie für kleine Änderungen der thermisch induzierten mechanischen Spannungen $\sigma_{\text{th}}(T)$ die z. B. bei *Hans-Jürgen Hoffmann* [139, S. 110 Mitte], bei *Claude A. Klein* [42, S. 349 Mitte links] und bei *M. Sparks* [41, S. 5033 Mitte links] beschriebenen Ausdrücke

$$\begin{aligned} K_{\parallel} &= -\frac{n^3_{\text{abs GL}\,0}(\lambda_0, T_{\text{GL}\,0})}{2} \cdot q_{11} \\ &= -\frac{n^3_{\text{abs GL}\,0}(\lambda_0, T_{\text{GL}\,0})}{2 \cdot E} \cdot (p_{11} - 2 \cdot \nu \cdot p_{12}) \end{aligned} \tag{4.57}$$

und

$$K_\perp = -\frac{n^3_{\text{abs GL 0}}(\lambda_0, T_{\text{GL 0}})}{2} \cdot q_{12}$$
$$= -\frac{n^3_{\text{abs GL 0}}(\lambda_0, T_{\text{GL 0}})}{2 \cdot E} \cdot [(1-\nu) \cdot p_{12} - \nu \cdot p_{11}] \quad (4.58)$$

verwenden. Die Größe ν beschreibt die Querkontraktionszahl und E stellt der materialspezifische Elastizitätsmodul dar. $n_{\text{abs GL 0}}(\lambda_0, T_{\text{GL 0}})$ ist die im Vakuum auftretende absolute Ausgangsbrechzahl des thermisch unbelasteten Glassubstrates einer Linse ohne Dehnungen und Spannungen.

Andernfalls bieten *Hoffmann et al.* [304, S. 172 Mitte] eine Lösung an, die photoelastischen Koeffizienten $K_\parallel$ und $K_\perp$ in einer guten Näherung aus dem im Abschnitt 2.2.2.3 beschriebenen spannungs-optischen Koeffizienten K_{GL} mit den Beziehungen

$$K_\parallel = -\frac{n^2_{\text{abs GL 0}}(\lambda_0, T_{\text{GL 0}}) - 1}{2 \cdot n_{\text{abs GL 0}}(\lambda_0, T_{\text{GL 0}})} \cdot \frac{1 - 2 \cdot \nu}{E} + \frac{1}{1+\nu} \cdot K_{\text{GL}} \quad (4.59)$$

und

$$K_\perp = -\frac{n^2_{\text{abs GL 0}}(\lambda_0, T_{\text{GL 0}}) - 1}{2 \cdot n_{\text{abs GL 0}}(\lambda_0, T_{\text{GL 0}})} \cdot \frac{1 - 2 \cdot \nu}{E} - \frac{\nu}{1+\nu} \cdot K_{\text{GL}} \quad (4.60)$$

zu berechnen.

Wird abschließend die Gleichung (4.56) in die Gleichungen (4.54) und (4.55) eingesetzt, ergibt sich für die durch den spannungs-optischen Effekt hervorgerufene absolute Brechzahl des Glassubstrates einer Linse im Vakuum ein einziger Ausdruck in der Form

$$n_{\text{abs GL}\,\sigma\text{th}}(\lambda_0, T) = n_{\text{abs GL 0}}(\lambda_0, T_{\text{GL 0}}) + \Delta n_{\text{abs GL}\,\sigma\text{th}}(\lambda_0, T), \quad (4.61)$$

der im mathematischen Modellbildungsprozess den Einfluss der thermisch induzierten mechanischen Hauptnormalspannungen $\sigma_{\text{th}\,rr}(T)$ und $\sigma_{\text{th}\,\varphi\varphi}(T)$ auf die absolute Ausgangsbrechzahl $n_{\text{abs GL 0}}(\lambda_0, T_{\text{GL 0}})$ des Glassubstrates einer radialen rotationssymmetrischen Linse abbildet.

Weiterhin geht das Ergebnis der Brechzahländerung $\Delta n_{\text{abs GL}\,\sigma\text{th}}(\lambda_0, T)$ für das verwendete Glassubstrat gemäß der Gleichung (4.56) in die Berechnung der absoluten Gesamtbrechzahl $n_{\text{abs GL}}(\lambda_0, T)$ in die Gleichung (4.62) ein.

Eine Umrechnung zwischen der absoluten Brechzahl $n_{\text{abs GL}\,\sigma\text{th}}(\lambda_0, T)$ des Glassubstrates einer Linse im Vakuum und der relativen Brechzahl $n_{\text{rel GL}\,\sigma\text{th}}(\lambda_0, T)$ des Glassubstrates einer Linse gegenüber dem umgebenden Medium erfolgt mit der Gleichung (2.30) und ist im Abschnitt 4.4.2.4 beschrieben.

Durch die Vereinfachung, die Brechzahlen $n_{\text{abs GL}\,\sigma\text{th}\,\parallel}(\lambda_0, T)$ und $n_{\text{abs GL}\,\sigma\text{th}\,\perp}(\lambda_0, T)$ des Glassubstrates im Vakuum in die absolute Brechzahl $n_{\text{abs GL}\,\sigma\text{th}}(\lambda_0, T)$ des Glassubstrates im Vakuum zu überführen, wird die Spannungsdoppelbrechung, die vor allem für das Auftreten zweier verschiedener Fokuslagen verantwortlich ist [54, S. 48 unten u. 63]

[127, S. 37 Mitte][130, S. 450 Mitte][161, S. 3656 Mitte links] (vgl. Abschnitt 2.2.2.3), nicht weiter betrachtet. Daraus folgt, dass die im Abschnitt 2.2.4 definierte, durch eine Thermische Linse (vgl. Abschnitt 2.2.2) verursachte Ist-Prozessfokuslage $z_{\mathrm{F\,th}}$ weiterhin als singulär betrachtet wird.

Zusammenfassend nutzt das entwickelte Modell zur Berechnung der inhomogenen Verteilung der absoluten Brechzahl $n_{\mathrm{abs\,GL}\,\sigma\mathrm{th}}(\lambda_0, T)$ des Glassubstrates einer radialen rotationssymmetrischen Linse im Interpolationstakt Δt der Laser-Remote-Scannersteuerung für den spannungs-optischen Effekt die Modellvereinfachung des gemittelten spannungs-optischen Effektes. Das Modell erfasst dazu auch die photo-elastischen Koeffizienten $K_{\parallel}$ und $K_{\perp}$ eines Glassubstrates.

4.4.2.4 Brechzahländerung des thermisch belasteten Glassubstrates

Die Brechzahländerung des thermisch belasteten Glassubstrates einer Linse besteht aus der Überlagerung der in den Abschnitten 4.4.2.2 und 4.4.2.3 beschriebenen Modellen des thermo-optischen und des spannungs-optischen Effektes.

Im Zuge der mathematischen Modellbildung der absoluten Gesamtbrechzahl $n_{\mathrm{abs\,GL}}(\lambda_0, T)$ des Glassubstrates einer Linse im Vakuum vollzieht sich dies durch die Überlagerung der Gleichungen (4.53) und (4.61). Es ergibt sich die Summe

$$n_{\mathrm{abs\,GL}}(\lambda_0, T) = n_{\mathrm{abs\,GL\,0}}(\lambda_0, T_{\mathrm{GL\,0}}) + \Delta n_{\mathrm{abs\,GL\,T}}(\lambda_0, T) + \Delta n_{\mathrm{abs\,GL}\,\sigma\mathrm{th}}(\lambda_0, T) \tag{4.62}$$

[125, S. 2548 unten rechts][126, S. 2383 unten rechts][127, S. 32 unten][161, S. 3658 Mitte rechts][302, S. 219 Mitte links]. $n_{\mathrm{abs\,GL\,0}}(\lambda_0, T_{\mathrm{GL\,0}})$ beschreibt die im Vakuum auftretende absolute Ausgangsbrechzahl des thermisch unbelasteten Glassubstrates einer Linse gemäß der Gleichung (4.52) bei der Wellenlänge λ_0 des Laserlichts im Vakuum und der Ausgangstemperatur $T_{\mathrm{GL\,0}}$ des Glassubstrates.

Die Änderung $\Delta n_{\mathrm{abs\,GL\,T}}(\lambda_0, T)$ durch den thermo-optischen Effekt und die Änderung $\Delta n_{\mathrm{abs\,GL}\,\sigma\mathrm{th}}(\lambda_0, T)$ durch den spannungs-optischen Effekt wirken gleichzeitig, jedoch in unterschiedlich starker Ausprägung.

Gemäß den Vorbetrachtungen im Abschnitt 2.2.2.5 lässt sich die absolute Brechzahl $n_{\mathrm{abs\,GL}}(\lambda_0, T)$ des Glassubstrates einer Linse im Vakuum in die relative Brechzahl $n_{\mathrm{rel\,GL}}(\lambda_0, T)$ des Glassubstrates einer Linse gegenüber der Luft überführen. Die Zusammenführung der Gleichungen (2.30), (2.35) und (4.62) ergibt den Ausdruck

$$n_{\mathrm{rel\,GL}}(\lambda_0, T) = \frac{n_{\mathrm{abs\,GL\,0}}(\lambda_0, T_{\mathrm{GL\,0}}) + \Delta n_{\mathrm{abs\,GL\,T}}(\lambda_0, T) + \Delta n_{\mathrm{abs\,GL}\,\sigma\mathrm{th}}(\lambda_0, T)}{1 + (n_{\mathrm{da\,CO2\,s}} - 1) \cdot \frac{\rho_{\mathrm{da}}}{\rho_{\mathrm{da\,CO2\,s}}} + (n_{\mathrm{wv\,s}} - 1) \cdot \frac{\rho_{\mathrm{wv}}}{\rho_{\mathrm{wv\,s}}}} \tag{4.63}$$

der relativen Brechzahl $n_{\mathrm{rel\,GL}}(\lambda_0, T)$ gegenüber der Luft im thermisch belasteten Zustand, deren Brechzahl n_{air} durch den Nenner repräsentiert wird und deren Berechnung gemäß der Gleichung (2.35) auf den verschiedenen Brechzahlen n und Dichten ρ der definierten Standardbedingungen (Index s) und den aktuellen Bedingungen der (feuchten) Umgebungsluft basiert (vgl. Abschnitt 2.2.3). Die Bedeutung der Indizes ist in der Tabelle 2.2 zusammengefasst.

Die Einbindung der prozessbegleitend gemessenen Umgebungsgrößen T_U, p und RH sowie die Berechnung von n_{air} wird im Abschnitt 4.5.2 behandelt.

Das Modell der Brechzahländerung des thermisch belasteten Glassubstrates einer Linse bildet die Eigenschaften des Materials in der Abhängigkeit von der Laserleistung P_L ab und ist die Basis für die adaptive, softwarebasierte Korrekturmethode zur Fokuslagenstabilisierung des optischen Systems. Dazu fließen die Ergebnisse des Modells in die Parameter zur Beschreibung des optischen Gesamtsystems gemäß dem Abschnitt 4.6.1 ein. Dies erlaubt im Anschluss die Berechnung des Fokus-Shifts Δz_F (Def. vgl. Abschnitt 2.2.4) sowie des Verstellweges l_z des axial entlang der optischen Achse z verschiebbaren optischen Elementes gemäß dem Abschnitt 4.6.2.

4.4.3 Änderung der Linsengeometrie durch eine Temperaturänderung

Um die im Abschnitt 2.2.2.4 beschriebenen Geometrieänderungen des End-Effektes gemäß der Gleichung (2.25) in die Korrekturmethode einzubeziehen, bedarf es der mathematischen Modellbildung der thermisch veränderten Dicke $d(T)$ und der thermisch veränderten Krümmungsradien $R_1(T)$ und $R_2(T)$ einer Linse.

Für den mathematischen Modellbildungsprozess werden am Umfang fixierte, radiale rotationssymmetrische Linsen mit der optischen Achse (Symmetrieachse) z angenommen, die nicht durch die Fixierung behindert werden. Diese Annahme lässt sich aufgrund der im Abschnitt 4.4.2.3 aufgeführten Randbedingungen treffen.

Jedoch wird eine ungehinderte Ausdehnung des Glassubstrates entlang des Radius r und senkrecht zu r, dargestellt durch die tangentiale Komponente φ, unterbunden, da in der Folge der radialen inhomogenen Temperaturverteilung $T_{GL}(r, t)$ eine nicht von außen erzwungene Wärmedehnungsbehinderung im Glassubstrat auftritt [41, S. 5032 rechts] [125, S. 2550 oben links][142, S. 31 Mitte]. Die erzwungenen Wärmedehnungsbehinderungen werden in thermisch induzierte mechanische Spannungen $\sigma_{th}(T)$ (vgl. Abschnitt 2.2.2.3) umgewandelt.

Es besteht lediglich eine freie Wärmeausdehnung entlang der optischen Achse z, da keine Fixierung an den nicht durch die Fassung abgedeckten Linsenoberflächen vorliegt.

Weiterhin wird vorausgesetzt, dass sich $T_{GL}(r, t)$ in der Abhängigkeit von z nicht ändert, da einerseits die Intensitätsverteilung $I(r, z)$ entlang der optischen Achse z als unveränderlich angenommen wird.

Andererseits lassen sich die Linsen im optischen Aufbau aufgrund der Randbedingung $d(T) \ll 2 \cdot r_L$ [41, S. 5032 unten links] vereinfacht als in der Ebene thermisch belastete radiale rotationssymmetrische dünne Scheiben mit der optischen Achse (Symmetrieachse) z abbilden [123, S. 1060 Mitte rechts][146][295, S. 68 oben] und deshalb ist in einer guten Näherung die Möglichkeit einer zweidimensionalen Betrachtung gegeben. Aufgrund der vorgenannten Annahmen lässt sich im mathematischen Modellbildungsprozess die Wärmeableitung im Glassubstrat hauptsächlich radial vom Linsenzentrum zum Linsenrand über die Mantelflächen der Linsen an die Fassung annehmen und die sich vom Linsenzentrum bis zum Linsenrand ausbildende inhomogene Temperaturverteilung $T_{GL}(r, t)$ im Glassubstrat hängt nur noch vom Radius r ab [123, S. 1060 Mitte rechts].

Zusätzlich basiert die mathematische Modellbildung auf der Annahme (vgl. Abschnitt 4.2), dass die Glassubstrate nicht nur in sich selbst sondern auch an der Oberfläche homogen und statistisch isotrop (vgl. Abschnitt 3.2.2) sind.

Aufgrund aller Randbedingungen vollzieht sich eine ungehinderte Volumenausdehnung einer thermisch belasteten Linse ausschließlich über die von einem Laserstrahl durchstrahlten Ein- und Austrittsoberflächen entlang der optischen Achse $\boldsymbol{z}$ in der Abhängigkeit von der radialen inhomogenen Temperaturverteilung $T_{\mathrm{GL}}(r,t)$ im Glassubstrat, wie es in der Abbildung 4.20 dargestellt ist.

Ausgehend von dem im Abschnitt 4.4.2.3 eingeführten ebenen Spannungszustand (ESZ), bei dem $\sigma_{\mathrm{th}\,zz}(T) = 0$ ist, lässt sich mit dem „allgemeinen Hookeschen Elastizitätsgesetz“ [169, S. 3.16] die Beziehung

$$\varepsilon_{zz}(T) = \frac{\Delta L}{L(T_{\mathrm{GL}\,0})} = \overline{\alpha_{\mathrm{T}}} \cdot \Delta T_{\mathrm{GL}} - \frac{\nu}{E} \cdot \left(\sigma_{\mathrm{th}\,rr}(T) + \sigma_{\mathrm{th}\,\varphi\varphi}(T)\right) \tag{4.64}$$

[123, S. 1062 Mitte links][169, S. 3.20 unten] für die Dehnung $\varepsilon_{zz}(T)$ des Glassubstrates entlang der optischen Achse $\boldsymbol{z}$ herleiten. Die bei $\varepsilon(T)$ und bei $\sigma_{\mathrm{th}}(T)$ stehenden Bezeichnungen $\boldsymbol{zz}$, $\boldsymbol{rr}$ und $\boldsymbol{\varphi\varphi}$ bilden die Richtung der Schnittebenennormalen (Index 1) und die Richtung der Dehnung bzw. Spannung (Index 2) ab [169, S. 3.3 oben][295, S. 64 oben].

Anhand der Gleichung (4.64), wie auch *M. Sparks* [41, S. 5032 unten links] darstellt, ist zu erkennen, dass gemäß der Gleichung (2.24) nicht ausschließlich reine Wärmedehnungen $\varepsilon_{\mathrm{th}}(T) \approx \overline{\alpha_{\mathrm{T}}} \cdot \Delta T_{\mathrm{GL}}$, mit $\Delta T_{\mathrm{GL}} = T_{\mathrm{GL}}(r,t) - T_{\mathrm{GL}\,0}$, zu einer Ausdehnung entlang $\boldsymbol{z}$ beitragen. Die thermisch induzierten radialen und tangentialen Hauptnormalspannungen $\sigma_{\mathrm{th}\,rr}(T)$ und $\sigma_{\mathrm{th}\,\varphi\varphi}(T)$ (vgl. Abschnitt 2.2.2.3) tragen durch Querdehnungseffekte ebenfalls anteilig zum End-Effekt bei [41, S. 5032 oben rechts][54, S. 48 unten]. Die Verknüp-

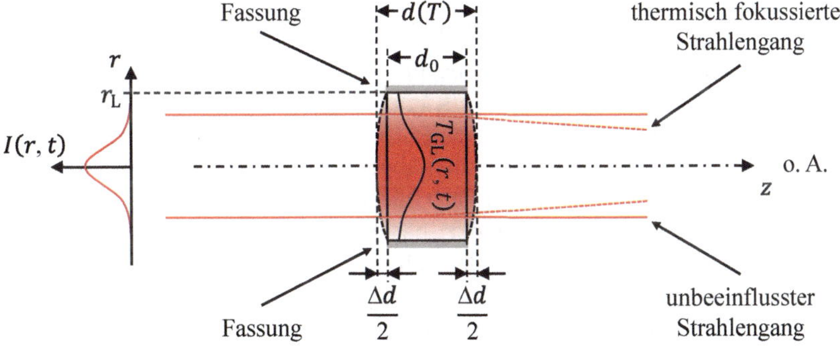

Abbildung 4.20 Ungehinderte Volumenausdehnung einer thermisch belasteten, radialen rotationssymmetrischen Linse entlang der optischen Achse (o. A.) $\boldsymbol{z}$ über die von einem Laserstrahl durchstrahlten Ein- und Austrittsoberflächen in der Abhängigkeit von der radialen inhomogenen Temperaturverteilung $T_{\mathrm{GL}}(r,t)$ im Glassubstrat. d_0 beschreibt die Linsendicke bei der Ausgangstemperatur $T_{\mathrm{GL}\,0}$ des Glassubstrates. Δd symbolisiert die Änderung der Linsendicke durch eine Temperaturänderung ΔT_{GL} und $d(T)$ ist die neue Linsendicke. r_{L} beschreibt den Linsenradius. $I(r,t)$ ist die Intensitätsverteilung eines Laserstrahls.

fung erfolgt über den materialspezifischen Elastizitätsmodul E und die materialspezifische Querkontraktionszahl ν.

In der Verbindung mit den im ebenen Spannungszustand (ESZ) im Zylinderkoordinatensystem geltenden allgemeinen Lösungen für $\sigma_{\mathrm{th}\,rr}(T)$ und $\sigma_{\mathrm{th}\,\varphi\varphi}(T)$ einer in der Ebene belasteten radialen rotationssymmetrischen Scheibe lässt sich die Gleichung (4.64) in die Form

$$\varepsilon_{zz}(T) = \frac{\Delta L}{L(T_{\mathrm{GL}\,0})} = (1+\nu)\cdot\overline{\alpha_{\mathrm{T}}}\cdot\Delta T_{\mathrm{GL}} \tag{4.65}$$

[41, S. 5032 Mitte rechts][54, S. 49 Mitte][123, S. 1062 Mitte links] überführen und es zeigt sich, dass $\varepsilon_{zz}(T)$ direkt proportional zur radius- und zeitabhängigen Temperaturverteilung $T_{\mathrm{GL}}(r,t)$ ist.

Die Berechnung der veränderten Dicke $d(T) = d_0 + \Delta d$ einer Linse gemäß der Abbildung 4.20 erfolgt mit der Gleichung (4.65) durch die Substitution $L = d$ sowie mit dem mit dieser Arbeit entwickelten und im Abschnitt 4.4.1 dargestellten Temperaturmodell durch die Substitution $\Delta T_{\mathrm{GL}} = \Delta T_{\mathrm{GL\,U}}$ mit der Beziehung

$$d(T) = d_0\cdot[1+(1+\nu)\cdot\overline{\alpha_{\mathrm{T}}}\cdot\Delta T_{\mathrm{GL\,U}}]. \tag{4.66}$$

Dabei ist zum Startzeitpunkt t_0 der Betrachtung d_0 die Dicke einer Linse bei der Ausgangstemperatur $T_{\mathrm{GL}\,0}$ des thermisch unbelasteten Glassubstrates im thermischen Gleichgewicht $\Delta T_{\mathrm{GL\,U}} = T_{\mathrm{GL}}(r,t) - T_{\mathrm{U}} = 0$, mit $T_{\mathrm{GL}}(r,t) = T_{\mathrm{GL}\,0}$. $\Delta T_{\mathrm{GL\,U}}$ gibt die zum Betrachtungszeitpunkt $t_k = t_0 + k\cdot\Delta t$, mit $k \in \mathbb{N}$, veränderte radius- und zeitabhängige Temperaturverteilung im Glassubstrat wieder, die sich vom Linsenzentrum bis zum Linsenrand über alle N, mit $N \in \mathbb{N}^+$, Elemente des im Abschnitt 4.4.1.1 dargestellten FE-Modells ausbildet.

Mit der Kenntnis der thermisch veränderten Dicke $d(T)$ einer Linse im Linsenzentrum bei $r = 0$ lässt sich die Berechnungsvorschrift für ihre thermisch veränderten Krümmungsradien $R_1(T)$ und $R_2(T)$ der Laserstrahleintritts- und -austrittsoberfläche herleiten.

Für den mathematischen Modellbildungsprozess werden die realen Krümmungsradien der Linsenoberflächen durch ideale Kreisradien abstrahiert, sodass asphärische Krümmungsradien, Oberflächenkrümmungen einer Linse, die sich kontinuierlich zum Linsenrand ändern, durch Ersatzkrümmungsradien abgebildet werden. Diese Vereinfachung ist für den Bereich der optisch wirksamen Oberflächenkrümmung zulässig, da $|R_i(T)| \gg r_{\mathrm{L}}$ und $|R_i(T)| \gg d(T)$, mit $i \in \{1,2\}$, sind. r_{L} beschreibt den Radius einer Linse. Zu diesem Zweck ist es möglich, den Radius R_{SK} der Schmiegkugel im Flächenscheitel der Linsenoberfläche zu verwenden [156, S. 245 oben][305]. Auftretende Abweichungen gegenüber den asphärischen Krümmungsradien werden Zugunsten der mathematischen Modellbildung vernachlässigt.

Da meist lediglich eine Oberflächenseite einer Linse asphärisch ist und die Kenngrößen der jeweils anderen Oberflächenseite sowie die Brennweite f_{L} einer äquivalenten dünnen Linse (vgl. Abschnitt 2.3.2) bekannt sind, wird R_{SK} im mathematischen Modellbildungsprozess mit der Gleichung (2.48) in der Kombination mit dem Radius R_1 oder R_2 einer dicken Linse gemäß der Tabelle 2.4 ermittelt. Damit berechnet sich bei der Ausgangstemperatur $T_{\mathrm{GL}\,0}$ des thermisch unbelasteten Glassubstrates einer Linse der Ersatzkrümmungsradius $R_{0\,\mathrm{SK}}$ der asphärischen Linsenoberfläche für die Laserstrahleintrittsoberfläche aus

$$R_{0\,\mathrm{SK1}} = \frac{\dfrac{d_0 \cdot \left(n_{\mathrm{abs\,GL}\,0}(\lambda_0, T_{\mathrm{GL}\,0}) - n_{\mathrm{med}\,0}(\lambda_0, T_\mathrm{U}, p_0)\right)}{R_{0\,2} \cdot n_{\mathrm{abs\,GL}\,0}(\lambda_0, T_{\mathrm{GL}\,0})} + 1}{\dfrac{1}{R_{0\,2}} + \dfrac{n_{\mathrm{med}\,0}(\lambda_0, T_0, p_0)}{f_\mathrm{L} \cdot \left(n_{\mathrm{abs\,GL}\,0}(\lambda_0, T_{\mathrm{GL}\,0}) - n_{\mathrm{med}\,0}(\lambda_0, T_\mathrm{U}, p_0)\right)}} \tag{4.67}$$

bzw. für die Laserstrahlaustrittsoberfläche aus

$$R_{0\,\mathrm{SK2}} = -\frac{\dfrac{d_0 \cdot \left(n_{\mathrm{abs\,GL}\,0}(\lambda_0, T_{\mathrm{GL}\,0}) - n_{\mathrm{med}\,0}(\lambda_0, T_\mathrm{U}, p_0)\right)}{R_{0\,1} \cdot n_{\mathrm{abs\,GL}\,0}(\lambda_0, T_{\mathrm{GL}\,0})} - 1}{\dfrac{1}{R_{0\,1}} - \dfrac{n_{\mathrm{med}\,0}(\lambda_0, T_\mathrm{U}, p_0)}{f_\mathrm{L} \cdot \left(n_{\mathrm{abs\,GL}\,0}(\lambda_0, T_{\mathrm{GL}\,0}) - n_{\mathrm{med}\,0}(\lambda_0, T_\mathrm{U}, p_0)\right)}}. \tag{4.68}$$

d_0 ist die Dicke einer Linse und $n_{\mathrm{abs\,GL}\,0}(\lambda_0, T_{\mathrm{GL}\,0})$ ist die im Vakuum auftretende absolute Ausgangsbrechzahl des Glassubstrates einer Linse. Für $n_{\mathrm{med}\,0}(\lambda_0, T_\mathrm{U}, p_0)$ ist die Ausgangsbrechzahl des Mediums, das für die Auslegung der Linse vom Hersteller verwendet wird, einzusetzen. $R_{0\,1}$ und $R_{0\,2}$ symbolisieren die Ausgangskrümmungsradien. Für die fünf vorgenannten Größen gilt die Ausgangstemperatur $T_{\mathrm{GL}\,0}$ des thermisch unbelasteten Glassubstrates, die gleich der Umgebungstemperatur T_U des Mediums im thermisch unbelasteten Zustand ist. Die Vorzeichen der Ausgangskrümmungsradien $R_{0\,1}$ und $R_{0\,2}$ sind in der Abhängigkeit von der Krümmung der laserstrahldurchlässigen Oberflächen einer Linse gemäß der Norm DIN ISO 10110-12:2021-09 [175, S. 8 unten] zu verwenden (vgl. Tabelle 2.4). Der Ausgangskrümmungsradius $R_{0\,1}$ bzw. $R_{0\,2}$ weist ein positives Vorzeichen auf, wenn der auf der optischen Achse z liegende Krümmungsmittelpunkt rechts vom Flächenscheitel der laserstrahldurchlässigen Oberfläche liegt (vgl. Abbildung 2.6). Liegt der auf der optischen Achse z liegende Krümmungsmittelpunkt links vom Flächenscheitel der laserstrahldurchlässigen Oberfläche, weist der Ausgangskrümmungsradius $R_{0\,1}$ bzw. $R_{0\,2}$ ein negatives Vorzeichen auf (vgl. Abbildung 2.6).

Weiterhin ist für die Berechnung der thermisch veränderten Krümmungsradien $R_1(T)$ und $R_2(T)$ jeweils ein Fixpunkt $p_1(z, r)$ und $p_2(z, r)$ am Rand der Linsenoberflächen zu definieren. Die Fixpunkte $p_1(z, r)$ und $p_2(z, r)$ markieren in der z-r-Ebene die Übergänge der gekrümmten Linsenoberflächen zum Linsenrand im Abstand r von der optischen Achse z der Linse. In der Abbildung 4.21 ist der Sachverhalt dargestellt.

Gemäß der Abbildung 4.21 lassen sich die Fixpunkte $p_1(z, r)$ und $p_2(z, r)$ für die Punktkoordinaten z und r in der vektoriellen Schreibweise

$$\boldsymbol{p}_i(z, r) = \begin{pmatrix} p_{i\,z} \\ p_{i\,r} \end{pmatrix} = \begin{pmatrix} |R_{0\,i}| - \sqrt{(R_{0\,i}^2 - r^2)} + \dfrac{d(T) - d_0}{2} \\ r \end{pmatrix}, \quad \text{mit} \quad \begin{array}{l} \boldsymbol{p}_i \in \mathbb{R}^2, \\ i \in \{1, 2\}, \end{array} \tag{4.69}$$

darstellen. Anknüpfend daran berechnen sich auf der Basis der Gleichung (4.69) die geänderten Krümmungsradien $R_1(T)$ und $R_2(T)$ aus den Einzelkomponenten $p_{i\,z}$ und $p_{i\,r}$

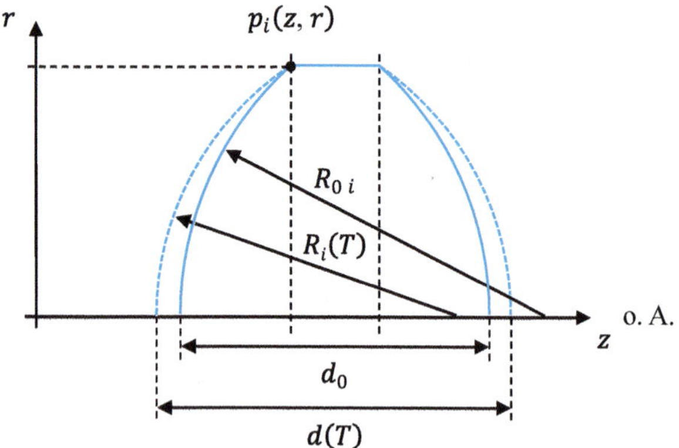

Abbildung 4.21 Modell zur Berechnung der geänderten Krümmungsradien $R_i(T)$, mit $i \in \{1, 2\}$, der Laserstrahleintritts- und -austrittsoberfläche einer Linse basierend auf einer veränderten Linsendicke $\boldsymbol{d(T)}$ durch eine Temperaturänderung $\Delta T_{\mathrm{GL\,U}}$. $\boldsymbol{R_{0\,i}}$, mit $\boldsymbol{i} \in \{1, 2\}$, beschreiben die Ausgangskrümmungsradien und $\boldsymbol{d_0}$ beschreibt die Dicke einer Linse bei der Ausgangstemperatur $T_{\mathrm{GL\,0}}$ des Glassubstrates. Weiterhin definieren die Fixpunkte $\boldsymbol{p_i(z,r)}$, mit $\boldsymbol{i} \in \{1, 2\}$, in der $\boldsymbol{z}$-$\boldsymbol{r}$-Ebene die Übergänge der gekrümmten Linsenoberflächen zum Linsenrand im Abstand $\boldsymbol{r}$ von der optischen Achse (o. A.) $\boldsymbol{z}$ der Linse.

der Vektoren $\boldsymbol{p}_i(z,r)$ der Fixpunkte mit dem Zusammenhang

$$R_i(T) = \frac{1}{2} \cdot \mathrm{sign}(R_{0\,i}) \cdot \left(p_{i\,z} + \frac{p_{i\,r}^2}{p_{i\,z}}\right), \qquad \text{mit} \qquad i \in \{1, 2\}. \tag{4.70}$$

Die Sprungfunktion (lat. Signumfunktion) [281, S. 342] $\mathrm{sign}(R_{0\,i})$ extrahiert die Vorzeichen aus den Ausgangskrümmungsradien $R_{0\,1}$ und $R_{0\,2}$ der Oberflächen einer thermisch unbelasteten Linse. Zu beachten ist die Vorzeichenkonvention der Krümmungsradien $R_{0\,1}$, $R_{0\,2}$, R_1 und R_2 gemäß der Norm DIN ISO 10110-12:2021-09 [175, S. 8 unten] (vgl. Abschnitt 4.4.1.2).

Mit dem entwickelten Modell zur Berechnung der Änderungen der Dicke $d(T)$ und der Krümmungsradien $R_1(T)$ und $R_2(T)$ einer radialen rotationssymmetrischen Linse werden die Geometrieänderungen des End-Effektes einbezogen. Somit stehen abschließend alle erforderlichen Größen für die Anwendung der Matrizenoptik und des Raytracings (vgl. Abschnitt 2.3) zur Verfügung. Neben der Berechnung der im Abschnitt 2.2.2.5 beschriebenen thermisch veränderten Brennweite $f_{\mathrm{L\,th}}$ bzw. der thermisch veränderten Brechkraft $D_{\mathrm{L\,th}}$ der Linsen im optischen Aufbau, ermöglicht dies die Berechnung der geometrischen Laserstrahlveränderungen (Höhen- und Winkeländerungen) im optischen Aufbau eines Laser-Remote-Scannersystems im Interpolationstakt Δt der Steuerung. Für ein optisches Gesamtsystem erlaubt dies die Berechnung des Fokus-Shifts Δz_{F} (Def. vgl. Abschnitt 2.2.4) und des Verstellweges l_z des axial entlang der optischen Achse z verschiebbaren optischen Elementes. Das Vorgehen wird mit dem mathematischen Modellbildungsprozess des optischen Gesamtsystems und der Korrektur des Fokus-Shifts Δz_{F} zur Fokuslagenstabilisierung im Abschnitt 4.6 erläutert.

4.5 Einbindung prozessbegleitend erfasster Umgebungsgrößen

4.5.1 Sensorsystemintegration

Die entwickelte Korrekturmethode zur Fokuslagenstabilisierung verwendet intelligente Sensorsysteme (vgl. Abschnitt 2.4) zur prozessbegleitenden Messung von Umgebungs- und Störgrößen (Def. vgl. Abschnitt 2.2.3). Dazu muss bei der mechanischen, schaltungs- und softwaretechnischen Einbindung

- eine linsenoberflächennahe Datenaufzeichnung (vgl. Abschnitt 5.1.4.2), wobei die Laserstrahlausbreitung nicht beeinträchtigt und die Sensorik durch die Laserstrahlung nicht beschädigt werden darf, und
- die Kombinierbarkeit der mess- und signaltechnischen Möglichkeiten (vgl. Abschnitt 5.1.4.1)

gewährleistet werden.

Die gemessenen Umgebungs- und Störgrößen sind Teil der Strategie der Korrekturmethode und werden zur Einstellung der Soll-Prozessfokuslage z_F (Def. vgl. Abschnitt 1.2) sowie zur Korrektur des Fokus-Shifts Δz_F (Def. vgl. Abschnitt 2.2.4) herangezogen.

Dazu werden im Linsenumfeld des optischen Aufbaus eines gemäß dem im Abschnitt 3.1.2.2 beschriebenen nach-objektiven Konstruktionsprinzip umgesetzten Laser-Remote-Scanners

- die Glassubstrattemperatur $T_{GL\,R}$ am Linsenrand,
- die Umgebungstemperatur T_U,
- der absolute Druck p und
- die relative Luftfeuchtigkeit RH

in die Korrekturmethode eingebunden.

Ein Lösungskonzept zeigt die Auswahl sowie die mechanische und schaltungstechnische Umsetzung für das im Abschnitt 3.1.4 beschriebene 30-kW-Laser-Remote-Scannersystem „Dragon“ im Abschnitt 5.1.4.

Abschließend wird die Brechzahl n_{air} der Luft auf der Basis der prozessbegleitend gemessenen Größen T_U, p und RH gemäß der Gleichung (2.35) berechnet.

Die mathematische Modellbildung der Brechzahl n_{air} der Luft auf der Basis der prozessbegleitend gemessenen Größen T_U, p und RH erläutert der Abschnitt 4.5.2.

4.5.2 Mathematische Modellbildung der Brechzahl der Luft

Die mathematische Modellbildung der Brechzahl n_{air} der Luft zur Berechnung von n_{air} gemäß der Gleichung (2.35) stützt sich auf die im Abschnitt 2.2.3 definierten Standardbedingungen für trockene Luft mit $RH = 0\ \%$ und für puren Wasserdampf. Die Größen und Werte sind in der Tabelle 2.3 zusammengefasst.

Für die Standardbedingungen (Index s) lassen sich die von der Wellenlänge λ_0 im Vakuum abhängigen Brechzahlen $n_{da\,s}$ der trockenen Luft in der Form

$$n_{\mathrm{da\,s}} = 1 + 10^{-8} \cdot \left(\frac{5792105 \frac{1}{\mu\mathrm{m}^2} \cdot \lambda_0^2}{238{,}0185 \frac{1}{\mu\mathrm{m}^2} \cdot \lambda_0^2 - 1} + \frac{167917 \frac{1}{\mu\mathrm{m}^2} \cdot \lambda_0^2}{57{,}362 \frac{1}{\mu\mathrm{m}^2} \cdot \lambda_0^2 - 1} \right) \tag{4.71}$$

[184, S. 15][187, S. 1567 Mitte rechts][199, S. 2 oben] und $n_{\mathrm{wv\,s}}$ des Wasserdampfes in der Form

$$n_{\mathrm{wv\,s}} = 1 + 1{,}022 \cdot 10^{-8} \cdot \left(295{,}235 + \frac{2{,}6422\ \mu\mathrm{m}^2}{\lambda_0^2} - \frac{0{,}03238\ \mu\mathrm{m}^4}{\lambda_0^4} + \frac{0{,}004028\ \mu\mathrm{m}^6}{\lambda_0^6} \right) \tag{4.72}$$

[184, S. 15][187, S. 1567 unten rechts][199, S. 2 oben] berechnen.

Weiterhin ergibt sich die Brechzahl $n_{\mathrm{da\,CO2\,s}}$ in der Abhängigkeit von $n_{\mathrm{da\,s}}$ und vom realen Kohlenstoffdioxid (CO_2)-Gehalt x_{CO2} mit

$$n_{\mathrm{da\,CO2\,s}} = 1 + (n_{\mathrm{da\,s}} - 1) \cdot \left[1 + 5{,}34 \cdot 10^{-7} \cdot \left(x_{\mathrm{CO2}} - 450\ \frac{\mu\mathrm{mol}}{\mathrm{mol}} \right) \right] \tag{4.73}$$

[184, S. 15][187, S. 1567 Mitte rechts][199, S. 2 oben].

Vom realen CO_2-Gehalt x_{CO2} ist außerdem die molare Masse M_{da} der trockenen Luft abhängig, was sich gemäß *Picard et al.* [188, S. 150 unten rechts] mit

$$M_{\mathrm{da}} = \left[0{,}02896546 + 1{,}2011 \cdot 10^{-8} \cdot \left(x_{\mathrm{CO2}} - 400\ \frac{\mu\mathrm{mol}}{\mathrm{mol}} \right) \right] \frac{\mathrm{kg}}{\mathrm{mol}} \tag{4.74}$$

schreiben lässt und als Größe in die Gleichungen (4.77) und (4.79) einfließt. Da sich gemäß *Zeller et al.* [185, S. 1535 oben links] bei fast allen Prozessen die molare Masse der trockenen Luft nicht ändert, werden die prozessbegleitend gemessenen Zustandsgrößen der Umgebungsluft auf die molare Masse der trockenen Luft bezogen.

Um die Abweichung eines realen Gases von einem idealen Verhalten zu beschreiben, wird in der Thermodynamik die Größe des „Kompressibilitätsfaktors" Z verwendet. Z lässt sich an die definierten Zustandsgrößen der Standardbedingungen (vgl. Tabelle 2.3) und an die realen Bedingungen der (feuchten) Umgebungsluft anpassen und geht in die Gleichungen (4.77) bis (4.79) für die Berechnung der verschiedenen Dichten ρ in der Gleichung (2.35) mit der allgemeinen Formulierung

$$Z = 1 - \frac{p}{T + 273{,}15\ \mathrm{K}} \cdot \left[a_{\mathrm{K0}} + a_{\mathrm{K1}} \cdot T + a_{\mathrm{K2}} \cdot T^2 + (b_{\mathrm{K0}} + b_{\mathrm{K1}} \cdot T) \cdot x_{\mathrm{wv}} + (c_{\mathrm{K0}} + c_{\mathrm{K1}} \cdot T) \cdot x_{\mathrm{wv}}^2 + \frac{p^2}{(T + 273{,}15\ \mathrm{K})^2} \cdot (d_{\mathrm{K}} + e_{\mathrm{K}} \cdot x_{\mathrm{wv}}^2) \right] \tag{4.75}$$

[184, S. 15][187, S. 1571 unten rechts][188, S. 153 unten rechts][199, S. 2 unten] ein. x_{wv} beschreibt den molaren Anteil des Wasserdampfes gemäß der Gleichung (4.81) und kann den Wertebereich $0 \leq x_{\mathrm{wv}} \leq 1$ einnehmen. Die Werte der Größen a_{K0}, a_{K1}, a_{K2}, b_{K0}, b_{K1}, c_{K0}, c_{K1}, d_{K} und e_{K} sind in der Tabelle 4.1 zusammengefasst.

Tabelle 4.1 Werte der Größen a_{K0}, a_{K1}, a_{K2}, b_{K0}, b_{K1}, c_{K0}, c_{K1}, d_K und e_K für die Gleichung (4.75) [184, S. 14][187, S. 1571 unten rechts][188, S. 154 oben links].

Größe	Wert	Größe	Wert
a_{K0}	$1{,}58123 \cdot 10^{-6}\ \text{K} \cdot \text{Pa}^{-1}$	c_{K0}	$1{,}9898 \cdot 10^{-4}\ \text{K} \cdot \text{Pa}^{-1}$
a_{K1}	$-2{,}9331 \cdot 10^{-8}\ \text{Pa}^{-1}$	c_{K1}	$-2{,}376 \cdot 10^{-6}\ \text{Pa}^{-1}$
a_{K2}	$1{,}1043 \cdot 10^{-10}\ (\text{K} \cdot \text{Pa})^{-1}$	d_K	$1{,}83 \cdot 10^{-11}\ \text{K}^2 \cdot \text{Pa}^{-2}$
b_{K0}	$5{,}707 \cdot 10^{-6}\ \text{K} \cdot \text{Pa}^{-1}$	e_K	$-0{,}765 \cdot 10^{-8}\ \text{K}^2 \cdot \text{Pa}^{-2}$
b_{K1}	$-2{,}051 \cdot 10^{-8}\ \text{Pa}^{-1}$		

Die Grundlage für die Berechnung der verschiedenen Dichten ρ in der Gleichung (2.35) bildet die unter dem Namen „CIPM-2007-Gleichung“ [188, S. 150 unten links] bekannte Berechnungsvorschrift

$$\rho_{\text{air}} = \frac{M_{\text{da}}}{Z} \cdot \frac{p}{R_G \cdot (T + 273{,}15\ \text{K})} \cdot \left[1 - x_{\text{wv}} \cdot \left(1 - \frac{M_{\text{wv}}}{M_{\text{da}}}\right)\right]. \tag{4.76}$$

R_G beschreibt die molare Gaskonstante und nimmt durch den Zusammenhang $R_G = N_A \cdot k_B$ den Wert $8{,}314462618\ \text{J} \cdot \text{mol}^{-1} \cdot \text{K}^{-1}$ [306] an. Die Naturkonstanten N_A und k_B sind die Avogadro- und die Boltzmann-Konstante. Weiterhin symbolisiert M_{wv} die molare Masse des Wassermoleküls H_2O. Für M_{wv} gilt gerundet $0{,}018015\ \text{kg} \cdot \text{mol}^{-1}$, der sich aus den molaren Massen eines Sauerstoffatoms und zweier Wasserstoffatome gemäß den Wertangaben von *Wieser et al.* [307, S. 2134] bildet.

Die mathematische Modellbildung der Gleichung (4.76) für die Dichte $\rho_{\text{da CO2 s}}$ der trockenen Luft mit einem beliebigen CO_2-Gehalt x_{CO2} führt mit den definierten Zustandsgrößen der Standardbedingung für trockene Luft mit $RH = 0\ \%$ in der Tabelle 2.3 und $x_{\text{wv}} = 0$ zu der Form

$$\rho_{\text{da CO2 s}} = \frac{M_{\text{da}}}{Z_{\text{da s}}} \cdot \frac{p_{\text{da s}}}{R_G \cdot (T_{\text{da s}} + 273{,}15\ \text{K})} \tag{4.77}$$

[184, S. 15][187, S. 1568 Mitte rechts][199, S. 2 unten]. Der Trocken-Kompressibilitätsfaktor $Z_{\text{da s}}$ [199, S. 2 Mitte] ergibt sich mit denselben Randbedingungen gemäß der Gleichung (4.75).

Für die mathematische Modellbildung der Dichte $\rho_{\text{wv s}}$ des Wasserdampfes mit den in der Tabelle 2.3 definierten Zustandsgrößen der Standardbedingung für puren Wasserdampf und $x_{\text{wv}} = 1$ gilt der Ausdruck

$$\rho_{\text{wv s}} = \frac{M_{\text{wv}}}{Z_{\text{wv s}}} \cdot \frac{p_{\text{wv s}}}{R_G \cdot (T_{\text{wv s}} + 273{,}15\ \text{K})} \tag{4.78}$$

[187, S. 1568 Mitte rechts][199, S. 2 unten]. $Z_{\text{wv s}}$ beschreibt den Wasserdampf-Kompressibilitätsfaktor [199, S. 2 Mitte], der mit denselben Randbedingungen gemäß der Gleichung (4.75) ermittelt wird.

Im Fall der prozessbegleitend gemessenen Zustandsgrößen T_U, p und RH der (feuchten) Umgebungsluft sind die mathematischen Modellbildungen der Gleichung (4.76) für die Dichten ρ_{da} des Anteils der trockenen Luft und ρ_{wv} des Anteils des Wasserdampfes der (feuchten) Umgebungsluft abhängig von dem sich aus der relativen Luftfeuchtigkeit RH ergebenden molaren Anteil x_{wv} des Wasserdampfes. Die Dichte ρ_{da} des Anteils der trockenen Luft lässt sich durch

$$\rho_{da} = (1 - x_{wv}) \cdot \frac{M_{da}}{Z_{wv}} \cdot \frac{p}{R_G \cdot (T_U + 273{,}15\ \mathrm{K})} \tag{4.79}$$

abbilden und

$$\rho_{wv} = x_{wv} \cdot \frac{M_{wv}}{Z_{wv}} \cdot \frac{p}{R_G \cdot (T_U + 273{,}15\ \mathrm{K})} \tag{4.80}$$

wertet die Dichte ρ_{wv} des Anteils des Wasserdampfes aus [184, S. 15][187, S. 1572 Mitte links][199, S. 3 oben]. Z_{wv} symbolisiert den Kompressibilitätsfaktor der (feuchten) Umgebungsluft bei den aktuellen Bedingungen [199, S. 2 unten] der sich mit den prozessbegleitend gemessenen Zustandsgrößen gemäß der Gleichung (4.75) ergibt.

Die mathematische Modellbildung des molaren Anteils x_{wv} des Wasserdampfes in der Abhängigkeit von der prozessbegleitend gemessenen relativen Luftfeuchtigkeit RH erfolgt in der Kombination der Gleichungen (2.33) und (2.34) und ergibt den Ausdruck

$$x_{wv} = \frac{RH}{100\ \%} \cdot p_{swv}(T_U) \cdot \frac{\mathrm{ehf}(p, T_U)}{p}. \tag{4.81}$$

Als zusätzliche Eingangsgrößen werden der von der Umgebungstemperatur T_U abhängige Sättigungsdampfdruck $p_{swv}(T_U)$ und der von dem absoluten Druck p und der Umgebungstemperatur T_U abhängige Enhancement Factor $\mathrm{ehf}(p, T_U)$ (vgl. Abschnitt 2.2.3) benötigt.

Gemäß der Richtlinie „IAPWS-IF97 Revision 7 (2012)" [198, S. 33-34] für die thermodynamischen Eigenschaften von Wasser und Dampf lässt sich der Sättigungsdampfdruck $p_{swv}(T_U)$ für den industriellen Gebrauch durch die Formulierung

$$p_{swv}(T_U) = 1 \cdot 10^6\ \mathrm{Pa} \cdot \left(\frac{2 \cdot C_s}{\sqrt{B_s^2 - 4 \cdot A_s \cdot C_s} - B_s}\right)^4 \tag{4.82}$$

bestimmen. Für die Koeffizienten A_s, B_s und C_s gelten die Terme

$$A_s = \vartheta^2 + a_{s1} \cdot \vartheta + a_{s2}, \tag{4.83}$$

$$B_s = a_{s3} \cdot \vartheta^2 + a_{s4} \cdot \vartheta + a_{s5} \tag{4.84}$$

und

$$C_s = a_{s6} \cdot \vartheta^2 + a_{s7} \cdot \vartheta + a_{s8} \tag{4.85}$$

mit

$$\vartheta = \frac{T_U + 273{,}15\,\text{K}}{\text{K}} + \frac{a_{s9}}{\frac{T_U + 273{,}15\,\text{K}}{\text{K}} - a_{s10}} \tag{4.86}$$

und mit den Werten der Größen a_{s1} bis a_{s10} gemäß der Tabelle 4.2.

Die Entwicklung der Gleichung (4.82) ist bei *Wagner et al.* [308, S. 165-167] zu finden.

Die Beschreibung des Enhancement Factor $\text{ehf}(p, T_U)$ folgt dem Formelausdruck

$$\text{ehf}(p, T_U) = 1{,}00062 + \left(3{,}14 \cdot 10^{-8}\,\frac{1}{\text{Pa}} \cdot p\right) + \left(5{,}6 \cdot 10^{-7}\,\frac{1}{{}^\circ\text{C}^2} \cdot T_U^2\right) \tag{4.87}$$

[184, S. 13][187, S. 1568 unten links][188, S. 153 Mitte rechts][199, S. 1 unten].

Mit den Gleichungen (4.72) und (4.73) sowie (4.77) bis (4.79) sind alle Voraussetzungen geschaffen, um die Brechzahl n_{air} der Luft in der Abhängigkeit von den fünf Einflussgrößen T_U, p, p_{wv} bzw. RH, x_{CO2} und λ_0 berechnen zu können. Die sechs Gleichungen münden in die im Abschnitt 2.2.3 vorgestellte Berechnungsvorschrift

$$n_{air} = 1 + (n_{da\,CO2\,s} - 1) \cdot \frac{\rho_{da}}{\rho_{da\,CO2\,s}} + (n_{wv\,s} - 1) \cdot \frac{\rho_{wv}}{\rho_{wv\,s}} \tag{2.35}$$

[187, S. 1568 oben rechts] der Brechzahl n_{air} der Luft.

Mit dem gewonnenen Modell der Brechzahl n_{air} der Luft gemäß der Gleichung (2.35) wird die Gleichung (2.30) zur Berechnung der relativen Brechzahl $n_{rel\,GL}(\lambda_0, T)$ des Glassubstrates einer Linse gegenüber der Luft vervollständigt und ergibt die Gleichung (4.63). Weiterhin wird es für das Raytracing (Def. vgl. Abschnitt 2.3.1) eines Laserstrahls bis zur Fokuslage z_0 bei der Einstellung der Soll-Prozessfokuslage z_F (Def. vgl. Abschnitt 1.2), der Angabe der Ist-Prozessfokuslage $z_{F\,th}$ (Def. vgl. Abschnitt 2.2.4) und der Berechnung des Fokus-Shifts Δz_F (Def. vgl. Abschnitt 2.2.4) und des Verstellweges l_z des axial entlang der optischen Achse z verschiebbaren optischen Elementes im Interpolationstakt Δt der Laser-Remote-Scannersteuerung gemäß dem Abschnitt 4.6.2 verwendet.

Tabelle 4.2 Werte der Größen a_{s1} bis a_{s10} für die Gleichung (4.82) [184, S. 11][198, S. 34].

Größe	Wert	Größe	Wert
a_{s1}	$0{,}11670521452767 \cdot 10^4$	a_{s6}	$0{,}14915108613530 \cdot 10^2$
a_{s2}	$-0{,}72421316703206 \cdot 10^6$	a_{s7}	$-0{,}48232657361591 \cdot 10^4$
a_{s3}	$-0{,}17073846940092 \cdot 10^2$	a_{s8}	$0{,}40511340542057 \cdot 10^6$
a_{s4}	$0{,}12020824702470 \cdot 10^5$	a_{s9}	$-0{,}23855557567849$
a_{s5}	$-0{,}32325550322333 \cdot 10^7$	a_{s10}	$0{,}65017534844798 \cdot 10^3$

4.6 Mathematische Modellbildung des optischen Gesamtsystems und der Korrektur des Fokus-Shifts

4.6.1 Beschreibung des optischen Gesamtsystems

Um die in den Abschnitten 3.5.1 und 4.1 dargestellten Defizite linearer Modelle zu verbessern und die mathematische Modellbildung an der Auslegung eines optischen Gesamtsystems zu orientieren, stützt sich die mit dieser Arbeit durchgeführte mathematische Modellbildung eines komplexen optischen Systems auf die Matrizenoptik (Def. vgl. Abschnitt 2.3) und die im Abschnitt 4.2 getroffenen Annahmen. Dazu wird der Strahlengang eines Laserstrahls im optischen Aufbau paraxial genähert (vgl. Abschnitt 2.3.1) und gemäß der geometrischen Optik in der Verbindung mit einem integrierten, axial entlang der optischen Achse z verschiebbaren optischen Element zur Fokuslageneinstellung (vgl. Abbildung 3.1) betrachtet.

Spiegelelemente werden als ideal angesehen und nicht in die Betrachtung einbezogen.

Die für die mathematische Modellbildung verwendeten Matrizen $\boldsymbol{M}$ (auch mit einem Index) sind definiert als $\boldsymbol{M} \in \mathbb{R}^{2\times2}$.

Ausgehend von einer Verschiebung Δz_0 der Soll-Prozessfokuslage z_F an der Wirkstelle gegenüber der durch das optische System vorgegebenen Fokuslage z_0 des Laserstrahls (vgl. Abbildung 1.1) ermöglicht die Matrizenoptik im Interpolationstakt Δt der Laser-Remote-Scannersteuerung (vgl. Abschnitt 4.1) einerseits mit dem vorgegebenen Verstellweg l_z des axial entlang der optischen Achse z verschiebbaren optischen Elementes gegenüber seiner Nulllage für $l_z = 0$ mm die Berechnung des Arbeitsabstandes z_A (Def. vgl. Abbildung 1.1) des thermisch unbelasteten und des thermisch veränderten Arbeitsabstandes $z_{\mathrm{A\,th}}$ des thermisch belasteten optischen Gesamtsystems anhand der Funktion

$$z = g(\Delta z_0, l_z), \tag{4.88}$$

wobei sich gemäß dem thermisch unbelasteten oder dem thermisch belasteten optischen Gesamtsystem $z = z_\mathrm{A}$ oder $z = z_{\mathrm{A\,th}}$ ergibt und sich aus z_A die Soll-Prozessfokuslage z_F und aus $z_{\mathrm{A\,th}}$ die Ist-Prozessfokuslage $z_{\mathrm{F\,th}}$ (Def. vgl. Abschnitt 2.2.4) ergeben. Somit ist es möglich, zwischen z_F und $z_{\mathrm{F\,th}}$ den Fokus-Shift Δz_F (Def. vgl. Abschnitt 2.2.4) gemäß der Gleichung (2.36) zu ermitteln.

Andererseits lässt sich der Verstellweg l_z des axial entlang der optischen Achse z verschiebbaren optischen Elementes gegenüber seiner Nulllage für $l_z = 0$ mm aus einem beliebigen Arbeitsabstand z_A oder thermisch veränderten Arbeitsabstand $z_{\mathrm{A\,th}}$ mit der Umkehrfunktion

$$l_z = g^{-1}(\Delta z_0, z) \tag{4.89}$$

berechnen, wobei gemäß dem thermisch unbelasteten oder dem thermisch belasteten optischen Gesamtsystem für z der Arbeitsabstand z_A oder der thermisch veränderte Arbeitsabstand $z_{\mathrm{A\,th}}$ eingesetzt werden muss. Damit lässt sich der ermittelte Fokus-Shift Δz_F ausgleichen, indem mit der Vorgabe $z = z_\mathrm{A}$ für das thermisch belastete optische Gesamtsystem der resultierende Verstellweg l_z des axial entlang der optischen Achse z verschiebbaren optischen Elementes berechnet wird, um den das verschiebbare optische Element gegenüber seiner Nulllage für $l_z = 0$ mm verschoben werden muss.

Zur Lösung der Gleichungen (4.88) und (4.89) erfolgt die Unterteilung des optischen Gesamtsystems in eigenständige Teilsysteme. Jedes dieser Teilsysteme kann für sich betrachtet eine zusammengesetzte Systemmatrix $\boldsymbol{M}_{\mathrm{S}}$ (Def. vgl. Abschnitt 2.3.2) darstellen, in der jeweils wiederrum einzelne Transfermatrizen $\boldsymbol{M}$ einfacher optischer Elemente (vgl. Tabelle 2.4) enthalten sein können.

Basierend auf den Transfermatrizen in der Tabelle 2.4 ergibt sich gemäß dem im Abschnitt 3.1.2.2 beschriebenen nach-objektiven Konstruktionsprinzip ein in die vier wesentlichen Teilsystemmatrizen $\boldsymbol{M}_1$, $\boldsymbol{M}_2$, $\boldsymbol{M}_3$ und $\boldsymbol{M}_{z\mathrm{L}}$ aufgeteiltes, entfaltetes, linsenbasiertes optisches Gesamtsystem, wie es für die einfachste Abbildungsoptik mit einem integrierten, axial entlang der optischen Achse (o. A.) $\boldsymbol{z}$ verschiebbaren optischen Element (FS) in der Abbildung 4.22 schematisch dargestellt ist.

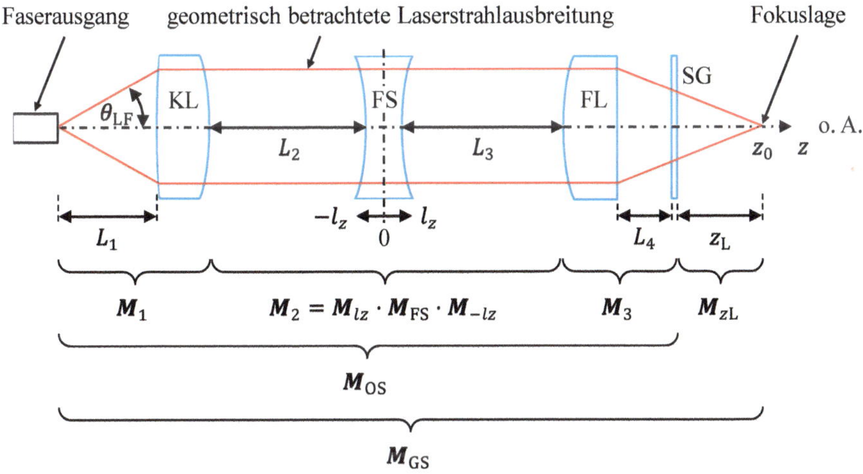

Abbildung 4.22 Aufteilung eines entfalteten, linsenbasierten optischen Gesamtsystems in die vier wesentlichen Teilsystemmatrizen $\boldsymbol{M}_1$, $\boldsymbol{M}_2$, $\boldsymbol{M}_3$ und $\boldsymbol{M}_{z\mathrm{L}}$, mit $\boldsymbol{M}_1, \boldsymbol{M}_2, \boldsymbol{M}_3, \boldsymbol{M}_{z\mathrm{L}} \in \mathbb{R}^{2\times 2}$. Die Matrix $\boldsymbol{M}_{\mathrm{OS}}$, mit $\boldsymbol{M}_{\mathrm{OS}} \in \mathbb{R}^{2\times 2}$, beschreibt den optischen Aufbau von der Austrittsoberfläche der Lichtleitfaser bis zur prozessseitigen Oberfläche des Schutzglases (SG). Die Matrix $\boldsymbol{M}_{\mathrm{GS}}$, mit $\boldsymbol{M}_{\mathrm{GS}} \in \mathbb{R}^{2\times 2}$, spiegelt das optische Gesamtsystem wider und beinhaltet die Matrix $\boldsymbol{M}_{\mathrm{OS}}$ und die freie Ausbreitung einer Laserstrahlung mit der Strecke $\boldsymbol{z}_{\mathrm{L}}$ von der prozessseitigen Oberfläche des Schutzglases (SG) bis zu der durch das optische System vorgegebenen Fokuslage $\boldsymbol{z}_0$. $\boldsymbol{\theta}_{\mathrm{LF}}$ beschreibt den halben Öffnungswinkel (Akzeptanzwinkel) zur optischen Achse (o. A.) $\boldsymbol{z}$ der aus der Lichtleitfaser austretenden Laserstrahlung. l_z gibt den Verstellweg des axial entlang der optischen Achse $\boldsymbol{z}$ verschiebbaren optischen Elementes (FS) an. L_1 beschreibt den Abstand zwischen dem Faserausgang und der Eintrittsoberfläche der Kollimationslinse (KL).

Die erste Teilsystemmatrix $\boldsymbol{M}_1$ fasst die Eingangsseite des optischen Aufbaus, ausgehend von der Austrittsoberfläche der Lichtleitfaser, bis zur Austrittsoberfläche der Kollimationslinse (KL) zusammen. Der Abstand zwischen der Austrittsoberfläche der Lichtleitfaser und der Eintrittsoberfläche der Kollimationslinse (KL) ist konstant.

Im mathematischen Modellbildungsprozess wird der maximale Lichtaustrittskegel am Faserausgang durch die numerische Apertur A_{N} der Lichtleitfaser mit der Beziehung

$$A_{\mathrm{N}} = n_{\mathrm{air}} \cdot \sin \theta_{\mathrm{LF}} \tag{4.90}$$

[156, S. 267 unten][309, S. 9 Mitte][310, S. 106 oben rechts] beschrieben. Die numerische Apertur A_{N} definiert für die vollständige, aberrationsfreie Aufnahme der Laserstrahlung den Positionierbereich der Kollimationslinse (KL) im optischen Aufbau. n_{air} ist die Brechzahl der Luft (Def. vgl. Abschnitt 2.2.3) zwischen dem Faserausgang und der Eintrittsoberfläche der Kollimationslinse (KL) (vgl. Abbildung 3.4). θ_{LF} gibt den im Abschnitt 2.1.4.5 definierten halben Öffnungswinkel (Akzeptanzwinkel) zur optischen Achse z der aus der Lichtleitfaser austretenden Laserstrahlung wieder.

Mit der Beachtung des Strahlparameterproduktes SPP (Def. vgl. Abschnitt 2.1.4.3) des verwendeten fasergebundenen Hochleistungslasersystems gemäß der Gleichung (2.5) ergibt sich ein vom SPP abhängiger halber Öffnungswinkel θ_{LF} der aus der Lichtleitfaser austretenden Laserstrahlung in der Form $\theta_{\mathrm{LF}} = \mathrm{SPP} \cdot w_{\mathrm{LF}}^{-1}$. w_{LF} beschreibt den Laserstrahlradius am Austrittsort aus der Lichtleitfaser.

Durch die in der Matrizenoptik vorgenommene Vereinfachung $\theta \to 0$: $\sin \theta = \theta$ lässt sich der halbe Öffnungswinkel θ_{LF} gemäß den Gleichungen (2.44) und (2.45) für $w_2(z_1 + L) \gg w_1(z_1)$ durch den Zusammenhang $\theta_{\mathrm{LF}} \approx r_{\mathrm{B\,KL}}(z) \cdot L_1^{-1}$ ausdrücken, wobei $r_{\mathrm{B\,KL}}(z)$ den Laserstrahlradius auf der Eintrittsoberfläche der Kollimationslinse (KL) und L_1 den Abstand zwischen dem Faserausgang und der Eintrittsoberfläche der Kollimationslinse (KL) beschreiben.

Im Ergebnis lässt sich der Laserstrahldurchmesser $2 \cdot r_{\mathrm{B\,KL}}(z)$, auf dem das weiterführende Raytracing (Def. vgl. Abschnitt 2.3.1) aufbaut, auf der Eintrittsoberfläche der Kollimationslinse (KL) gemäß der Näherung

$$2 \cdot r_{\mathrm{B\,KL}}(z) \approx \frac{2 \cdot \mathrm{SPP} \cdot L_1}{w_{\mathrm{LF}}} \tag{4.91}$$

bestimmen und mit der Verwendung der auf der Tabelle 2.4 basierenden Transfermatrizen $\boldsymbol{M}$ des optischen Aufbaus die Laserstrahldurchmesser $2 \cdot r_{\mathrm{B}}(z)$ in den einzelnen Linsen des optischen Aufbaus bei der halben Dicke $0{,}5 \cdot d_0$ der Linsen in der senkrechten Schnittebene zur optischen Achse z berechnen. Die in den einzelnen Linsen berechneten Laserstrahldurchmesser $2 \cdot r_{\mathrm{B}}(z)$ dienen als Randbedingung zu der im Abschnitt 4.4.1.6 beschriebenen Berechnung der Temperaturverteilung $T_{\mathrm{GL}}(r, t)$ im Glassubstrat der Linsen.

Der Bereich zwischen der Austrittsoberfläche der Kollimationslinse (KL) und der Eintrittsoberfläche der Fokussierlinse (FL) bildet zusammen mit dem axial entlang der optischen Achse z verschiebbaren optischen Element (FS) gemäß der Vorschrift aus der Gleichung (2.47) die zweite Teilsystemmatrix $\boldsymbol{M}_2$ mit dem Ansatz

$$\boldsymbol{M}_2 = \underbrace{\begin{pmatrix} 1 & L_3 - l_z \\ 0 & 1 \end{pmatrix}}_{\boldsymbol{M}_{lz}} \cdot \underbrace{\begin{pmatrix} 1 + \left(\frac{n_{\mathrm{air}}}{n_{\mathrm{GL}}} - 1\right)\frac{d}{R_1} & \left(\frac{n_{\mathrm{air}}}{n_{\mathrm{GL}}}\right) d \\ \left(\frac{n_{\mathrm{GL}}}{n_{\mathrm{air}}} - 1\right)\left[\frac{1}{R_2} - \frac{1}{R_1} + \left(\frac{n_{\mathrm{air}}}{n_{\mathrm{GL}}} - 1\right)\frac{d}{R_1 \cdot R_2}\right] & 1 - \left(\frac{n_{\mathrm{air}}}{n_{\mathrm{GL}}} - 1\right)\frac{d}{R_2} \end{pmatrix}}_{\boldsymbol{M}_{\mathrm{FS}}} \cdot \underbrace{\begin{pmatrix} 1 & L_2 + l_z \\ 0 & 1 \end{pmatrix}}_{\boldsymbol{M}_{-lz}} \tag{4.92}$$

$\boldsymbol{M}_{lz}$: freie Ausbreitung $L_3 - l_z$ in der Luft zwischen Austrittsoberfläche FS und Eintrittsoberfläche FL

$\boldsymbol{M}_{\mathrm{FS}}$: axial entlang der optischen Achse $\boldsymbol{z}$ verschiebbares optisches Element (FS)

$\boldsymbol{M}_{-lz}$: freie Ausbreitung $L_2 + l_z$ in der Luft zwischen Austrittsoberfläche KL und Eintrittsoberfläche FS

und ermöglicht die Einstellung der Soll-Prozessfokuslage z_{F} an der Wirkstelle und die Berechnung des Verstellweges l_z des verschiebbaren optischen Elementes (FS) zum Betrachtungszeitpunkt $\boldsymbol{t}_k = \boldsymbol{t}_0 + \boldsymbol{k} \cdot \Delta \boldsymbol{t}$, mit $\boldsymbol{k} \in \mathbb{N}$. Für n_{GL} ist die absolute Brechzahl $n_{\mathrm{abs\,GL}}$ des Glassubstrates einzusetzen. Die Berechnung des Verstellweges l_z des verschiebbaren optischen Elementes (FS) erfolgt zyklisch im Interpolationstakt Δt der Laser-Remote-Scannersteuerung, dient zur Korrektur des Fokus-Shifts Δz_{F} und ermöglicht die Stabilisierung der Soll-Prozessfokuslage z_{F} an der Wirkstelle.

Der verbleibende Teil des optischen Aufbaus ab der Eintrittsoberfläche der Fokussierlinse (FL) bis zur prozessseitigen Oberfläche des Schutzglases (SG) kann in der Teilsystemmatrix $\boldsymbol{M}_3$ zusammengefasst werden. Diese beinhaltet alle ortsfesten optischen Elemente.

Die Teilsystemmatrix $\boldsymbol{M}_{z\mathrm{L}}$ am Ausgang des optischen Gesamtsystems beinhaltet den Abstand z_{L} von der prozessseitigen Oberfläche des Schutzglases (SG) bis zu der durch das optische System vorgegebenen Fokuslage z_0 des Laserstrahls entlang der optischen Achse z und lässt sich mit

$$\boldsymbol{M}_{z\mathrm{L}} = \begin{pmatrix} 1 & z_{\mathrm{L}} \\ 0 & 1 \end{pmatrix} \tag{4.93}$$

abbilden.

Mit der Multiplikation der Teilsystemmatrizen gemäß der Vorschrift aus der Gleichung (2.47) ergibt sich die Matrix

$$\boldsymbol{M}_{\mathrm{GS}} = \boldsymbol{M}_{z\mathrm{L}} \cdot \boldsymbol{M}_{\mathrm{OS}} = \boldsymbol{M}_{z\mathrm{L}} \cdot \boldsymbol{M}_3 \cdot \boldsymbol{M}_2 \cdot \boldsymbol{M}_1 \tag{4.94}$$

des optischen Gesamtsystems.

Die Lösung der Matrix $\boldsymbol{M}_{\mathrm{GS}}$ des thermisch unbelasteten optischen Gesamtsystems erfolgt auf der Basis der ermittelten Matrixelemente A_{OS}, B_{OS}, C_{OS} und D_{OS} (Def. vgl. Abschnitt 2.3.1) der Matrix $\boldsymbol{M}_{\mathrm{OS}}$ des thermisch unbelasteten optischen Aufbaus. Im Ergebnis berechnet sich mit der Verschiebung Δz_0 zwischen der Soll-Prozessfokuslage z_{F} und der Fokuslage z_0 aus dem ermittelten Abstand z_{L} der Arbeitsabstand z_{A}, durch den die Soll-Prozessfokuslage z_{F} an der Wirkstelle eingestellt wird. Weiterhin ergibt sich mit z_{A} der Verstellweg l_z des axial entlang der optischen Achse z verschiebbaren optischen Elementes (FS) gegenüber seiner Nulllage für $l_z = 0$ mm.

Die Lösung der Matrix $\boldsymbol{M}_{\mathrm{GS\,th}}$ des thermisch belasteten optischen Gesamtsystems erfolgt auf der Basis der ermittelten Matrixelemente $A_{\mathrm{OS\,th}}$, $B_{\mathrm{OS\,th}}$, $C_{\mathrm{OS\,th}}$ und $D_{\mathrm{OS\,th}}$ der Matrix $\boldsymbol{M}_{\mathrm{OS\,th}}$ des thermisch belasteten optischen Aufbaus. Im Ergebnis berechnen sich mit der Verschiebung Δz_0 aus dem ermittelten thermisch veränderten Abstand $z_{\mathrm{L\,th}}$ der thermisch veränderte Arbeitsabstand $z_{\mathrm{A\,th}}$, durch den die Ist-Prozessfokuslage $z_{\mathrm{F\,th}}$ angegeben wird, und gemäß der Gleichung (2.36) der Fokus-Shift Δz_{F}. Weiterhin ergibt sich mit z_{A} der Verstellweg l_z des axial entlang der optischen Achse z verschiebbaren optischen Elementes (FS) gegenüber seiner Nulllage für $l_z = 0$ mm für das thermisch belastete optische Gesamtsystem, um den Fokus-Shifts Δz_{F} zu korrigieren.

So erlaubt das variable, anpassbare Modell des optischen Gesamtsystems auf der Basis der Matrizenoptik das Raytracing eines Laserstrahls bis zur Fokuslage z_0, um einerseits die Soll-Prozessfokuslage z_{F} an der Wirkstelle einzustellen und andererseits prozessbegleitend den Fokus-Shift Δz_{F} und den Verstellweg l_z des axial entlang der optischen Achse z verschiebbaren optischen Elementes (FS) gegenüber seiner Nulllage für $l_z = 0$ mm zur Stabilisierung der Soll-Prozessfokuslage z_{F} und zur Einhaltung des Laserstrahldurchmessers $2 \cdot w_\sigma(z_{\mathrm{F}})$ an der Wirkstelle mit einem geringen Rechenaufwand zu berechnen, wie es im Abschnitt 4.6.2 beschrieben wird.

Zusammenfassend lassen sich mit dem modularen Modell komfortabel einzelne optische Elemente im entwickelten Modell des optischen Gesamtsystems ersetzen und ergänzen und somit lässt sich das variable Modell auf andere Laser-Remote-Scannerkonfigurationen anpassen.

4.6.2 Berechnung des Fokus-Shifts und des Verstellweges des verschiebbaren optischen Elementes

Für die Berechnung des Fokus-Shifts Δz_{F} (Def. vgl. Abschnitt 2.2.4) und des Verstellweges l_z des axial entlang der optischen Achse z verschiebbaren optischen Elementes gegenüber seiner Nulllage für $l_z = 0$ mm zur Stabilisierung der Soll-Prozessfokuslage z_{F} (Def. vgl. Abschnitt 1.2) stellen der Austrittsort eines Laserstrahls aus der Lichtleitfaser und die durch das optische System vorgegebene Fokuslage z_0 (Def. vgl. Abschnitt 1.2) eines Laserstrahls exponierte Stellen dar. Sie lassen sich im Verhältnis zu den Linsengeometrien als Punktquelle bzw. -senke mit $w(z) \ll r_{\mathrm{L}}$ auffassen, sodass die Strahlradien $w(z)$ (Def. vgl. Abschnitt 2.1.4.4) an diesen Stellen geometrisch mit der optischen Achse (o. A.) z verschmelzen und

$$w_{\mathrm{LF}}(z_{\mathrm{LF}}) = w_{\mathrm{FO}}(z_0) = 0 \tag{4.95}$$

gesetzt werden kann. $w_{\mathrm{LF}}(z_{\mathrm{LF}})$ kennzeichnet den Strahlradius eines Laserstrahls am Austrittsort aus der Lichtleitfaser an der Stelle z_{LF} und $w_{\mathrm{FO}}(z_0)$ bei der Fokuslage z_0. Die Abbildung 4.23 veranschaulicht die getroffene Annahme.

Gemäß der Gleichung (2.43) ergibt sich mit der Näherung einer paraxial betrachteten Strahlausbreitung ($\theta \to 0$: $\sin\theta = \tan\theta = \theta$) [74, S. 38 Mitte][80, S. 45 oben][81, S. 86 Mitte] (Def. vgl. Abschnitt 2.1.1) und den Gleichungen (4.94) und (4.95) das nach dem Abstand z_{L} und nach dem Verstellweg l_z des axial entlang der optischen Achse z verschiebbaren optischen Elementes (vgl. Abbildung 4.22) auflösbare Gesamtgleichungssystem

$$\begin{pmatrix} 0 \\ \theta_{\mathrm{FO}} \end{pmatrix} = \begin{pmatrix} 1 & z_{\mathrm{L}} \\ 0 & 1 \end{pmatrix} \cdot \begin{pmatrix} A_{\mathrm{OS}} & B_{\mathrm{OS}} \\ C_{\mathrm{OS}} & D_{\mathrm{OS}} \end{pmatrix} \cdot \begin{pmatrix} 0 \\ \theta_{\mathrm{LF}} \end{pmatrix} \tag{4.96}$$

in der kompakten Matrixnotierung mit dem Austrittswinkel θ_{LF} eines Laserstrahls aus der

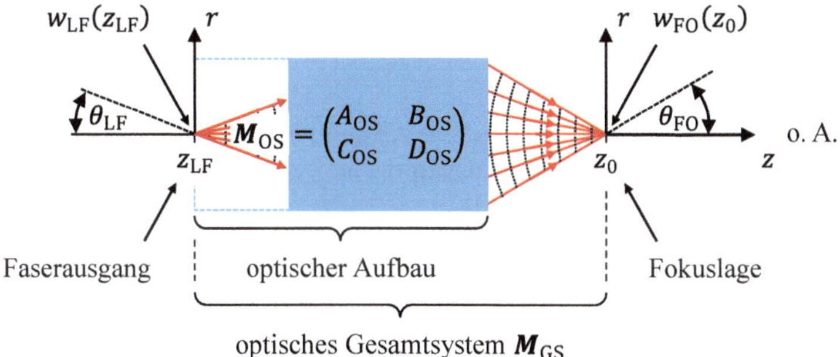

Abbildung 4.23 Prinzipdarstellung des optischen Gesamtsystems eines Laser-Remote-Scanners mit einem aus einer Lichtleitfaser (LF) an der Stelle z_{LF} austretenden und bei der Fokuslage (FO) z_0 auftreffenden Laserstrahl. $w_{LF}(z_{LF})$ bezeichnet den Strahlradius eines Laserstrahls am Austrittsort aus der Lichtleitfaser mit dem Austrittswinkel θ_{LF} bezogen auf die optische Achse (o. A.) z und $w_{FO}(z_0)$ bezeichnet den Strahlradius des Laserstrahls bei der durch das optische System vorgegebenen Fokuslage z_0 mit dem Auftreffwinkel θ_{FO} bezogen auf die optische Achse z. r definiert die dazu senkrecht stehende Abstandsachse. Die Matrix $\boldsymbol{M}_{GS}$, mit $\boldsymbol{M}_{GS} \in \mathbb{R}^{2\times2}$, spiegelt das optische Gesamtsystem wider und beinhaltet die Matrix $\boldsymbol{M}_{OS}$, mit $\boldsymbol{M}_{OS} \in \mathbb{R}^{2\times2}$, die den gesamten optischen Aufbau von der Austrittsoberfläche der Lichtleitfaser bis zur prozessseitigen Oberfläche des Schutzglases (SG) beschreibt.

Lichtleitfaser an der Stelle z_{LF} bezogen auf die optische Achse z und mit dem Auftreffwinkel θ_{FO} des Laserstrahls bei der Fokuslage z_0 bezogen auf die optische Achse z. Der Verstellweg l_z des verschiebbaren optischen Elementes gegenüber seiner Nulllage für $l_z = 0$ mm ist gemäß der Gleichung (4.92) in den Matrixelementen A_{OS}, B_{OS}, C_{OS} und D_{OS} (Def. vgl. Abschnitt 2.3.1) verborgen.

Nach dem Ausmultiplizieren und dem Umstellen der Gleichung (4.96) nach z_L ergibt sich für das thermisch unbelastete optische Gesamtsystem das mit dieser Arbeit entwickelte ABCD-Fokusmodell

$$z_L = -\frac{B_{OS}}{D_{OS}} \tag{4.97}$$

mit dem Abstand z_L von der prozessseitigen Oberfläche des Schutzglases (SG) bis zu der durch das optische System vorgegebenen Fokuslage z_0 des Laserstrahls.

Die Einstellung der Soll-Prozessfokuslage z_F an der Wirkstelle erfolgt mit der Berechnung des Arbeitsabstandes z_A (Def. vgl. Abbildung 1.1). Dieser ergibt sich mit der Verwendung der Gleichung (4.97) und einer Verschiebung Δz_0 (Def. vgl. Abbildung 1.1) zwischen der Soll-Prozessfokuslage z_F und der Fokuslage z_0 aus dem Zusammenhang

$$z_A = z_L \pm \Delta z_0. \tag{4.98}$$

Für das thermisch belastete optische Gesamtsystem wird das durch die Gleichung (4.97) abgebildete und mit dieser Arbeit entwickelte ABCD-Fokusmodell mit den thermisch veränderten Matrixelementen $B_{OS\,th}$ und $D_{OS\,th}$ modifizierte und in der Form

$$z_{\mathrm{L\,th}} = -\frac{B_{\mathrm{OS\,th}}}{D_{\mathrm{OS\,th}}} \tag{4.99}$$

verwendet. $z_{\mathrm{L\,th}}$ ist der thermisch veränderte Abstand von der prozessseitigen Oberfläche des Schutzglases (SG) bis zu der durch das optische System vorgegebenen thermisch veränderten Fokuslage $z_{0\,\mathrm{th}}$ des Laserstrahls.

Die Angabe der Ist-Prozessfokuslage $z_{\mathrm{F\,th}}$ (Def. vgl. Abschnitt 2.2.4) erfolgt mit der Berechnung des thermisch veränderten Arbeitsabstandes $z_{\mathrm{A\,th}}$ mit der Verwendung der Gleichung (4.99) aus dem Zusammenhang

$$z_{\mathrm{A\,th}} = z_{\mathrm{L\,th}} \pm \Delta z_0. \tag{4.100}$$

Zur Berechnung des Fokus-Shifts Δz_{F} gemäß der Gleichung (2.36) lassen sich anstelle von z_{F} und $z_{\mathrm{F\,th}}$ direkt z_{L} und $z_{\mathrm{L\,th}}$ verwenden, da eine relative Änderung betrachtet wird. Dadurch berechnet sich Δz_{F} für das thermisch belastete optische Gesamtsystem direkt aus den Gleichungen (2.36), (4.97) und (4.99) mit

$$\Delta z_{\mathrm{F}} = \frac{B_{\mathrm{OS}}}{D_{\mathrm{OS}}} - \frac{B_{\mathrm{OS\,th}}}{D_{\mathrm{OS\,th}}}. \tag{4.101}$$

Nimmt Δz_{F} Werte kleiner 0 an, ist die Ist-Prozessfokuslage $z_{\mathrm{F\,th}}$ gegenüber der Soll-Prozessfokuslage z_{F} verkürzt. Tritt der Fall ein, dass Δz_{F} Werte größer 0 annimmt, ist die Ist-Prozessfokuslage $z_{\mathrm{F\,th}}$ gegenüber der Soll-Prozessfokuslage z_{F} verlängert.

Für den System Focal Shift Factor SFSF (Def. vgl. Abschnitt 2.2.4) besteht mit der Zusammenführung der Gleichungen (2.9), (2.38) und (4.101) der Zusammenhang

$$\mathrm{SFSF} = \frac{\Delta z_{\mathrm{F}}}{z_{\mathrm{R}}} = \frac{\mathrm{SPP}}{w_{0\,\sigma}^2} \cdot \left(\frac{B_{\mathrm{OS}}}{D_{\mathrm{OS}}} - \frac{B_{\mathrm{OS\,th}}}{D_{\mathrm{OS\,th}}}\right). \tag{4.102}$$

Die mathematische Modellbildung zur Berechnung des Verstellweges l_z des axial entlang der optischen Achse z verschiebbaren optischen Elementes gegenüber seiner Nulllage für $l_z = 0\,\mathrm{mm}$ erfolgt mit dem Einsetzten der Gleichung (4.97) in die Gleichung (4.98) und dem Umstellen der Gleichung (4.98) des thermisch unbelasteten optischen Gesamtsystems nach l_z durch die allgemeine Lösungsvorschrift

$$l_z = -\frac{F + \sqrt{G}}{H}. \tag{4.103}$$

Die Koeffizienten F, G und H fassen die Terme des optischen Gesamtsystems zusammen.

Für das im Abschnitt 3.1.4 beschriebene 30-kW-Laser-Remote-Scannersystem „Dragon" ist die Lösung zur Berechnung von l_z im Anhang A.2 dargestellt.

Zur Berechnung von l_z für das thermisch belastete optische Gesamtsystem werden in der Gleichung (4.103) bzw. (A.2.3) die thermisch veränderten Matrixelemente $B_{\mathrm{OS\,th}}$ und $D_{\mathrm{OS\,th}}$ anstelle der Matrixelemente B_{OS} und D_{OS} des thermisch unbelasteten optischen Gesamtsystems verwendet.

Abschließend erfolgt die Berechnung des Verstellweges l_z des axial entlang der optischen Achse z verschiebbaren optischen Elementes gegenüber seiner Nulllage für $l_z = 0$ mm durch das Einsetzen des berechneten Arbeitsabstandes z_{A} des thermisch unbelasteten optischen Gesamtsystems in die Gleichung (4.103) bzw. (A.2.3) des thermisch belasteten optischen Gesamtsystems. Dabei wird durch den Arbeitsabstand z_{A} die Soll-Prozessfokuslage z_{F} eingestellt.

Mit dem im Interpolationstakt Δt der Laser-Remote-Scannersteuerung zum Betrachtungszeitpunkt $t_k = t_0 + k \cdot \Delta t$, mit $k \in \mathbb{N}$, und dem Startzeitpunkt t_0 berechneten Verstellweg $l_{z\,k}$ lässt sich der Fokus-Shifts $\Delta z_{\mathrm{F}\,k}$ im Interpolationstakt Δt der Laser-Remote-Scannersteuerung korrigieren und die Soll-Prozessfokuslage $z_{\mathrm{F}\,k}$ an der Wirkstelle stabilisieren.

Jedoch kann aufgrund der Struktur der Gleichung (4.103) ein bereits zum nächsten Betrachtungszeitpunkt $t_{k+1} = t_k + \Delta t$ gegenüber der stabilisierten Soll-Prozessfokuslage $z_{\mathrm{F}\,k+1}$ abermals vorliegender Fokus-Shift $\Delta z_{\mathrm{F}\,k+1}$ nicht vollständig berücksichtigt werden und es bleibt eine Regelabweichung $e_{\mathrm{A}\,k+1}$ zwischen der Soll-Prozessfokuslage $z_{\mathrm{F}\,k+1}$ und der Ist-Prozessfokuslage $z_{\mathrm{F\,th}\,k+1}$ mit dem Zusammenhang $e_{\mathrm{A}\,k+1} = z_{\mathrm{F}\,k+1} - z_{\mathrm{F\,th}\,k+1}$ in der Anlehnung an *Zacher et al.* [274, S. 335 unten] und ein Rest-Fokus-Shift $\Delta z_{\mathrm{F}\,k+1}$ bestehen.

Um diesem Defizit entgegenzuwirken, wird die Gleichung (4.103) durch einen digitalen Regelkreis in der Anlehnung an die Abbildung 4.2 modifiziert.

Anstelle den Verstellweg $l_{z\,k}$ des axial entlang der optischen Achse z verschiebbaren optischen Elementes gegenüber seiner Nulllage für $l_z = 0$ mm direkt aus dem Arbeitsabstand $z_{\mathrm{A}\,k}$, durch den die Soll-Prozessfokuslage $z_{\mathrm{F}\,k}$ an der Wirkstelle eingestellt wird, zu berechnen, erfolgt mit der Verwendung eines digitalen PID-Regelkreises durch einen Soll/Ist-Vergleich von $z_{\mathrm{F}\,k}$ und $z_{\mathrm{F\,th}\,k}$ zuerst die Berechnung der Regelabweichung $e_{\mathrm{A}\,k} = z_{\mathrm{F}\,k} - z_{\mathrm{F\,th}\,k}$. Dabei lassen sich anstelle von $z_{\mathrm{F}\,k}$ und $z_{\mathrm{F\,th}\,k}$ direkt $z_{\mathrm{L}\,k}$ und $z_{\mathrm{L\,th}\,k}$ verwenden, da eine relative Änderung betrachtet wird. Somit ergibt sich im Interpolationstakt Δt der Laser-Remote-Scannersteuerung zum Betrachtungszeitpunkt $t_k = t_0 + k \cdot \Delta t$ die Regelabweichung $e_{\mathrm{A}\,k}$ direkt aus den Gleichungen (4.97) und (4.99) anhand der Beziehung

$$e_{\mathrm{A}\,k} = -\frac{B_{\mathrm{OS}\,k}}{D_{\mathrm{OS}\,k}} + \frac{B_{\mathrm{OS\,th}\,k}}{D_{\mathrm{OS\,th}\,k}}. \tag{4.104}$$

Anschließend erfolgt die Berechnung der Stellgröße bzw. der Änderung $\Delta l_{z\,k}$ des Verstellweges des verschiebbaren optischen Elementes. Dadurch wird der auftretende Fokus-Shift $\Delta z_{\mathrm{F}\,k}$ mit dem umgekehrten Vorzeichen gegengekoppelt.

Für die numerische Berechnung der Änderung $\Delta l_{z\,k}$ des Verstellweges wird ein zeitdiskreter PID-Regelkern, auch als zeitdiskrete „PID-Regelgleichung“ bezeichnet, verwendet, dessen softwarebasierte Umsetzung für den Integrationsanteil (I) dem Integral gemäß die Summierung der Regelabweichungen $e_{\mathrm{A}\,k}$ über der Zeit t und für den Differenziationsanteil (D) der Differenziation angenähert die Bildung des Differenzenquotienten $(e_{\mathrm{A}\,k} - e_{\mathrm{A}\,k-1}) \cdot \Delta t^{-1}$ nutzt. Der Proportionalanteil (P) wird direkt umgesetzt. [270, S. 101 oben][274, S. 330 Mitte]

Die PID-Regelgleichung kombiniert die Vorteile des P-, I- und D-Anteils, d. h. die schnelle Reaktion, die exakte Ausregelung und die Berechnung der Änderungsgeschwindigkeit der Regelabweichung $e_{\mathrm{A}\,k}$ [272, S. 125 Mitte].

Die zeitdiskrete PID-Regelgleichung ist durch den Ausdruck

$$\Delta l_{z\,k} = K_{\mathrm{P}} \cdot e_{\mathrm{A}\,k} + K_{\mathrm{I}} \cdot \Delta t \cdot \sum_{i=0}^{k} e_{\mathrm{A}\,i} + \frac{K_{\mathrm{D}}}{\Delta t} \cdot (e_{\mathrm{A}\,k} - e_{\mathrm{A}\,k-1}) \tag{4.105}$$

[270, S. 101 Mitte][274, S. 335 unten] gegeben. Die Größen K_{P}, K_{I} und K_{D} beschreiben in der Reihenfolge den Proportional-, den Integrier- und den Differenzierbeiwert und bestimmen die Verstärkung der Regelcharakteristik.

Abschließend ergibt sich aus dem Zusammenhang

$$l_{z\,k} = l_{z\,k-1} + \Delta l_{z\,k} \tag{4.106}$$

der Verstellweg $l_{z\,k}$ des axial entlang der optischen Achse z verschiebbaren optischen Elementes gegenüber seiner Nulllage für $l_z = 0$ mm, um den Fokus-Shift $\Delta z_{\mathrm{F}\,k}$ zum Betrachtungszeitpunkt $t_k = t_0 + k \cdot \Delta t$ zu korrigieren sowie die Soll-Prozessfokuslage $z_{\mathrm{F}\,k}$ zu stabilisieren und den Laserstrahldurchmesser $2 \cdot w_\sigma(z_{\mathrm{F}\,k})$ an der Wirkstelle einzuhalten. Demnach lässt sich die Regelgröße bzw. die Ist-Prozessfokuslage $z_{\mathrm{F\,th}\,k}$ so beeinflussen, dass die Führungsgröße bzw. die Soll-Prozessfokuslage $z_{\mathrm{F}\,k}$ und die Ist-Prozessfokuslage $z_{\mathrm{F\,th}\,k}$ wieder übereinstimmen, d. h., $z_{\mathrm{F\,th}\,k} = z_{\mathrm{F}\,k}$ bzw. die Differenz minimal wird.

Mit den Gleichungen (4.97) bis (4.101) und (4.104) bis (4.106) bestehen alle mathematischen Hilfsmittel für durchstrahlte optische Linsensysteme, um den Arbeitsabstand z_{A}, den thermisch veränderten Arbeitsabstand $z_{\mathrm{A\,th}}$, den Fokus-Shift Δz_{F} und den Verstellweg l_z des axial entlang der optischen Achse z verschiebbaren optischen Elementes zu berechnen. Dabei wird durch den Arbeitsabstand z_{A} die Soll-Prozessfokuslage z_{F} an der Wirkstelle eingestellt und durch den thermisch veränderten Arbeitsabstand $z_{\mathrm{A\,th}}$ die Ist-Prozessfokuslage $z_{\mathrm{F\,th}}$ angegeben. Im Ergebnis lassen sich im Interpolationstakt Δt der Laser-Remote-Scannersteuerung für die Betrachtung eines beliebigen Zeitintervalls $[t_0, t_k]$, mit $k \in \mathbb{N}$, zum Betrachtungszeitpunkt $t_k = t_0 + k \cdot \Delta t$ der Fokus-Shift Δz_{F} korrigieren, der durch eine Thermische Linse (Def. vgl. Abschnitt 2.2.2) hervorgerufen wird, die Soll-Prozessfokuslage z_{F} an der Wirkstelle stabilisieren und damit der vorgegebene Laserstrahldurchmesser $2 \cdot w_\sigma(z_{\mathrm{F}})$ und die prozessrelevante Intensitätsverteilung $I_{\mathrm{W}}(r, t)$ an der Wirkstelle einhalten.

Eine konkrete Anwendung zeigt im Abschnitt 5.4 das vorgegebene optische System des im Abschnitt 3.1.4 beschriebenen 30-kW-Laser-Remote-Scannersystems „Dragon“.

5 Einsatz der Korrekturmethode zur Fokuslagenstabilisierung

5.1 30-kW-Laser-Remote-Scannersystem „Dragon"

5.1.1 Lasersystem

Das 30-kW-Laser-Remote-Scannersystem „Dragon" (vgl. Abschnitt 3.1.4) ist für maximal 30 kW optische Laserleistung $P_{\mathrm{L}}(t_{\mathrm{EM}})$ eines Multimode-Lasersystems ausgelegt.

Die hochenergetische, infrarote Multimode-Laserstrahlung (vgl. Abschnitte 2.1.1 und 2.1.2) im Dauerstrichbetrieb, der auch als Continuous-Wave (CW)-Betrieb bezeichnet wird, wird durch den mit dieser Arbeit verwendeten Ytterbium-Hochleistungsfaserlaser YLS-30000-S2 [85][311][312] (Geräteliste vgl. Anhang A.3) des Herstellers *IPG Photonics* erzeugt. Einzelheiten zum Aufbau und zur Funktionsweise des Lasersystems lassen sich der Literatur z. B bei *Eichler et al.* [12, S. 164-166], bei *Hügel et al.* [36, S. 71-75] und bei *Jörg Thieme* [311] entnehmen.

Die Leistungsübertragung von der Laserstrahlquelle zum optischen Aufbau erfolgt mit einer Multimode-Lichtleitfaser, die einen Kerndurchmesser $d_{\mathrm{LF\,C}} = 300\ \mu\mathrm{m}$ und gemäß der Gleichung (4.90) eine numerische Apertur $A_{\mathrm{N}} = 0{,}12$ am Faserausgang aufweist.

Das Strahlparameterprodukt SPP (Def. vgl. Abschnitt 2.1.4.3) des fasergebundenen Lasersystems bestimmt gemäß der Gleichung (4.91) der im Kapitel 4 beschriebenen Korrekturmethode zur Fokuslagenstabilisierung zusammen mit dem Abstand L_1 zwischen dem Faserausgang und der Eintrittsoberfläche der Kollimationslinse (KL) (vgl. Tabelle 5.6) den Laserstrahleintritt in das optische System.

Die Tabelle 5.1 fasst die für die Korrekturmethode verwendeten Größen des Laserstrahlsystems zusammen.

In der Strahltaille $2 \cdot w_{0\,\sigma}$ (vgl. Abschnitt 2.1.4.4) der Laserstrahlkaustik (vgl. Abschnitt 2.1.4.2) entspricht die Intensitätsverteilung $I(r, z)$ des Laserstrahls einem Top-Hat-Profil (vgl. Abschnitt 2.1.2). Rechts- und linksseitig von der Strahltaille ändert sich

Tabelle 5.1 Zusammenfassung der für die Korrekturmethode verwendeten Größen und Werte des eingesetzten Ytterbium-Hochleistungsfaserlasers YLS-30000-S2 [312] des Herstellers *IPG Photonics*.

Größe	Wert	Größe	Wert
λ_0	1070 nm ± 10 nm	f_{Puls}	[0, 100] Hz
$P_{\mathrm{L}}(t_{\mathrm{EM}})$	[0,17, 30] kW	$d_{\mathrm{LF\,C}}$	300 µm
SPP	≤ 12 mm · mrad	A_{N}	0,12

G. Cerwenka, *Adaptive Fokuslagenkorrektur fasergebundener Laser-Remote-Scanner mit Linsenoptiken für hohe Laserleistungen*, Light Engineering für die Praxis, https://doi.org/10.1007/978-3-662-70885-9_5

entlang der optischen Achse (o. A.) z das Top-Hat-Profil zunehmend in eine gaußähnliche bis gaußförmige Intensitätsverteilung $I(r, z)$. Außerhalb der ermittelten Rayleigh-Länge z_R (Def. vgl. Abschnitt 2.1.4.6) ist die Intensitätsverteilung $I(r, z)$ annähernd gaußförmig.

Durch die Messung der Laserstrahlkaustik mit dem FocusMonitor FM120 [50] (Geräteliste vgl. Anhang A.3) des Herstellers *PRIMES* und der Auswertung der gemessenen Daten gemäß den Normen DIN EN ISO 11146-1:2005-04 [39] und DIN EN ISO 11146-2:2005-05 [40] lässt sich die Intensitätsverteilung $I(r, z)$ entlang der optischen Achse z abbilden und der Laserstrahl räumlich charakterisieren (vgl. Abschnitt 2.1.4). Die Ermittlung der Werte erfolgt mit einer rotierenden Messspitze, die eine Bohrung mit einem Durchmesser von 20 µm aufweist, um Licht des Laserstrahls auf eine Photodiode auszukoppeln. Dazu wird die Messspitze entlang der optischen Achse z und quer zur optischen Achse z in der y-Ausrichtung des Messkopfes verfahren und tastet in der x- und y-Ausrichtung den Laserstrahlquerschnitt zeilenweise ab. Die Messmethode ist in der Dokumentation des Herstellers *PRIMES* [50, S. 13 Mitte] beschrieben.

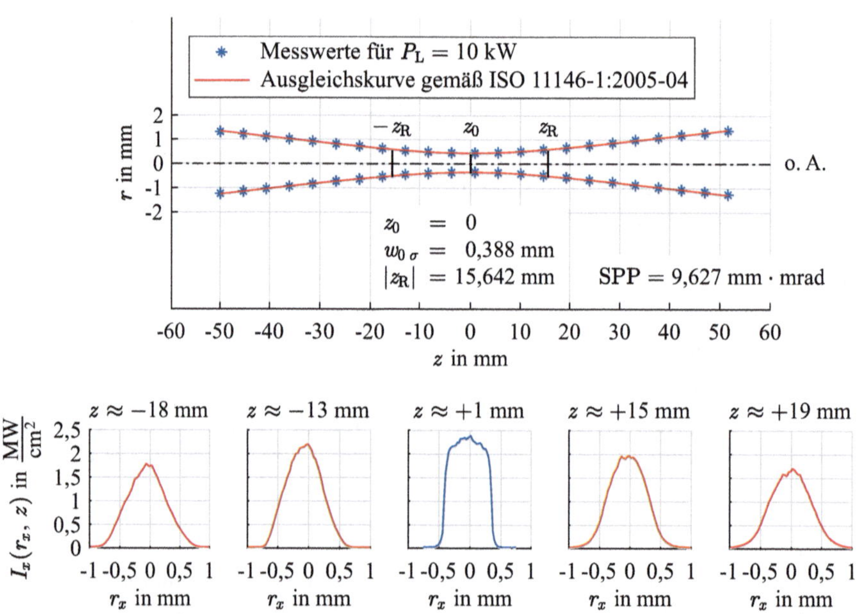

Abbildung 5.1 Laserstrahlkaustik und Intensitätsverteilung entlang der optischen Achse (o. A.) z, die Symmetrieachse, des Ytterbium-Hochleistungsfaserlasers YLS-30000-S2 des Herstellers *IPG Photonics* für die Laserleistung $P_L(t_{EM}) = 10$ kW in der Abbildung eines wassergekühlten optischen Gesamtsystems mit zwei Linsen und der freien Apertur von 50,8 mm, der Kollimationsbrennweite $f_{KL} = 150$ mm, der Systembrennweite $f_S = 400$ mm sowie dem Kerndurchmesser $d_{LF\,C}$ der Multimode-Lichtleitfaser von 300 µm. Alle Messwerte wurden mit dem FocusMonitor FM120 des Herstellers *PRIMES* im thermisch belasteten, stationären Systemzustand ermittelt und gemäß der Norm DIN EN ISO 11146-1:2005-04 [39] ausgewertet. $w_{0\,\sigma}$ beschreibt den Taillenradius. z_R und SPP geben die Rayleigh-Länge und das Strahlparameterprodukt an. Die Intensitätsverteilung $I_x(r_x, z)$ entspricht der durch die Messspitze des FocusMonitors FM120 abgetasteten x-Ausrichtung des Laserstrahlquerschnitts.

Das beispielhafte Aussehen der Laserstrahlkaustik und der Intensitätsverteilung $I(r, z)$ entlang der Symmetrieachse z ist am Beispiel eines wassergekühlten optischen Gesamtsystems mit zwei Linsen und der freien Apertur von 50,8 mm, der Kollimationsbrennweite $f_{\mathrm{KL}} = 150$ mm, der Systembrennweite $f_{\mathrm{S}} = 400$ mm sowie dem Kerndurchmesser $d_{\mathrm{LF\,C}}$ der Multimode-Lichtleitfaser von 300 µm im thermisch belasteten, stationären Systemzustand in der Abbildung 5.1 dargestellt.

5.1.2 Mechanisches System

Im mechanischen Aufbau des optischen Systems des 30-kW-Laser-Remote-Scannersystems „Dragon“ (vgl. Abschnitt 3.1.4) sind die Kollimationslinse (KL) und der Fokus-Shifter (FS) mechanisch in eigenen, additiv hergestellten, wasserkühl- bzw. -beheizbaren Aluminiumfassungen am Umfang fixiert. Dies erfolgt über minimale eingeschliffene Ringflächen an den Laserstrahleintritts- und -austrittsoberflächen und ist für einen spannungsfreien Kontakt an den Mantelflächen der Linsen konzipiert.

Das Fokussiertriplett (FT) ist in einem eigenen Aluminiumrahmen ohne eine integrierte Kühlung zusammengefasst. Der Aluminiumrahmen wird im Bereich der Mantelfläche durch einen spannungsarm verschraubbaren Aluminiumring im mechanischen Aufbau gehalten. Das Fokussiertriplet (FT) ist in der gleichen Weise wie die Kollimationslinse (KL) und der Fokus-Shifter (FS) fixiert. Somit ist das Aluminiumgehäuse für einen spannungsfreien Kontakt an den Mantelflächen der Linsen des Fokussiertriplets (FT) konzipiert.

Eine zweiteilige Aluminiumfassung ohne eine integrierte Kühlung ist für das Schutzglas (SG) vorgesehen.

Die Abbildungen 3.3, 3.4 und 5.7 zeigen den mechanischen Aufbau.

Gemäß den im Abschnitt 4.4.2.3 aufgeführten Randbedingungen wird für die Anwendung der entwickelten Korrekturmethode zur Fokuslagenstabilisierung (vgl. Kapitel 4) der spannungsfreie Kontakt zwischen den Linsen und ihren Fassungen vorausgesetzt, sodass die gewählten mechanischen Einbaulösungen der Linsen auch im thermisch belasteten optischen Aufbau für eine spannungsfrei konzipierte Fixierung sorgen. Der sich dadurch ergebende Luftspalt im Grenzflächenbereich zwischen den Mantelflächen der Linsen und deren Fassungen verhindert, den Wärmeübergang als idealisiert zu betrachten und es tritt ein Wärmeübergangswiderstand R_{s} auf. Da keine wärmeleitende Flüssigkeit bzw. Wärmeleitpaste eingesetzt wird, ist für das weitere Vorgehen ein Wärmeübergangskoeffizient $\alpha_{\mathrm{M}} \neq \infty$ vorzusehen. Dieser wird für die Berechnung des Fokus-Shifts Δz_{F} (Def. vgl. Abschnitt 2.2.4) und die softwarebasiert Stabilisierung der Soll-Prozessfokuslage z_{F} (Def. vgl. Abschnitt 1.2) gemäß dem Abschnitt 5.1.3.2 bestimmt.

Weiterhin wird aufgrund der beschriebenen Einbausituation der Linsen und gemäß den im Abschnitt 4.4.3 aufgeführten Randbedingungen die freie Ausdehnung des Glassubstrates über die Laserstrahleintritts- und -austrittsoberflächen der Linsen entlang der optischen Achse z vorausgesetzt.

Abschließend wird gemäß der Annahme im Abschnitt 4.6.1 die Fixierung der im optischen Aufbau des 30-kW-Laser-Remote-Scannersystems „Dragon“ vorhandenen Umlenkspiegel (vgl. Abschnitt 3.1.4) als ideal vorausgesetzt und nicht weiter betrachtet. Diese Vorgaben gelten auch für die Fassungen der Umlenkspiegel.

5.1.3 Optisches System

5.1.3.1 Verwendetes Glassubstrat mit Antireflex-Beschichtung

Im optischen Aufbau des 30-kW-Laser-Remote-Scannersystems „Dragon“ (vgl. Abschnitt 3.1.4) wird ausnahmslos das Fused-Silica-Glassubstrat (vgl. Abschnitt 3.2.2) mit der Bezeichnung HPFS® 7980 Standard Grade [237] des Herstellers *Corning* verwendet. Dieses wird gemäß den im Abschnitt 3.2.2 beschriebenen Eigenschaften und den im Abschnitt 4.2 getroffenen Annahmen als homogen und statistisch isotrop vorausgesetzt.

Alle Linsen im optischen Aufbau sind mit einer „Ion-Plating“ (IP)-Antireflex (AR)-Beschichtung des Herstellers *Sill Optics* versehen, die die Bezeichnung /328 [115, S. 11] [119, S. 15-16] trägt. Dadurch lässt sich für die Wellenlänge $\lambda_0 = 1070\,\text{nm}$ des verwendeten Laserlichts (vgl. Abschnitt 5.1.1) der reflektierte Anteil R_L (vgl. Abschnitt 2.2.2.1) des eingestrahlten Laserlichts beim Medienübergang (vgl. Abschnitt 2.2.2.5) auf < 2000 ppm [119, S. 15-16 u. 31 oben] gegenüber ohne einer AR-Beschichtung reduzieren.

Für den Emissionsgrad ε_GL des Glassubstrates HPFS® 7980 Standard Grade inklusive der IP-AR-Beschichtung /328 wird ein temperaturunabhängiger Wert von 0,85 [313, S. 110 Mitte rechts] verwendet.

Die Tabellen 5.2, 5.3 und 5.4 führen die für die mit dieser Arbeit entwickelte Korrekturmethode zur Fokuslagenstabilisierung (vgl. Kapitel 4) verwendeten mechanischen, optischen und thermischen Glasparameter und Werte auf.

Alle materialspezifischen Größen werden, wenn nicht explizit anders erwähnt, als temperaturunabhängig angenommen bzw. gelten für den angegebenen Temperaturbereich.

Die absolute Referenzbrechzahl $n_\text{abs GL Ref}(\lambda_0, T_\text{Ref})$ des thermisch unbelasteten isotropen Glassubstrates HPFS® 7980 Standard Grade gegenüber der Wellenlänge $\lambda_0 = 1070\,\text{nm}$ im Vakuum wird mit dem mit dieser Arbeit entwickelten und im Abschnitt 4.4.2.1 beschriebenen Modell berechnet.

Da die Messwerte der in der Tabelle 5.3 aufgeführten Sellmeier-Koeffizienten $B_{\text{GL}\,i}$ und $C_{\text{GL}\,i}$, mit $i \in \{1, 2, 3\}$, für das isotrope Glassubstrat HPFS® 7980 Standard Grade in einer Stickstoff (N_2)-Atmosphäre ermittelt werden, wird in der Gleichung (4.46) für $n_\text{med Ref}(\lambda_0, T_\text{Ref}, p_\text{Ref})$ die Brechzahl $n_\text{N2}(\lambda_0, T_\text{Ref}, p_\text{Ref})$ des Stickstoffs verwendet. Jedoch ist kein Literaturwert für die Referenzbedingungen $\lambda_0 = 1070\,\text{nm}$, $T_\text{Ref} = 22\,°\text{C}$ und $p_\text{Ref} = 101325\,\text{Pa}$ referenziert. Deshalb wird auf der Basis der bei *Peck et al.* [319] für $n_\text{N2}(\lambda_0, T_\text{Ref}, p_\text{Ref})$ vorliegenden Literaturwerte und der gemäß *Philip E. Ciddor* [187], Gleichung (2.35), für $n_\text{air}(\lambda_0, T_\text{Ref}, p_\text{Ref})$ berechneten Werte der gerundete Wert für $n_\text{N2}(\lambda_0, T_\text{Ref}, p_\text{Ref})$ mit 1,000273 ermittelt. Die Abbildung 5.2 zeigt die Dispersion der Brechzahlen bei den unterschiedlichen Randbindungen. Die Dispersion der Brechzahlen ist im Abschnitt 4.4.2.1 beschrieben.

Abschließend beträgt gemäß der Gleichung (4.46) mit dem ermittelten Wert für $n_\text{N2}(\lambda_0, T_\text{Ref}, p_\text{Ref})$ die absolute Referenzbrechzahl $n_\text{abs GL Ref}(\lambda_0, T_\text{Ref})$ für das isotrope Glassubstrat HPFS® 7980 Standard Grade gegenüber der Wellenlänge $\lambda_0 = 1070\,\text{nm}$ im Vakuum sowie der Referenztemperatur $T_\text{Ref} = 22\,°\text{C}$ gerundet 1,449957 und wird als Berechnungsgrundlage verwendet.

Tabelle 5.2 Zusammenfassung der für die Korrekturmethode verwendeten mechanischen Größen und Werte des eingesetzten Fused-Silica-Glassubstrates mit der Bezeichnung HPFS® 7980 Standard Grade [237] des Herstellers *Corning*.

Größe	Wert ($T_{Ref} = 25$ °C)	Größe	Wert ($T_{Ref} = 25$ °C)
ρ	$2201\ kg \cdot m^{-3}$	ν	0,16
E	$72{,}7 \cdot 10^{9}$ Pa		

Tabelle 5.3 Zusammenfassung der für die Korrekturmethode verwendeten optischen Größen und Werte des eingesetzten Fused-Silica-Glassubstrates mit der Bezeichnung HPFS® 7980 Standard Grade [237] des Herstellers *Corning* und der aufgetragenen IP-AR-Beschichtung mit der Bezeichnung /328 [119, S. 15-16] des Herstellers *Sill Optics*.

Größe	Wert ($T_{Ref} = 22$ °C, $p_{Ref} = 101325$ Pa, N_2)	Größe	Wert
$B_{GL\,1}$	0,68374049400	α_B	7 ppm [314][315]
$B_{GL\,2}$	0,42032361300	α_{GL}	$1340\ ppm \cdot m^{-1}$ [316, S. 11]
$B_{GL\,3}$	0,58502748000	$n_{abs\,GL\,Ref}$	1,449957 ($T_{Ref} = 22$ °C)
$C_{GL\,1}$	$0{,}00460352869\ \mu m^2$	n_{N2}	1,000273 ($T_{Ref} = 22$ °C)
$C_{GL\,2}$	$0{,}01339688560\ \mu m^2$	p_{11}	0,136 [317, S. 62 oben]
$C_{GL\,3}$	$64{,}49327320000\ \mu m^2$	p_{12}	0,281 [317, S. 62 oben]
F_0	$9{,}390590\ K^{-1}$	q_{11}	$0{,}58 \cdot 10^{-12}\ m^2 \cdot N^{-1}$ [317, S. 62 oben]
F_1	$0{,}235290\ \mu m^2 \cdot K^{-1}$		
F_2	$-1{,}318560 \cdot 10^{-3}\ \mu m^4 \cdot K^{-1}$	q_{12}	$2{,}8 \cdot 10^{-12}\ m^2 \cdot N^{-1}$ [317, S. 62 oben]
F_3	$3{,}028870 \cdot 10^{-4}\ \mu m^6 \cdot K^{-1}$		
K_{GL}	$3{,}5 \cdot 10^{-12}\ m^2 \cdot N^{-1}$	R_L	< 2000 ppm

Tabelle 5.4 Zusammenfassung der für die Korrekturmethode verwendeten thermischen Größen und Werte des eingesetzten Fused-Silica-Glassubstrates mit der Bezeichnung HPFS® 7980 Standard Grade [237] des Herstellers *Corning*.

Größe	Wert	Größe	Wert
α_K	$10\ W \cdot m^{-2} \cdot K^{-1}$ [123, S. 1060 oben links] [318, S. 4 unten]	$\beta_{rel\,GL\,k}$	$9{,}6 \cdot 10^{-6}\ K^{-1}$ ($T_{Ref} = \{20 \ldots 25\}$ °C, $p_{Ref} = 101325$ Pa, N_2)
a_L	$0{,}75 \cdot 10^{-6}\ m^2 \cdot s^{-1}$ ($T_{Ref} = 25$ °C)	c	$0{,}770 \cdot 10^{3}\ J \cdot (kg \cdot K)^{-1}$ ($T_{Ref} = 25$ °C)
$\overline{\alpha_T}$	$0{,}57 \cdot 10^{-6}\ K^{-1}$ ($T_{Ref} = \{0 \ldots 200\}$ °C)	ε_{GL}	0,85 [313, S. 110 Mitte rechts]
α_M	$140\ W \cdot m^{-2} \cdot K^{-1}$	k_T	31,4
κ	$1{,}3\ W \cdot (m \cdot K)^{-1}$ ($T_{Ref} = 25$ °C)	k_B	$5{,}670374419 \cdot 10^{-8}\ W \cdot m^{-2} \cdot K^{-4}$ [286]

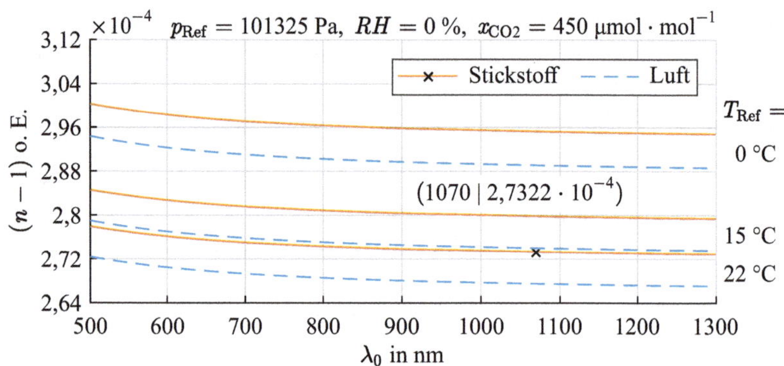

Abbildung 5.2 Ermittlung der Brechzahl $n_{\mathrm{N2}}(\lambda_0, T_{\mathrm{Ref}}, p_{\mathrm{Ref}})$ für Stickstoff bei den Referenzbedingungen $\lambda_0 = 1070\,\mathrm{nm}$ der Wellenlänge im Vakuum des verwendeten Lasersystems und $T_{\mathrm{Ref}} = 22\,°\mathrm{C}$ und $p_{\mathrm{Ref}} = 101325\,\mathrm{Pa}$ des Stickstoffs. Die Abschätzung basiert auf der Dispersion von $n_{\mathrm{N2}}(\lambda_0, T_{\mathrm{Ref}}, p_{\mathrm{Ref}})$ gemäß *Peck et al.* [319] für $T_{\mathrm{Ref}} = \{0, 15\}\,°\mathrm{C}$ und der Dispersion von $n_{\mathrm{air}}(\lambda_0, T_{\mathrm{Ref}}, p_{\mathrm{Ref}})$ gemäß *Philip E. Ciddor* [187], Gleichung (2.35), für $T_{\mathrm{Ref}} = \{0, 15, 22\}\,°\mathrm{C}$, $RH = 0$ und $x_{\mathrm{CO2}} = 450\,\mu\mathrm{mol} \cdot \mathrm{mol}^{-1}$. Der gerundete Wert für $n_{\mathrm{N2}}(\lambda_0, T_{\mathrm{Ref}}, p_{\mathrm{Ref}})$ beträgt 1,000273.

Zusätzlich wirken gemäß den in den Abschnitten 4.4.2.3 und 4.4.3 aufgeführten Randbedingungen keine axialen Kräfte und keine axialen Spannungen entlang der optischen Achse z im Glassubstrat, da der ebene Spannungszustand (ESZ) und eine im Glassubstrat entlang der optischen Achse z radiale rotationssymmetrische homogene Intensitätsverteilung $I(r, z)$ (vgl. Abschnitte 2.1.2 und 5.1.1) vorausgesetzt werden. Demzufolge besteht kein axialer Temperaturgradient $\nabla T(t)$ und alle Berechnungen beziehen sich auf die radiale Ebene senkrecht zur optischen Achse z an der Stelle, an der die halbe Linsendicke $0{,}5 \cdot d_0$ vorliegt.

Die drei zur Faltung und zur Strahlablenkung im linsenbasierten optischen Aufbau integrierten Umlenkspiegel (vgl. Abschnitt 3.1.4) bestehen ebenfalls aus dem Glassubstrat HPFS® 7980 Standard Grade und sind im Gegensatz zu den Linsen mit einer hoch reflektierenden Beschichtung des Herstellers *Sill Optics* versehen. Gemäß der Annahme im Abschnitt 4.6.1 werden die Glassubstrat- und Beschichtungseigenschaften der Umlenkspiegel als ideal vorausgesetzt, sodass die Umlenkspiegel nicht weiter betrachtet werden.

5.1.3.2 Kalibrierung des Temperaturmodells für das verwendete Glassubstrat mit Antireflex-Beschichtung

Die Vorhersage der Änderung $\Delta T_{\mathrm{GL\,U}}$ der Temperaturverteilung im Glassubstrat der Linsen des 30-kW-Laser-Remote-Scannersystems „Dragon“ (vgl. Abschnitt 3.1.4) mit dem mit dieser Arbeit entwickelten und im Abschnitt 4.4.1 dargestellten Temperaturmodell erfordert die Kalibrierung desselben für das verwendete und im Abschnitt 5.1.3.1 beschriebene reale Fused-Silica-Glassubstrat HPFS® 7980 Standard Grade mit der beidseitig auf die laserstrahldurchlässigen Linsenoberflächen aufgebrachten realen Antireflex (AR)-Beschichtung /328 und die im Abschnitt 5.1.2 beschriebene Einbausituation der Linsen.

Die Gründe für die Kalibrierung sind einerseits

- die Verwendung von in den Datenblättern aufgeführten und nicht selbst überprüften Werten bei definierten Referenzbedingungen, die von den realen Bedingungen abweichen können und
- die möglichen Abweichungen der nicht in den Datenblättern aufgeführten, verwendeten und nicht selbst überprüften Werte aus anderen Quellen, wie Werte für die Absorptionskoeffizienten α_{B} und α_{GL} der AR-Beschichtung und des Glassubstrates und dem Emissionsgrad $\varepsilon_{\mathrm{GL}}$ des Glassubstrates

der für das FE-basierte Temperaturmodell verwendeten optischen, mechanischen und thermischen Größen und Eigenschaften des Fused-Silica-Glassubstrates HPFS® 7980 Standard Grade und andererseits

- die gegebene Einbausituation der Linsen, die einen unbekannten Wärmeübergangskoeffizienten $\alpha_{\mathrm{M}} \neq \infty$ zur Folge hat, der maßgeblich die Änderung $\Delta T_{\mathrm{GL\,U}}$ der Temperaturverteilung im Glassubstrat am Linsenrand bestimmt,

sodass bei Laserleistungen $P_{\mathrm{L}}(t_{\mathrm{EM}}) > 1$ kW am Linsenrand meist eine Temperatur ungleich der Temperatur der Fassung, die der Umgebungstemperatur T_{U} entspricht, auftritt.

Die Kalibrierung des Temperaturmodells basiert auf der zeitabhängigen thermografischen Aufzeichnung der von der Linsenoberfläche ausgesendeten Wärmestrahlung (Def. vgl. Abschnitt 2.2.1) mit einer Wärmebildkamera gemäß dem von *Max Karl Ernst Ludwig Planck* 1900 gefundenen „Planckschen Strahlungsgesetz" [320] in der Form der spektralen spezifischen Ausstrahlung $M_{\mathrm{S}\,\lambda}(\lambda, T)$ bzw. der spektralen Strahldichte $L_{\mathrm{S}\,\lambda}(\lambda, T)$ mit

$$M_{\mathrm{S}\,\lambda}(\lambda, T) = \pi \cdot L_{\mathrm{S}\,\lambda}(\lambda, T) = \frac{2 \cdot \pi \cdot h \cdot c_0^2}{\lambda^5} \cdot \frac{1}{\mathrm{e}^{\frac{h \cdot c_0}{k_{\mathrm{B}} \cdot \lambda \cdot T}} - 1} \tag{5.1}$$

[7, S. 321 Mitte][110, S. 644 oben][111, S. 239 unten][112, S. 219 oben]. Die Größen λ, h, c_0 und k_{B} beschreiben in der Reihenfolge die Wellenlänge der Strahlung, die Planck-Konstante, die Lichtgeschwindigkeit im Vakuum und die Boltzmann-Konstante.

Für die Kalibrierung wird der zeitabhängige Maximalwert der Glassubstrattemperatur $T_{\mathrm{GL}}(r, t)$ auf der optischen Achse (Symmetrieachse) für $r = 0$ und die radiale Verteilung in der Abhängigkeit von einer konstanten Laserleistung $P_{\mathrm{L}}(t_{\mathrm{EM}})$ mit der Einschaltdauer t_{EM} des Laserstrahls gemessen. Die zu messenden informationstragenden Wellenlängen λ_{WS} liegen bereits im opaken Bereich des verwendeten Glassubstrates HPFS® 7980 Standard Grade [237] und sind dadurch mit der Wärmebildkamera erfassbar.

Im Anschluss erfolgt anhand des zum Zeitpunkt t gemessenen Maximalwertes der Glassubstrattemperatur $T_{\mathrm{GL}}(r = 0, t)$ ein Vergleich mit den Ergebnissen des mit dieser Arbeit entwickelten FE-basierten Temperaturmodells. Dabei wird der Kurvenverlauf der berechneten Maximalwerte der Glassubstrattemperatur $T_{\mathrm{GL}}(r = 0, t)$ für alle zu untersuchenden Laserleistungen $P_{\mathrm{L}}(t_{\mathrm{EM}})$ durch einen einzigen Korrekturfaktor k_{T} mit dem Ziel der bestmöglichen Übereinstimmung mit den gemessenen Maximalwerten der Glassubstrattemperatur $T_{\mathrm{GL}}(r = 0, t)$ angepasst. Der Korrekturfaktor k_{T} beeinflusst maßgeblich den Maximalwert der Glassubstrattemperatur $T_{\mathrm{GL}}(r = 0, t)$ im Linsenzentrum.

Weiterhin erfolgt eine Überprüfung der radialen Temperaturverteilung $T_{\mathrm{GL}}(r, t_{\mathrm{EM}})$, um den Wärmeübergangskoeffizient α_{M} an der Grenzfläche zwischen dem Linsenmantel und der Fassung zu ermitteln. Der Wärmeübergangskoeffizient α_{M} beeinflusst die radius- und zeitabhängige Temperaturverteilung $T_{\mathrm{GL}}(r, t_{\mathrm{EM}})$ im Glassubstrat am Linsenrand.

Als thermische Quelle für die Wertermittlung von $T_{\mathrm{GL}}(r, t)$ dient der im Abschnitt 5.1.1 beschriebene Ytterbium-Hochleistungsfaserlaser YLS-30000-S2 (Geräteliste vgl. Anhang A.3) des Herstellers *IPG Photonics*.

Die verwendeten Linsen sind diejenigen des 30-kW-Laser-Remote-Scannersystems „Dragon“ mit den im Abschnitt 5.1.3.1 zusammengefassten Glassubstratspezifikationen sowie den im Abschnitt 5.1.2 ausgeführten und in den Abbildungen 3.3, 3.4 und 5.7 dargestellten Aluminiumfassungen.

Weiterhin wird angenommen, dass die Linsen entlang der optischen Achse (Symmetrieachse) koaxial im Strahlengang des Laserstrahls mit der optischen Achse als Strahlachse und senkrecht zur optischen Achse positioniert sind.

Der Laserstrahl wird durch eine gegebene Optik für jede Linse einzeln auf die Eintrittsoberfläche der Linsen projiziert. Dazu erfolgt die Anordnung der Linsen im Strahlengang des Laserstrahls nach der Fokusebene der verwendeten Optik und außerhalb der Rayleigh-Länge z_{R} (Def. vgl. Abschnitt 2.1.4.6) des Laserstrahls, um die Linsen nicht zu zerstören und ähnliche Verhältnisse, wie sie im optischen Aufbau vorliegen, zu erhalten.

Für die Beobachtung der von den Linsenoberflächen ausgesendeten Wärmestrahlung wird die Wärmebildkamera FLK-Ti450 (60 Hz) [321] (Geräteliste vgl. Anhang A.3) des Herstellers *Fluke* in einem Abstand von $L_{\mathrm{W}} = 410$ mm zum Flächenscheitel der Laserstrahlaustrittsoberfläche der Linsen und, um eine Beschädigung durch die Laserstrahlung auszuschließen, in einem Winkel $\gamma_{\mathrm{W}} \approx 12°$ zur optischen Achse (o. A.) angeordnet. Die Wärmebildkamera FLK-Ti450 (60 Hz) nimmt auf der Basis eines ungekühlten Mikrobolometer-Arrays Wellenlängen λ_{WS} der langwelligen thermischen Strahlung zwischen 7500 nm und 14000 nm [321, S. 10 oben] auf und gibt mit einer Detektorauflösung von $320 \cdot 240$ Pixel^2 Bilder mit der direkten Anzeige von Temperaturen [321, S. 6 Mitte] aus.

Um weiterhin den Einfluss reflektierter und gestreuter Strahlung von in der Umgebung befindlichen Objekten auf die Messergebnisse zu minimieren, befindet sich der Messaufbau während der gesamten Messdauer in einer vollständig abgedunkelten Messkammer. Die Abbildung 5.3 zeigt den Messaufbau.

Die Datenaufnahme gliedert sich in drei Abschnitte:

- Vor dem Einschalten des Laserstrahls erfolgt die Aufzeichnung der Ausgangstemperatur $T_{\mathrm{GL}\,0}$ des thermisch unbelasteten Glassubstrates.
- Während der Wärmeaufnahmephase bei einer konstanten Laserleistung $P_{\mathrm{L}}(t_{\mathrm{EM}})$ wird für die Einschaltdauer t_{EM} des Laserstrahls der Temperaturanstieg im Glassubstrat entlang des Linsenradius r_{L} bis zum Erreichen des Maximalwertes der Glassubstrattemperatur $T_{\mathrm{GL}}(r = 0, t_{\mathrm{EM}})$ aufgezeichnet.
- Nach dem Ausschalten des Laserstrahls erfolgt die Aufzeichnung der Wärmeabgabephase, bis 90 % des aufgetretenen Maximalwertes der Glassubstrattemperatur $T_{\mathrm{GL}}(r = 0, t)$ abgeklungen sind.

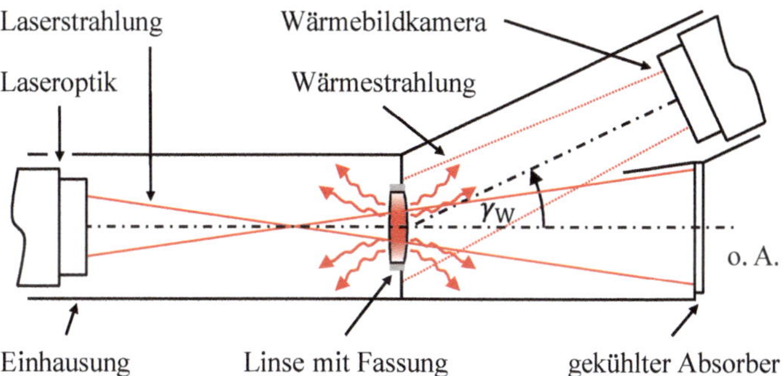

Abbildung 5.3 Messaufbau zur thermografischen Aufzeichnung der von der Laserstrahlaustrittsoberfläche der Linse ausgesendeten Wärmestrahlung zur Ermittlung der Glassubstrattemperatur $T_{\mathrm{GL}}(r, t)$ zum Zeitpunkt t. γ_{W}, mit $\gamma_{\mathrm{W}} = 12°$, gibt den Winkel an, um den die Wärmebildkamera FLK-Ti450 (60 Hz) des Herstellers *Fluke* zur optischen Achse (o. A.) des Laserstrahls angeordnet ist, um eine Beschädigung durch die Laserstrahlung auszuschließen.

Während der Kalibrierung des zum Betrachtungszeitpunkt t_k berechneten Maximalwertes der Glassubstrattemperatur $T_{\mathrm{GL}}(r = 0, t_k)$ für das FE-basierte Temperaturmodell wird für jede Laserleistung $P_{\mathrm{L}}(t_{\mathrm{EM}})$ für die Ausgangstemperatur $T_{\mathrm{GL}\,0}$ des thermisch unbelasteten Glassubstrates der räumliche Mittelwert der thermografischen Messdaten verwendet, der aus dem auf der Linsenoberfläche abgebildeten Messfeld gebildet wird.

Außerdem wird für die Berechnung des Maximalwertes der Glassubstrattemperatur $T_{\mathrm{GL}}(r = 0, t_k)$ des thermisch belasteten Glassubstrates der Laserstrahldurchmesser $2 \cdot r_{\mathrm{B}}$ auf der Laserstrahlaustrittsoberfläche der Linsen verwendet. Der Laserstrahldurchmesser $2 \cdot r_{\mathrm{B}}$ ergibt sich gemäß der geometrischen Messanordnung für den divergierenden Laserstrahl als berechnetes Ergebnis der Gleichung (2.7) und beträgt für die Kollimationslinse (KL) 20 mm.

Für die thermographische Messung und das angepasste FE-basierte Temperaturmodell der Kollimationslinse (KL) sind für die in der Tabelle 5.5 zusammengestellten Messreihen die Maximalwerte der Glassubstrattemperatur $T_{\mathrm{GL}}(r \approx 0, t_{\mathrm{EM}})$ auf der optischen Achse in Schritten von $t_{\mathrm{EM}} = 2$ s für die Messung und in Schritten von $t_{\mathrm{EM}} = 1$ s für das Temperaturmodell in der Abbildung 5.4 beispielhaft aufgetragen. Die gemessenen und ausgewerteten Temperaturdaten sind für jede Laserleistung $P_{\mathrm{L}}(t_{\mathrm{EM}})$ über den angegebenen Probenumfang gemittelt und auf $T_{\mathrm{GL}\,0} = 20$ °C angepasst. Die für die Kalibrierung des FE-basierten Temperaturmodells verwendeten Laserleistungen $P_{\mathrm{L}}(t_{\mathrm{EM}})$ von 1000 W bis zu 6000 W wurden mit dem Kalorimeter EC-PowerMonitor [322] (Geräteliste vgl. Anhang A.3) des Herstellers *PRIMES* gemessen.

Aufgrund der Normalverteilungshypothese sind je nach gefordertem Vertrauensintervall zur aussagekräftigen Berechnung des Erwartungswertes mindestens 10 bis 25 Stichproben erforderlich. Da jedoch im Rahmen der experimentellen Messdauer systembedingt (Abkühlzeit des Glassubstrates und nicht unerheblicher technischer Aufwand beim Ausgleich der Schwankung der Umgebungsbedingungen) diese Anzahl nicht erreicht werden konnte, wird mit dem verwendeten Stichprobenumfang von 3 die Wiederholbarkeit der Messungen des als deterministisch vorausgesetzten Messvorgangs kontrolliert.

Tabelle 5.5 Zusammenstellung der durchgeführten Messreihen zur Kalibrierung des FE-basierten Temperaturmodells für das verwendete Glassubstrat HPFS® 7980 Standard Grade des Herstellers *Corning* mit der beidseitig aufgebrachten IP-AR-Beschichtung /328 des Herstellers *Sill Optics*.

Laserleistung $\overline{P_L}(t_{EM})$ in W	Einschaltdauer t_{EM} in s	Stichprobenumfang
1033	300	3
2005	300	3
3055	300	3
4051	300	3
5008	300	3
6029	300	3

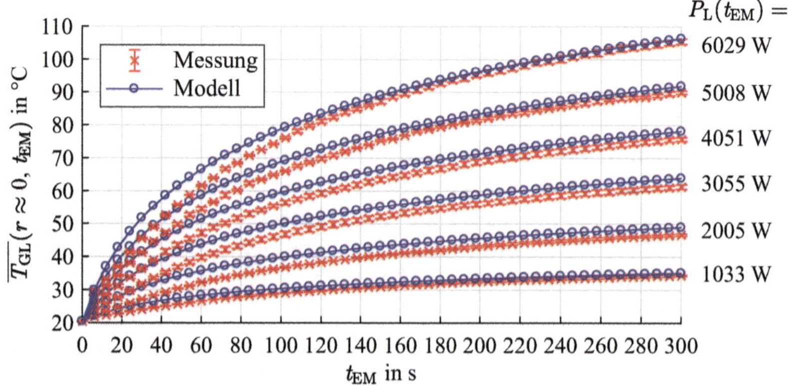

Abbildung 5.4 Vergleich der erreichten Maximalwerte der Glassubstrattemperatur $T_{GL}(r \approx 0, t_{EM})$ der thermographischen Messung und des entwickelten FE-basierten Temperaturmodells für die Kollimationslinse (KL) zur Kalibrierung des FE-basierten Temperaturmodells für das Glassubstrat HPFS® 7980 Standard Grade des Herstellers *Corning* mit der beidseitig aufgebrachten IP-AR-Beschichtung /328 des Herstellers *Sill Optics*. Die gemessenen und ausgewerteten Temperaturdaten sind für jede Laserleistung $P_L(t_{EM})$ über den in der Tabelle 5.5 angegebenen Probenumfang gemittelt. Zusätzlich wird vor dem Einschalten des Laserstrahls für jede Laserleistung $P_L(t_{EM})$ für die Ausgangstemperatur $T_{GL\,0}$ des thermisch unbelasteten Glassubstrates der räumliche Mittelwert der thermografischen Messdaten aus dem auf der Linsenoberfläche abgebildeten Messfeld gebildet. t_{EM} beschreibt die Einschaltdauer des Laserstrahls. Der Laserstrahlradius r_B auf der Austrittsoberfläche der Linse beträgt 10 mm. Für den Korrekturfaktor k_T ergibt sich der Wert 31,4.

Im Ergebnis des Vergleichs der erreichten Maximalwerte der gemessenen und ausgewerteten mit der berechneten Glassubstrattemperatur $T_{GL}(r \approx 0, t_{EM})$ auf der optischen Achse mit der Einschaltdauer t_{EM} des Laserstrahls ergibt sich für den Korrekturfaktor k_T der Wert 31,4 im entwickelten, FE-basierten Temperaturmodell für das verwendete Glassubstrat HPFS® 7980 Standard Grade mit der beidseitig aufgetragenen IP-AR-Beschichtung /328.

Die zwischen $t_{EM} = 10$ s und $t_{EM} = 110$ s jeder Messung im Vergleich zum FE-basierten Temperaturmodell erkennbar niedriger liegende Temperaturmessung ist auf einen systematischen Messerfehler zurückzuführen.

Die in der Anfangsphase, nach $t_{EM} = 4$ s, und am Ende, nach $t_{EM} = 300$ s, jeder Messung durchgeführte Überprüfung der gemessenen und gemittelten radialen Temperatur-

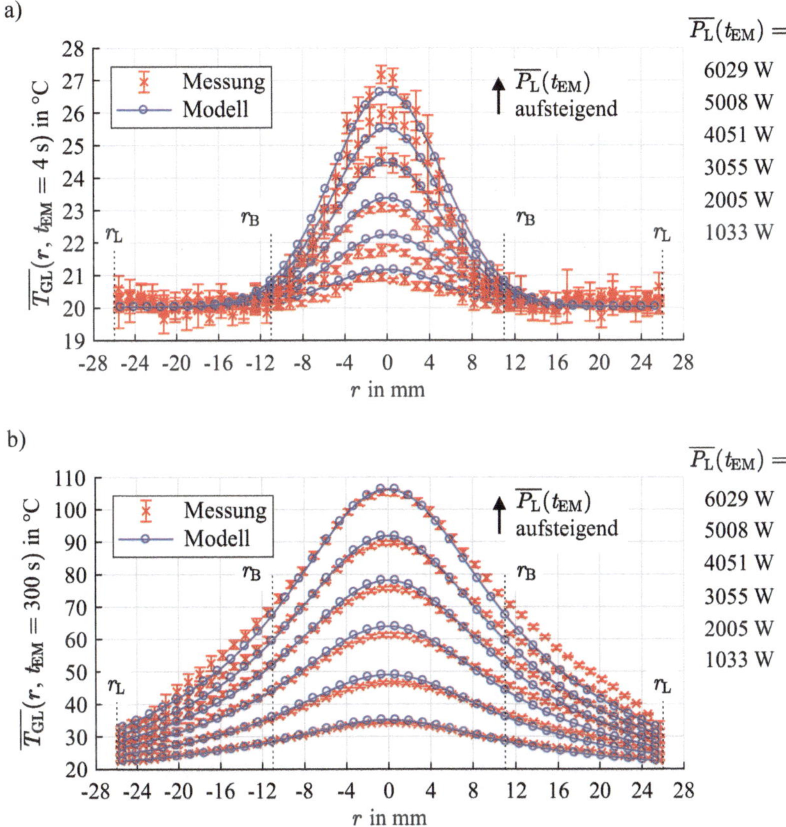

Abbildung 5.5 Vergleich der radialen Temperaturverteilungen $T_{GL}(r, t_{EM})$ im Glassubstrat der thermographischen Messung und des entwickelten FE-basierten Temperaturmodells für die Kollimationslinse (KL) zur Überprüfung des ermittelten Korrekturfaktors $k_T = 31{,}4$ für das Glassubstrat HPFS® 7980 Standard Grade des Herstellers *Corning* mit der beidseitig aufgebrachten IP-AR-Beschichtung /328 des Herstellers *Sill Optics*. Die gemessenen und ausgewerteten Temperaturdaten sind für a) $t_{EM} = 4$ s und b) $t_{EM} = 300$ s für jede Laserleistung $P_L(t_{EM})$ über den in der Tabelle 5.5 angegebenen Probenumfang für das erreichte Maximum bei der Einschaltdauer t_{EM} des Laserstrahls aus den horizontal und vertikal aufgenommenen und abgelesenen Sensordaten der Wärmebildkamera FLK-Ti450 (60 Hz) des Herstellers *Fluke* gemittelt. r_L und r_B beschreiben den Radius der Linse und den Strahlradius des Laserstrahls. Für r_L beträgt der Wert 26 mm und für r_B ergibt sich der Wert 10 mm. Weiterhin wurde ein Wärmeübergangskoeffizient $\alpha_M = 140\ \text{W} \cdot \text{m}^{-2} \cdot \text{K}^{-1}$ an der Grenzfläche zwischen dem Linsenmantel und der Fassung ermittelt.

verteilungen $T_{\mathrm{GL}}(r, t_{\mathrm{EM}})$ zeigt den erwarteten inhomogenen Kurvenverlauf der im Abschnitt 5.1.1 dargestellten gaußförmigen Intensitätsverteilung $I(r, z)$ in der Abhängigkeit vom Laserstrahldurchmesser $2 \cdot r_{\mathrm{B}}$. In der Anwendung des ermittelten Korrekturfaktors $k_{\mathrm{T}} = 31{,}4$ ergibt sich gemäß der Abbildung 5.5 eine gute Übereinstimmung des radialen Kurvenverlaufs des FE-basierten Temperaturmodells mit dem für jede Laserleistung $P_{\mathrm{L}}(t_{\mathrm{EM}})$ gemittelten Kurvenverlauf der Messung. Der gemittelte Kurvenverlauf der Messung ergibt sich aus dem in der Tabelle 5.5 angegebenen Probenumfang aus den horizontal und vertikal aufgenommenen und abgelesenen Sensordaten der Wärmebildkamera FLK-Ti450 (60 Hz) des Herstellers *Fluke.* Aufgetragen sind für $t_{\mathrm{EM}} = 4$ s (vgl. Abbildung 5.5a)) und $t_{\mathrm{EM}} = 300$ s (vgl. Abbildung 5.5b)) die in der Tabelle 5.5 zusammengestellten Messreihen in Schritten von $r = 1{,}635$ mm für die Messung und in Schritten von $r = 1{,}3$ mm gemäß der Diskretisierung des Linsendurchmessers $2 \cdot r_{\mathrm{L}}$ mit $2 \cdot N = 40$ finiten Elementen für das FE-basierte Temperaturmodell.

Zusammen mit dem Wert 31,4 für den Korrekturfaktor k_{T} wurde für den Wärmeübergangskoeffizient α_{M} an der Grenzfläche zwischen dem Linsenmantel und der Fassung der Wert 140 $\mathrm{W} \cdot \mathrm{m}^{-2} \cdot \mathrm{K}^{-1}$ ermittelt.

Sowohl der ermittelte Korrekturfaktor $k_{\mathrm{T}} = 31{,}4$ als auch der ermittelte Wärmeübergangskoeffizient $\alpha_{\mathrm{M}} = 140\ \mathrm{W} \cdot \mathrm{m}^{-2} \cdot \mathrm{K}^{-1}$ fließen in die entwickelte und im Kapitel 4 beschriebene Korrekturmethode zur Fokuslagenstabilisierung ein und dienen für das vorgegebene optische Linsensystem des 30-kW-Laser-Remote-Scannersystem „Dragon" zur Berechnung der veränderten Temperaturverteilung $\Delta T_{\mathrm{GL\,U}}$ im Fused-Silica-Glassubstrat HPFS® 7980 Standard Grade mit der beidseitig aufgebrachten IP-AR-Beschichtung /328 (vgl. Abschnitt 4.4.1.6).

Sowohl die in der Abbildung 5.4 dargestellte zeitabhängige als auch die in der Abbildung 5.5 dargestellte radiale Gegenüberstellung der gemittelten Glassubstrattemperaturen $\overline{T_{\mathrm{GL}}}(r, t)$ zeigen, dass das mit dieser Arbeit entwickelte und im Abschnitt 4.4.1 dargestellte FE-basierte Temperaturmodell die am realen System thermographisch gemessenen Temperaturwerte abbildet und als Basis für die Berechnung und die Korrektur des Fokus-Shifts Δz_{F} (vgl. Abschnitte 2.2.4) verwendet wird.

5.1.3.3 Geometrischer Parametersatz

Die Implementierung des optischen Gesamtsystems des im Abschnitt 3.1.4 beschriebenen 30-kW-Laser-Remote-Scannersystems „Dragon" erfolgt gemäß dem mit dieser Arbeit entwickelten und im Abschnitt 4.6.1 beschriebenen Modell in vier Teilsystemen. Alle dafür verwendeten Matrizen $\boldsymbol{M}$ (mit und ohne einem Index) sind definiert als $\boldsymbol{M} \in \mathbb{R}^{2\times2}$.

Spiegelelemente werden gemäß der Annahme im Abschnitt 4.6.1 als ideal vorausgesetzt und nicht weiter betrachtet.

In der Abbildung 5.6 sind die vier hinterlegten Teilsystemmatrizen $\boldsymbol{M}_1$, $\boldsymbol{M}_2$, $\boldsymbol{M}_3$ und $\boldsymbol{M}_{z\mathrm{L}}$ der vier Teilsysteme für das entfaltete optische Gesamtsystem skizziert.

Gemäß der Gleichung (4.94) ergibt sich mit der Multiplikation der vier hinterlegten Teilsystemmatrizen $\boldsymbol{M}_1$, $\boldsymbol{M}_2$, $\boldsymbol{M}_3$ und $\boldsymbol{M}_{z\mathrm{L}}$, wie sie in der Abbildung 5.6 dargestellt sind, für die Matrix $\boldsymbol{M}_{\mathrm{GS}} = \boldsymbol{M}_{z\mathrm{L}} \cdot \boldsymbol{M}_{\mathrm{OS}} = \boldsymbol{M}_{z\mathrm{L}} \cdot \boldsymbol{M}_3 \cdot \boldsymbol{M}_2 \cdot \boldsymbol{M}_1$ des optischen Gesamtsystems die Form

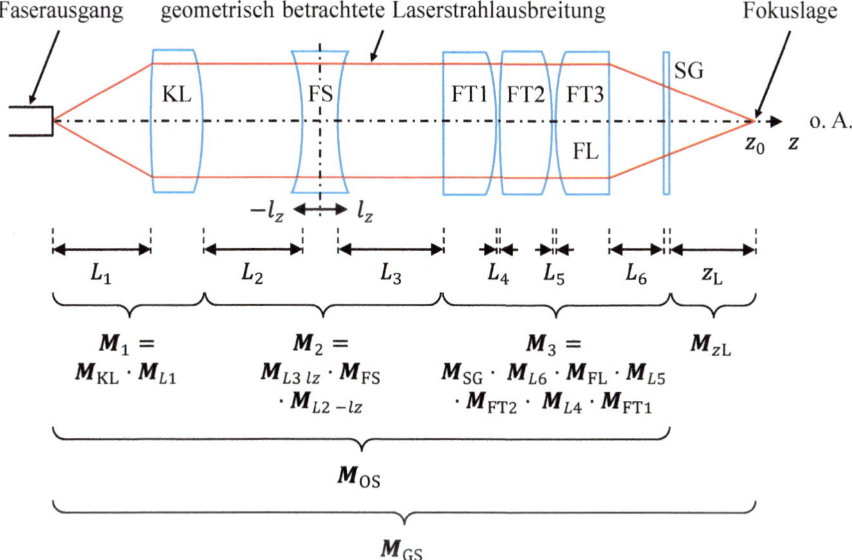

KL ≔ Kollimationslinse FS ≔ Fokus-Shifter FT ≔ Fokussiertriplett

FL ≔ Fokussierlinse SG ≔ Schutzglas

Abbildung 5.6 Implementierung des entfalteten optischen Gesamtsystems des 30-kW-Laser-Remote-Scannersystems „Dragon“ anhand der vier Teilsystemmatrizen $\boldsymbol{M}_1$, $\boldsymbol{M}_2$, $\boldsymbol{M}_3$ und $\boldsymbol{M}_{zL}$, mit $\boldsymbol{M}_1, \boldsymbol{M}_2, \boldsymbol{M}_3, \boldsymbol{M}_{zL} \in \mathbb{R}^{2\times 2}$. Die Matrix $\boldsymbol{M}_{OS}$, mit $\boldsymbol{M}_{OS} \in \mathbb{R}^{2\times 2}$, beschreibt den optischen Aufbau von der Austrittsoberfläche der Lichtleitfaser bis zur prozessseitigen Oberfläche des Schutzglases (SG). Die Matrix $\boldsymbol{M}_{GS}$, mit $\boldsymbol{M}_{GS} \in \mathbb{R}^{2\times 2}$, spiegelt das optische Gesamtsystem wider und beinhaltet die Matrix $\boldsymbol{M}_{OS}$ und die freie Ausbreitung einer Laserstrahlung von der prozessseitigen Oberfläche des Schutzglases (SG) bis zu der durch das optische System vorgegebenen Fokuslage z_0 des Laserstrahls. l_z gibt den Verstellweg des axial entlang der optischen Achse (o. A.) z verschiebbaren Fokus-Shifters (FS) an.

$$\boldsymbol{M}_{GS} = \underbrace{\begin{pmatrix} 1 & z_L \\ 0 & 1 \end{pmatrix}}_{\substack{\boldsymbol{M}_{zL} \\ \text{freie Ausbreitung } z_L \text{ in der} \\ \text{Luft zw. Austrittsoberfläche} \\ \text{SG und Fokuslage } z_0}} \cdot \underbrace{\left(\begin{pmatrix} 1 & 0 \\ \left(\frac{n_{GL}}{n_{air}} - 1\right) \cdot \frac{1}{R_2} & \left(\frac{n_{GL}}{n_{air}}\right) \end{pmatrix} \cdot \begin{pmatrix} 1 & d \\ 0 & 1 \end{pmatrix} \cdot \begin{pmatrix} 1 & 0 \\ \left(\frac{n_{air}}{n_{GL}} - 1\right) \cdot \frac{1}{R_1} & \left(\frac{n_{air}}{n_{GL}}\right) \end{pmatrix} \right)}_{\substack{\boldsymbol{M}_{SG} \\ \text{Schutzglas (SG)}}} \cdot \underbrace{\begin{pmatrix} 1 & L_6 \\ 0 & 1 \end{pmatrix}}_{\substack{\boldsymbol{M}_{L6} \\ \text{freie Ausbreitung } L_6 \text{ in der} \\ \text{Luft zw. Austrittsoberfläche FL} \\ \text{und Eintrittsoberfläche SG}}}$$

$$\cdot \underbrace{\left(\begin{pmatrix} 1 & 0 \\ \left(\frac{n_{GL}}{n_{air}} - 1\right) \cdot \frac{1}{R_2} & \left(\frac{n_{GL}}{n_{air}}\right) \end{pmatrix} \cdot \begin{pmatrix} 1 & d \\ 0 & 1 \end{pmatrix} \cdot \begin{pmatrix} 1 & 0 \\ \left(\frac{n_{air}}{n_{GL}} - 1\right) \cdot \frac{1}{R_1} & \left(\frac{n_{air}}{n_{GL}}\right) \end{pmatrix} \right)}_{\substack{\boldsymbol{M}_{FL} \\ \text{Fokussierlinse (FL)} \\ \text{des Fokussiertripletts}}} \cdot \underbrace{\begin{pmatrix} 1 & L_5 \\ 0 & 1 \end{pmatrix}}_{\substack{\boldsymbol{M}_{L5} \\ \text{freie Ausbreitung } L_5 \text{ in der} \\ \text{Luft zw. Austrittsoberfläche FT2} \\ \text{und Eintrittsoberfläche FL}}}$$

$$
\cdot \underbrace{\begin{pmatrix} 1 & 0 \\ \left(\frac{n_{GL}}{n_{air}} - 1\right) \cdot \frac{1}{R_2} & \left(\frac{n_{GL}}{n_{air}}\right) \end{pmatrix} \cdot \begin{pmatrix} 1 & d \\ 0 & 1 \end{pmatrix} \cdot \begin{pmatrix} 1 & 0 \\ \left(\frac{n_{air}}{n_{GL}} - 1\right) \cdot \frac{1}{R_1} & \left(\frac{n_{air}}{n_{GL}}\right) \end{pmatrix}}_{\boldsymbol{M}_{FT2}} \cdot \underbrace{\begin{pmatrix} 1 & L_4 \\ 0 & 1 \end{pmatrix}}_{\boldsymbol{M}_{L4}}
$$

$\boldsymbol{M}_{FT2}$: Strahlaufweitungslinse (FT2) des Fokussiertripletts

$\boldsymbol{M}_{L4}$: freie Ausbreitung L_4 in der Luft zw. Austrittsoberfläche FT1 und Eintrittsoberfläche FT2

$$
\cdot \underbrace{\begin{pmatrix} 1 & 0 \\ \left(\frac{n_{GL}}{n_{air}} - 1\right) \cdot \frac{1}{R_2} & \left(\frac{n_{GL}}{n_{air}}\right) \end{pmatrix} \cdot \begin{pmatrix} 1 & d \\ 0 & 1 \end{pmatrix} \cdot \begin{pmatrix} 1 & 0 \\ \left(\frac{n_{air}}{n_{GL}} - 1\right) \cdot \frac{1}{R_1} & \left(\frac{n_{air}}{n_{GL}}\right) \end{pmatrix}}_{\boldsymbol{M}_{FT1}} \cdot \underbrace{\begin{pmatrix} 1 & L_3 - l_z \\ 0 & 1 \end{pmatrix}}_{\boldsymbol{M}_{L3\,lz}}
$$

$\boldsymbol{M}_{FT1}$: Kollimationslinse (FT1) des Fokussiertripletts

$\boldsymbol{M}_{L3\,lz}$: freie Ausbreitung $L_3 - l_z$ in der Luft zw. Austrittsoberfläche FS und Eintrittsoberfläche FT1

$$
\cdot \underbrace{\begin{pmatrix} 1 & 0 \\ \left(\frac{n_{GL}}{n_{air}} - 1\right) \cdot \frac{1}{R_2} & \left(\frac{n_{GL}}{n_{air}}\right) \end{pmatrix} \cdot \begin{pmatrix} 1 & d \\ 0 & 1 \end{pmatrix} \cdot \begin{pmatrix} 1 & 0 \\ \left(\frac{n_{air}}{n_{GL}} - 1\right) \cdot \frac{1}{R_1} & \left(\frac{n_{air}}{n_{GL}}\right) \end{pmatrix}}_{\boldsymbol{M}_{FS}} \cdot \underbrace{\begin{pmatrix} 1 & L_2 + l_z \\ 0 & 1 \end{pmatrix}}_{\boldsymbol{M}_{L2\,-lz}}
$$

$\boldsymbol{M}_{FS}$: Fokus-Shifter (FS), (axial entlang der optischen Achse z verschiebbare Linse)

$\boldsymbol{M}_{L2\,-lz}$: freie Ausbreitung $L_2 + l_z$ in der Luft zw. Austrittsoberfläche KL und Eintrittsoberfläche FS

$$
\cdot \underbrace{\begin{pmatrix} 1 & 0 \\ \left(\frac{n_{GL}}{n_{air}} - 1\right) \cdot \frac{1}{R_2} & \left(\frac{n_{GL}}{n_{air}}\right) \end{pmatrix} \cdot \begin{pmatrix} 1 & d \\ 0 & 1 \end{pmatrix} \cdot \begin{pmatrix} 1 & 0 \\ \left(\frac{n_{air}}{n_{GL}} - 1\right) \cdot \frac{1}{R_1} & \left(\frac{n_{air}}{n_{GL}}\right) \end{pmatrix}}_{\boldsymbol{M}_{KL}} \cdot \underbrace{\begin{pmatrix} 1 & L_1 \\ 0 & 1 \end{pmatrix}}_{\boldsymbol{M}_{L1}}. \qquad (5.2)
$$

$\boldsymbol{M}_{KL}$: Kollimationslinse (KL)

$\boldsymbol{M}_{L1}$: freie Ausbreitung L_1 in der Luft zw. Austrittsoberfläche Lichtleitfaser und Eintrittsoberfläche KL

Für n_{GL} ist die absolute Brechzahl $n_{abs\,GL}$ des Glassubstrates einzusetzen.

Aufbauend auf den Vorbetrachtungen zum optischen Gesamtsystem des 30-kW-Laser-Remote-Scannersystems „Dragon" im Abschnitt 3.1.4 und gemäß der skizzierten Aufteilung der Transfermatrizen $\boldsymbol{M}$ in der Abbildung 5.6 fasst die Tabelle 5.6 die konstruktiven Werte der einzelnen geometrischen Gestaltungsgrößen zusammen, die in die Matrix $\boldsymbol{M}_{OS}$ des optischen Aufbaus einfließen.

Die Transfermatrix $\boldsymbol{M}_{KL}$ bildet geometrisch die Kollimationslinse (KL) ab. Da es sich bei der ausgangsseitigen Oberfläche um eine asphärische Oberflächenkrümmung handelt, wurde mit der Gleichung (4.68) der in der Tabelle 5.6 angegebene Ersatzradius R_2 für die Oberflächenkrümmung bestimmt, wobei gemäß dem Hersteller *Sill Optics* (*Cornelia Halbhuber* [323]) für n_{med} der Wert 1 verwendet wurde.

Der mittlere Arbeitsabstand $z_{A\,m}$ in der Ebene (vgl. Abschnitt 3.1.4) des thermisch unbelasteten optischen Gesamtsystems des 30-kW-Laser-Remote-Scannersystems „Dragon" lässt sich auf der Basis des im Abschnitt 4.6.2 beschriebenen Modells zur Einstellung der Soll-Prozessfokuslage z_F (Def. vgl. Abschnitt 1.2) an der Wirkstelle mit dem Verstellweg l_z des Fokus-Shifters (FS) von 0 mm berechnen. Dies erfolgt mit dem Arbeitsabstand z_A (Def. vgl. Abbildung 1.1) von der prozessseitigen Oberfläche des Schutzglases (SG) bis

Tabelle 5.6 Zusammenstellung der Transfermatrizen (TFM) $\boldsymbol{M}$, der geometrischen Gestaltungsgrößen und ihrer gerundeten konstruktiven Werte der implementierten Matrix $\boldsymbol{M}_{\mathrm{OS}}$, mit $\boldsymbol{M}_{\mathrm{OS}} \in \mathbb{R}^{2\times2}$, des optischen Aufbaus des 30-kW-Laser-Remote-Scannersystems „Dragon“. Alle Transfermatrizen $\boldsymbol{M}$ (mit einem Index) sind definiert als $\boldsymbol{M} \in \mathbb{R}^{2\times2}$. Für $\boldsymbol{M}_{L2\,-lz}$ und $\boldsymbol{M}_{L3\,lz}$ gilt der Verstellweg l_z des Fokus-Shifters (FS) von 0 mm. Die Größe L_i, mit $i \in \{1, \ldots, 6\}$, gibt die Abstände L_1 bis L_6 wieder.

TFM	Größe und Wert				Beschreibung
	L_i in mm	R_1 in mm	d in mm	R_2 in mm	
$\boldsymbol{M}_{L1}$	143,58				Abstand L_1 zw. Faserende und KL
$\boldsymbol{M}_{\mathrm{KL}}$		434,21	11,00	−78,71	Kollimationslinse (KL)
$\boldsymbol{M}_{L2\,-lz}$	199,30				Abstand L_2 zw. KL und FS
$\boldsymbol{M}_{\mathrm{FS}}$		−118,79	8,00	66,44	Fokus-Shifter (FS)
$\boldsymbol{M}_{L3\,lz}$	292,70				Abstand L_3 zw. FS und FT1
$\boldsymbol{M}_{\mathrm{FT1}}$		∞	30,00	−416,26	Kollimationslinse (FT1)
$\boldsymbol{M}_{L4}$	3,00				Abstand L_4 zw. FT1 und FT2
$\boldsymbol{M}_{\mathrm{FT2}}$		2153,61	25,00	−575,00	Strahlaufweitungslinse (FT2)
$\boldsymbol{M}_{L5}$	3,00				Abstand L_5 zw. FT2 und FL
$\boldsymbol{M}_{\mathrm{FL}}$		416,26	30,00	$-\infty$	Fokussierlinse (FL)
$\boldsymbol{M}_{L6}$	355,00				Abstand L_6 zw. FL und SG
$\boldsymbol{M}_{\mathrm{SG}}$		∞	15,00	$-\infty$	Schutzglas (SG)

zur Soll-Prozessfokuslage z_{F} gemäß der Gleichung (4.98) mit der Verwendung der implementierten Matrix $\boldsymbol{M}_{\mathrm{GS}}$ des optischen Gesamtsystems gemäß der Gleichung (5.2) und dem geometrischen Parametersatz gemäß der Tabelle 5.6.

Für die weitere Betrachtung wird angenommen, dass die Soll-Prozessfokuslage z_{F} an der Wirkstelle mit der durch das optische System vorgegebenen Fokuslage z_0 (Def. vgl. Abschnitt 1.2) des Laserstrahls zusammenfällt, sodass die Verschiebung Δz_0 (Def. vgl. Abbildung 1.1) den Wert 0 annimmt. Somit fällt auch der Arbeitsabstand z_{A} von der prozessseitigen Oberfläche des Schutzglases (SG) bis zur Soll-Prozessfokuslage z_{F} gemäß der Abbildung 1.1 mit dem berechneten Abstand z_{L} von der prozessseitigen Oberfläche des Schutzglases (SG) bis zur Fokuslage z_0 gemäß der Abbildung 5.6 zusammen.

Unter der Beachtung des Vorgenannten ergibt sich mit der Verwendung der Randbedingungen gemäß dem Abschnitt 5.1, der Umgebungstemperatur $T_{\mathrm{U}} = 20$ °C und des Verstellweges l_z des Fokus-Shifters (FS) von 0 mm der berechnete mittlere Arbeitsabstand $z_{\mathrm{A\,m}}$ in der Ebene von gerundet 974,342 mm des thermisch unbelasteten optischen Gesamtsystems. $z_{\mathrm{A\,m}}$ weicht aufgrund der Verwendung der realen Bedingungen von dem mit der Gleichung (3.1) theoretisch ermittelten Wert für $z_{\mathrm{A\,m}}$ des durch den Hersteller *Sill Optics* [238] ausgelegten optischen Linsensystems (vgl. Abbildung 3.3) ab.

Die Berechnung der von der Austrittsoberfläche der Fokussierlinse (FL) bis zu der durch das optische System vorgegebenen Fokuslage z_0 des Laserstrahls reichenden Systembrennweite f_{S} (vgl. Abschnitt 1.2) erfolgt mit der Gleichung (3.1) aus dem mit der

Korrekturmethode zur Fokuslagenstabilisierung berechneten mittleren Arbeitsabstand $z_{\mathrm{A\,m}}$ und beträgt gerundet 1344,342 mm.

Ausgehend von dem mittleren Arbeitsabstand $z_{\mathrm{A\,m}}$ in der Ebene lässt sich der Arbeitsabstand z_{A} bzw. die Systembrennweite f_{S} durch die Verschiebung des Fokus-Shifter (FS) axial entlang der optischen Achse z um ±125 mm variieren. Es entsteht ein im Abschnitt 3.1.2.2 vorgestellter Bearbeitungsraum entsprechend eines Pyramidenstumpfes.

Die Berechnung der Rayleigh-Länge z_{R} (Def. vgl. Abschnitt 2.1.4.6) des optischen Gesamtsystems des 30-kW-Laser-Remote-Scannersystems „Dragon" gemäß der Gleichung (2.9) erfolgt mit dem in der Tabelle 5.1 vorgegebenen Strahlparameterprodukt SPP (Def. vgl. Abschnitt 2.1.4.3) des verwendeten Ytterbium-Hochleistungsfaserlasers YLS-30000-S2 (Geräteliste vgl. Anhang A.3) und der in der Matrizenoptik vorgenommenen Vereinfachung $\theta \rightarrow 0$: $\sin\theta = \theta$. Für den Auftreffwinkel θ_{FL} des Laserstrahls bei der Fokuslage z_0 (vgl. Abbildung 4.23) leitet sich deshalb aus den Gleichungen (2.44) und (2.45) für $w_2(z_1 + L) \gg w_1(z_1)$ der Zusammenhang $\theta_{\mathrm{FL}} \approx r_{\mathrm{B\,SG}}(z) \cdot z_{\mathrm{A}}^{-1}$ ab. $r_{\mathrm{B\,SG}}(z)$ beschreibt den Laserstrahlradius auf der prozessseitigen Oberfläche des Schutzglases (SG) und z_{A} ist der Arbeitsabstand von der prozessseitigen Oberfläche des Schutzglases (SG) bis zur Fokuslage z_0. Die Rayleigh-Länge z_{R} variiert mit dem Verstellweg l_z des Fokus-Shifters (FS). z_{R} beträgt für $l_z = 0$ gerundet 7,836 mm.

5.1.4 Sensorsystem

5.1.4.1 Auswahl

Die für den Mess- und Datenverarbeitungsprozess ausgewählten und zur Integration in das im Abschnitt 3.1.4 beschriebene 30-kW-Laser-Remote-Scannersystem „Dragon" vorgesehenen intelligenten Sensorsysteme (Def. vgl. Abschnitt 2.4) sind Teil der Strategie der entwickelten und im Kapitel 4 beschriebenen Korrekturmethode bei der Stabilisierung der Soll-Prozessfokuslage z_{F} (Def. vgl. Abschnitt 1.2) und messen prozessbegleitend

- die Glassubstrattemperatur $T_{\mathrm{GL\,R}}$ am Linsenrand sowie
- die Umgebungstemperatur T_{U},
- den absoluten Druck p und
- die relative Luftfeuchtigkeit RH

im Umfeld der Linsen des optischen Aufbaus. Beim absoluten Druck p bezieht sich die Wertangabe auf den Referenzdruck $p_{\mathrm{vac}} = 0$ Pa im Vakuum [183, S. 251 Mitte].

Die Auswahl geschah unter der Berücksichtigung der absoluten Genauigkeit x_{G} der Messgröße und der Messfrequenz f_{M} des intelligenten Sensorsystems sowie der Integrierbarkeit und der Kombinierbarkeit desselben. Es wurden

- das vorkalibrierte digitale Temperatursensorsystem DS18B20 [324] (Geräteliste vgl. Anhang A.3) des Herstellers *Maxim Integrated Products* zur Aufnahme der Glassubstrattemperatur $T_{\mathrm{GL\,R}}$ am Linsenrand und
- das digitale Multisensorsystem BME280 [325] (Geräteliste vgl. Anhang A.3) des Herstellers *Bosch Sensortec* zur Aufnahme der Umgebungstemperatur T_{U}, des absoluten Drucks p und der relativen Luftfeuchtigkeit RH

ausgewählt.

Die Vorzüge des Temperatursensorsystem DS18B20 [324, S. 1] sind die absolute Genauigkeit $T_G = \pm 0{,}5$ °C der Temperatur im Bereich von $T_{GL\,R} = [-10, +85]$ °C bei einer Messfrequenz $f_M \leq 10{,}\overline{6}$ Hz, die busfähige Integration in das Sensorkonzept ohne zusätzliche externe Komponenten und die Oberflächenmontage mit einem temperaturbeständigen, wärmeleitenden Klebstoff.

Das Multisensorsystem BME280 zeigt seine Vorzüge anhand der integrierten Messaufnehmer für die Umgebungstemperatur T_U, den absoluten Druck p und die relative Luftfeuchtigkeit RH sowie die Integration in das Sensorkonzept durch eine Busschnittstelle. Außerdem ermöglicht die Ausführung als „Breakout Board", das alle schaltungstechnisch erforderlichen Bauelemente vereint, die sofortige elektrische Inbetriebnahme des Multisensorsystems (vgl. Abschnitt 2.4).

Des Weiteren bestehen ausgewogene Mischungen zwischen den absoluten Genauigkeiten $T_G = \pm 1$ °C der Temperatur, $p_G = \pm 100$ Pa des absoluten Drucks und $RH_G = \pm 3$ % der relativen Luftfeuchtigkeit bei einer Messfrequenz $f_M \leq 125$ Hz. Der Arbeitsbereich ist $T_U = [0, +65]$ °C, $p = [30000, 110000]$ Pa und $RH = [0, 100]$ %. [325, S. 8-12 u. 51 oben]

Insgesamt zeigen sich die Vorzüge aller ausgewählten intelligenten Sensorsysteme in einer beliebigen elektrischen Verstärkung, in einer durch geeignete Methoden störunempfindlichen Übertragung und in einer direkten elektronischen Verarbeitung der Messwerte der aufgenommenen Signale [326, S. 470 unten].

Nicht gemessen wird der CO_2-Gehalt x_{CO2}. Dieser wird stattdessen für die entwickelte Korrekturmethode zur Fokuslagenstabilisierung mit $x_{CO2} = 450\ \mu\text{mol} \cdot \text{mol}^{-1}$ (vgl. Tabelle 2.3) vorgegeben.

5.1.4.2 Integration

Für die mechanische Integration der ausgewählten intelligenten Sensorsysteme (vgl. Abschnitt 5.1.4.1) in das 30-kW-Laser-Remote-Scannersystem „Dragon" (vgl. Abschnitt 3.1.4) wird zur Erfassung der Umgebungs- und Störgrößen (vgl. Abschnitt 2.2.3) der Einbau auf den Mantelflächen und an den Fassungen der Linsen vorgesehen. Die Abbildung 5.7 zeigt schematisch die Positionen.

Die Anordnung der vier Temperatursensorsysteme DS18B20 (Geräteliste vgl. Anhang A.3) erfolgt im Winkel von 90° versetzt auf der Mantelfläche der Kollimationslinse (KL), des Fokus-Shifters (FS) und des Schutzglases (SG) (vgl. Abbildung 5.7a) und b)). Da die Linsen des Fokussiertripletts (FT) (vgl. Abbildung 5.7b)) in einem Aluminiumrahmen gefasst sind, wird die winkelgleiche, jedoch um eine Linsenbreite versetzte gegenüberliegende Positionierung vorgenommen. Die Temperatursensorsysteme werden mit einem temperaturbeständigen, wärmeleitenden Klebstoff fixiert.

Anhand der gemessenen Temperaturwerte $T_{GL\,R\,i}$, mit $i \in \{1, \dots, 4\}$, der vier Quadranten werden für die Kollimationslinse (KL), den Fokus-Shifter (FS), das Fokussiertriplett (FT) und das Schutzglas (SG) jeweils ein getrennter arithmetischer Mittelwert gebildet [329, S. 17 Mitte]. Weiterhin ist eine getrennte Auswertung der Teilbereiche möglich, um ungleichmäßige Erwärmungserscheinungen z. B. durch einen asymmetrischen Laserstrahldurchgang oder aufgrund von lokalen Defekten im Glassubstrat (vgl. Abschnitt 3.2.2) feststellen zu können.

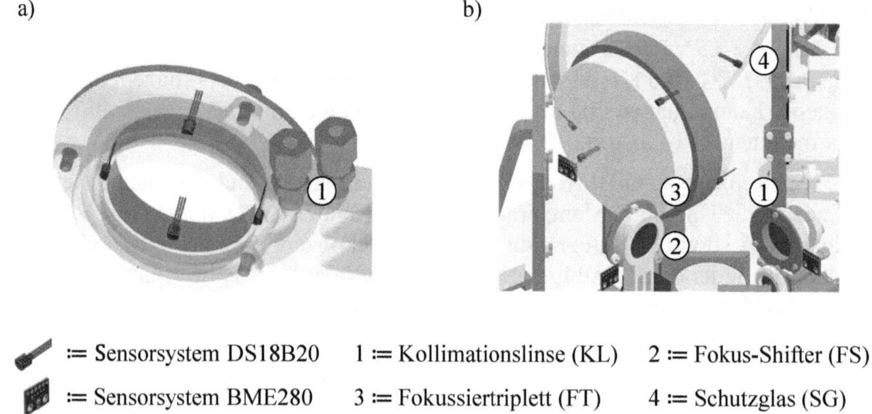

Abbildung 5.7 Einbaupositionen a) des Temperatursensorsystems DS18B20 und b) des Multisensorsystems BME280 zur Messung a) der Glassubstrattemperatur $T_{\mathrm{GL\,R}}$ am Linsenrand am Beispiel der Halterung für die Kollimationslinse (KL) und b) der Umgebungstemperatur T_{U}, des absoluten Drucks p und der relativen Luftfeuchtigkeit RH im Bereich der benannten Komponenten (1) bis (4) im optischen Aufbau des 30-kW-Laser-Remote-Scannersystems „Dragon“. [327][328]

In der umgesetzten Lösung erfolgt für eine lokale linsennahe Messdatenaufnahme und Wertzuordnung für die Berechnung der Brechzahl n_{air} der Luft und der von n_{air} abhängigen Brechzahl $n_{\mathrm{rel\,GL}}(\lambda_0, T)$ des Glassubstrates der Linsen (vgl. Abschnitt 2.2.3) eine räumlich getrennte Anordnung der drei Multisensorsysteme BME280 (Geräteliste vgl. Anhang A.3) im optischen Aufbau (vgl. Abbildung 5.7b)), die die Umgebungstemperatur T_{U}, den absoluten Druck p und die relative Luftfeuchtigkeit RH messen.

Für die schaltungstechnische Integration der ausgewählten intelligenten Sensorsysteme in das 30-kW-Laser-Remote-Scannersystem „Dragon“ wird die adressierbare Datenabfrage über eine spezifische Bussystemarchitektur genutzt.

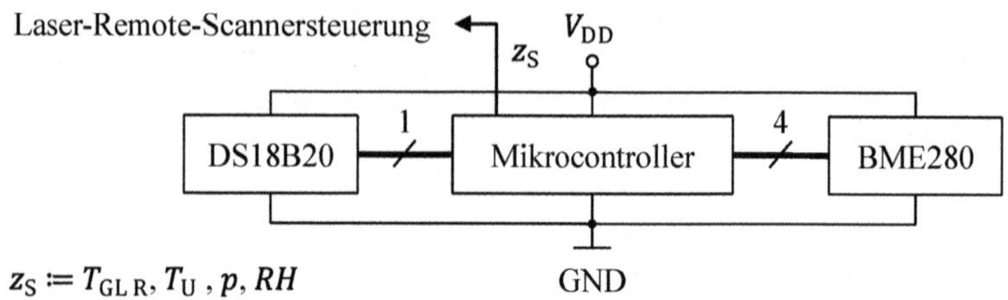

Abbildung 5.8 Schematischer schaltungstechnischer Aufbau der Sensorsystemintegration in der Verbindung mit einem Mikrocontroller im 30-kW-Laser-Remote-Scannersystem „Dragon“. V_{DD} symbolisiert die externe Versorgungspannung und GND symbolisiert die Masseverbindung. $T_{\mathrm{GL\,R}}$, T_{U}, p und RH beschreiben die Glassubstrattemperatur am Linsenrand, die Umgebungstemperatur, den absoluten Druck und die relative Luftfeuchtigkeit und bilden einen Teil der Umgebungs- und Störgrößen z_{S}.

Die zentrale Aufgabe der Datenabfrage, -aufbereitung und -übertragung an die 30-kW-Laser-Remote-Scannersteuerung (vgl. Abbildung 4.3) übernimmt ein Mikrocontroller.

Den prinzipiellen schaltungstechnischen Aufbau stellt die Abbildung 5.8 dar.

Mit der umgesetzten Lösung lassen sich die Messwerte gemäß dem Abschnitt 4.5.2 digital in die zur Implementierung in die 30-kW-Laser-Remote-Scannersteuerung bereitgestellten Korrekturalgorithmen der entwickelten Korrekturmethode zur Fokuslagenstabilisierung (vgl. Kapitel 4) einspeisen.

5.1.5 Simulationsvorgaben

Für die simulative Erprobung der im Kapitel 4 beschriebenen Korrekturmethode zur Fokuslagenstabilisierung am Beispiel des im Abschnitt 3.1.4 beschriebenen 30-kW-Laser-Remote-Scannersystems „Dragon" zur Überprüfung der Anwendbarkeit werden die Vorgaben in der Tabelle 5.7 aufgelistet.

Tabelle 5.7 Zusammenstellung der Vorgaben für die simulative Erprobung der entwickelten Korrekturmethode zur Fokuslagenstabilisierung am Beispiel des vorgegebenen 30-kW-Laser-Remote-Scannersystems „Dragon" zur Überprüfung der Anwendbarkeit.

Größe	Wert	Größe	Wert (T_U = 20 °C)
l_z	0 mm	p	101325 Pa
$T_{GL\,0}$	20 °C	RH	35 %
T_U	20 °C		

Der vorgegebene Verstellweg l_z des Fokus-Shifters (FS) von 0 mm wird für die Abschnitte 5.2 bis einschließlich 5.4 verwendet.

Mit den Annahmen und den Angaben im Abschnitt 5.1.3.3 ergeben sich auf der Basis der vorgegebenen Größen l_z, $T_{GL\,0}$, T_U, p und RH der im Abschnitt 3.1.4 definierte mittlere Arbeitsabstand $z_{A\,m}$ in der Ebene von gerundet 974,342 mm und die Rayleigh-Länge z_R (Def. vgl. Abschnitt 2.1.4.6) des optischen Gesamtsystems von gerundet 7,836 mm. $z_{A\,m}$ wird hierfür von der prozessseitigen Oberfläche des Schutzglases (SG) bis zu der durch das optische System vorgegebenen Fokuslage z_0 (Def. vgl. Abschnitt 1.2) des Laserstrahls angegeben.

Die Vorgaben für die Umgebungsbedingungen des thermisch unbelasteten Gesamtsystems werden in den Abschnitten 5.2 bis einschließlich 5.2.4 und 5.4.1 verwendet.

5.2 Thermisches Verhalten des Linsensystems

5.2.1 Temperaturverhalten im Glassubstrat der Linsen

Das Temperaturverhalten im Glassubstrat der Linsen des im Abschnitt 3.1.4 beschriebenen 30-kW-Laser-Remote-Scannersystems „Dragon" ist von der Einschaltdauer t_{EM} der Strahlemission und der Laserleistung $P_L(t_{EM})$ (Def. vgl. Abschnitt 2.1.3), dem Intensitätsprofil (Def. vgl. Abschnitt 2.1.2) sowie dem Absorptionsverhalten der Linsen (vgl. Abschnitt 2.2.2.1) abhängig.

Es lässt sich zwischen einem instationären und einem stationären Systemzustand unterscheiden, wobei ein stationärer Systemzustand für einen stabilen Bearbeitungsprozess wünschenswert ist. Der Dokumentation des Herstellers *PRIMES* [50, S. 85 oben] und *Wedel et al.* [55, S. 48 links] zufolge beträgt die Zeit t bis zur thermischen Stabilisierung eines optischen Systems wenige 10 Sekunden bis zu einigen Minuten und hängt direkt von der Auslegung des optischen Systems ab.

Weiterhin weist *Alexander Gatej* [61, S. 86 Mitte] darauf hin, dass viele Prozesse konturabhängige Belichtungsintervalle mit unterschiedlich langen Einschaltdauern t_{EM} des Laserstrahls aufweisen. Es treten sich abwechselnde Wärmeaufnahme- und Wärmeabgabephasen auf und ein thermisch stabiler Systemzustand kann sich deshalb auch erst nach mehr als 10 Minuten einstellen [61, S. 86 Mitte]. Demzufolge ergibt sich durch die Annahme des stationären Systemzustandes für Laser-Remote-Bearbeitungsprozesse eine unvollständige Aussage über das Temperaturverhalten im Glassubstrat der Linsen und den Fokus-Shift Δz_{F} (Def. vgl. Abschnitte 2.2.4) eines optischen Systems. Bei Laser-Remote-Schneid- und -Schweißanwendungen sind für eine Einschaltdauer t_{EM} des Laserstrahls Werte bis zu 10 s üblich. Für die Praxis bedeutet das, dass der stationäre Zustand der Fokuslagenverschiebung Δz_{F} innerhalb der Bearbeitungsaufgabe zumeist gar nicht erreicht wird. Um für die üblichen Einschaltdauern t_{EM} einen verlässlichen Wert für den Fokus-Shift Δz_{F} angeben zu können, ist es unerlässlich, im instationären Systemzustand die orts- und zeitabhängige Änderung $\Delta T_{\mathrm{GL\,U}}$ der Temperaturverteilung zu kennen.

Die Abbildung 5.9 zeigt auf der Basis der Randbedingungen gemäß dem Abschnitt 5.1 für das Linsensystem des 30-kW-Laser-Remote-Scannersystems „Dragon" die Ergebnisse des mit dieser Arbeit entwickelten und im Abschnitt 4.4.1 dargestellten FE-basierten Temperaturmodells. Dargestellt sind die mit dem Gleichungssystem (4.44) berechneten radius- und zeitabhängigen Änderungen $\Delta T_{\mathrm{GL\,U}}$ der Temperaturverteilungen im Glassubstrat der fünf eingebauten Linsen (KL, FS, FT1, FT2 und FL) und des Schutzglases (SG) (vgl. Abbildung 3.2) gegenüber der Umgebungstemperatur T_{U} bzw. der der Umgebungstemperatur T_{U} gleichgesetzten Ausgangstemperatur $T_{\mathrm{GL\,0}}$ des thermisch unbelasteten Glassubstrates, mit $T_{\mathrm{U}} = T_{\mathrm{GL\,0}} = 20\,°\mathrm{C}$, (vgl. Abschnitt 4.4.1.6) während der Wärmeaufnahmephase. Im Kontext der Arbeit wird das Schutzglas (SG) ebenfalls als Linse behandelt.

Die Kurvenverläufe sind das Ergebnis der drei Aspekte der Wärmeübertragung, das heißt, der Wärmeleitung, der Wärmekonvektion und der Wärmestrahlung, wobei die Wärmeleitung den höchsten Wärmeübergang durch die Linse auf die Fassung darstellt (vgl. Abschnitt 2.2.2.1).

Die Berechnungen erfolgten für die Einschaltdauer t_{EM} des Laserstrahls von 10 s mit verschiedenen Laserleistungen $P_{\mathrm{L}}(t_{\mathrm{EM}})$. Für das Schutzglas (SG) wurde ein radialer rotationssymmetrischer durchstrahlender Laserstrahl mit der optischen Achse (Symmetrieachse) z angenommen.

Im Vergleich der Änderungen $\Delta T_{\mathrm{GL\,U}}$ der Temperaturverteilungen im Glassubstrat der einzelnen Linsen zeigt das Glassubstrat der Kollimationslinse (KL) und des Fokus-Shifters (FS) wesentlich höhere veränderte Temperaturwerte als das Glassubstrat der Linsen (FT1, FT2 und FL) des Fokussiertripletts und des Schutzglases (SG). Dafür ist die Wechselwirkung der unterschiedlichen Eigenschaften der einzelnen Linsen verantwortlich.

Alle Linsen (KL, FS, FT1, FT2 und FL), ausgenommen dem Schutzglas (SG), besitzen die Gemeinsamkeit, dass sich das Verhältnis des konstanten absorbierten Anteils A_{B} des eingestrahlten Laserlichts in der IP-AR-Beschichtung /328 (Oberflächenabsorption) und

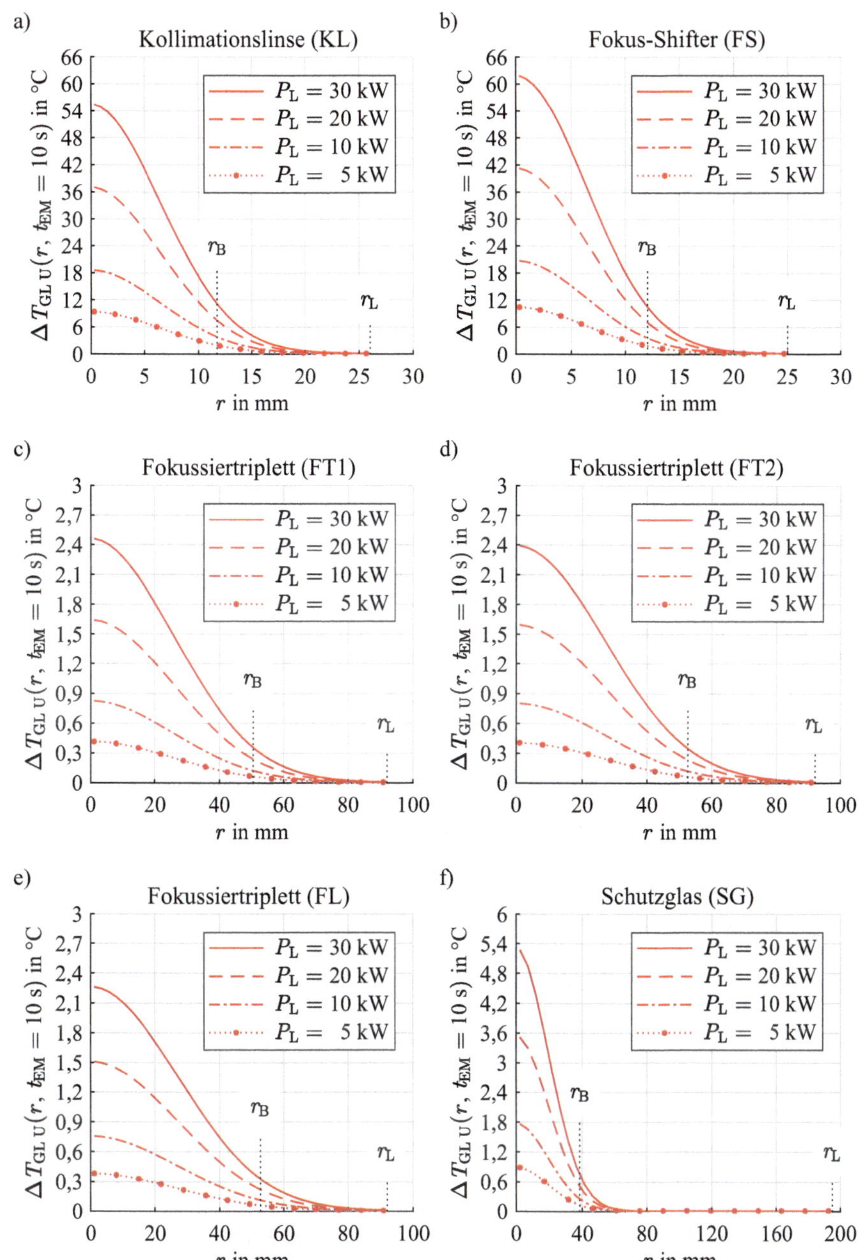

Abbildung 5.9 Radiusabhängige Änderungen $\Delta T_{GL\,U}$ der Temperaturverteilungen im Glassubstrat der fünf Linsen (KL, FS, FT1, FT2 und FL) und des Schutzglases (SG) des 30-kW-Laser-Remote-Scannersystems „Dragon" gegenüber der Ausgangstemperatur $T_{GL\,0}$ des thermisch unbelasteten Glassubstrates, mit $T_U = T_{GL\,0} = 20$ °C. Die Berechnungen erfolgten auf der Basis des entwickelten FE-basierten Temperaturmodells mit dem Gleichungssystem (4.44) für die Einschaltdauer t_{EM} des Laserstrahls von 10 s mit verschiedenen Laserleistungen $P_L(t_{EM})$. r_B und r_L beschreiben den Laserstrahlradius und den Linsenradius.

des variablen absorbierten Anteils A_{GL} des eingestrahlten Laserlichts im Glassubstrat HPFS® 7980 Standard Grade (Volumenabsorption) kontinuierlich mit der radiusabhängigen Linsendicke $d(T)$ verändert (vgl. Abbildung 4.15). Beim Schutzglas (SG) besteht zuerst ein konstantes Verhältnis. Erst die Laserstrahleinwirkung bewirkt ein sich kontinuierlich veränderndes Verhältnis vom Linsenzentrum aus beginnend bis zum Linsenrand.

Das Glassubstrat der Kollimationslinse (KL) und des Fokus-Shifters (FS) erwärmen sich aufgrund ihrer geringeren Abmessungen und der höheren Leistungsdichte $I(r, t)$ des Laserstrahls im Glassubstrat der Linsen wesentlich schneller. Da der Fokus-Shifter (FS) mit $d_0 = 8$ mm die geringste Dicke aller Linsen (KL, FS, FT1, FT2, FL und SG) auf der optischen Achse z, jedoch mit $2 \cdot r_L = 50$ mm fast den gleichen Durchmesser wie die Kollimationslinse (KL) aufweist, prägt sich die Änderung $\Delta T_{GL\,U}$ der Temperaturverteilung durch einen steileren radialen Temperaturgradienten $\nabla T_{GL}(r, t)$ am stärksten aus. Unterstützend wirken die Verhältnisse zwischen den Größen Linsenradius r_L, radiusabhängige Linsendicke $d(T)$ und Laserstrahlradius r_B in der Linse. Weiterhin sind die Krümmungsradien $R_1(T)$ und $R_2(T)$ der Laserstrahleintritts- und -austrittsoberfläche von Bedeutung. Der Fokus-Shifter (FS) weist als einzige Linse konkave Oberflächenkrümmungen auf, die den Temperaturgradienten $\nabla T_{GL}(r, t)$ verstärken, da die zum Linsenrand ansteigende Linsendicke $d(T)$ die Wärmeabfuhr zur Fassung und den Übergang auf diese durch die vergrößerte Mantelfläche begünstigt, obwohl der variable absorbierte Anteil A_{GL} des eingestrahlten Laserlichts im Glassubstrat (Volumenabsorption) mit fortschreitendem Radius r durch die zum Linsenrand ansteigende Linsendicke $d(T)$ ebenfalls zunimmt.

Die Linsen (FT1, FT2 und FL) des Fokussiertripletts sind um den Faktor von 3,68 im Durchmesser größer und um die Faktoren von 3,125 und von 3,75 dicker als der Fokus-Shifter (FS), sodass die größeren Massen m_L in der Verbindung mit der materialspezifischen Wärmekapazität c gleichzeitig größere Wärmekapazitäten C der Linsen durch den Zusammenhang $C = c \cdot m_L$ [7, S. 252 Mitte] bedeuten. Außerdem wird die Laserstrahleinwirkung aufgrund des im optischen Aufbau durch die konkaven Oberflächenkrümmungen des Fokus-Shifters (FS) um den Faktor von 4,205 aufgeweiteten Laserstrahlradius r_B auf ein größeres durchstrahltes Linsenvolumen V_{ABL} verteilt, sodass der erhöhte variable absorbierte Anteil A_{GL} des eingestrahlten Laserlichts im Glassubstrat (Volumenabsorption) einen geringen Einfluss aufweist. Zudem liegen plane Oberflächen und konvexe Oberflächenkrümmungen vor. Die Temperaturgradienten $\nabla T_{GL}(r, t)$ im Glassubstrat der Linsen (FT1, FT2 und FL) des Fokussiertripletts sind dadurch wesentlich geringer ausgeprägt.

Ähnliche Verhältnisse wie bei den Linsen (FT1, FT2 und FL) des Fokussiertripletts stellen sich beim Schutzglas (SG) dar, wobei der Laserstrahl auf diesem zusätzlich kontinuierlich wandern kann und somit das Schutzglas (SG) insgesamt gleichmäßiger im durchstrahlten Linsenvolumen V_{ABL} erwärmt wird, was wiederum zu einer weniger ausgeprägten radius- und zeitabhängigen Änderung $\Delta T_{GL\,U}$ der Temperaturverteilung im Glassubstrat führt. Zusätzlich liegen beim thermisch unbelasteten Schutzglas (SG) eine konstante Dicke $d(T)$ und plane Oberflächen vor. Einflüsse durch die Veränderung dieser geometrischen Größen auf die Entstehung des Temperaturgradienten $\nabla T_{GL}(r, t)$ sind beim Wandern des Laserstrahls im Wesentlichen unterdrückt. Im Idealfall erfolgt die radius- und zeitabhängige Änderung $\Delta T_{GL\,U}$ der Temperaturverteilung homogen. Für den Fall, dass der Laserstrahl feststeht, folgt $\Delta T_{GL\,U}$ direkt der Intensitätsverteilung $I(r, t)$ des Laserstrahls im Glassubstrat des Schutzglases (SG) und das sich verändernde Verhältnis des konstanten absorbierten Anteils A_{B} des eingestrahlten Laserlichts in der AR-Beschichtung (Oberflächenabsorption) und des variablen absorbierten Anteils A_{GL} des eingestrahlten Laserlichts im Glassubstrat (Volumenabsorption) beginnt sich auszuwirken.

Die im Glassubstrat der Linsen (KL, FS, FT1, FT2, FL und SG) ausgebildeten Temperaturverteilungen $T_{\mathrm{GL}}(r, t)$ haben zur Folge, dass sich direkt und indirekt die Brechzahl des Glassubstrates (vgl. Abschnitt 5.2.2) sowie die Abmessungen (vgl. Abschnitt 5.2.3) der Linsen verändern, das heißt, dass sich eine Thermische Linse (vgl. Abbildung 2.5) ausbildet, was sich im Ergebnis in einem Fokus-Shift Δz_{F} (vgl. Abschnitte 2.2.4 und 5.2.4) manifestiert.

Die bearbeitungskonturbedingt unterschiedlichen Einschaltdauern t_{EM} des Laserstrahls im Wechsel mit unproduktiven Nebenzeiten $t_{\overline{\mathrm{EM}}}$ bei der Laser-Remote-Bearbeitung sorgen für sich abwechselnde und sich zeitlich variierende Wärmeaufnahme- und Wärmeabgabephasen im Glassubstrat der Linsen (KL, FS, FT1, FT2, FL und SG). In der Abbildung 5.10 sind die zeitabhängigen Änderungen $\Delta T_{\mathrm{GL\,U}}$ der Glassubstrattemperatur in den einzelnen Linsenzentren dargestellt. Aufgetragen ist das konstante Taktverhältnis V_{EM} der Einschaltdauer t_{EM} des Laserstrahls von 10 s und der unproduktiven Nebenzeit $t_{\overline{\mathrm{EM}}} = 5$ s für die Laserleistungen $P_{\mathrm{L}}(t_{\mathrm{EM}}) = \{10, 30\}$ kW im Zeitintervall $t = [0, 300]$ s. Im Vergleich dazu ist zusätzlich die kontinuierliche Erwärmung für die Einschaltdauer t_{EM} des Laserstrahls von 300 s dargestellt.

Es gelten die im Abschnitt 5.1 aufgeführten Randbedingungen. Für die Ausgangstemperatur $T_{\mathrm{GL\,0}}$ des thermisch unbelasteten Glassubstrates wird $T_{\mathrm{GL\,0}} = T_{\mathrm{U}} = 20$ °C angenommen.

Die Kurvenverläufe in der Abbildung 5.10 zeigen deutlich, dass nach der Wärmeaufnahmephase für die Einschaltdauer t_{EM} des Laserstrahls von 10 s für die Wärmeabgabephase aufgrund der halben unproduktiven Nebenzeit $t_{\overline{\mathrm{EM}}} = 5$ s nicht genügend Zeit bleibt, um den thermisch unbelasteten Ausgangszustand des Glassubstrates wieder zu erreichen (vgl. Abschnitt 2.2.4). Zu jedem Einschaltvorgang des Laserstrahls wird erneut eine der Laserleistung $P_{\mathrm{L}}(t_{\mathrm{EM}})$ proportionale Energiemenge ΔQ im Glassubstrat der Linsen deponiert. Insgesamt bilden sich ein kontinuierlicher Wärmeaufnahmevorgang gemäß einer ansteigenden und ein kontinuierlicher Wärmeabgabevorgang gemäß einer abfallenden e-Funktion aus und die lokale Form des zeitabhängigen Temperaturverlaufs gleicht einer verrundeten Sägezahnfunktion. Die stattfindenden Wärmetransportmechanismen (vgl. Abschnitt 2.2.1) verhindern eine der Wärmeaufnahmephase spiegelbildliche Wärmeabgabephase. Der Wärmeabgabeprozess vollzieht sich in einer längeren Zeitspanne t. Dieser Vorgang tritt solange auf, bis die Bearbeitungsaufgabe abgeschlossen ist und sich der optische Aufbau danach vollständig auf die Umgebungstemperatur T_{U} abkühlen kann oder bis der Wärmehaushalt im Glassubstrat der Linsen (KL, FS, FT1, FT2, FL und SG) ausgeglichen ist und die radius- und zeitabhängige Glassubstrattemperatur $T_{\mathrm{GL}}(r, t)$ einen stationären Zustand im Glassubstrat erreicht hat. Dies zeigt, dass laserstrahldurchlässige optische Elemente, wie z. B. Linsen und Schutzgläser, typischerweise ein thermisches Einlaufverhalten aufweisen, wie es auch der Messgerätehersteller *PRIMES* [50, S. 85 oben] bestätigt.

In der Übereinstimmung mit den Angaben im Abschnitt 2.2.4 sowie von *Alexander Gatej* [61, S. 86 Mitte] vergehen für das Linsensystem des 30-kW-Laser-Remote-Scannersystems „Dragon“ bis zum Erreichen des stationären Systemzustandes mehrere Minuten. Dieses Verhalten zeigt sich innerhalb des betrachteten Zeitintervalls $t = [0, 300]$ s am

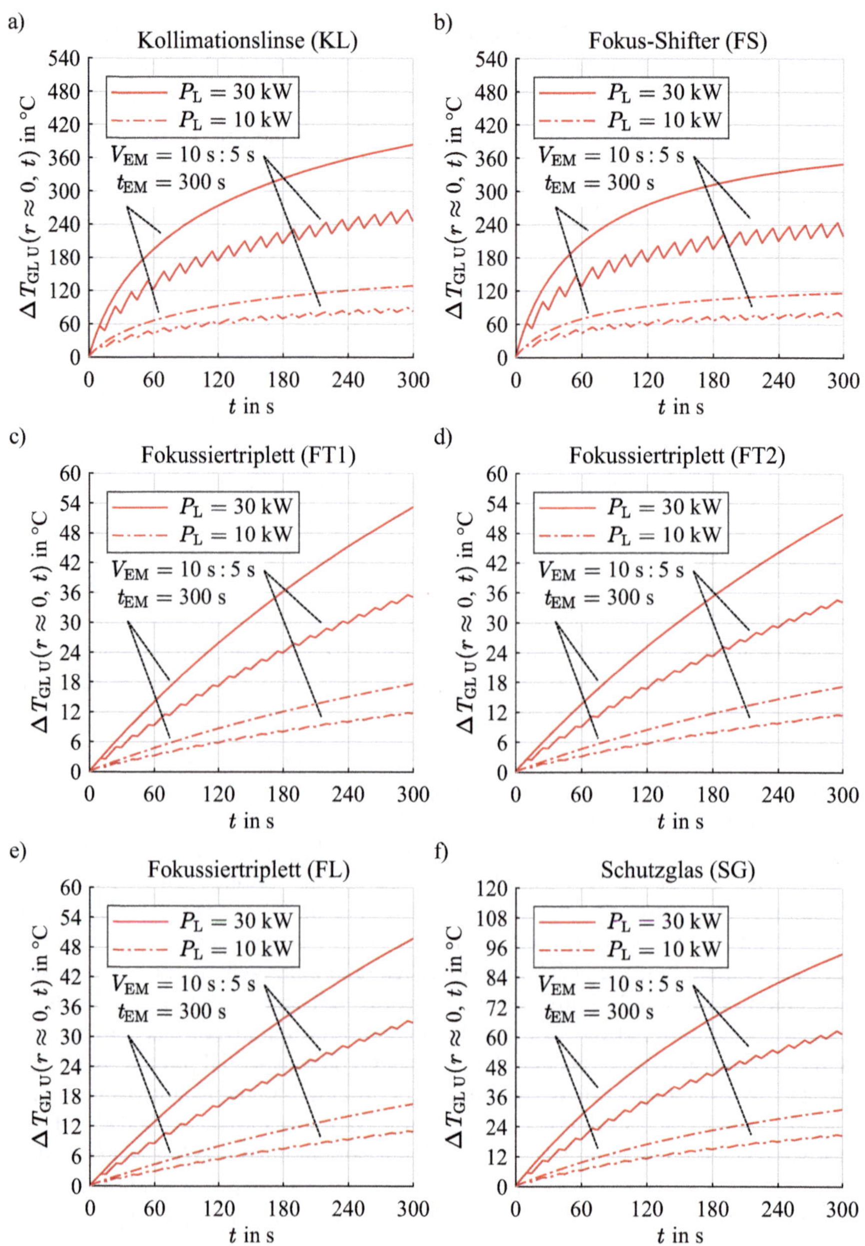

Abbildung 5.10 Zeitabhängige Änderungen $\Delta T_{GL\,U}$ der Glassubstrattemperatur in den einzelnen Linsenzentren der fünf Linsen (KL, FS, FT1, FT2 und FL) und des Schutzglases (SG) des 30-kW-Laser-Remote-Scannersystems „Dragon" für die Laserleistungen $P_L(t_{EM}) = \{10, 30\}$ kW im Zeitintervall $t = [0, 300]$ s. Es ist das konstante Taktverhältnis V_{EM} der Einschaltdauer t_{EM} des Laserstrahls von 10 s und der unproduktiven Nebenzeit $t_{\overline{EM}} = 5$ s der kontinuierlichen Einschaltdauer t_{EM} des Laserstrahls von 300 s gegenübergestellt. Die Basis ist das entwickelte FE-basierte Temperaturmodell. Für die Ausgangstemperatur $T_{GL\,0}$ des thermisch unbelasteten Glassubstrates wird $T_{GL\,0} = T_U = 20$ °C angenommen.

deutlichsten beim Fokus-Shifter (FS), dessen Glassubstrattemperatur $T_{GL}(r, t)$ nach gerundet 11,18 Minuten den stationären Zustand (für diese Arbeit gerundet 99,33 % des Maximalwertes der Glassubstrattemperatur $T_{GL}(r, t)$) erreicht. Verantwortlich für diese, vor allem im Vergleich mit den Linsen (FT1, FT2 und FL) des Fokussiertripletts, kurze Zeitspanne t sind

- die geringeren Linsenabmessungen und die Linsenform,
- die Wärmekapazität C der Linse durch den Zusammenhang $C = c \cdot m_L$ [7, S. 252 Mitte] mit der materialspezifischen Wärmekapazität c und der kleineren Masse m_L,
- die Leistungsdichteverteilung $I(r, t)$ des Laserstrahls im Glassubstrat der Linse durch das Verhältnis zwischen dem Laserstrahlradius r_B und dem Linsenradius r_L und
- die Wärmeabfuhr zur Fassung.

Ein ähnliches Verhalten zeigt die Kollimationslinse (KL) aufgrund der mit dem Fokus-Shifter (FS) vergleichbaren Größen d_0, r_L, r_B und $I(r, t)$. Jedoch verhindern die konvexen Krümmungsradien $R_1(T)$ und $R_2(T)$ der Laserstrahleintritts- und -austrittsoberfläche der Kollimationslinse (KL) das zeitgleiche Erreichen des stationären Zustandes der Glassubstrattemperatur $T_{GL}(r, t)$ des Fokus-Shifters (FS). Der Vorgang benötigt gerundet 17,00 Minuten.

Die übrigen Linsen (FT1, FT2, FL und SG) zeigen das gleiche prinzipielle Verhalten, jedoch auslegungs- und laserstrahleinwirkungsbedingt mit einer wesentlich geringeren radius- und zeitabhängigen Änderung $\Delta T_{GL\,U}$ der Temperaturverteilung in einer wesentlich verlängerten Zeitspanne t. Die Auswirkungen auf den Fokus-Shift Δz_F sind vergleichsweise geringer (vgl. Abschnitt 5.2.4).

Insgesamt führen jedoch auch die unterschiedlich langen Zeitspannen t bis zum Erreichen des stationären Zustandes der Glassubstrattemperatur $T_{GL}(r, t)$ der einzelnen Linsen (KL, FS, FT1, FT2, FL und SG) zu einer sich kontinuierlich verändernden Ist-Prozessfokuslage $z_{F\,th}$ (Def. vgl. Abschnitt 2.2.4). Nach dem Erreichen des jeweiligen stationären Zustandes der Glassubstrattemperatur $T_{GL}(r, t)$ schwankt die radius- und zeitabhängige Änderung $\Delta T_{GL\,U}$ der Temperaturverteilung im Glassubstrat für alle Linsen (KL, FS, FT1, FT2, FL und SG) um den Mittelwert der Glassubstrattemperatur $T_{GL}(r, t)$, sodass die Ist-Prozessfokuslage $z_{F\,th}$ als feststehend angenommen werden kann und keinen erkennbaren Einfluss mehr auf das Prozessergebnis zeigt. Jedoch tritt dieser Zustand beim Laser-Remote-Scannerbetrieb in der Praxis nur selten ein, da sich Wärmeaufnahme- und Wärmeabgabephasen aufgrund der Einschaltdauer t_{EM} des Laserstrahls von $\leq$ 10 s kontinuierlich abwechseln.

5.2.2 Brechzahländerung des amorphen synthetischen Glassubstrates

Der laserstrahlinduzierten inhomogenen Ausbildung der veränderten Temperaturverteilung $\Delta T_{GL\,U}$ (vgl. Abschnitt 5.2.1) im Glassubstrat HPFS® 7980 Standard Grade der Linsen (KL, FS, FT1, FT2, FL und SG) des 30-kW-Laser-Remote-Scannersystems „Dragon" (vgl. Abschnitt 3.1.4) folgt die inhomogene Änderung $\Delta n_{abs\,GL}(r, t)$ der absoluten Brechzahl des Glassubstrates im Vakuum. $\Delta n_{abs\,GL}(r, t)$ setzt sich aus dem im Abschnitt 2.2.2.2 dargestellten direkt wirkenden thermo-optischen Effekt und aus dem im Abschnitt 2.2.2.3

dargestellten indirekt wirkenden spannungs-optischen Effekt zusammen. Die indirekte Wirkung ist dadurch gekennzeichnet, dass die Brechzahländerung $\Delta n_{\mathrm{abs\,GL}}(r,t)$ an in radialer (rr) und in tangentialer ($\varphi\varphi$) Richtung im Glassubstrat wirkenden thermisch induzierten mechanischen Hauptnormalspannungen $\sigma_{\mathrm{th}\,rr}(T)$ und $\sigma_{\mathrm{th}\,\varphi\varphi}(T)$ gebunden ist.

Die Berechnung der inhomogenen Brechzahländerung $\Delta n_{\mathrm{abs\,GL}}(r,t)$ des Glassubstrates der Linsen (KL, FS, FT1, FT2, FL und SG) erfolgt mit dem im Abschnitt 4.4.2.4 dargestellten, für die Korrekturmethode zur Fokuslagenstabilisierung (vgl. Kapitel 4) entwickelten Modell. Es lassen sich der direkte Einfluss (vgl. Abschnitt 4.4.2.2) und der indirekte Einfluss (vgl. Abschnitt 4.4.2.3) der Änderung $\Delta T_{\mathrm{GL\,U}}$ der Temperaturverteilung getrennt sowie die Überlagerung beider Einflüsse zur Brechzahländerung $\Delta n_{\mathrm{abs\,GL}}(r,t)$ des Glassubstrates in der Abhängigkeit vom Radius r und von der Einschaltdauer t_{EM} des Laserstrahls bzw. dem Zeitintervall t ermitteln.

Mit der Verwendung der Gleichungen (2.30), (4.50) und (4.56) sind in der Abbildung 5.11 die Berechnungsergebnisse für den optischen Aufbau des 30-kW-Laser-Remote-Scannersystems „Dragon" gezeigt. Die Geradenverläufe für $\Delta n_{\mathrm{abs\,GL\,T}}(r,t)$ durch den Einfluss des thermo-optischen Effektes, für $\Delta n_{\mathrm{abs\,GL}\,\sigma\mathrm{th}}(r,t)$ durch den Einfluss des spannungs-optischen Effektes und für deren gemeinsamen Einfluss $\Delta n_{\mathrm{abs\,GL}}(r,t)$ sind in der Abhängigkeit von der Änderung $\Delta T_{\mathrm{GL\,U}}$ der Temperaturverteilung im Glassubstrat in der Abbildung 5.11a) dargestellt. Die abgebildeten Zusammenhänge gelten für alle sechs Linsen (KL, FS, FT1, FT2, FL und SG) im optischen Aufbau des 30-kW-Laser-Remote-Scannersystems „Dragon" gleichermaßen. Die Kurvenverläufe der radiusabhängigen Änderung $\Delta n_{\mathrm{abs\,GL}}(r,t)$ der absoluten Brechzahl sind in den Abbildungen 5.11b) bis d) für das Glassubstrat der Linsen (KL, FS, FT1, FT2, FL und SG) während der Wärmeaufnahmephase im instationären Systemzustand für eine Einschaltdauer t_{EM} des Laserstrahls von 10 s und die Laserleistungen $P_{\mathrm{L}}(t_{\mathrm{EM}}) = \{10, 30\}$ kW gezeigt. Des Weiteren ist die Zeitabhängigkeit der absoluten Brechzahl $n_{\mathrm{abs\,GL}}(r,t)$ für eine Einschaltdauer t_{EM} des Laserstrahls von 300 s in den Abbildungen 5.11e) und f) dargestellt.

Den Ausgangspunkt aller Darstellungen bilden die Berechnungen der veränderten Temperaturverteilung $\Delta T_{\mathrm{GL\,U}}$ gemäß dem Abschnitt 5.2.1 auf der Basis der Randbedingungen gemäß dem Abschnitt 5.1. Die absolute Ausgangsbrechzahl $n_{\mathrm{abs\,GL\,0}}(\lambda_0, T_{\mathrm{GL\,0}})$ des thermisch unbelasteten Glassubstrates HPFS® 7980 Standard Grade beträgt gerundet 1,449938.

Gemäß den Gleichungen (4.50) und (4.56) besteht ein linearer Zusammenhang zwischen der Änderung $\Delta T_{\mathrm{GL\,U}}$ der inhomogenen Temperaturverteilung im Glassubstrat HPFS® 7980 Standard Grade und der Brechzahländerung $\Delta n_{\mathrm{abs\,GL\,T}}(r,t)$ durch den thermo-optischen Effekt sowie der Brechzahländerung $\Delta n_{\mathrm{abs\,GL}\,\sigma\mathrm{th}}(r,t)$ durch den spannungs-optischen Effekt des Glassubstrates HPFS® 7980 Standard Grade, wie es die Abbildung 5.11a) zeigt. Der lineare Zusammenhang setzt sich auch für die nicht weiter dargestellte Änderung $\Delta T_{\mathrm{GL\,U}}$ der inhomogenen Temperaturverteilung über 90 °C fort. Weiterhin zeigt sich für die gesamten Geradenverläufe, dass der thermo-optische und der spannungs-optische Effekt mit dem umgekehrten Vorzeichen wirken. Während $\Delta n_{\mathrm{abs\,GL\,T}}(r,t) > 0$ ist und streng monoton ansteigt, ist $\Delta n_{\mathrm{abs\,GL}\,\sigma\mathrm{th}}(r,t) < 0$ und fällt streng monoton ab. Dies lässt sich durch den gemäß der Gleichung (2.31) umgerechneten positiven absoluten thermo-optischen Koeffizienten $\beta_{\mathrm{abs\,GL\,k}}$ und die negativen photo-elastischen Koeffizienten $K_{\parallel}$ und $K_{\perp}$ für das Glassubstrat HPFS® 7980 Standard Grade erklären. Durch das gleichzeitige Auftreten und die Überlagerung beider Effekte, was gemäß der Gleichung

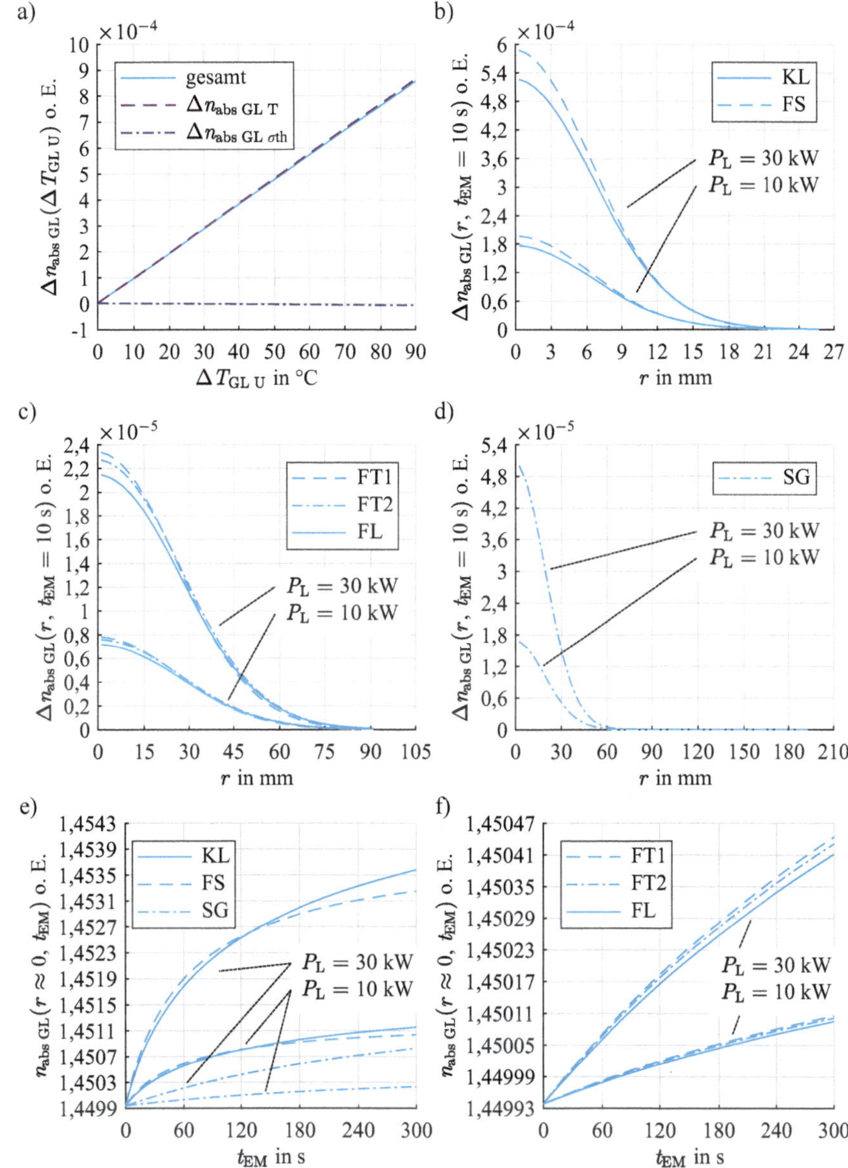

Abbildung 5.11 Darstellung der inhomogenen Brechzahländerungen $\Delta n_{\text{abs GL}}(r,t)$ und der zeitabhängigen Änderungen der Brechzahlen $n_{\text{abs GL}}(r,t)$ des Glassubstrates der fünf Linsen (KL, FS, FT1, FT2 und FL) und des Schutzglases (SG). Gezeigt sind der Zusammenhang zwischen a) der Änderung $\Delta T_{\text{GL U}}$ der Temperaturverteilung und $\Delta n_{\text{abs GL}}(r,t)$, b) bis d) dem Radius r und $\Delta n_{\text{abs GL}}(r,t)$ und e) und f) der Einschaltdauer t_{EM} des Laserstrahls und $n_{\text{abs GL}}(r,t)$. Die Basis sind die mit dem entwickelten Temperaturmodell berechneten Änderungen $\Delta T_{\text{GL U}}$ der Temperaturverteilungen gemäß dem Abschnitt 5.2.1. Für die Einschaltdauer t_{EM} des Laserstrahls wurden für b) bis d) 10 s und für e) und f) 300 s gewählt. Der Wert für $n_{\text{abs GL 0}}(\lambda_0, T_{\text{GL 0}})$ beträgt gerundet 1,449938. $\Delta n_{\text{abs GL T}}(r,t)$ und $\Delta n_{\text{abs GL }\sigma\text{th}}(r,t)$ sind die Änderungen der Brechzahl $n_{\text{abs GL 0}}(\lambda_0, T_{\text{GL 0}})$ durch den thermo-optischen und spannungs-optischen Effekt.

(4.62) im entwickelten Modell der Addition entspricht, bildet sich im Ergebnis für das Glassubstrat der Linsen die gegenüber $\Delta n_{\text{abs GL T}}(r,t)$ um $\Delta n_{\text{abs GL}\,\sigma\text{th}}(r,t)$ geringere Brechzahländerung $\Delta n_{\text{abs GL}}(r,t)$ heraus, die, neben den Änderungen der Abmessungen der Linsen (vgl. Abschnitt 5.2.3), als Anteil der Thermischen Linse (vgl. Abbildung 2.5) den Strahlengang des Laserstrahls bis zur Wirkstelle beeinflusst und zum Fokus-Shift Δz_{F} (vgl. Abschnitte 2.2.4 und 5.2.4) beiträgt.

Auf den linearen Zusammenhang aufbauend, geben die in den Abbildungen 5.11b) bis d) dargestellten Kurvenverläufe der sich für das Glassubstrat ausbildenden inhomogenen Brechzahländerungen $\Delta n_{\text{abs GL}}(r,t)$ für die Linsen (KL, FS, FT1, FT2, FL und SG) des optischen Aufbaus des 30-kW-Laser-Remote-Scannersystems „Dragon" die im Abschnitt 5.2.1 dargestellten Kurvenverläufe der veränderten inhomogenen Temperaturverteilungen $\Delta T_{\text{GL U}}$ wieder. Das gleiche gilt für die in der Abhängigkeit von der Einschaltdauer t_{EM} des Laserstrahls in den Abbildungen 5.11e) und f) dargestellten Kurvenverläufen der absoluten Brechzahl $n_{\text{abs GL}}(r,t)$ des Glassubstrates der Linsen.

In der Abhängigkeit vom Radius r sinkt $\Delta n_{\text{abs GL}}(r,t)$ kontinuierlich vom Linsenzentrum bis zum Linsenrand ab. Der Brechzahlunterschied bewirkt eine geringer werdende Brechung des Laserstrahls mit zunehmendem radialen Abstand vom Linsenzentrum. Dies beeinflusst einen Fokus-Shift Δz_{F}. Dadurch ergeben sich entlang der optischen Achse z sphärische Aberrationen in der Form einer verzerrten Prozessfokuslage und es tritt an der Wirkstelle zunehmend eine veränderte Intensitätsverteilung $I_{\text{W}}(r,t)$ auf (vgl. Abbildung 2.5). Für die Bestimmung der Ist-Prozessfokuslage $z_{\text{F th}}$ (Def. vgl. Abschnitt 2.2.4) und die Berechnung des Fokus-Shifts Δz_{F} wird deshalb die Stelle entlang der optischen Achse z gewählt, an der die meisten Strahlen des Strahlenbündels zusammentreffen.

Die zeitabhängige Änderung der Brechzahl $n_{\text{abs GL}}(r,t)$ des Glassubstrates der Linsen (KL, FS, FT1, FT2, FL und SG) des optischen Aufbaus zeigt sich in der Anfangsphase in einem steilen Anstieg der in den Abbildungen 5.11e) und f) dargestellten Kurvenverläufen. Der Anstieg flacht mit zunehmender Einschaltdauer t_{EM} des Laserstrahls ab, bis der stationäre Systemzustand erreicht ist und keine weitere prozessbeeinflussende Änderung der Brechzahl $n_{\text{abs GL}}(r,t)$ des Glassubstrates auftritt. Die Änderung der Brechzahl $n_{\text{abs GL}}(r,t)$ des Glassubstrates folgt dabei kontinuierlich der Änderung $\Delta T_{\text{GL U}}$ der Temperaturverteilung im Glassubstrat. Der steile Anstieg der Kurvenverläufe bewirkt eine sich zügig ändernde Brechzahl $n_{\text{abs GL}}(r,t)$ des Glassubstrates der Linsen. Demzufolge besteht bereits bei Einschaltdauern t_{EM} des Laserstrahls von ≤ 10 s für den Laser-Remote-Scannerbetrieb die Notwendigkeit, den auftretenden Fokus-Shift Δz_{F} im Interpolationstakt Δt der 30-kW-Laser-Remote-Scannersteuerung zu korrigieren.

Der thermisch herbeigeführte Anstieg der Ausgangsbrechzahl $n_{\text{abs GL 0}}(\lambda_0, T_{\text{GL 0}})$ verursacht für die Kollimationslinse (KL), die Linsen (FT1, FT2 und FL) des Fokussiertripletts und das Schutzglas (SG) eine Verkürzung der Brennweiten f_{L} dieser Linsen, da die vorliegenden planen Oberflächen und konvexen Oberflächenkrümmungen der thermisch belasteten Linsen fokussierende Eigenschaften aufweisen (vgl. Abbildung 2.6 und Abschnitt 5.2.3). Dies äußert sich ohne die Einwirkung des Fokus-Shifters (FS) auch in einer Verkürzung der Systembrennweite f_{S} (Def. vgl. Abschnitt 1.2) bzw. des gemäß dem Abschnitt 5.1.3.3 verwendeten mittleren Arbeitsabstandes $z_{\text{A m}}$ in der Ebene und folglich in einem negativen Fokus-Shift Δz_{F} für den gesamten Betrachtungszeitraum t.

Aufgrund der Tatsache, dass der Fokus-Shifter (FS) konkave Oberflächenkrümmungen aufweist und deshalb im optischen Aufbau defokussierend wirkt, verursacht der thermisch herbeigeführte Anstieg der Ausgangsbrechzahl $n_{\mathrm{abs\,GL\,0}}(\lambda_0, T_{\mathrm{GL\,0}})$ eine verringerte Defokussierung. Dies ist auf die Verlängerung der virtuellen Brennweite f_{L} auf der Laserstrahleintrittsseite der Linse zurückzuführen (vgl. Abbildung 2.6 und Abschnitt 5.2.3). Der verengte Laserstrahl durchstrahlt das Fokussiertriplett in einem geringeren Abstand zur optischen Achse z und ohne die Einwirkung der anderen Linsen verlängert sich die Systembrennweite f_{S} bzw. der mittlere Arbeitsabstand $z_{\mathrm{A\,m}}$. Der Fokus-Shifter (FS) ist demnach für einen positiven Fokus-Shift Δz_{F} für den gesamten Betrachtungszeitraum t verantwortlich.

Zusammenfassend verstärkt der auf der Brechzahländerung $\Delta n_{\mathrm{abs\,GL}}(r, t)$ basierende Anteil der Thermischen Linse (vgl. Abbildung 2.5) den Einfluss jeder Linse (KL, FS, FT1, FT2, FL und SG) auf den Fokus-Shift Δz_{F}. Für das optische Gesamtsystem bedeutet das das entgegengesetzte Wirken der fokussierenden Linsen (KL, FT1, FT2, FL und SG) und des defokussierenden Fokus-Shifters (FS) des optischen Aufbaus des 30-kW-Laser-Remote-Scannersystems „Dragon". Dies führt zu einer Verminderung des negativen Fokus-Shifts Δz_{F} und damit verbunden zu einer reduzierten Verschiebung der Soll-Prozessfokuslage z_{F} (Def. vgl. Abschnitt 1.2) entlang der optischen Achse z in die Richtung des Laser-Remote-Bearbeitungskopfes.

5.2.3 Änderung der Linsengeometrie

Die sich im Glassubstrat der Linsen des im Abschnitt 3.1.4 beschriebenen 30-kW-Laser-Remote-Scannersystems „Dragon" gemäß den Darstellungen im Abschnitt 5.2.1 ausbildenden radius- und zeitabhängigen Änderungen $\Delta T_{\mathrm{GL\,U}}$ der Temperaturverteilungen wirken sich auf die Brechzahl des Glassubstrates (vgl. Abschnitte 2.2.2.2, 2.2.2.3 und 5.2.2) und außerdem auf die Linsengeometrie (vgl. Abschnitt 2.2.2.4) aus.

Mit dem für die Korrekturmethode zur Fokuslagenstabilisierung (vgl. Kapitel 4) entwickelten Modell der Änderung der Linsengeometrie durch eine Temperaturänderung (vgl. Abschnitt 4.4.3) lassen sich auf der Basis des entwickelten FE-basierten Temperaturmodells (vgl. Abschnitt 4.4.1) sowohl die radius- und zeitabhängigen Änderungen der Linsendicke $d(T)$ als auch die von der Linsendicke $d(T)$ im Linsenzentrum abhängigen Änderungen der Krümmungsradien $R_1(T)$ und $R_2(T)$ der Linsenoberflächen des 30-kW-Laser-Remote-Scannersystems „Dragon" berechnen.

Für das verwendete Fused-Silica-Glassubstrat HPFS® 7980 Standard Grade (vgl. Abschnitt 5.1.3.1) des Herstellers *Corning* ergibt sich durch die Umstellung der Gleichung (4.65) nach Δd und der Substitutionen $L = d$ und $\Delta T_{\mathrm{GL}} = \Delta T_{\mathrm{GL\,U}}$ der lineare Zusammenhang zwischen der radius- und zeitabhängigen Änderung $\Delta T_{\mathrm{GL\,U}}$ der Temperaturverteilung im Glassubstrat und der radius- und zeitabhängigen Änderung Δd der Linsendicke.

Gemäß den im Abschnitt 5.1 aufgeführten Randbedingungen sind auf der Basis der mit dem entwickelten FE-basierten Temperaturmodell berechneten und im Abschnitt 5.2.1 dargestellten radius- und zeitabhängigen Änderungen $\Delta T_{\mathrm{GL\,U}}$ der Temperaturverteilung die Ergebnisse der radius- und zeitabhängigen Änderungen Δd der Linsendicke in der Abbildung 5.12 für die Laserleistungen $P_{\mathrm{L}}(t_{\mathrm{EM}}) = \{10, 30\}$ kW und die Einschaltdauern t_{EM} des Laserstrahls von $\{10, 300\}$ s dargestellt. Die Abbildung 5.12a) zeigt den linearen Zusammenhang und die Abbildungen 5.12b) bis f) spiegeln sowohl das radiale als auch das zeitliche Verhalten der veränderten inhomogenen Temperaturverteilungen $\Delta T_{\mathrm{GL\,U}}$ wider.

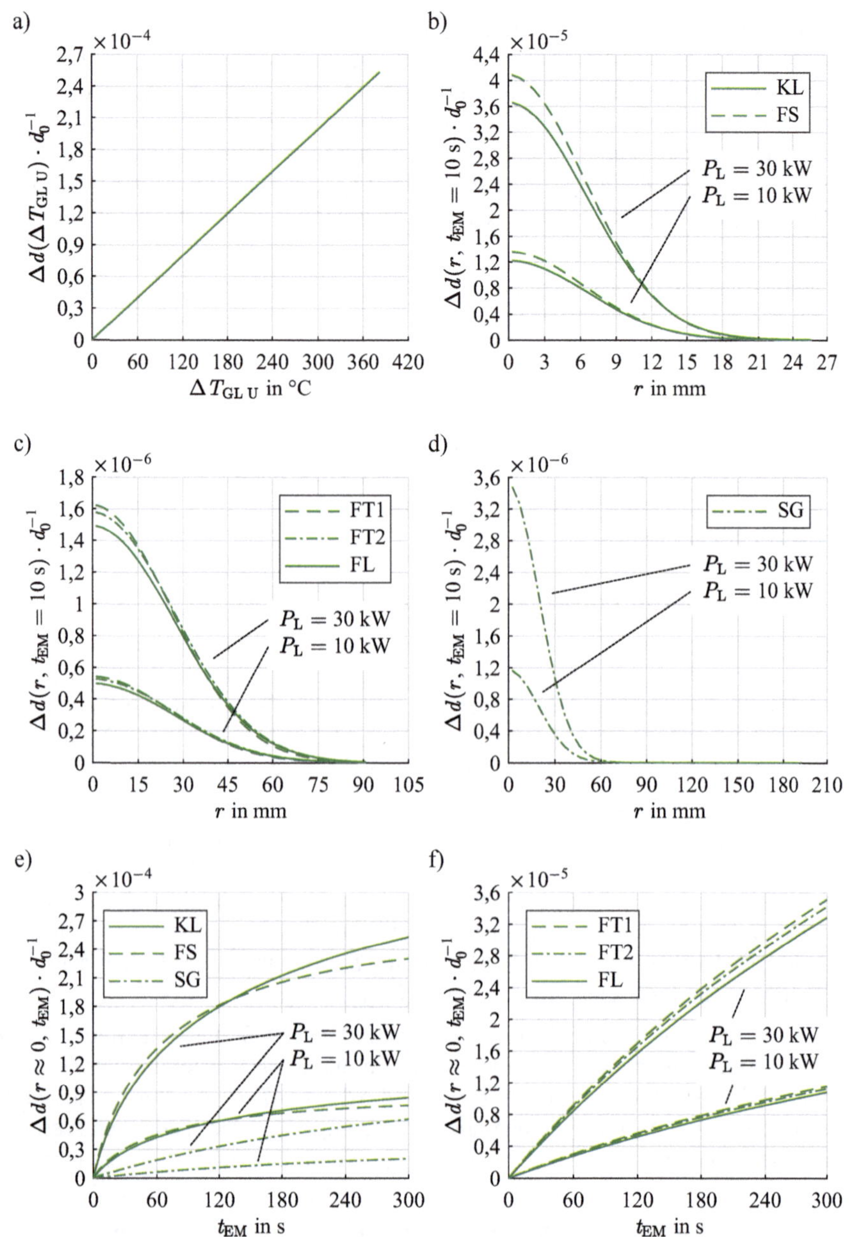

Abbildung 5.12 Darstellung der auf die Linsendicke d_0 der thermisch unbelasteten Linsen normierten Änderungen Δd der Linsendicke der fünf Linsen (KL, FS, FT1, FT2 und FL) und des Schutzglases (SG). Gezeigt sind der Zusammenhang zwischen a) der Änderung $\Delta T_{\mathrm{GL\,U}}$ der Temperaturverteilung und Δd, b) bis d) dem Radius r und Δd sowie e) und f) der Einschaltdauer t_{EM} des Laserstrahls und Δd. Die Basis sind die mit dem entwickelten FE-basierten Temperaturmodell berechneten und im Abschnitt 5.2.1 dargestellten Änderungen $\Delta T_{\mathrm{GL\,U}}$ der Temperaturverteilungen. Für die Darstellung wurden die Laserleistungen $P_{\mathrm{L}}(t_{\mathrm{EM}}) = \{10, 30\}$ kW und die Einschaltdauern t_{EM} des Laserstrahls von $\{10, 300\}$ s gewählt.

Um einerseits eine bessere Vergleichbarkeit der Änderungen Δd der Linsendicke der fünf Linsen (KL, FS, FT1, FT2 und FL) und des Schutzglases (SG) vornehmen und andererseits die Dehnung $\varepsilon_{zz}(T)$ des Glassubstrates entlang der optischen Achse z abbilden zu können, wurde für die Darstellung Δd gemäß der Gleichung (4.65) auf die Linsendicke d_0 der thermisch unbelasteten Linsen normiert.

Durch den linearen Zusammenhang zwischen der Änderung $\Delta T_{\mathrm{GL\,U}}$ der Temperaturverteilung im Glassubstrat und der Änderung Δd der Linsendicke ist für den Gradienten der Kurvenverläufe ausschließlich die aus der materialspezifischen Querkontraktionszahl ν und dem mittleren linearen thermischen Ausdehnungskoeffizient $\overline{\alpha_{\mathrm{T}}}$ (Def. vgl. Abschnitt 3.2.2) gebildete glassubstratspezifische feste Größe $(1+\nu)\cdot\overline{\alpha_{\mathrm{T}}}$ verantwortlich. Der berechnete Wert für das Fused-Silica-Glassubstrat HPFS® 7980 Standard Grade beträgt $6{,}612\cdot 10^{-7}\ \mathrm{K}^{-1}$. In der Abhängigkeit von der Änderung $\Delta T_{\mathrm{GL\,U}}$ der Temperaturverteilung ist dieser Wert maßgebend für den Beitrag des End-Effektes zur Thermischen Linse (Def. vgl. Abschnitt 2.2.2), wodurch sich im Ergebnis ein Fokus-Shift Δz_{F} (vgl. Abschnitte 2.2.4 und 5.2.4) manifestiert.

Gemäß den in der Praxis vorgegebenen Laserleistungen $P_{\mathrm{L}}(t_{\mathrm{EM}})$ und den Einschaltdauern t_{EM} des Laserstrahls ergibt sich aus dem Maximalwert des Temperaturanstiegs der Maximalwert der Änderung Δd der Linsendicke. Der radius- und zeitabhängige Maximalwert der veränderten Dicke $d(T)$ der Linsen setzt sich gemäß der Gleichung (4.66) aus der bekannten Linsendicke d_0 der thermisch unbelasteten Linsen und dem radius- und zeitabhängigen Maximalwert der Änderung Δd der Linsendicke in der Form $d(T) = d_0 + \Delta d$ zusammen.

Die in der Folge der gaußförmigen Intensitätsverteilung $I(r,t)$ des Laserstrahls (vgl. Abschnitt 5.1.1) vom Linsenzentrum bis zum Linsenrand auftretende inhomogene Temperaturverteilung $T_{\mathrm{GL}}(r,t)$ im Glassubstrat der Linsen führt zu einem verstärkten Temperaturanstieg im Linsenzentrum gegenüber dem Linsenrand und verursacht vor allem eine Vergrößerung der Linsendicke $d(T)$ auf der optischen Achse z. Die sich daran anschließenden Auswirkungen auf die Krümmungsradien $R_1(T)$ und $R_2(T)$ der Linsenoberflächen der fünf Linsen (KL, FS, FT1, FT2 und FL) und des Schutzglases (SG) sind in der Abbildung 5.13 in der Abhängigkeit von $\Delta T_{\mathrm{GL\,U}}$ und in der Abbildung 5.14 in der Abhängigkeit von t_{EM} für die Laserleistungen $P_{\mathrm{L}}(t_{\mathrm{EM}}) = \{10, 30\}$ kW und die Einschaltdauer t_{EM} des Laserstrahls von 300 s dargestellt.

Die Berechnungen erfolgten mit den Gleichungen (4.69) und (4.70) auf der Basis der im Abschnitt 5.1 aufgeführten Randbedingungen und den mit dem entwickelten FE-basierten Temperaturmodell berechneten und im Abschnitt 5.2.1 dargestellten Änderungen $\Delta T_{\mathrm{GL\,U}}$ der Glassubstrattemperatur in den einzelnen Linsenzentren der Linsen.

Zur Berechnung der Vektoren $\boldsymbol{p}_1(z,r)$ und $\boldsymbol{p}_2(z,r)$ der Fixpunkte, mit $\boldsymbol{p}_1, \boldsymbol{p}_2 \in \mathbb{R}^2$, an den Übergängen von den durchstrahlten zu den nicht durchstrahlten gekrümmten Linsenoberflächen gemäß der Gleichung (4.69) wurde in den Einzelkomponenten $p_{1\,z}$ und $p_{1\,r}$ sowie $p_{2\,z}$ und $p_{2\,r}$ der Abstand r senkrecht zur optischen Achse z durch den Radius r_{B} des Laserstrahls in den einzelnen Linsen des optischen Aufbaus bei der halben Dicke $0{,}5\cdot d_0$ der Linsen in der senkrechten Schnittebene zur optischen Achse z ersetzt. Der Radius r_{B} des Laserstrahls wurde gewählt, da im Wesentlichen in diesem Bereich die Krümmungsradien $R_1(T)$ und $R_2(T)$ der Linsenoberflächen durch die Einwirkung des Laserstrahls verändert werden und dies in vereinfachter Weise die Änderung Δd der Linsendicke in der Abhängigkeit vom Radius r wiedergibt. Außerdem wurde in den Einzelkomponenten $p_{1\,z}$ und $p_{2\,z}$ die veränderte Dicke $d(T)$ der Linsen im Linsenzentrum bei $r = 0$ verwendet.

Für die Interpretation der Abbildungen 5.13 und 5.14 ist zu beachten, dass die Vorzeichen der Krümmungsradien $R_1(T)$ und $R_2(T)$ in der Abhängigkeit von der Krümmung der laserstrahldurchlässigen Linsenoberflächen gemäß der Norm DIN ISO 10110-12: 2021-09 [175, S. 8 unten] angegeben sind (vgl. Tabelle 2.4). Der Krümmungsradius $R_1(T)$ bzw. $R_2(T)$ weist ein positives Vorzeichen auf, wenn der auf der optischen Achse z liegende Krümmungsmittelpunkt rechts vom Flächenscheitel der laserstrahldurchlässigen Oberfläche liegt (vgl. Abbildung 2.6). Liegt der Krümmungsmittelpunkt links vom Flächenscheitel der laserstrahldurchlässigen Oberfläche, weist der Krümmungsradius $R_1(T)$ bzw. $R_2(T)$ ein negatives Vorzeichen auf (vgl. Abbildung 2.6). Demzufolge sind die Änderungen ΔR_1 und ΔR_2 von $R_1(T)$ und $R_2(T)$ mit dem entsprechend umgekehrten Vorzeichen ausgewiesen. Nimmt der Krümmungsradius ab, ist ΔR negativ. Nimmt der Krümmungsradius zu, ist ΔR positiv.

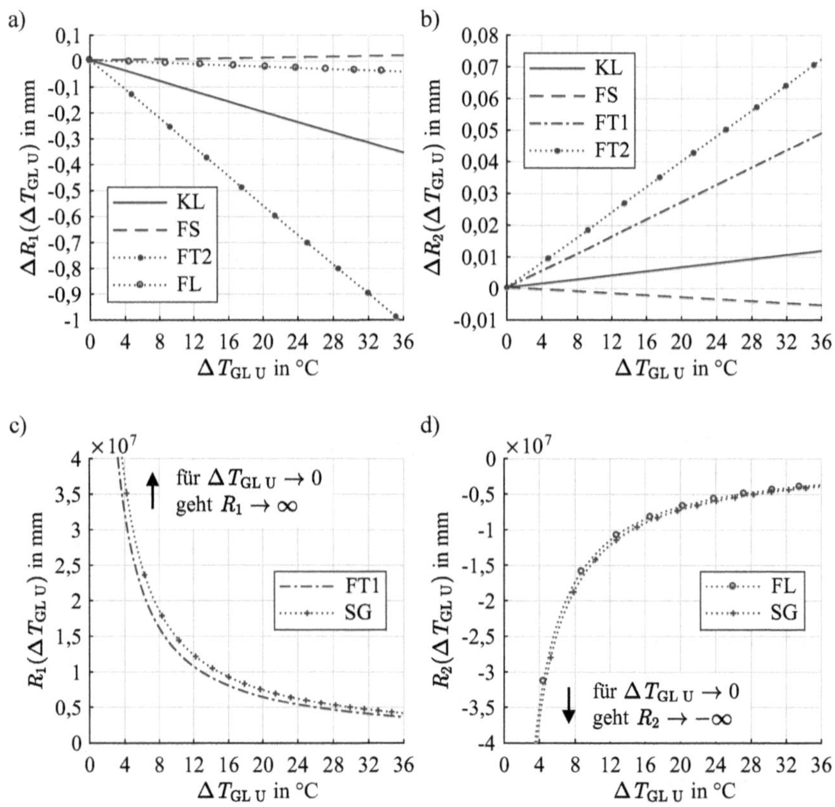

Abbildung 5.13 Temperaturabhängige Änderungen der Krümmungsradien $R_1(T)$ und $R_2(T)$ der Linsenoberflächen der fünf Linsen (KL, FS, FT1, FT2 und FL) und des Schutzglases (SG) des 30-kW-Laser-Remote-Scannersystems „Dragon“. Die Basis sind die mit dem entwickelten FE-basierten Temperaturmodell berechneten und im Abschnitt 5.2.1 dargestellten Änderungen $\Delta T_{\mathrm{GL\,U}}$ der Glassubstrattemperatur in den einzelnen Linsenzentren.

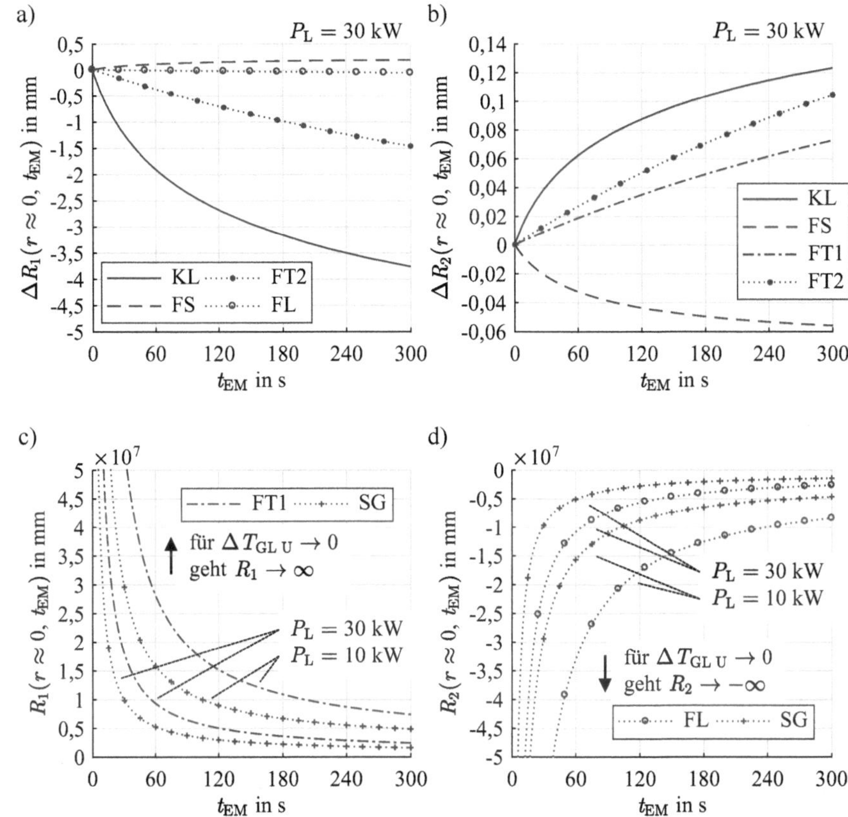

Abbildung 5.14 Zeitabhängige Änderungen der Krümmungsradien $R_1(T)$ und $R_2(T)$ der Linsenoberflächen der fünf Linsen (KL, FS, FT1, FT2 und FL) und des Schutzglases (SG) des 30-kW-Laser-Remote-Scannersystems „Dragon" für die Laserleistungen $P_L(t_{EM}) = \{10, 30\}$ kW und die Einschaltdauer t_{EM} des Laserstrahls von 300 s. Die Basis sind die mit dem entwickelten FE-basierten Temperaturmodell berechneten und im Abschnitt 5.2.1 dargestellten Änderungen $\Delta T_{GL\,U}$ der Glassubstrattemperatur in den einzelnen Linsenzentren.

Die Abhängigkeit der Krümmungsradien $R_1(T)$ und $R_2(T)$ der Linsen (KL, FS, FT1, FT2, FL und SG) von den Änderungen $\Delta T_{GL\,U}$ der Glassubstrattemperatur in den einzelnen Linsenzentren zeigt für den gesamten Betrachtungszeitraum t der Änderungen $\Delta T_{GL\,U}$ der Glassubstrattemperatur für alle Linsen einen linearen Zusammenhang, jedoch in einer unterschiedlich starken Ausprägung (vgl. Abbildungen 5.13a) und b)). Gemäß der Geometrie der Linsen des 30-kW-Laser-Remote-Scannersystems „Dragon" (vgl. Abschnitt 3.1.4) verringern sich die Krümmungsradien $R_1(T)$ und $R_2(T)$ der Kollimationslinse (KL), der Linsen (FT1, FT2 und FL) des Fokussiertripletts und des Schutzglases (SG) (vgl. Abbildungen 5.13a) bis d)). Die Krümmungsradien $R_1(T)$ und $R_2(T)$ des Fokus-Shifters (FS) erweitern sich (vgl. Abbildungen 5.13a) und b)). Deshalb bewirkt die in der Abhängigkeit vom Radius r inhomogene Temperaturverteilung $T_{GL}(r, t)$ im Glassubstrat der Linsen, mit dem stärksten Temperaturanstieg im Linsenzentrum, eine Verkürzung der Brennweiten f_L für die Linsen (KL, FT1, FT2, FL und SG), deren plane Oberflächen und konvexe

Oberflächenkrümmungen der thermisch belasteten Linsen fokussierende Eigenschaften aufweisen (vgl. Abbildung 2.6). Dies äußert sich ohne die Einwirkung des Fokus-Shifters (FS) auch in einer Verkürzung der Systembrennweite f_{S} (Def. vgl. Abschnitt 1.2) bzw. des gemäß dem Abschnitt 5.1.3.3 verwendeten mittleren Arbeitsabstandes $z_{\mathrm{A\,m}}$ in der Ebene und folglich in einem negativen Fokus-Shift Δz_{F} für den gesamten Betrachtungszeitraum t.

Für den Fokus-Shifter (FS), der konkave Oberflächenkrümmungen aufweist und deshalb im optischen Aufbau defokussierend wirkt, verlängert sich die virtuelle Brennweite f_{L} auf der Laserstrahleintrittsseite der Linse (vgl. Abbildung 2.6). Die defokussierende Wirkung nimmt ab und der Laserstrahl durchstrahlt das Fokussiertriplett in einem geringeren Abstand zur optischen Achse z, sodass sich die Systembrennweite f_{S} bzw. der mittlere Arbeitsabstand $z_{\mathrm{A\,m}}$ ohne die Einwirkung der anderen Linsen verlängert. In der gleichen Weise zum Anstieg der Brechzahl $n_{\mathrm{abs\,GL}}(r, t)$ des Glassubstrates der Linsen ist der beim Fokus-Shifter (FS) auftretende End-Effekt ebenfalls für einen positiven Fokus-Shift Δz_{F} für den gesamten Betrachtungszeitraum t verantwortlich.

Weiterhin verändern sich durch die Änderung Δd der Linsendicken die freien optischen Weglängen des Laserstrahls vor, zwischen und nach den Linsen. Diese Veränderungen werden im entwickelten Modell der Korrekturmethode zur Fokuslagenstabilisierung während der Korrektur des Fokus-Shifts Δz_{F} berücksichtigt. Zusammen mit den veränderten Krümmungsradien $R_1(T)$ und $R_2(T)$ der Linsenoberflächen passiert der Laserstrahl den optischen Aufbau nicht mehr wie im thermisch unbelasteten optischen Aufbau und erfährt deshalb nicht mehr dieselbe Strahlformung.

Zusammenfassend definieren die Brennweitenänderungen Δf_{L} der einzelnen Linsen und die veränderten freien optischen Weglängen des Laserstrahls den Anteil der geometrischen Veränderungen an der Thermischen Linse (vgl. Abbildung 2.5) im optischen Gesamtsystem des 30-kW-Laser-Remote-Scannersystems „Dragon".

In der Schlussfolgerung ist die daraus entstehende thermisch veränderte Systembrennweite $f_{\mathrm{S\,th}}$, wie es prinzipiell in der Abbildung 1.2 dargestellt ist, verbunden mit einem eintretenden Fokus-Shift Δz_{F}, der sich in der Anfangsphase in der Verschiebung der Soll-Prozessfokuslage z_{F} (Def. vgl. Abschnitt 1.2) entlang der optischen Achse z weg vom Laser-Remote-Bearbeitungskopf zeigt. Mit zunehmendem Verlauf erfolgt ein Vorzeichenwechsel des Fokus-Shifts Δz_{F} und Δz_{F} zeigt für den kontinuierlich fortgesetzten Bearbeitungsprozess in der Verschiebung der Soll-Prozessfokuslage z_{F} entlang der optischen Achse z in die Richtung des Laser-Remote-Bearbeitungskopfes. Somit wirkt der Einfluss des Fokus-Shifters (FS) den Einflüssen der Kollimationslinse (KL), der Linsen (FT1, FT2 und FL) des Fokussiertripletts und des Schutzglases (SG) entgegen und reduziert den negativen Fokus-Shift Δz_{F}.

5.2.4 Fokus-Shift

Die Überlagerung des thermo-optischen (vgl. Abschnitt 2.2.2.2), des spannungs-optischen (vgl. Abschnitt 2.2.2.3) und des End-Effektes (vgl. Abschnitt 2.2.2.4) mündet in die Veränderung der Abbildungseigenschaften der einzelnen Linsen des im Abschnitt 3.1.4 beschriebenen 30-kW-Laser-Remote-Scannersystems „Dragon". Die damit verbundene Veränderung des Strahlengangs des Laserstrahls durch den optischen Aufbau erzeugt maßgeblich den Fokus-Shift Δz_{F} (vgl. Abschnitt 2.2.4). Δz_{F} ist im Wesentlichen von der Einschaltdauer t_{EM} der Strahlemission und der Laserleistung $P_{\mathrm{L}}(t_{\mathrm{EM}})$ (Def. vgl. Abschnitt

2.1.3), dem Intensitätsprofil (Def. vgl. Abschnitt 2.1.2) sowie dem im Abschnitt 2.2.2.1 beschriebenen Absorptionsverhalten der Linsen abhängig. Die unkorrigierte Verschiebung der Soll-Prozessfokuslage z_F (Def. vgl. Abschnitt 1.2) spiegelt sich im Prozessergebnis wider.

Mit den erforschten Zusammenhängen der im Abschnitt 1.2 aufgezeigten Problemstellungen und daraus abgeleitet der entwickelten Korrekturmethode zur Fokuslagenstabilisierung (vgl. Kapitel 4) lässt sich der Einfluss jeder Linse auf den Fokus-Shift Δz_F des 30-kW-Laser-Remote-Scannersystems „Dragon" berechnen und der auftretende Fokus-Shift Δz_F aktiv korrigieren. Dazu werden mit den mit dieser Arbeit entwickelten und im Abschnitt 4.4 beschriebenen Modellen für jede Linse die thermisch veränderten Abbildungseigenschaften, die Thermische Linse (Def. vgl. Abschnitt 2.2.2 und vgl. Abbildung 2.5), berechnet (vgl. Abschnitte 5.2.2 und 5.2.3). Dies bietet die Möglichkeit, individuell und isoliert für jede Linse die jeweilige Brennweitenverschiebung Δf_L mit der für eine Linse angepassten Gleichung (2.36) in der Kombination mit der Gleichung (2.48) zu berechnen. Die Berechnung erfolgt auf der Basis der Brennweite f_L der thermisch unbelasteten und auf der Basis der thermisch veränderten Brennweite $f_{L\,th}$ der thermisch belasteten Linse des optischen Linsensystems des 30-kW-Laser-Remote-Scannersystems „Dragon".

Die folgenden in diesem Abschnitt durchgeführten Betrachtungen und Berechnungen stützen sich auf die im Abschnitt 5.1 aufgeführten Randbedingungen mit dem in der Tabelle 5.7 vorgegebenen Verstellweg l_z des Fokus-Shifters (FS) von 0 mm und auf die mit dem entwickelten FE-basierten Temperaturmodell berechneten und im Abschnitt 5.2.1 dargestellten zeitabhängigen Änderungen $\Delta T_{GL\,U}$ der Glassubstrattemperatur in den einzelnen Linsenzentren der Linsen und beziehen sich auf den Fokus-Shift $\Delta z_{F\,LS}$, der durch die Thermische Linse des optischen Linsensystems hervorgerufen wird.

Der durch die Änderung der Brechzahl n_{air} der Luft hervorgerufene Fokus-Shift $\Delta z_{F\,BL}$ wird im Abschnitt 5.3.2 betrachtet.

Die Anteile der Thermischen Linse durch den thermo-optischen, den spannungs-optischen und den End-Effekt sind für die Linsen in der Abbildung 5.15 als einzelne Beiträge zur Brennweitenverschiebung Δf_L dargestellt.

Für die Darstellung wurden die Laserleistung $P_L(t_{EM}) = 30\,\text{kW}$ und die Einschaltdauer t_{EM} des Laserstrahls von 300 s gewählt.

Neben der Berechnung der Thermischen Linse für jede Linse des optischen Linsensystems des 30-kW-Laser-Remote-Scannersystems „Dragon" wird mit dem entwickelten und im Abschnitt 4.6 beschriebenen Modell der Fokus-Shift $\Delta z_{F\,LS}$ des optischen Linsensystems gemäß der Gleichung (4.101) aus der Abweichung des thermisch belasteten optischen Linsensystems gegenüber dem thermisch unbelasteten optischen Linsensystem berechnet.

Für das optische Linsensystem ergeben sich die in der Abbildung 5.16 dargestellten Anteile der Thermischen Linse als einzelne Beiträge zum Fokus-Shift $\Delta z_{F\,LS}$ durch den thermo-optischen, den spannungs-optischen und den End-Effekt als Ergebnis der überlagerten Thermischen Linsen der einzelnen Linsen.

Übereinstimmend mit den Aussagen der Fachliteratur im Abschnitt 2.2.2.1 wird der thermo-optische Effekt ebenfalls als dominierender Faktor für die Ausbildung der Thermischen Linse des optischen Linsensystems des 30-kW-Laser-Remote-Scannersystems „Dragon" und somit des Fokus-Shifts Δz_F des optischen Gesamtsystems bestätigt.

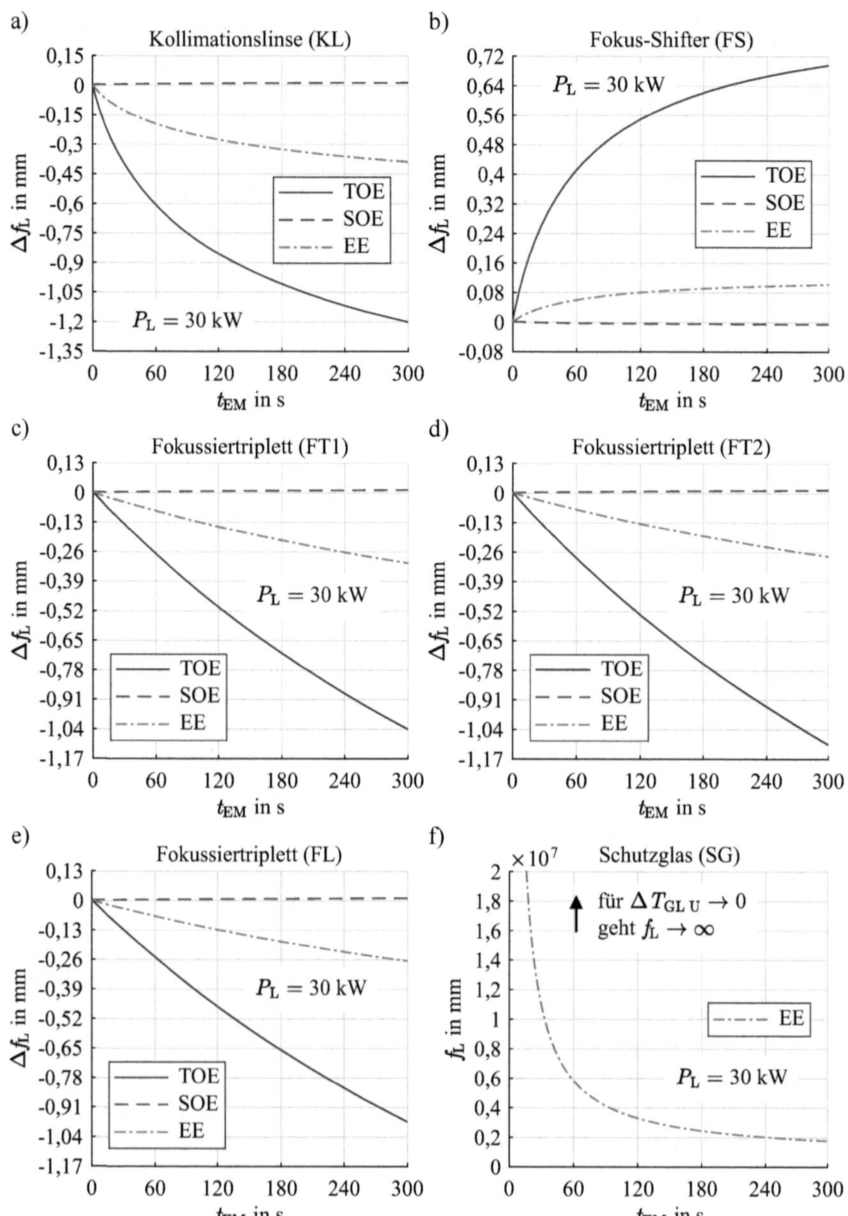

Abbildung 5.15 Einzelbeiträge des thermo-optischen (TOE), des spannungs-optischen (SOE) und des End-Effektes (EE) zu den a) bis e) Brennweitenverschiebungen Δf_L der fünf Linsen (KL, FS, FT1, FT2 und FL) und zu der f) Änderung der Brennweite f_L des Schutzglases (SG). Die Basis sind die mit dem entwickelten Temperaturmodell berechneten und im Abschnitt 5.2.1 dargestellten Änderungen $\Delta T_{GL\,U}$ der Glassubstrattemperatur in den einzelnen Linsenzentren. Für die Darstellung wurden die Laserleistung $P_L(t_{EM}) = 30$ kW und die Einschaltdauer t_{EM} des Laserstrahls von 300 s gewählt. Für das Schutzglas bewirken die einzelnen Beiträge des thermo-optischen (TOE) und des spannungs-optischen Effektes (SOE) keine Änderung der Brennweite f_L. Die Brennweite f_L bleibt unendlich.

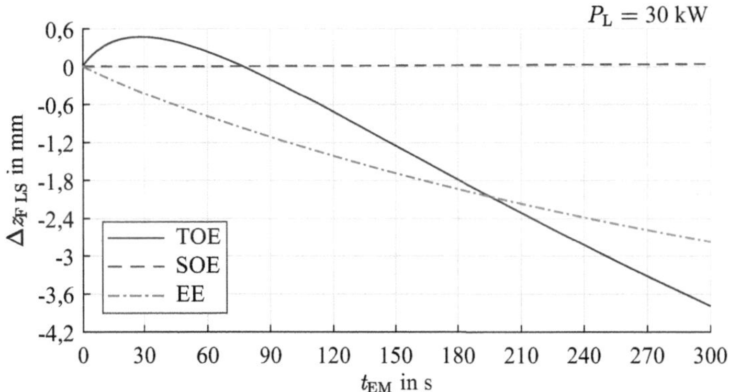

Abbildung 5.16 Zeitabhängige Änderung der einzelnen Beiträge zum Fokus-Shift $\Delta z_{F\,LS}$ durch den thermo-optischen (TOE), den spannungs-optischen (SOE) und den End-Effekt (EE) des optischen Linsensystems des 30-kW-Laser-Remote-Scannersystems „Dragon" für die Laserleistung $P_L(t_{EM}) = 30$ kW und die Einschaltdauer t_{EM} des Laserstrahls von 300 s. Die Basis sind die mit dem entwickelten FE-basierten Temperaturmodell berechneten und im Abschnitt 5.2.1 dargestellten Änderungen $\Delta T_{GL\,U}$ der Glassubstrattemperatur in den einzelnen Linsenzentren der Linsen.

Für ein reproduzierbares Prozessergebnis durch die prozessbegleitende Korrektur des Fokus-Shifts Δz_F ist die zeitabhängige Änderung des durch die Thermische Linse hervorgerufenen Fokus-Shifts $\Delta z_{F\,LS}$ des optischen Linsensystems maßgebend.

Die Abbildung 5.17 zeigt die zeitabhängigen Kurvenverläufe

- der Brennweitenverschiebungen Δf_L der Linsen (KL, FS, FT1, FT2, FL außer SG) in der Anwendung der verknüpften Gleichungen (2.36) und (2.48) und
- des Fokus-Shifts $\Delta z_{F\,LS}$ in der Anwendung der Gleichung (4.101)

für das optische Linsensystem des 30-kW-Laser-Remote-Scannersystems „Dragon".

Für die Darstellung der Kurvenverläufe in der Abbildung 5.17a) wurde die Laserleistung $P_L(t_{EM}) = 30$ kW und die Einschaltdauer t_{EM} des Laserstrahls von 300 s gewählt. In den Abbildungen 5.17b) und c) sind für die Laserleistungen $P_L(t_{EM}) = \{10, 30\}$ kW das konstante Taktverhältnis V_{EM} der Einschaltdauer t_{EM} des Laserstrahls von 10 s und der unproduktiven Nebenzeit $t_{\overline{EM}} = 5$ s im Zeitintervall $t = [0, 300]$ s der kontinuierlichen Erwärmung des optischen Linsensystems für die Einschaltdauer t_{EM} des Laserstrahls von 300 s gegenübergestellt.

Im Vergleich des Einflusses der einzelnen Linsen auf den Fokus-Shift $\Delta z_{F\,LS}$ des optischen Linsensystems des 30-kW-Laser-Remote-Scannersystems „Dragon" dominieren in der Übereinstimmung mit den berechneten und im Abschnitt 5.2.1 dargestellten zeitabhängigen Änderungen $\Delta T_{GL\,U}$ der Glassubstrattemperatur in den einzelnen Linsenzentren die Kollimationslinse (KL) und der Fokus-Shifter (FS). Aufgrund der konkaven ein- und ausgangsseitigen Oberflächenkrümmungen des Fokus-Shifters (FS) (vgl. Abbildung 3.2) wirkt seine virtuelle Brennweitenverlängerung Δf_{FS} den Brennweitenverkürzungen Δf_L

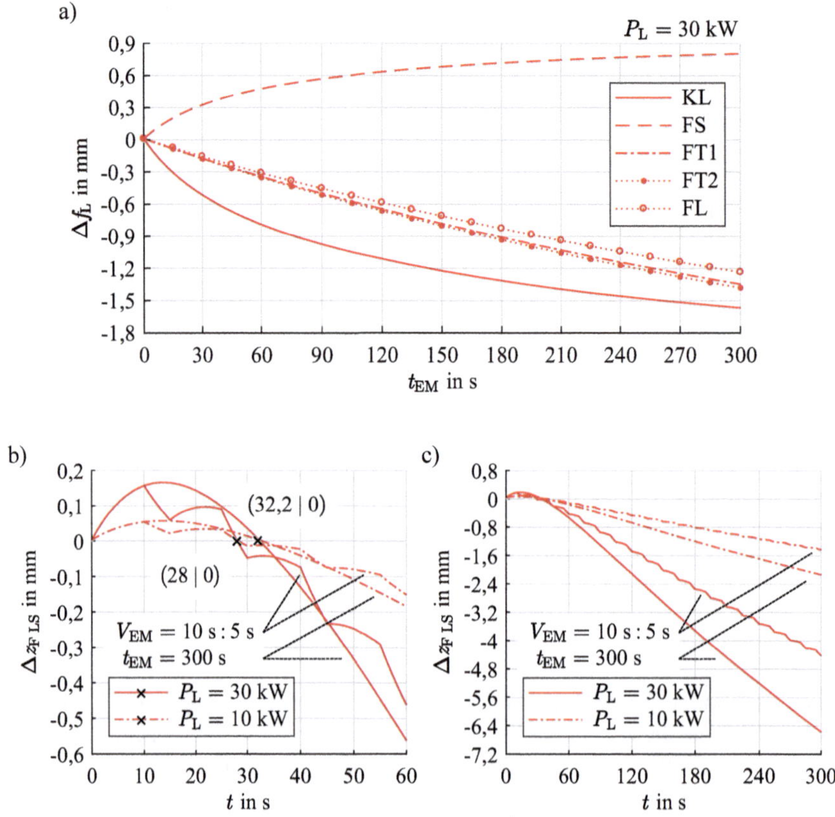

Abbildung 5.17 Zeitabhängige Kurvenverläufe a) der Brennweitenverschiebungen Δf_L der Linsen (KL, FS, FT1, FT2, FL außer SG) sowie b) und c) des Fokus-Shifts $\Delta z_{F\,LS}$ des optischen Linsensystems des 30-kW-Laser-Remote-Scannersystems „Dragon". Die Basis sind die mit dem entwickelten FE-basierten Temperaturmodell berechneten und im Abschnitt 5.2.1 dargestellten Änderungen $\Delta T_{GL\,U}$ der Glassubstrattemperatur in den einzelnen Linsenzentren. Für a) wurde die Laserleistung $P_L(t_{EM}) = 30$ kW und die Einschaltdauer t_{EM} des Laserstrahls von 300 s gewählt. In b) und c) ist das konstante Taktverhältnis V_{EM} der Einschaltdauer t_{EM} des Laserstrahls von 10 s und der unproduktiven Nebenzeit $t_{\overline{EM}} = 5$ s der kontinuierlichen Einschaltdauer t_{EM} des Laserstrahls von 300 s für die Laserleistungen $P_L(t_{EM}) = \{10, 30\}$ kW gegenübergestellt.

der fünf anderen Linsen (KL, FT1, FT2, FL und SG) des optischen Linsensystems entgegen (vgl. Abbildung 5.17a)). Die Einschaltdauer t_{EM} der Strahlemission bestimmt den durch die Auslegung vorgegebenen Einfluss des Fokus-Shifters (FS) auf den Fokus-Shift $\Delta z_{F\,LS}$, unabhängig davon, ob der Fokus-Shifter (FS) im Strahlengang des Laserstrahls zur aktiven Korrektur des Fokus-Shifts Δz_F des optischen Gesamtsystems und zur Stabilisierung der Soll-Prozessfokuslage z_F linear verschoben wird. In der Schlussfolgerung verzögert der Fokus-Shifter (FS) aufgrund der Auslegung des optischen Linsensystems teilweise die Verschiebung der Soll-Prozessfokuslage z_F des 30-kW-Laser-Remote-Scannersystems „Dragon" durch die Wirkung seiner Thermischen Linse.

Das Verhalten des optischen Linsensystems führt jedoch dazu, dass in der Anfangsphase der Einschaltdauer t_{EM} des Laserstrahls der Fokus-Shift $\Delta z_{\mathrm{F\,LS}}$ positiv ansteigt und unabhängig von der Laserleistung $P_{\mathrm{L}}(t_{\mathrm{EM}})$ nach ca. $t_{\mathrm{EM}} = 13{,}6$ s jeweils das Maximum der vier Kurvenverläufe erreicht (vgl. Abbildung 5.17b)). Demzufolge ist die Ist-Prozessfokuslage $z_{\mathrm{F\,th}}$ (Def. vgl. Abschnitt 2.2.4) gegenüber der Soll-Prozessfokuslage z_{F} verlängert. Dieses Verhalten lässt sich durch die verschiedenen Zeitkonstanten τ für die Änderungsgeschwindigkeit der Erwärmung des Glassubstrates der Linsen und die zeitversetzte Wirkung der jeweiligen Thermischen Linse der einzelnen Linsen begründen. Der mit ein- und ausgangsseitig konkaven Oberflächenkrümmungen versehene Fokus-Shifter (FS) weist mit $d_0 = 8$ mm die geringste Dicke aller Linsen (KL, FS, FT1, FT2, FL und SG) auf der optischen Achse z und den mit $2 \cdot r_{\mathrm{L}} = 50$ mm geringsten Durchmesser auf. Gemäß dem berechneten und im Abschnitt 5.2.1 beschriebenen radius- und zeitabhängigen Temperaturverhalten, erwärmt sich der Fokus-Shifter (FS) am schnellsten, sodass der Einfluss des Fokus-Shifters (FS) in der Anfangsphase der Erwärmung des Glassubstrates in zu großem Maße wirkt. Die Linsen (FT1, FT2 und FL) des Fokussiertripletts und das Schutzglas (SG) zeigen aufgrund ihrer vergleichsweise größeren Wärmekapazitäten C und größeren durchstrahlten Linsenvolumen V_{ABL} (vgl. Abschnitt 5.2.1) in der Anfangsphase der Erwärmung des Glassubstrates der Linsen keinen signifikanten Einfluss auf den Fokus-Shift $\Delta z_{\mathrm{F\,LS}}$ des optischen Linsensystems (vgl. Abbildung 5.17b)). Für C besteht der Zusammenhang $C = c \cdot m_{\mathrm{L}}$ [7, S. 252 Mitte] mit der materialspezifischen Wärmekapazität c und der Masse m_{L}.

Die sichtbare thermische Wirkung der verbleibenden fünf Linsen (KL, FT1, FT2, FL und SG) tritt zeitverzögert ein und überwiegt mit zunehmender Einschaltdauer t_{EM} der Strahlemission, sodass ausschließlich aufgrund der Auslegung des optischen Linsensystems und des Einflusses der Linsen im Strahlengang des Laserstrahls nach ca. $t_{\mathrm{EM}} = 28$ s für das konstante Taktverhältnis V_{EM} der Einschaltdauer t_{EM} des Laserstrahls und der unproduktiven Nebenzeit $t_{\overline{\mathrm{EM}}}$ bzw. ca. $t_{\mathrm{EM}} = 32{,}2$ s für die kontinuierliche Einschaltdauer t_{EM} des Laserstrahls die Soll-Prozessfokuslage z_{F} kurzzeitig wieder erreicht wird und kein Fokus-Shift $\Delta z_{\mathrm{F\,LS}}$ auftritt. Dies ist die zweite, von der Laserleistung $P_{\mathrm{L}}(t_{\mathrm{EM}})$ unabhängige markante Stelle im Kurvenverlauf des Fokus-Shifts $\Delta z_{\mathrm{F\,LS}}$ und zeigt für das optische Linsensystem, dass der Einfluss des Fokus-Shifters (FS) den Fokus-Shift $\Delta z_{\mathrm{F\,LS}}$ lediglich für ca. $t_{\mathrm{EM}} = 14{,}4$ s bzw. ca. $t_{\mathrm{EM}} = 18{,}6$ s kontinuierlich reduziert, nachdem der Fokus-Shift $\Delta z_{\mathrm{F\,LS}}$ das Maximum erreicht hat.

Demzufolge liegt in der realen Anwendung für typische Einschaltdauern t_{EM} des Laserstrahls von ≤ 10 s stets ein Fokus-Shift Δz_{F} des optischen Gesamtsystems vor, der nicht durch die Auslegung des optischen Linsensystems kompensiert werden kann. Dies erfordert den Einsatz der mit dieser Arbeit entwickelten Korrekturmethode zur Fokuslagenstabilisierung.

Nach dem Vorzeichenwechsel des Fokus-Shifts $\Delta z_{\mathrm{F\,LS}}$ nach ca. $t_{\mathrm{EM}} = 28$ s bzw. ca. $t_{\mathrm{EM}} = 32{,}2$ s ist dieser negativ und fällt gemäß der vorgegebenen Laserleistung $P_{\mathrm{L}}(t_{\mathrm{EM}})$ flacher oder steiler monoton. Die thermische Wirkung der fünf Linsen (KL, FT1, FT2, FL und SG) mit planen Oberflächen und konvexen Oberflächenkrümmungen ist nun maßgeblich für den Fokus-Shifts $\Delta z_{\mathrm{F\,LS}}$ verantwortlich, da die Wirkung der Linsen (FT1, FT2 und FL) des Fokussiertripletts und des Schutzglases (SG) auf den Fokus-Shift $\Delta z_{\mathrm{F\,LS}}$ zunimmt. Die Ist-Prozessfokuslage $z_{\mathrm{F\,th}}$ ist gegenüber der Soll-Prozessfokuslage z_{F} verkürzt, wie es für Systeme mit einer festen Systembrennweite f_{S} üblich ist (vgl. Abbildung 1.2).

Für den Fall, dass die Einschaltdauer t_{EM} der Strahlemission gegen unendlich strebt, geht der Fokus-Shift $\Delta z_{\mathrm{F\,LS}}$ des optischen Linsensystems des 30-kW-Laser-Remote-Scannersystems „Dragon“ gemäß einer abfallenden e-Funktion in den stationären Zustand über und der Fokus-Shift $\Delta z_{\mathrm{F\,LS}}$ lässt sich als konstant annehmen. Für die Laserleistung $P_{\mathrm{L}}(t_{\mathrm{EM}}) = 30\,\mathrm{kW}$ und den vorgegebenen Verstellweg l_z des Fokus-Shifters (FS) von 0 mm beträgt der Fokus-Shift $\Delta z_{\mathrm{F\,LS}}$ im stationären Systemzustand (für diese Arbeit gerundet 99,33 % des Maximalwertes des Fokus-Shifts $\Delta z_{\mathrm{F\,LS}}$) gerundet $-20{,}718$ mm.

Gegenüber der kontinuierlichen Erwärmung des Glassubstrates der Linsen sorgt das während des Laser-Remote-Bearbeitungsprozesses angewendete Taktverhältnis V_{EM} der Einschaltdauer t_{EM} des Laserstrahls und der unproduktiven Nebenzeit $t_{\overline{\mathrm{EM}}}$, wie es in den Abbildungen 5.17b) und c) dargestellt ist, für sich abwechselnde Wärmeaufnahme- und Wärmeabgabephasen im Glassubstrat der Linsen. Es bleibt während den Wärmeaufnahme- und Wärmeabgabephasen nicht genügend Zeit, um reproduzierbar prozessstabile Systembedingungen herzustellen. Die im stationären Systemzustand durch den Fokus-Shift $\Delta z_{\mathrm{F\,LS}}$ von gerundet $-13{,}797$ mm auftretende Ist-Prozessfokuslage $z_{\mathrm{F\,th}}$, aber auch die geforderte Soll-Prozessfokuslage z_{F} können nicht bzw. nicht wieder erreicht werden (vgl. Abschnitt 2.2.4).

Eine Ausnahme besteht für die Soll-Prozessfokuslage z_{F} aufgrund der Auslegung des optischen Linsensystems nach ca. $t_{\mathrm{EM}} = 28$ s. z_{F} wird kurzzeitig wieder erreicht und es tritt kein Fokus-Shift $\Delta z_{\mathrm{F\,LS}}$ auf. Im Ergebnis entspricht der zeitabhängige Kurvenverlauf des Fokus-Shifts $\Delta z_{\mathrm{F\,LS}}$, gemäß der im Abschnitt 5.2.1 dargestellten zeitabhängigen Temperaturverläufe der Linsen, ansteigenden und abfallenden e-Funktionen und es ergibt sich im Taktverhältnis V_{EM} ein alternierender Fokus-Shift $\Delta z_{\mathrm{F\,LS}}$. Dies ist ein weiterer Grund, in der realen Anwendung während des Laser-Remote-Scannerbetriebs den auftretenden Fokus-Shift Δz_{F} des optischen Gesamtsystems im Interpolationstakt Δt der Laser-Remote-Scannersteuerungen zu korrigieren.

Insgesamt ergeben sich gemäß der Gleichung (4.102) für den System Focal Shift Factor $\mathrm{SFSF_{LS}}$ (vgl. Abschnitt 2.2.4) des optischen Linsensystems des 30-kW-Laser-Remote-Scannersystems „Dragon“ die in der Abbildung 5.18 dargestellten Kurvenverläufe für verschiedene Laserleistungen $P_{\mathrm{L}}(t_{\mathrm{EM}})$, das Zeitintervall $t = [0, 300]$ s mit und ohne konstantem Taktverhältnis V_{EM} der Einschaltdauer t_{EM} des Laserstrahls von 10 s und der unproduktiven Nebenzeit $t_{\overline{\mathrm{EM}}} = 5$ s.

Die Rayleigh-Länge z_{R} (Def. vgl. Abschnitt 2.1.4.6) beträgt gemäß dem Abschnitt 5.1.5 für $l_z = 0$ mm gerundet 7,836 mm.

Die Kurvenverläufe des System Focal Shift Factor $\mathrm{SFSF_{LS}}$ spiegeln die Kurvenverläufe des Fokus-Shifts $\Delta z_{\mathrm{F\,LS}}$ gemäß den Abbildungen 5.17b) und c) wider, sind jedoch auf die Rayleigh-Länge z_{R} normiert und lassen sich dadurch objektiv mit anderen, für die Laserstrahlbearbeitung entworfenen fokussierend abbildenden optischen Systemen vergleichen.

Der Betrag des $\mathrm{SFSF_{LS}}$ erreicht für die Laserleistung $P_{\mathrm{L}}(t_{\mathrm{EM}}) = 30$ kW und eine kontinuierliche Einschaltdauer t_{EM} des Laserstrahls innerhalb des Zeitintervalls $t = [0, 300]$ s gerundet 84,29 %. Im stationären Systemzustand steigt bei der gleichen Laserleistung $P_{\mathrm{L}}(t_{\mathrm{EM}}) = 30$ kW der Betrag des $\mathrm{SFSF_{LS}}$ auf gerundet 264,40 % an. Für die in der Praxis typischen Einschaltdauern t_{EM} des Laserstrahls von ≤ 10 s ergibt sich für die Laserleistung $P_{\mathrm{L}}(t_{\mathrm{EM}}) = 30$ kW der Betrag des $\mathrm{SFSF_{LS}}$ von aufgerundet weniger als 1,97 %.

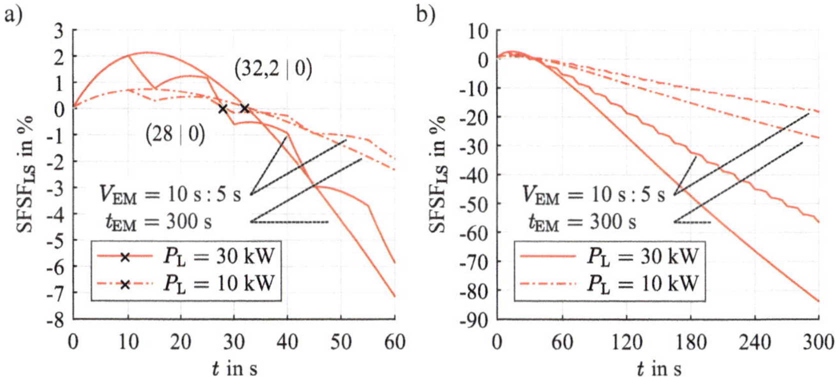

Abbildung 5.18 System Focal Shift Factor $SFSF_{LS}$ des optischen Linsensystems des 30-kW-Laser-Remote-Scannersystems „Dragon" für verschiedene Laserleistungen $P_L(t_{EM})$ und das Zeitintervall t = [0, 300] s mit und ohne konstantem Taktverhältnis V_{EM} der Einschaltdauer t_{EM} des Laserstrahls von 10 s und der unproduktiven Nebenzeit $t_{\overline{EM}}$ = 5 s. a) zeigt einen detaillierten Ausschnitt im Zeitintervall t = [0, 60] s. b) zeigt die Veränderungen im Zeitintervall t = [0, 300] s.

Wird statt einer kontinuierlichen Einschaltdauer t_{EM} des Laserstrahls das in der realen Anwendung auftretende Taktverhältnis V_{EM} der Einschaltdauer t_{EM} des Laserstrahls und der unproduktiven Nebenzeit $t_{\overline{EM}}$ vorausgesetzt, steigt, sofern die Zeitkonstanten $\tau_{\Delta zF\,Auf}$ und $\tau_{\Delta zF\,Ab}$ für die Änderungsgeschwindigkeit des Fokus-Shifts $\Delta z_{F\,LS}$ des optischen Linsensystems in der Größenordnung des Zeitintervalls t für den gesamten Bearbeitungsvorgang liegen, der Betrag des $SFSF_{LS}$ während des Bearbeitungsprozesses solange an, bis der gesamte Bearbeitungsvorgang abgeschlossen oder der stationäre Systemzustand erreicht ist. Ist das Zeitintervall t für den gesamten Bearbeitungsvorgang ca. fünfmal solang wie die Zeitkonstanten $\tau_{\Delta zF\,Auf}$ und $\tau_{\Delta zF\,Ab}$, erreicht der Fokus-Shift $\Delta z_{F\,LS}$ bzw. der Betrag des $SFSF_{LS}$ den stationären Zustand schon während des Bearbeitungsvorgangs. Ab diesem Zeitpunkt bleibt der Fokus-Shift $\Delta z_{F\,LS}$ bzw. der Betrag des $SFSF_{LS}$ nahezu konstant, sofern nur kurz ausgeschaltet oder der Bearbeitungsprozess kontinuierlich fortgeführt wird. Für die Laserleistung $P_L(t_{EM})$ = 30 kW und das angenommene konstante Taktverhältnis V_{EM} der Einschaltdauer t_{EM} des Laserstrahls von 10 s und der unproduktiven Nebenzeit $t_{\overline{EM}}$ = 5 s tritt innerhalb des Zeitintervalls t = [0, 300] s der Betrag des $SFSF_{LS}$ von gerundet 56,88 % auf. Im stationären Systemzustand ergibt sich der Betrag des $SFSF_{LS}$ von gerundet 176,07 %. Für die in der Praxis typischen Einschaltdauern t_{EM} des Laserstrahls von $\leq$ 10 s ergibt sich für die Laserleistung $P_L(t_{EM})$ = 30 kW ebenfalls der Betrag des $SFSF_{LS}$ von aufgerundet weniger als 1,97 %.

Gemäß den Angaben im Abschnitt 2.2.4 darf der Betrag des SFSF 50 % nicht übersteigen, um weiterhin stabile Prozessverhältnisse vorzufinden [98, S. 29 Mitte links]. Übersteigt der Betrag des SFSF 100 %, führt dies zu einer entscheidenden Änderung des Laserstrahldurchmessers $2 \cdot w_\sigma(z_F)$ an der Wirkstelle [64, S. 295][65, S. 55 Mitte] und reduziert die Intensitätsverteilung $I_W(r, t)$ an der Wirkstelle.

Die Ergebnisse zeigen, dass die Auslegung des optischen Linsensystems des 30-kW-Laser-Remote-Scannersystems „Dragon" in der Abhängigkeit vom Taktverhältnis V_{EM} für

Bearbeitungsaufgaben mit kurzen Einschaltdauern t_{EM} des Laserstrahls und langen unproduktiven Nebenzeit $t_{\overline{EM}}$, d. h. langen Wärmeabgabephasen des Glassubstrates, im Wesentlichen ausgewogen ist. Treten jedoch viele hintereinandergeschaltete Bearbeitungsaufgaben mit kurzen unproduktiven Nebenzeit $t_{\overline{EM}}$, d. h. kurzen Wärmeabgabephasen des Glassubstrates, auf, sind die mit dieser Arbeit erforschten Zusammenhänge der im Abschnitt 1.2 aufgezeigten Problemstellungen und daraus abgeleitet, ist die entwickelte Korrekturmethode zur Fokuslagenstabilisierung erforderlich, um die Soll-Prozessfokuslage z_F einzuhalten.

Aus dem Fokus-Shift $\Delta z_{F\,LS}$ bzw. dem System Focal Shift Factor $SFSF_{LS}$ des optischen Linsensystems lässt sich die Änderung des Laserstrahldurchmessers $2 \cdot w_{WS}(z_F)$ an der Wirkstelle durch die Verwendung der Gleichung (2.39) berechnen. In der Abbildung 5.19 ist die Änderung des Laserstrahldurchmessers $2 \cdot w_{WS}(z_F)$ für verschiedene Laserleistungen $P_L(t_{EM})$ in der Abhängigkeit von der Einschaltdauer t_{EM} des Laserstrahls im Zeitintervall $t = [0, 300]$ s mit und ohne konstantem Taktverhältnis V_{EM} dargestellt. Für V_{EM} gilt die Einschaltdauer t_{EM} des Laserstrahls von 10 s und die unproduktive Nebenzeit $t_{\overline{EM}} = 5$ s.

Der Laserstrahldurchmesser $2 \cdot w_{WS}(z_F)$ an der Wirkstelle beträgt für das thermisch unbelastete optische Gesamtsystem gerundet 0,6133 mm.

Anknüpfend an die beschriebenen Änderungen des Fokus-Shifts $\Delta z_{F\,LS}$ bzw. des $SFSF_{LS}$ tritt in der Anfangsphase der Erwärmung der Linsen des optischen Linsensystems eine geringe Änderung des Laserstrahldurchmessers $2 \cdot w_{WS}(z_F)$ auf, die für die in der Praxis typischen Einschaltdauern t_{EM} des Laserstrahls von ≤ 10 s und für die Laserleistung $P_L(t_{EM}) = 30$ kW aufgerundet weniger als 0,02 % beträgt. Das lokale Maximum der

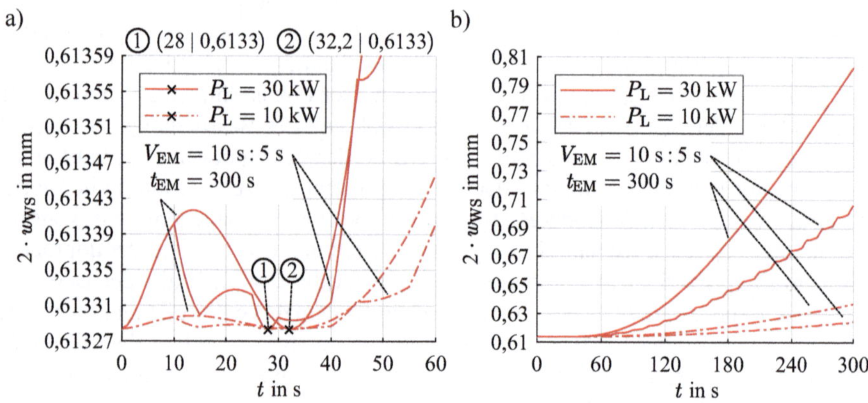

Abbildung 5.19 Änderung des Laserstrahldurchmessers $2 \cdot w_{WS}(z_F)$ an der Wirkstelle durch einen auftretenden Fokus-Shift $\Delta z_{F\,LS}$ des optischen Linsensystems des 30-kW-Laser-Remote-Scannersystems „Dragon" für verschiedene Laserleistungen $P_L(t_{EM})$ und das Zeitintervall $t = [0, 300]$ s mit und ohne konstantem Taktverhältnis V_{EM} der Einschaltdauer t_{EM} des Laserstrahls von 10 s und der unproduktiven Nebenzeit $t_{\overline{EM}} = 5$ s. a) zeigt einen detaillierten Ausschnitt im Zeitintervall $t = [0, 60]$ s. b) zeigt die Veränderungen im Zeitintervall $t = [0, 300]$ s. Der Laserstrahldurchmesser $2 \cdot w_{WS}(z_F)$ an der Wirkstelle beträgt für das thermisch unbelastete optische Gesamtsystem gerundet 0,6133 mm.

Änderung des Laserstrahldurchmessers $2 \cdot w_{WS}(z_F)$ bei $t_{EM} = 13{,}6$ s beträgt gerundet 0,022 %. Erst mit zunehmender Einschaltdauer t_{EM} des Laserstrahls erreicht der Laserstrahldurchmesser $2 \cdot w_{WS}(z_F)$ an der Wirkstelle im stationären Systemzustand gerundet 1,7322 mm und ist um gerundet 182,45 % angewachsen.

Auch wenn die Änderung des Laserstrahldurchmessers $2 \cdot w_{WS}(z_F)$ an der Wirkstelle in der Anfangsphase gering ist, sorgt das in der realen Anwendung auftretende Taktverhältnis V_{EM} der Einschaltdauer t_{EM} des Laserstrahls und der unproduktiven Nebenzeit $t_{\overline{EM}}$ für ein Ansteigen des Laserstrahldurchmessers $2 \cdot w_{WS}(z_F)$ während des gesamten Bearbeitungsvorgangs. Für die Laserleistung $P_L(t_{EM}) = 30$ kW und das angenommene konstante Taktverhältnis V_{EM} der Einschaltdauer t_{EM} des Laserstrahls von 10 s und der unproduktiven Nebenzeit $t_{\overline{EM}} = 5$ s ändert sich innerhalb des Zeitintervalls $t = [0, 300]$ s der Laserstrahldurchmesser $2 \cdot w_{WS}(z_F)$ um gerundet 15,04 %. Im stationären Systemzustand beträgt der Laserstrahldurchmesser $2 \cdot w_{WS}(z_F)$ an der Wirkstelle gerundet 1,2360 mm. Dies entspricht einer Änderung von 101,54 %. Für die in der Praxis typischen Einschaltdauern t_{EM} des Laserstrahls von ≤ 10 s ergibt sich für die Laserleistung $P_L(t_{EM}) = 30$ kW ebenfalls eine Änderung des Laserstrahldurchmessers $2 \cdot w_{WS}(z_F)$ von aufgerundet weniger als 0,02 %.

Gemäß *Blomster et al.* [44, S. 4 unten] ist für eine prozessstabile Bearbeitung eine Änderung des Laserstrahldurchmessers $2 \cdot w_\sigma(z_F)$ an der Wirkstelle von mehr als 40 % nicht mehr akzeptabel. Somit sind für den kontinuierlichen Bearbeitungsprozess und für viele hintereinandergeschaltete Bearbeitungsaufgaben die mit dieser Arbeit erforschten Zusammenhänge der im Abschnitt 1.2 aufgezeigten Problemstellungen und daraus abgeleitet, ist die entwickelte Korrekturmethode zur Fokuslagenstabilisierung erforderlich, um im Ergebnis die Soll-Prozessfokuslage z_F und den vorgegebenen Laserstrahldurchmesser $2 \cdot w_\sigma(z_F)$ an der Wirkstelle einzuhalten.

Zusammenfassend wird der thermo-optische Effekt als dominierender Faktor für die Ausbildung der Thermischen Linse des optischen Linsensystems des 30-kW-Laser-Remote-Scannersystems „Dragon" bestätigt.

Weiterhin ist der Fokus-Shifter (FS) maßgeblich für den in der Anfangsphase der Einschaltdauer t_{EM} des Laserstrahls auftretenden positiven Fokus-Shift $\Delta z_{F\,LS}$ des optischen Linsensystems verantwortlich und steuert die verlangsamte Verschiebung der Soll-Prozessfokuslage z_F indem die Thermische Linse des Fokus-Shifters (FS) den Thermischen Linsen der fünf weiteren Linsen (KL, FT1, FT2, FL und SG) entgegenwirkt. Deshalb wird für die entwickelte Korrekturmethode zur Fokuslagenstabilisierung im optischen Gesamtsystem des 30-kW-Laser-Remote-Scannersystems „Dragon" die optische Auslegung und die entlang der optischen Achse z opto-mechanische Verstellmöglichkeit des Fokus-Shifters (FS) genutzt, um den für das optische Linsensystem auftretenden und berechneten Fokus-Shift $\Delta z_{F\,LS}$ im Interpolationstakt Δt der 30-kW-Laser-Remote-Scannersteuerung aktiv zu korrigieren und die Soll-Prozessfokuslage z_F an der Wirkstelle zu stabilisieren. Damit werden der vorgegebene Laserstrahldurchmesser $2 \cdot w_\sigma(z_F)$ und die prozessrelevante Intensitätsverteilung $I_W(r, t)$ an der Wirkstelle eingehalten.

Der Vorgang der Einstellung und der aktiven Stabilisierung der Soll-Prozessfokuslage z_F ist im Abschnitt 5.4 beschrieben und basiert auf den mit dieser Arbeit entwickelten und in den Abschnitten 4.3 bis 4.6 beschriebenen Modellen.

Die Tabelle 5.8 fasst die auf der Thermischen Linse des optischen Linsensystems des 30-kW-Laser-Remote-Scannersystems „Dragon“ basierenden Berechnungsergebnisse für den Abschnitt 5.2.4 für die Laserleistung $P_L(t_{EM}) = 30\,kW$ und den in der Tabelle 5.7 vorgegebenen Verstellweg l_z des Fokus-Shifters (FS) von 0 mm zusammen.

Tabelle 5.8 Zusammenstellung der auf der Thermischen Linse des optischen Linsensystems des 30-kW-Laser-Remote-Scannersystems „Dragon“ basierenden Berechnungsergebnisse für den Fokus-Shift $\Delta z_{F\,LS}$, den Betrag des System Focal Shift Factors $SFSF_{LS}$ und die Änderung des Laserstrahldurchmessers $2 \cdot w_{WS}(z_F)$ an der Wirkstelle. Die dargestellten Werte gelten für die Laserleistung $P_L(t_{EM}) = 30\,kW$ und den vorgegebenen Verstellweg l_z des Fokus-Shifters (FS) von 0 mm.

Zustand	t_{EM} = kontinuierlich			$V_{EM} = t_{EM} : t_{\overline{EM}} = 10\,s : 5\,s$		
t in s	$\Delta z_{F\,LS}$ in mm	$\lvert SFSF_{LS}\rvert$ in %	$\Delta(2 \cdot w_{WS})$ in %	$\Delta z_{F\,LS}$ in mm	$\lvert SFSF_{LS}\rvert$ in %	$\Delta(2 \cdot w_{WS})$ in %
≤ 10	≤ 0,154	< 1,97	< 0,02	≤ 0,154	< 1,97	< 0,02
300	−6,605	84,29	30,78	−4,457	56,88	15,04
stationär	−20,718	264,40	182,45	−13,797	176,07	101,54

5.3 Einflüsse der Umgebungsgrößen auf die Prozessfokuslage

5.3.1 Messwertaufnahme der Umgebungsgrößen

Die gemessenen Umgebungsgrößen, d. h. die Glassubstrattemperatur $T_{GL\,R}$ am Linsenrand bzw. an der Fassung, die Umgebungstemperatur T_U, der absolute Druck p und die relative Luftfeuchtigkeit RH, sind Teil der Strategie der im Kapitel 4 beschriebenen Korrekturmethode zur Fokuslagenstabilisierung und werden beim Einsatz des im Abschnitt 3.1.4 beschriebenen 30-kW-Laser-Remote-Scannersystems „Dragon“ zur Einstellung der Soll-Prozessfokuslage z_F (Def. vgl. Abschnitt 1.2) sowie zur Korrektur des Fokus-Shifts Δz_F (Def. vgl. Abschnitt 2.2.4) herangezogen.

Für die prozessbegleitende Messung der Umgebungsgrößen $T_{GL\,R}$, T_U, p und RH im linsennahen Umfeld des 30-kW-Laser-Remote-Scannersystems „Dragon“ werden die im Abschnitt 5.1.4.1 beschriebenen intelligenten Sensorsysteme (Def. vgl. Abschnitt 2.4) DS18B20 und BME280 (Geräteliste vgl. Anhang A.3) eingesetzt. Die Anwendungsumgebung der intelligenten Sensorsysteme wird durch die im Abschnitt 5.1 aufgeführten Randbedingungen vorgegeben. Im Abschnitt 5.1.4.2 wird die Einbausituation im linsennahen Umfeld dargestellt.

Das Temperatursensorsystem DS18B20 erfasst direkt am Linsenumfang bzw. an der Fassung die Glassubstrattemperatur $T_{GL\,R}$ am Linsenrand und das Multisensorsystem BME280 nimmt die Umgebungstemperatur T_U, den absoluten Druck p und die relative Luftfeuchtigkeit RH in der linsennahen Umgebung auf.

Nicht gemessen wird der CO_2-Gehalt x_{CO2}. Dieser wird stattdessen mit der Verwendung der Korrekturmethode zur Fokuslagenstabilisierung für das 30-kW-Laser-Remote-Scannersystems „Dragon“ mit $x_{CO2} = 450\,\mu mol \cdot mol^{-1}$ (vgl. Tabelle 2.3) vorgegeben.

Beispielhaft sind die ausgewerteten Messergebnisse der in der unmittelbaren Umgebung der Kollimationslinse (KL) des 30-kW-Laser-Remote-Scannersystems „Dragon" (vgl. Abbildung 5.7) aufgenommenen Daten in der Abbildung 5.20 dargestellt. Die Datenaufnahme erfolgte im Zeitintervall $t = [0, 2500]$ s. Für die Laserleistung $P_L(t_{EM})$ wurden 6 kW bei einer kontinuierlichen Einschaltdauer t_{EM} des Laserstrahls von 300 s gewählt. Der zeitabhängige Verlauf der Laserleistung $P_L(t_{EM})$ wurde mit dem Kalorimeter EC-PowerMonitor [322] (Geräteliste vgl. Anhang A.3) des Herstellers *PRIMES* gemessen. Zusätzlich wurde die Fassung durch die Verwendung der integrierten Kühlmöglichkeit (vgl. Abschnitt 5.1.2) an die im thermisch unbelasteten Zustand der Luft vorliegende Umgebungstemperatur $T_U = 21$ °C angepasst und durch einen kontinuierlichen Wasserdurchfluss auf diesen Wert geregelt. Zwischen den Temperatursensorsystemen DS18B20 und der kontaktierten Oberfläche wurde für einen gleichmäßigen Wärmeübergang Wärmeleitpaste eingesetzt.

Im in der Abbildung 5.20a) dargestellten Kurvenverlauf der Laserleistung $P_L(t_{EM})$ spiegelt sich die kontinuierliche Einschaltdauer t_{EM} des Laserstrahls von 300 s wider. Der Anstieg und der Abfall des Kurvenverlaufs ergeben sich aus der Ansprechzeit t_A des Kalorimeters EC-PowerMonitor bis zur Ausgabe des Messwertes der Laserleistung $P_L(t_{EM})$. Die tatsächliche Anstiegs- und Abfallzeit t des verwendeten und im Abschnitt 5.1.1 beschriebenen Ytterbium-Hochleistungsfaserlasers YLS-30000-S2 (Geräteliste vgl. Anhang A.3) beträgt bis zum Ein- bzw. Abschalten der Laserstrahlung lediglich zweistellige Mikrosekunden [312].

Für die Temperaturentwicklung $T_{GL\,R}$ am Linsenrand bzw. an der Fassung und T_U im Umfeld der Linsen außerhalb der Fassung ergibt sich für die vier Temperatursensorsysteme DS18B20 und das Multisensorsystem BME280 aufgrund der Absorption eines Teils der Laserstrahlung und der damit verbundenen Erwärmung der Medien das zu erwartende physikalische Verhalten in der Abhängigkeit von der Einschaltdauer t_{EM} des Laserstrahls. So folgen die in der Abbildung 5.20b) dargestellten Kurvenverläufe während der Wärmeaufnahmephase einer ansteigenden e-Funktion und während der Wärmeabgabephase einer abfallenden e-Funktion, wobei die Wärmeabgabephase eine um den Faktor von 7 für $T_{GL\,R}$ bzw. von 5 für T_U längere Zeitspanne t gegenüber der Wärmeaufnahmephase aufweist. Demzufolge gelten für die Berechnung der Brechzahl n_{air} der Luft auf der Basis von T_U vergleichbare zeitabhängige Bedingungen, wie sie für die Berechnung der Brechzahl $n_{abs\,GL}$ des Glassubstrates der Linsen auf der Basis von $T_{GL\,U}$ gelten (vgl. Abschnitt 5.2.2) und sind in der gleichen Weise anwendbar.

Die Unterschiede während der Wärmeabgabephase sind auf die Einbausituation der intelligenten Sensorsysteme zurückzuführen. Durch die Positionierung der Temperatursensorsysteme DS18B20 am Linsenrand bzw. an der Fassung wirkt die Abgabe der im Glassubstrat gespeicherten Wärme über den Linsenrand länger nach, als es für die Multisensorsysteme BME280 der Fall ist, die sich etwas entfernt von der Fassung frei in der umgebenden Luft befinden.

Weiterhin zeigen die Messergebnisse der am Linsenumfang bzw. an der Fassung um 90° versetzt positionierten Temperatursensorsysteme DS18B20, dass die Kurvenverläufe der Glassubstrattemperaturen $T_{GL\,R}$ am Linsenrand verschiedene Maximalwerte aufweisen. Als erste mögliche Ursache lassen sich Wärmeübergangswiderstände R_s benennen, da die Temperatursensorsysteme DS18B20 nicht fest mit der zu messenden Oberfläche

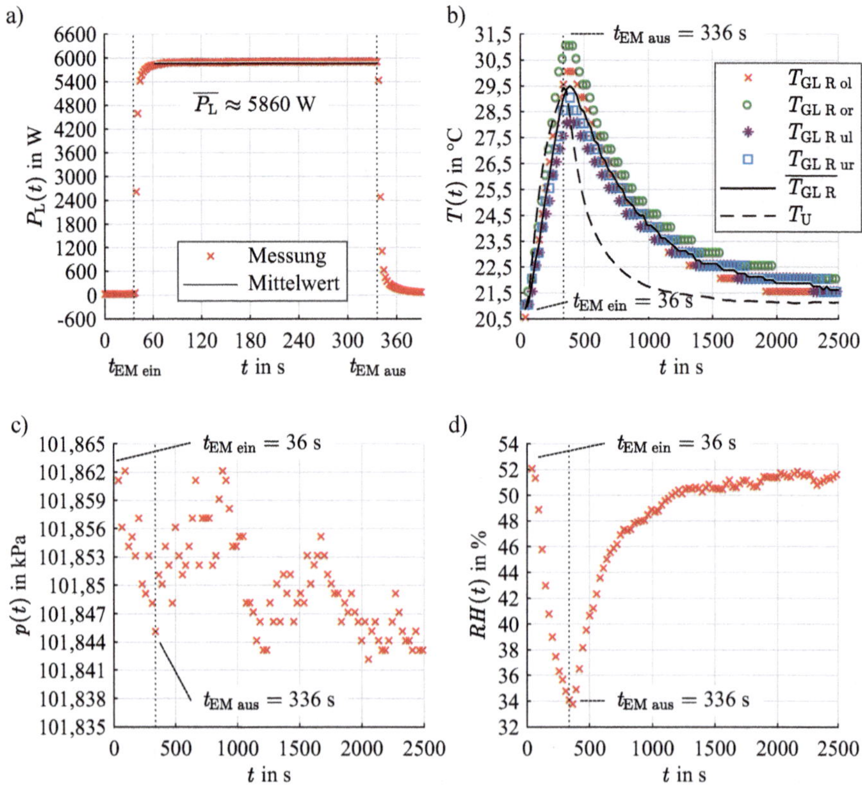

Abbildung 5.20 Beispielhafte Darstellung der aufgezeichneten Messwerte der eingesetzten intelligenten Sensorsysteme DS18B20 und BME280 in der Abhängigkeit von der Laserleistung $P_L(t)$ und der Zeit t in der unmittelbaren Umgebung der Kollimationslinse (KL) des 30-kW-Laser-Remote-Scannersystem „Dragon". a) zeigt die gemessene Laserleistung $P_L(t)$, b) die Glassubstrattemperatur $T_{GL\ R}$ an vier gegenüberliegenden Stellen am Linsenrand (DS18B20) und die Umgebungstemperatur T_U (BME280), c) den absoluten Druck p (BME280) und d) die relative Luftfeuchtigkeit RH (BME280) für das aufgezeichnete Zeitintervall $t = [0, 2500]$ s im Randbereich der Fassung. Für die Laserleistung $P_L(t_{EM})$ wurden 6 kW bei einer kontinuierlichen Einschaltdauer t_{EM} des Laserstrahls von 300 s gewählt. Dem Laserstrahl in der Blickrichtung auf die Eintrittsoberfläche der Kollimationslinse (KL) folgend bezeichnen die Abkürzungen ol := oben links, or := oben rechts, ul := unten links und ur := unten rechts die Positionen der Sensoren im Bereich des Linsenumfangs.

verbunden wurden, sondern die Oberfläche durch eine Haltevorrichtung kontaktiert wurde. Als zweite mögliche Ursache lässt sich eine geringfügig asymmetrische Durchstrahlung der Kollimationslinse (KL) durch den Laserstrahl angeben. In der realen Anwendung für Laser-Remote-Scanner lassen sich nach einer optimierten Zentrierung des Laserstrahls im Strahlengang eine auftretende Asymmetrie und Anomalien im Glassubstrat der Linsen erkennen. Für die Korrekturmethode zur Fokuslagenstabilisierung wird die Mittelwertbildung der gemessenen Glassubstrattemperaturen $T_{GL\ R\ ol}$, $T_{GL\ R\ or}$, $T_{GL\ R\ ul}$ und $T_{GL\ R\ ur}$, wie es in der Abbildung 5.20b) dargestellt ist, verwendet.

Die Änderung des absoluten Drucks p wird durch das Multisensorsystem BME280 aufgezeichnet. Mit steigender Umgebungstemperatur T_U nimmt der absolute Druck p nur geringfügig ab, steigt danach mit sinkender Umgebungstemperatur T_U wieder an und strebt dem Ausgangswert im thermisch unbelasteten Zustand der Luft entgegen (vgl. Abbildung 5.20c)). Jedoch treten auch Änderungen bei ausgeschaltetem Laserstrahl auf, sodass keine eindeutige Abhängigkeit vom ein- oder ausgeschalteten Laserstrahl (vgl. Abbildung 5.20c)) aufgezeigt werden kann. Dennoch wird ergänzend der absolute Druck p gemessen, da mit der Verwendung eines angenommenen Standardwertes anstelle des Messwertes gemäß *Frank-Thomas Lentes* [181, S. 28 unten] nicht mehr zu vernachlässigende Änderungen von n_{air} ab einer Änderung des absoluten Drucks p um ± 2000 Pa auftreten.

Einhergehend mit dem Anstieg der Umgebungstemperatur T_U nimmt während der Wärmeaufnahmephase die relative Luftfeuchtigkeit RH ab, da sich der vorhandene Wasserdampf ausdehnen kann. Die Änderungen der relativen Luftfeuchtigkeit RH zeigen ein reziprokes Verhalten zu T_U, wie es die mit dem Multisensorsystem BME280 aufgenommenen Daten in den Abbildungen 5.20b) und d) widerspiegeln.

Mit den prozessbegleitend gemessenen Umgebungsgrößen $T_{GL\,R}$, T_U, p und RH im linsennahen Umfeld des 30-kW-Laser-Remote-Scannersystems „Dragon“ lassen sich die Korrekturalgorithmen der entwickelten Korrekturmethode zur Fokuslagenstabilisierung durch die im Interpolationstakt Δt der 30-kW-Laser-Remote-Scannersteuerung stattfindende Bestimmung des zeitabhängigen Verhaltens der Glassubstrattemperatur $T_{GL\,R}$ am Linsenrand und Berechnung der Brechzahl n_{air} der Luft an die vorliegenden Umgebungsbedingungen anpassen. Im Ergebnis trägt dies zu einer verbesserten Einstellung der Soll-Prozessfokuslage z_F an der Wirkstelle und zu einer verbesserten Korrektur des Fokus-Shifts Δz_F des optischen Gesamtsystem des 30-kW-Laser-Remote-Scannersystems „Dragon“ bei.

5.3.2 Fokus-Shift

Die im Abschnitt 5.3.1 behandelten, prozessbegleitend gemessenen Umgebungsgrößen der Umgebungstemperatur T_U, des absoluten Drucks p und der relativen Luftfeuchtigkeit RH beeinflussen im optischen Gesamtsystem des im Abschnitt 3.1.4 beschriebenen 30-kW-Laser-Remote-Scannersystems „Dragon“ die Brechzahl n_{air} der Luft, wie es im Abschnitt 2.2.3 aufgeführt wird. Dies wirkt sich auf den Medienübergang (vgl. Abschnitt 2.2.2.5) des Laserstrahls zwischen der Luft und dem Glassubstrat der Linsen bzw. dem Glassubstrat der Linsen und der Luft und auf die Ausbreitung des Laserstrahls im freien Raum aus. Im Ergebnis bewirkt dies neben der Thermischen Linse (Def. vgl. Abschnitt 2.2.2) des optischen Linsensystems eine Veränderung der Laserstrahleigenschaften an der Wirkstelle (vgl. Abschnitte 1.2 und 2.2.2), wie der Soll-Prozessfokuslage z_F, der Fokusgeometrie und der Leistungsdichteverteilung $I_W(r, t)$. Die Verschiebung der Soll-Prozessfokuslage z_F wird durch den Fokus-Shift Δz_F (vgl. Abschnitt 2.2.4) beschrieben.

Mit der entwickelten und im Kapitel 4 beschriebenen Korrekturmethode zur Fokuslagenstabilisierung lässt sich der Einfluss der prozessbegleitend gemessenen Umgebungsgrößen T_U, p und RH auf die Brechzahl n_{air} der Luft und folglich auf den Fokus-Shift Δz_F des optischen Gesamtsystems des 30-kW-Laser-Remote-Scannersystems „Dragon“ berechnen und der auftretende Fokus-Shift Δz_F aktiv korrigieren, um die Soll-Prozessfokuslage z_F zu stabilisieren. Für die Korrektur des Fokus-Shifts Δz_F wird die Brechzahl n_{air} der Luft mit der Verwendung der Gleichung (2.35) im Interpolationstakt Δt der 30-kW-

Laser-Remote-Scannersteuerung prozessbegleitend an die tatsächlichen Gegebenheiten angepasst.

Die folgenden in diesem Abschnitt durchgeführten Betrachtungen und Berechnungen stützen sich auf die im Abschnitt 5.1 aufgeführten Randbedingungen mit dem in der Tabelle 5.7 vorgegebenen Verstellweg l_z des Fokus-Shifters (FS) von 0 mm und beziehen sich auf den Fokus-Shift $\Delta z_{\mathrm{F\,BL}}$, der durch die Änderung der Brechzahl n_{air} der Luft hervorgerufen wird.

Der durch die Thermische Linse des optischen Linsensystems hervorgerufene Fokus-Shift $\Delta z_{\mathrm{F\,LS}}$ wird im Abschnitt 5.2.4 betrachtet.

Gemäß der Gleichung (2.35) ergeben sich auf der Basis des im Abschnitt 4.5.2 beschriebenen Modells der Brechzahl n_{air} der Luft die in der Abbildung 5.21 dargestellten Kurvenverläufe der Brechzahl n_{air} einerseits durch die Änderung jeweils einer der Umgebungsgrößen T_{U}, p und RH und andererseits durch die gleichzeitige Änderung von T_{U}, p und RH. Für die im thermisch unbelasteten Zustand der Luft vorliegende Brechzahl n_{air} wurde mit den gemessenen Umgebungsgrößen $T_{\mathrm{U}} = 20{,}875\ °\mathrm{C}$, $p = 101861\ \mathrm{Pa}$ und $RH = 51{,}95\ \%$ des im Abschnitt 5.1.4.1 beschriebenen und im Randbereich der Fassung platzierten Multisensorsystems BME280 (Geräteliste vgl. Anhang A.3) der gerundete Wert 1,00026942 berechnet.

In der Abhängigkeit von der Umgebungstemperatur T_{U} ergeben sich für die Brechzahl n_{air} der Luft folgende Zusammenhänge: steigt T_{U} an, nimmt n_{air} ab; sinkt T_{U} ab, steigt n_{air} an. Dies erfolgt mit $\beta_{\mathrm{air}} = \mathrm{d}n_{\mathrm{air}} \cdot (\mathrm{d}T_{\mathrm{U}})^{-1} \approx -9{,}15 \cdot 10^{-7}\ \mathrm{K}^{-1}$. Nach dem Abschalten der Laserstrahlung strebt n_{air} dem Ausgangswert im thermisch unbelasteten Zustand der Luft entgegen.

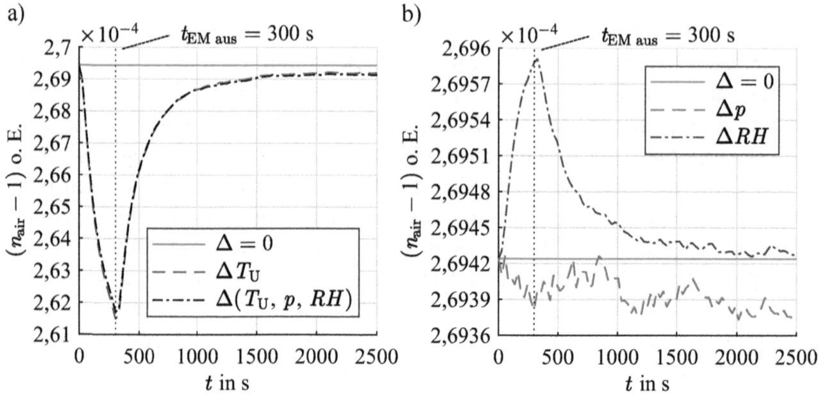

Abbildung 5.21 Zeitabhängige Änderung der Brechzahl $n_{\mathrm{air}} - 1$ der Luft in der Abhängigkeit von der Umgebungstemperatur T_{U}, dem absoluten Druck p und der relativen Luftfeuchtigkeit RH im optischen Aufbau des 30-kW-Laser-Remote-Scannersystems „Dragon" für das im Abschnitt 5.3.1 behandelte, aufgezeichnete Zeitintervall $t = [0, 2500]$ s. Für die Laserleistung $P_{\mathrm{L}}(t_{\mathrm{EM}})$ wurden 6 kW bei einer kontinuierlichen Einschaltdauer t_{EM} des Laserstrahls von 300 s gewählt. Im thermisch unbelasteten Zustand der Luft betragen $T_{\mathrm{U}} = 20{,}875\ °\mathrm{C}$, $p = 101861\ \mathrm{Pa}$ und $RH = 51{,}95\ \%$ sowie die Brechzahl n_{air} der Luft 1,00026942.

Ein ähnliches Verhalten zeigt die Brechzahl n_{air} der Luft in der Abhängigkeit vom absoluten Druck p während der Wärmeaufnahmephase. n_{air} ändert sich gemäß dem Zusammenhang $\mathrm{d}n_{\mathrm{air}} \cdot (\mathrm{d}p)^{-1} \approx 2{,}68 \cdot 10^{-9}\ \mathrm{Pa}^{-1}$. Aufgrund der geringen Änderung von n_{air} in der Abhängigkeit vom absoluten Druck p im Vergleich zu der Änderung von n_{air} in der Abhängigkeit von T_{U} und RH ist diese jedoch von untergeordneter Bedeutung.

In der Abhängigkeit von der sinkenden relativen Luftfeuchtigkeit RH während der Wärmeaufnahmephase steigt die Brechzahl n_{air} der Luft an. Nach dem Abschalten der Laserstrahlung steigt die relative Luftfeuchtigkeit RH im Zuge der Wärmeabgabephase wieder an. Die Brechzahl n_{air} der Luft nimmt ab und strebt dem Ausgangswert im thermisch unbelasteten Zustand der Luft entgegen. Der Zusammenhang ist $\mathrm{d}n_{\mathrm{air}} \cdot (\mathrm{d}RH)^{-1} \approx -1 \cdot 10^{-8}\ \%^{-1}$.

Im Ergebnis zeigt die Übereinstimmung mit den im Abschnitt 2.2.3 beschriebenen Aussagen der Fachliteratur, dass die Änderung der Umgebungstemperatur T_{U} den größten Einfluss auf die Brechzahl n_{air} der Luft ausübt, sodass die zeitabhängige Änderung von n_{air} maßgeblich der von T_{U} folgt. Im Einfluss absteigend folgen die relative Luftfeuchtigkeit RH und der absolute Druck p als bestimmende Faktoren in der Umgebung der Linsen.

Durch die Änderung der Brechzahl n_{air} der Luft tritt der in der Abbildung 5.22 dargestellte Fokus-Shift $\Delta z_{\mathrm{F\,BL}}$ der Luft des optischen Gesamtsystems des 30-kW-Laser-Remote-Scannersystems „Dragon" gegenüber der Soll-Prozessfokuslage z_{F}, die für n_{air} im thermisch unbelasteten Zustand der Luft eingestellt ist, auf.

Die Berechnung des Fokus-Shifts $\Delta z_{\mathrm{F\,BL}}$ erfolgt mit dem entwickelten und im Abschnitt 4.6 beschriebenen Modell gemäß der Gleichung (4.101).

Wird der Fokus-Shift $\Delta z_{\mathrm{F\,BL}}$ auf die Rayleigh-Länge z_{R} (Def. vgl. Abschnitt 2.1.4.6) normiert, ergibt sich gemäß der Gleichung (4.102) der System Focal Shift Factor $\mathrm{SFSF}_{\mathrm{BL}}$ (vgl. Abschnitt 2.2.4) der Luft des optischen Gesamtsystems, der ebenfalls in der Abbildung 5.22 dargestellt ist. Die Rayleigh-Länge z_{R} beträgt gemäß dem Abschnitt 5.1.5 für $l_z = 0$ mm gerundet 7,836 mm.

Die Basis für den Kurvenverlauf bilden die prozessbegleitend gemessenen Umgebungsgrößen T_{U}, p und RH des im Randbereich der Fassung platzierten Multisensorsystems BME280 und die im Interpolationstakt Δt der 30-kW-Laser-Remote-Scannersteuerung daraus berechnete Änderung der Brechzahl n_{air} der Luft.

Im dargestellten Ergebnis wird der Einfluss der Umgebungsgrößen auf die Ausprägung des Fokus-Shifts $\Delta z_{\mathrm{F\,BL}}$ der Luft des optischen Gesamtsystems deutlich, denn der Fokus-Shift $\Delta z_{\mathrm{F\,BL}}$ folgt dem in der Abbildung 5.21a) dargestellten Kurvenverlauf der zeitabhängigen Änderung der Brechzahl n_{air} der Luft und damit maßgeblich dem zeitabhängigen Kurvenverlauf der Umgebungstemperatur T_{U}. Daher zeigt der Kurvenverlauf des durch die Änderung der Brechzahl n_{air} der Luft hervorgerufenen Fokus-Shifts $\Delta z_{\mathrm{F\,BL}}$ im Gegensatz zu den in den Abbildungen 5.17b) und c) dargestellten Kurvenverläufen des durch die Thermische Linse hervorgerufenen Fokus-Shifts $\Delta z_{\mathrm{F\,LS}}$ einen monoton fallenden Kurvenverlauf. Nach dem Abschalten der Laserstrahlung steigt dieser gemäß einer e-Funktion wieder monoton an und erreicht den im thermisch unbelasteten Zustand der Luft vorliegenden Ausgangszustand für diese Arbeit annähernd nach $5 \cdot \tau_{\Delta z\mathrm{F}}$, mit $\tau_{\Delta z\mathrm{F}} = \tau_{\Delta z\mathrm{F\,Ab}}$. Dies entspricht gerundet 0,67 % des negativen Maximalwertes von $\Delta z_{\mathrm{F\,BL}}$. Der Fokus-Shift $\Delta z_{\mathrm{F\,BL}}$ ist hauptsächlich von der Einschaltdauer t_{EM} der Strahlemission und

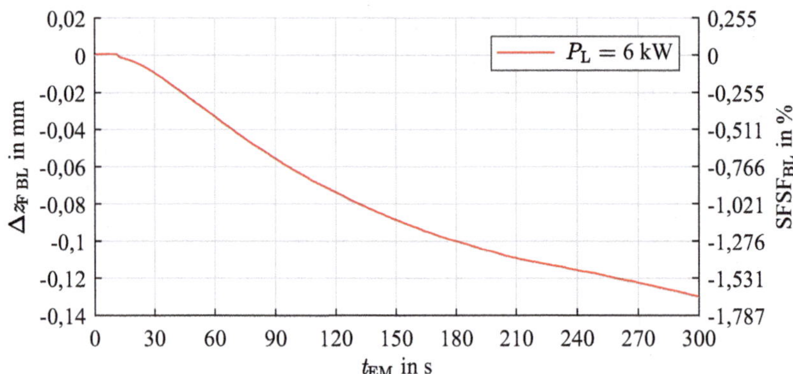

Abbildung 5.22 Zeitabhängige Änderung des Fokus-Shifts $\Delta z_{F\,BL}$ und des System Focal Shift Factors $\mathrm{SFSF_{BL}}$ der Luft des optischen Gesamtsystems des 30-kW-Laser-Remote-Scannersystems „Dragon". Die zeitabhängige Änderung von n_{air} basiert auf den im Abschnitt 5.3.1 behandelten, prozessbegleitend gemessenen Umgebungsgrößen der Umgebungstemperatur T_U, des absoluten Drucks p und der relativen Luftfeuchtigkeit RH.

der Laserleistung $P_L(t_{EM})$ (Def. vgl. Abschnitt 2.1.3) sowie der durch die Konvektionsform bestimmten Art der Luftströmung im Gehäuse des 30-kW-Laser-Remote-Scannersystems „Dragon" abhängig.

Der Betrag des System Focal Shift Factors $\mathrm{SFSF_{BL}}$ nimmt für die gewählt Laserleistung $P_L(t_{EM}) = 6$ kW und die Einschaltdauer t_{EM} des Laserstrahls von 300 s den Wertebereich $0\,\% \leq |\mathrm{SFSF_{BL}}| \leq 1{,}6638\,\%$ ein. Für die in der Praxis typischen Einschaltdauern t_{EM} des Laserstrahls von ≤ 10 s ergibt sich für die Laserleistung $P_L(t_{EM}) = 6$ kW der Betrag des $\mathrm{SFSF_{BL}}$ von ca. 0,0015 %.

Durch die im Abschnitt 2.2.4 beschriebene Normierung des $\mathrm{SFSF_{BL}}$ auf die vorgegebene Laserleistung $P_L(t_{EM})$ lässt sich der Wertebereich des $\mathrm{SFSF_{BL}}$ für die Laserleistung $P_L(t_{EM}) = 30$ kW bestimmen. Für den Betrag des $\mathrm{SFSF_{BL}}$ ergibt sich der Wertebereich von $0\,\% \leq |\mathrm{SFSF_{BL}}| \leq 8{,}3193\,\%$. Für die in der Praxis typischen Einschaltdauern t_{EM} des Laserstrahls von ≤ 10 s ergibt sich der Betrag des $\mathrm{SFSF_{BL}}$ von ca. 0,0075 %. Für einen einmaligen Bearbeitungsvorgang innerhalb von $t_{EM} \leq 10$ s wäre dieser System Focal Shift Factor $\mathrm{SFSF_{BL}}$ und damit der Fokus-Shift $\Delta z_{F\,BL}$ unerheblich für das Prozessergebnis, jedoch sorgen die sich abwechselnden Ein- und Ausschaltvorgänge des Laserstrahls während des Bearbeitungsprozesses für das Anwachsen des Betrags des $\mathrm{SFSF_{BL}}$ im Taktverhältnis V_{EM} der Einschaltdauer t_{EM} des Laserstrahls und der unproduktiven Nebenzeit $t_{\overline{EM}}$, da bereits aus den vorherigen Ein- und Ausschaltvorgängen des Laserstrahls eine veränderte Brechzahl n_{air} vorliegt, die in der dafür zur Verfügung stehenden Zeitspanne t den im thermisch unbelasteten Zustand der Luft vorliegenden Ausgangszustand noch nicht wieder erreicht hat.

Das Anwachsen des Betrags des Focal Shift Factors $\mathrm{SFSF_{BL}}$, der durch die Änderung der Brechzahl n_{air} der Luft hervorgerufen wird, erfolgt in der gleichen Weise wie das Anwachsen des Betrags des System Focal Shift Factors $SFSF_{LS}$, der durch die Thermische Linse des optischen Linsensystems hervorgerufen wird, (vgl. Abschnitt 5.2.4).

Sofern die Zeitkonstanten $\tau_{\Delta zF\,Auf}$ und $\tau_{\Delta zF\,Ab}$ für die Änderungsgeschwindigkeit des Fokus-Shifts $\Delta z_{F\,BL}$ in der Größenordnung des Zeitintervalls t für den gesamten Bearbeitungsvorgang liegen, steigt der Betrag des $SFSF_{BL}$ während des Bearbeitungsprozesses solange an, bis der gesamte Bearbeitungsvorgang abgeschlossen oder der stationäre Systemzustand erreicht ist. Ist das Zeitintervall t für den gesamten Bearbeitungsvorgang ca. fünfmal solang wie die Zeitkonstanten $\tau_{\Delta zF\,Auf}$ und $\tau_{\Delta zF\,Ab}$, erreicht der Fokus-Shift $\Delta z_{F\,BL}$ bzw. der $SFSF_{BL}$ den stationären Zustand schon während des Bearbeitungsvorgangs. Ab diesem Zeitpunkt bleibt der Fokus-Shift $\Delta z_{F\,BL}$ bzw. der $SFSF_{BL}$ nahezu konstant, sofern nur kurz ausgeschaltet oder der Bearbeitungsprozess kontinuierlich fortgeführt wird.

Im Vergleich zum System Focal Shift Factor $SFSF_{LS}$ des optischen Linsensystems (vgl. Abschnitt 5.2.4) zeigt der System Focal Shift Factor $SFSF_{BL}$ der Luft des optischen Gesamtsystems, dass sich die Ist-Prozessfokuslage $z_{F\,th}$ (Def. vgl. Abschnitt 2.2.4) gegenüber der Soll-Prozessfokuslage z_F kontinuierlich verkürzt. Demzufolge wirkt der Fokus-Shift $\Delta z_{F\,BL}$ der Luft des optischen Gesamtsystems während ca. $t_{EM} = 28$ s für das konstante Taktverhältnis V_{EM} der Einschaltdauer t_{EM} des Laserstrahls und der unproduktiven Nebenzeit $t_{\overline{EM}}$ bzw. ca. $t_{EM} = 32{,}2$ s für die kontinuierliche Einschaltdauer t_{EM} des Laserstrahls dem Fokus-Shift $\Delta z_{F\,LS}$ des optischen Linsensystems entgegen. Danach addieren sich $\Delta z_{F\,LS}$ und $\Delta z_{F\,BL}$ und verstärken die Wirkung. Deshalb wird für die entwickelte Korrekturmethode zur Fokuslagenstabilisierung im optischen Gesamtsystem des 30-kW-Laser-Remote-Scannersystems „Dragon" die optische Auslegung und die entlang der optischen Achse z opto-mechanische Verstellmöglichkeit des Fokus-Shifters (FS) genutzt, um den für das optische Gesamtsystem auftretenden und berechneten Fokus-Shift Δz_F im Interpolationstakt Δt der 30-kW-Laser-Remote-Scannersteuerung aktiv zu korrigieren und die Soll-Prozessfokuslage z_F an der Wirkstelle zu stabilisieren.

Der Laserstrahldurchmesser $2 \cdot w_{WS}(z_F)$ an der Wirkstelle lässt sich aus dem in der Abbildung 5.22 dargestellten Fokus-Shift $\Delta z_{F\,BL}$ der Luft des optischen Gesamtsystems durch die Verwendung der Gleichung (2.39) berechnen. In der Abbildung 5.23 ist die sich ergebende Änderung des Laserstrahldurchmessers $2 \cdot w_{WS}(z_F)$ für die gewählte Laserleistung $P_L(t_{EM}) = 6$ kW und die Einschaltdauer t_{EM} des Laserstrahls von 300 s aufgetragen.

Der für das thermisch unbelastete optische Gesamtsystem vorliegende Laserstrahldurchmesser $2 \cdot w_{WS}(z_F)$ an der Wirkstelle beträgt für die im thermisch unbelasteten Zustand der Luft gemessene Umgebungstemperatur T_U gerundet 0,61323 mm.

Anknüpfend an die zuvor beschriebenen Änderungen des Fokus-Shifts $\Delta z_{F\,BL}$ bzw. des $SFSF_{BL}$ tritt in der Anfangsphase der Erwärmung der Luft des optischen Gesamtsystems keine nennenswerte Änderung des Laserstrahldurchmessers $2 \cdot w_{WS}(z_F)$ an der Wirkstelle auf. Erst nach $t_{EM} = 35$ s ist ein Anstieg zu verzeichnen und der Laserstrahldurchmesser $2 \cdot w_{WS}(z_F)$ vergrößert sich mit zunehmender Einschaltdauer t_{EM} des Laserstrahls. Insgesamt ändert sich der Laserstrahldurchmesser $2 \cdot w_{WS}(z_F)$ nach $t_{EM} = 300$ s um gerundet 0,0138 % und beträgt 0,61331 mm. Dies wirkt sich nicht auf die Prozessstabilität während der Bearbeitung aus.

Wird jedoch in der realen Anwendung die Brechzahl n_{air} der Luft während des Bearbeitungsprozesses nicht prozessbegleitend an die tatsächlichen Gegebenheiten angepasst, erfolgt die Korrektur des auftretenden Fokus-Shifts Δz_F des optischen Gesamtsystems auf

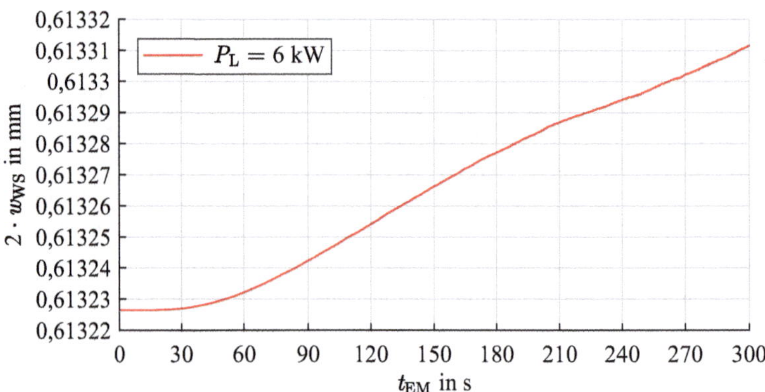

Abbildung 5.23 Änderung des Laserstrahldurchmessers $2 \cdot w_{WS}(z_F)$ an der Wirkstelle durch einen auftretenden Fokus-Shift $\Delta z_{F\,BL}$ der Luft des optischen Gesamtsystems des 30-kW-Laser-Remote-Scannersystems „Dragon". Δz_F wird durch die zeitabhängige Änderung der Brechzahl n_{air} der Luft hervorgerufen. Die zeitabhängige Änderung von n_{air} basiert auf den im Abschnitt 5.3.1 behandelten, prozessbegleitend gemessenen Umgebungsgrößen der Umgebungstemperatur T_U, des absoluten Drucks p und der relativen Luftfeuchtigkeit RH. Der Laserstrahldurchmesser $2 \cdot w_{WS}(z_F)$ an der Wirkstelle beträgt für die im thermisch unbelasteten Zustand der Luft gemessene Umgebungstemperatur T_U gerundet 0,61323 mm.

der Basis falscher Annahmen und kann dadurch zu Abweichungen im Prozessergebnis führen. Deshalb bietet die entwickelte Korrekturmethode zur Fokuslagenstabilisierung im Interpolationstakt Δt der Laser-Remote-Scannersteuerungen die aktive Anpassung der Brechzahl n_{air} der Luft, um dem auftretenden Fokus-Shift Δz_F des 30-kW-Laser-Remote-Scannersystems „Dragon" aktiv entgegenzuwirken und die Soll-Prozessfokuslage z_F zu stabilisieren.

Zusammenfassend lässt sich feststellen, dass es sinnvoll ist, die Umgebungsgrößen im linsennahen Umfeld zu messen und bei der Berechnung und Korrektur des Fokus-Shifts Δz_F und der anschließenden Stabilisierung der Soll-Prozessfokuslage z_F zu berücksichtigen. Je genauer die Vorhersage des Fokus-Shifts Δz_F durch die entwickelte Korrekturmethode zur Fokuslagenstabilisierung gelingt, desto effektiver kann die Steuerung des 30-kW-Laser-Remote-Scannersystems „Dragon" die Soll-Prozessfokuslage z_F stabilisieren. Damit werden der vorgegebene Laserstrahldurchmesser $2 \cdot w_\sigma(z_F)$ und die prozessrelevante Intensitätsverteilung $I_W(r, t)$ an der Wirkstelle eingehalten. Dies wirkt sich positiv auf die Gewährleistung der Reproduzierbarkeit der Schneid- und Schweißnahtergebnisse aus.

Die Tabelle 5.9 fasst die auf der Änderung der Brechzahl n_{air} der Luft des optischen Gesamtsystems des 30-kW-Laser-Remote-Scannersystems „Dragon" basierenden Berechnungsergebnisse für den Abschnitt 5.3.2 für die Laserleistungen $P_L(t_{EM}) = \{6, 30\}$ kW und den in der Tabelle 5.7 vorgegebenen Verstellweg l_z des Fokus-Shifters (FS) von 0 mm zusammen. Die Änderung der Brechzahl n_{air} der Luft ergibt sich aus den im Abschnitt 5.3.1 behandelten, gemessenen Umgebungsgrößen T_U, p und RH.

Tabelle 5.9 Zusammenstellung der auf der Änderung der Brechzahl n_{air} der Luft des optischen Gesamtsystems des 30-kW-Laser-Remote-Scannersystems „Dragon“ basierenden Berechnungsergebnisse für den Fokus-Shift $\Delta z_{F\,BL}$, den Betrag des System Focal Shift Factors $SFSF_{BL}$ und die Änderung des Laserstrahldurchmessers $2 \cdot w_{WS}(z_F)$ an der Wirkstelle. Die Änderung der Brechzahl n_{air} der Luft ergibt sich aus den gemessenen Umgebungsgrößen der Umgebungstemperatur T_U, des absoluten Drucks p und der relativen Luftfeuchtigkeit RH. Die dargestellten Werte gelten für den vorgegebenen Verstellweg l_z des Fokus-Shifters (FS) von 0 mm.

Zustand	$P_L = 6$ kW, t_{EM} = kontinuierlich			$P_L = 30$ kW, t_{EM} = kontinuierlich		
t_{EM} in s	$\Delta z_{F\,BL}$ in mm	$\lvert SFSF_{BL}\rvert$ in %	$\Delta(2 \cdot w_{WS})$ in %	$\Delta z_{F\,BL}$ in mm	$\lvert SFSF_{BL}\rvert$ in %	$\Delta(2 \cdot w_{WS})$ in %
≤ 10	$\approx$ 1,175e-4	0,0015	≈ 0	$\approx$ 5,877e-4	0,0075	≈ 0
300	−0,130	1,6638	0,0138	−0,652	8,3193	0,0692

5.4 Fokuslagenstabilisierung

5.4.1 Einstellung der Soll-Prozessfokuslage

Für das im Abschnitt 3.1.4 beschriebene 30-kW-Laser-Remote-Scannersystem „Dragon“ erfolgt die Einstellung der Soll-Prozessfokuslage z_F gemäß der Beschreibung im Abschnitt 4.1 auf der Basis des Signalflussdiagramms in der Abbildung 4.3. Die am *iLAS* entwickelte interne Regeleinheit der 30-kW-Laser-Remote-Scannersteuerung führt die Berechnungen im Interpolationstakt Δt der Grobinterpolation t_k, mit $k \in \mathbb{N}$, und der Feininterpolation t_m, mit $m \in \mathbb{N}$, aus und die Linearantriebe der Laser-Remote-Scannermechanik (vgl. Abbildung 3.4) positionieren den Laserstrahl für z_F durch die Bewegung des Ablenkspiegels (SP3) und die Verschiebung des Fokus-Shifters (FS) axial entlang der optischen Achse z über den physischen Verstellweg $s_A(t_m)$ der Achsen auf dem Werkstück an der Wirkstelle.

Die interne Regeleinheit der 30-kW-Laser-Remote-Scannersteuerung (vgl. Abschnitte 3.1.4 und 4.1) verwendet dazu ein implementiertes Fokusmodell, abgeleitet aus dem optischen Aufbau des Scanners.

Bislang erfolgte die Berechnung des Soll-Maschinenkoordinatenvektors $\boldsymbol{x}_S(t_m)$ zur Einstellung des Arbeitspunktes des Prozesses, die Soll-Prozessfokuslage z_F an der Wirkstelle, auf der Basis einer linearen Einstellstrategie mit einem linearen Fokusmodell. Dieses basiert auf der mechanischen Konstruktion und den geometrischen Gegebenheiten des optischen Aufbaus des 30-kW-Laser-Remote-Scannersystem „Dragon“, wie sie in den Abbildungen 3.2 bis 3.4 dargestellt sind, und wird durch eine Geradengleichung abgebildet. Als Ausgangspunkt für die Parameterermittlung der Geradengleichung wurde die Tangente im Punkt $(0|1349{,}119)$ des realen Funktionsgraphen $f_S = g(l_z)$ für den Verstellweg l_z des thermisch unbelasteten Fokus-Shifters (FS) von 0 mm und der sich ergebenden Systembrennweite f_S (Def. vgl. Abschnitt 1.2) von gerundet 1349,119 mm angenommen. Die Geradengleichung des linearen Fokusmodells zur Einstellung der Systembrennweite f_S stellt die bestmögliche lineare Näherung der realen Abbildung zwischen dem Verstellweg l_z des Fokus-Shifters (FS) und der sich daraus ergebenden Systembrennweite $f_{S\,lin}$ dar und ist mit dem linearen Ausdruck

$$f_{\mathrm{S\,lin}} = m_{\mathrm{lin}} \cdot l_z + n_{\mathrm{lin}} \tag{5.3}$$

in der internen Regeleinheit der 30-kW-Laser-Remote-Scannersteuerung implementiert. m_{lin}, mit $m_{\mathrm{lin}} \in \mathbb{R}$, beschreibt die Steigung der Geraden von gerundet 10,63 und n_{lin}, mit $n_{\mathrm{lin}} \in \mathbb{R}$, symbolisiert die sich für $l_z = 0$ mm ergebende Systembrennweite $f_{\mathrm{S\,lin}}(0)$ von gerundet 1405,102 mm. Abschließend berechnet sich mit dem Einsetzen der Gleichung (5.3) in die auf beliebige Verstellwege l_z des Fokus-Shifters (FS) angewendete Gleichung (3.1) der Arbeitsabstand z_{A} (Def. vgl. Abschnitt 1.2) von der prozessseitigen Oberfläche des Schutzglases (SG) bis zur Wirkstelle. Dabei wird durch den Arbeitsabstand z_{A} die Soll-Prozessfokuslage z_{F} an der Wirkstelle eingestellt.

Das lineare Fokusmodell bildet die Auslegung des optischen Aufbaus und deshalb die nichtlineare Abhängigkeit der eingestellten Soll-Prozessfokuslage z_{F} von dem vorgegebenen Verstellweg l_z des Fokus-Shifters (FS) nur angenähert ab. Die Einstellung der Soll-Prozessfokuslage z_{F} mit dem linearen Fokusmodell ist aus diesem Grund begrenzt und erfolgt ebenfalls nur angenähert. Demzufolge ist bereits die Einstellung der Soll-Prozessfokuslage z_{F} fehlerbehaftet (vgl. Abschnitt 3.5.1).

Darüber hinaus bietet die interne Regeleinheit der 30-kW-Laser-Remote-Scannersteuerung keine Möglichkeit, aktiv die thermisch veränderte Systembrennweite $f_{\mathrm{S\,th}}$ (Def. vgl. Abschnitt 1.2) bzw. den thermisch veränderten Arbeitsabstand $z_{\mathrm{A\,th}}$ gemäß der Gleichung (4.100) und somit den Fokus-Shift Δz_{F} (Def. vgl. Abschnitt 2.2.4) zu korrigieren und die Soll-Prozessfokuslage z_{F} an der Wirkstelle einzuhalten (vgl. Abschnitt 3.5.1).

Die vorgenannten Defizite der am *iLAS* entwickelten internen Regeleinheit der 30-kW-Laser-Remote-Scannersteuerung in der Form

- der fehlerbehafteten Einstellung der Soll-Prozessfokuslage z_{F} mit dem linearen Fokusmodell und
- des Fehlens der aktiven Korrektur des Fokus-Shifts Δz_{F}

werden durch die mit dieser Arbeit erforschten Zusammenhänge der im Abschnitt 1.2 aufgezeigten Problemstellungen und daraus abgeleitet die entwickelte Korrekturmethode zur Fokuslagenstabilisierung (vgl. Kapitel 4) ausgeglichen.

Die entwickelte Korrekturmethode zur Fokuslagenstabilisierung nutzt für die Einstellung der Soll-Prozessfokuslage z_{F} des 30-kW-Laser-Remote-Scannersystems „Dragon" statt des linearen Fokusmodells das auf der Basis der Matrizenoptik (Def. vgl. Abschnitt 2.3) mit dieser Arbeit entwickelte und im Abschnitt 4.6.2 beschriebene ABCD-Fokusmodell und das Raytracing (Def. vgl. Abschnitt 2.3.1) des Laserstrahls bis zu der durch das optische System vorgegebenen Fokuslage z_0 (Def. vgl. Abschnitt 1.2). Dabei wird für das mit der Gleichung (4.97) abgebildete ABCD-Fokusmodell die Matrix $\boldsymbol{M}_{\mathrm{GS}}$, mit $\boldsymbol{M}_{\mathrm{GS}} \in \mathbb{R}^{2\times 2}$, des optischen Gesamtsystems gemäß der Gleichung (4.94) verwendet. Abschließend ergibt sich die Prozessfokuslage z_{F} an der Wirkstelle anhand des berechneten Arbeitsabstandes z_{A} gemäß der Gleichung (4.98).

Auf der Basis der im Abschnitt 5.1 aufgeführten Randbedingungen veranschaulicht die Abbildung 5.24 die Verwendung des Raytracings mit dem ABCD-Fokusmodell für das thermisch unbelastete 30-kW-Laser-Remote-Scannersystem „Dragon". Zur Einstellung der Soll-Prozessfokuslage z_{F} an der Wirkstelle des realen optischen Aufbaus ergibt sich für den in der Tabelle 5.7 vorgegebenen Verstellweg l_z des Fokus-Shifters (FS) von 0 mm der berechnete mittlere Arbeitsabstand $z_{\mathrm{A\,m}}$ in der Ebene von gerundet 974,342 mm.

Der für das thermisch unbelastete optische Gesamtsystem in der Abbildung 5.25 in der Abhängigkeit von dem Verstellweg l_z des Fokus-Shifters (FS) dargestellte Vergleich des bislang genutzten linearen Fokusmodells und des auf der Basis der Matrizenoptik mit dieser Arbeit entwickelten ABCD-Fokusmodells mit dem im Abschnitt 3.1.4 beschriebenen und vom Hersteller *Sill Optics* [238] mit der Optikentwicklungsumgebung ZEMAX OpticStudio® ausgelegten optischen Linsensystem des 30-kW-Laser-Remote-Scannersystems „Dragon" zeigt die Vorteile der Neuentwicklung gegenüber dem linearen Fokusmodell. Das mit ZEMAX OpticStudio® ausgelegte optische Linsensystem dient als Vergleichsgrundlage.

Der dargestellte Vergleich basiert auf den im Abschnitt 5.1.3.3 getroffenen Annahmen und auf den in der Tabelle 5.7 vorgegebenen Werten, wonach die Soll-Prozessfokuslage z_{F} mit der Fokuslage z_0 zusammenfällt und der mittlere Arbeitsabstand $z_{\mathrm{A\,m}}$ bis zur Fokuslage z_0 reicht, die dann auch die Soll-Prozessfokuslage z_{F} an der Wirkstelle ist. Somit ergibt sich mit dem Verstellweg l_z des Fokus-Shifters (FS) von 0 mm für das thermisch unbelastete optische Gesamtsystem der Ausgangspunkt des Vergleichs mit dem mittleren Arbeitsabstand $z_{\mathrm{A\,m}}$ in der Ebene von gerundet 979,119 mm bzw. der Systembrennweite f_{S} von gerundet 1349,119 mm (vgl. Abschnitt 3.1.4). Diese Werte ergeben sich aus der Konstruktion mit den vom Hersteller *Sill Optics* [238] zur Auslegung des optischen Linsensystems verwendeten Randbedingungen.

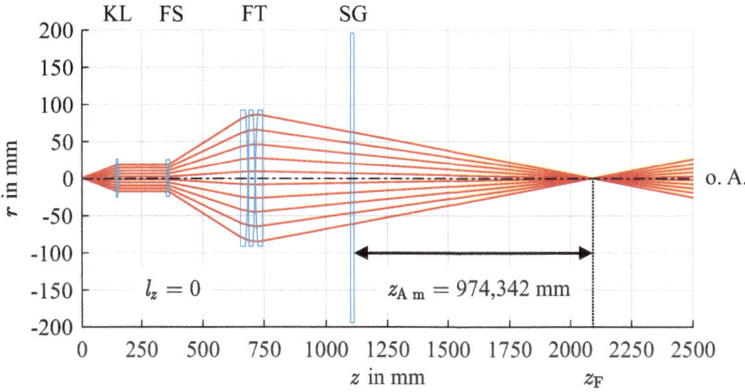

Abbildung 5.24 Berechnete Ausbreitung des Laserstrahls (Raytracing) im thermisch unbelasteten optischen Gesamtsystem des 30-kW-Laser-Remote-Scannersystems „Dragon" zur Einstellung der Soll-Prozessfokuslage z_{F} an der Wirkstelle. Das Raytracing basiert auf dem mit der Matrizenoptik für die Korrekturmethode entwickelten ABCD-Fokusmodell. Für die Ausgangstemperatur $T_{\mathrm{GL\,0}}$ des thermisch unbelasteten Glassubstrates wird $T_{\mathrm{GL\,0}} = T_{\mathrm{U}} = 20\,°\mathrm{C}$ angenommen. l_z beschreibt den Verstellweg des Fokus-Shifters (FS). Unter der Annahme, dass die Soll-Prozessfokuslage z_{F} und die durch das optische System vorgegebene Fokuslage z_0 des Laserstrahls zusammenfallen, wird für $l_z = 0$ mm ein mittlerer Arbeitsabstand $z_{\mathrm{A\,m}}$ in der Ebene von der prozessseitigen Oberfläche des Schutzglases (SG) bis zur Soll-Prozessfokuslage z_{F} von gerundet 974,342 mm eingestellt. KL bezeichnet die Kollimationslinse und FT bezeichnet das Fokussiertriplett. o. A. bezeichnet die optische Achse z.

Einerseits erfolgt die Berechnung des Vergleichs auf der Basis der Daten des mit ZEMAX OpticStudio® ausgelegten optischen Linsensystems mit der das lineare Fokusmodell abbildenden Geradengleichung (5.3).

Andererseits erfolgt die Berechnung des Vergleichs auf der Basis der Randbedingungen gemäß dem Abschnitt 5.1 mit dem Einsetzen der das entwickelte ABCD-Fokusmodell abbildenden Gleichung (4.97) in die nach der Systembrennweite f_{S} umgestellten Gleichung (3.1). Für die Berechnung mit dem ABCD-Fokusmodell wird das Raytracing des Laserstrahls bis zur Fokuslage z_0 genutzt.

Im Ergebnis des Vergleichs zeigt sich, dass das lineare Fokusmodell nicht mit dem Kurvenverlauf des mit ZEMAX OpticStudio® ausgelegten optischen Linsensystems übereinstimmt. Für den Betrag der daraus folgenden absoluten Abweichung $F_{\mathrm{F\,lin}} = f_{\mathrm{S\,lin}} - f_{\mathrm{S\,ZEMAX}}$ gegenüber der Systembrennweite $f_{\mathrm{S\,ZEMAX}}$, und damit die der Soll-Prozessfokuslage z_{F}, ergibt sich nahezu im gesamten Bereich des Verstellweges l_z des Fokus-Shifters (FS) bis zu 55,98 mm (vgl. Abbildung 5.25b)). Dies entspricht einer relativen Abweichung $f_{\mathrm{F\,lin}} = F_{\mathrm{F\,lin}} \cdot f_{\mathrm{S\,ZEMAX}}^{-1} \cdot 100\ \%$ von gerundet 4,15 %. Dagegen stimmt der Kurvenverlauf des ABCD-Fokusmodells der mit dieser Arbeit entwickelten Korrekturmethode zur Fokuslagenstabilisierung sehr gut mit dem Kurvenverlauf des mit ZEMAX OpticStudio® ausgelegten optischen Linsensystems überein und es treten im gesamten Bereich des Verstellweges l_z des Fokus-Shifters (FS) für den Betrag der absoluten Abweichung $F_{\mathrm{F\,ABCD}} = f_{\mathrm{S\,ABCD}} - f_{\mathrm{S\,ZEMAX}}$ weniger als 6,68 mm (vgl. Abbildung 5.25b)) auf. Dies entspricht einer relativen Abweichung $f_{\mathrm{F\,ABCD}} = F_{\mathrm{F\,ABCD}} \cdot f_{\mathrm{S\,ZEMAX}}^{-1} \cdot 100\ \%$ von gerundet 0,37 %. Aufgrund der zugrundeliegenden Modellgleichungen schneidet das lineare Fokusmodell das ABCD-Fokusmodell lediglich für zwei Verstellwege l_z des Fokus-Shifters (FS) und es besteht eine Übereinstimmung der Soll-Prozessfokuslage z_{F}.

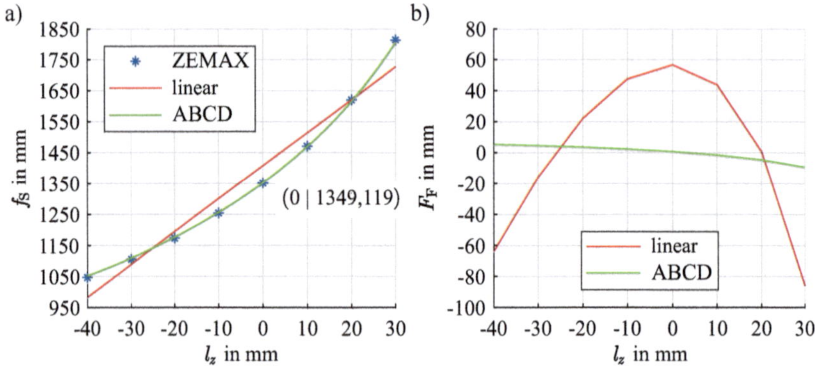

Abbildung 5.25 Vergleich des linearen Fokusmodells und des ABCD-Fokusmodells der entwickelten Korrekturmethode zur Fokuslagenstabilisierung mit dem vom Hersteller *Sill Optics* [238] mit der Optikentwicklungsumgebung ZEMAX OpticStudio® ausgelegten optischen Linsensystem des thermisch unbelasteten 30-kW-Laser-Remote-Scannersystems „Dragon" in der Abhängigkeit von dem Verstellweg l_z des Fokus-Shifters (FS). a) zeigt die eingestellte Systembrennweite f_{S} und b) zeigt die auftretende absolute Abweichung F_{F} gegenüber dem Wert des mit ZEMAX OpticStudio® ausgelegten optischen Linsensystems.

Mit der Verwendung des entwickelten ABCD-Fokusmodells verbessert sich die Einstellung der Soll-Prozessfokuslage z_F des 30-kW-Laser-Remote-Scannersystems „Dragon“ bis zu einem Faktor von 8,38 gegenüber dem bislang genutzten linearen Fokusmodell, was etwa einer Größenordnung entspricht.

Zusammenfassend eignet sich das mit dieser Arbeit entwickelte ABCD-Fokusmodell der Korrekturmethode zur Fokuslagenstabilisierung sehr gut zur Anwendung in der am *iLAS* entwickelten internen Regeleinheit der 30-kW-Laser-Remote-Scannersteuerung und ersetzt das lineare Fokusmodell vorteilhaft in der verbesserten Einstellung der Soll-Prozessfokuslage z_F an der Wirkstelle. Damit bietet die entwickelte Korrekturmethode zur Fokuslagenstabilisierung die geeignete Basis für die aktive Korrektur des Fokus-Shifts Δz_F und die Stabilisierung der Soll-Prozessfokuslage z_F an der Wirkstelle, wie es im Abschnitt 5.4.2 beschrieben wird.

5.4.2 Aktive Korrektur des Fokus-Shifts

Die Verschiebung der Soll-Prozessfokuslage z_F (Def. vgl. Abschnitt 1.2) des im Abschnitt 3.1.4 beschriebenen 30-kW-Laser-Remote-Scannersystems „Dragon“ ist das Ergebnis der laserstrahlinduzierten thermischen Veränderungen im optischen Gesamtsystem in der Form des Fokus-Shifts Δz_F (Def. vgl. Abschnitt 2.2.4). Die Beiträge zum Fokus-Shift Δz_F bestehen aus der Thermischen Linse (vgl. Abschnitt 2.2.2.1), also den zeitabhängigen thermischen Veränderungen der Linseneigenschaften (vgl. Abschnitte 2.2.2 und 5.2.4), und den zeitabhängigen thermischen Veränderungen der im Umfeld des freien Strahlengangs und der Linsen auftretenden Umgebungsbedingungen (vgl. Abschnitte 2.2.3 und 5.3.2).

Bislang lässt sich der Fokus-Shift Δz_F des 30-kW-Laser-Remote-Scannersystems „Dragon“ mit der am *iLAS* entwickelten internen Regeleinheit der 30-kW-Laser-Remote-Scannersteuerung (vgl. Abschnitte 3.1.4 und 4.1) nicht korrigieren, da eine Korrektur des Fokus-Shifts Δz_F und damit eine Stabilisierung der Soll-Prozessfokuslage z_F an der Wirkstelle nicht vorhanden sind (vgl. Abschnitt 3.5.1).

Um das vorgenannte Defizit der internen Regeleinheit auszugleichen, wurde für die mit dieser Arbeit entwickelte Korrekturmethode zur Fokuslagenstabilisierung (vgl. Kapitel 4) das in die Korrekturmethode implementierte, durch die Gleichung (4.97) abgebildete ABCD-Fokusmodell mit dem regelkreisbasierten Modell zur aktiven Korrektur des Fokus-Shifts Δz_F gemäß der Gleichung (4.106) erweitert. Die beiden mit dieser Arbeit entwickelten Modelle sind im Abschnitt 4.6.2 beschrieben.

Die Wirkung der aktiven Korrektur des Fokus-Shifts Δz_F auf die Stabilisierung der Soll-Prozessfokuslage z_F an der Wirkstelle wird für das optische Gesamtsystem des 30-kW-Laser-Remote-Scannersystems „Dragon“ in der Abbildung 5.26 gezeigt.

In der Abhängigkeit von der Laserleistung $P_L(t_{EM})$, der Einschaltdauer t_{EM} des Laserstrahls und des Zeitintervalls t sind der im Abschnitt 3.1.4 definierte mittlere Arbeitsabstand $z_{A\,m}$ in der Ebene, der thermisch veränderte mittlere Arbeitsabstand $z_{A\,m\,th}$ in der Ebene und der berechnete Fokus-Shift Δz_F

- ohne die Korrektur des Fokus-Shifts Δz_F und
- mit der Korrektur des Fokus-Shifts Δz_F

im Grobinterpolationstakt $\Delta t = \{10,\ 100\}$ ms dargestellt. Dabei wird der mittlere Arbeitsabstand $z_{\mathrm{A\,m}}$, der durch den in der Tabelle 5.7 vorgegebenen Verstellweg l_z des Fokus-Shifters (FS) von 0 mm berechnet wird, gemäß dem Abschnitt 5.1.3.3 verwendet und reicht somit von der prozessseitigen Oberfläche des Schutzglases (SG) bis zu der durch das optische System vorgegebenen Fokuslage z_0 (Def. vgl. Abschnitt 1.2) des Laserstrahls. Durch den mittleren Arbeitsabstand $z_{\mathrm{A\,m}}$ wird die Soll-Prozessfokuslage z_{F} an der Wirkstelle eingestellt und durch den thermisch veränderten mittleren Arbeitsabstand $z_{\mathrm{A\,m\,th}}$ wird die Ist-Prozessfokuslage $z_{\mathrm{F\,th}}$ (Def. vgl. Abschnitt 2.2.4) angegeben.

Für die Berechnung der Kurvenverläufe wurden einerseits die aufgeführten Randbedingungen in den Abschnitten 5.1.1 bis einschließlich 5.1.4 verwendet. Andererseits wurden für den mittleren Arbeitsabstand $z_{\mathrm{A\,m}}$ die Gleichung (4.98), für den thermisch veränderten mittleren Arbeitsabstand $z_{\mathrm{A\,m\,th}}$ die Gleichung (4.100) und für den Fokus-Shift Δz_{F} die Gleichung (4.101) verwendet.

Weiterhin stützen sich die Ergebnisse auf die radius- und zeitabhängigen Berechnungen des entwickelten FE-basierten Temperaturmodells (vgl. Abschnitt 5.2.1).

Die Darstellung des thermisch veränderten mittleren Arbeitsabstandes $z_{\mathrm{A\,m\,th}}$ und des berechneten Fokus-Shifts Δz_{F} in den Abbildungen 5.26b) und c) basiert auf dem mit dem im Abschnitt 4.6.2 beschriebenen zeitdiskreten PID-Regelkreis als Korrekturwert aus Δz_{F} berechneten Verstellweg l_z des Fokus-Shifters (FS) gemäß der Gleichung (4.106).

Aufgetragen ist das konstante Taktverhältnis V_{EM} der Einschaltdauer t_{EM} des Laserstrahls von 10 s und der unproduktiven Nebenzeit $t_{\overline{\mathrm{EM}}} = 5$ s für die Laserleistungen $P_{\mathrm{L}}(t_{\mathrm{EM}}) = \{6, 30\}$ kW im Zeitintervall $t = [0, 300]$ s. Im Vergleich dazu ist zusätzlich die Auswirkung der kontinuierlichen Erwärmung der Linsen für eine Einschaltdauer t_{EM} des Laserstrahls von 300 s dargestellt. Weiterhin ist der mittlere Arbeitsabstand $z_{\mathrm{A\,m}}$ des thermisch unbelasteten optischen Gesamtsystems im thermischen Gleichgewicht $\Delta T_{\mathrm{GL\,U}} = 0$ für die Laserleistung $P_{\mathrm{L}}(t_{\mathrm{EM}}) = 0$ kW markiert.

Die Beachtung der Umgebungstemperatur T_{U}, des absoluten Drucks p und der relativen Luftfeuchtigkeit RH erfolgt anhand der prozessbegleitend gemessenen und im Abschnitt 5.3.1 beispielhaft für die Laserleistung $P_{\mathrm{L}}(t_{\mathrm{EM}}) = 6$ kW dargestellten Kurvenverläufe. Die Umgebungstemperatur T_{U}, die gleich der Ausgangstemperatur $T_{\mathrm{GL\,0}}$ des thermisch unbelasteten Glassubstrates ist, der absolute Druck p und die relative Luftfeuchtigkeit RH betragen im thermisch unbelasteten Zustand der Luft 20,875 °C, 101861 Pa und 51,95 %.

Für den in der Tabelle 5.7 vorgegebenen Verstellweg l_z des Fokus-Shifters (FS) von 0 mm auf der Basis der vorgenannten Werte der Umgebungsgrößen und mit den im Abschnitt 5.1.3.3 getroffenen Annahmen betragen der berechnete mittlere Arbeitsabstand $z_{\mathrm{A\,m}}$ in der Ebene gerundet 974,251 mm, die Rayleigh-Länge z_{R} (Def. vgl. Abschnitt 2.1.4.6) gerundet 7,835 mm und der Laserstrahldurchmesser $2 \cdot w_{\mathrm{WS}}(z_{\mathrm{F}})$ an der Wirkstelle gerundet 0,6133 mm des thermisch unbelasteten optischen Gesamtsystems.

Für die Anwendung der im Abschnitt 4.6.2 beschriebenen zeitdiskreten PID-Regelgleichung (4.105) wurden die Regelbeiwerte $K_{\mathrm{P}} = 0{,}05$, $K_{\mathrm{I}} = 0{,}4$ und $K_{\mathrm{D}} = 0{,}0001$ gewählt.

Der Vergleich der Kurvenverläufe zeigt deutlich die Korrekturwirkung der mit dieser Arbeit entwickelten und im Kapitel 4 beschriebenen Korrekturmethode zur Fokuslagenstabilisierung auf die Stabilisierung des mittleren Arbeitsabstandes $z_{\mathrm{A\,m}}$, durch den die

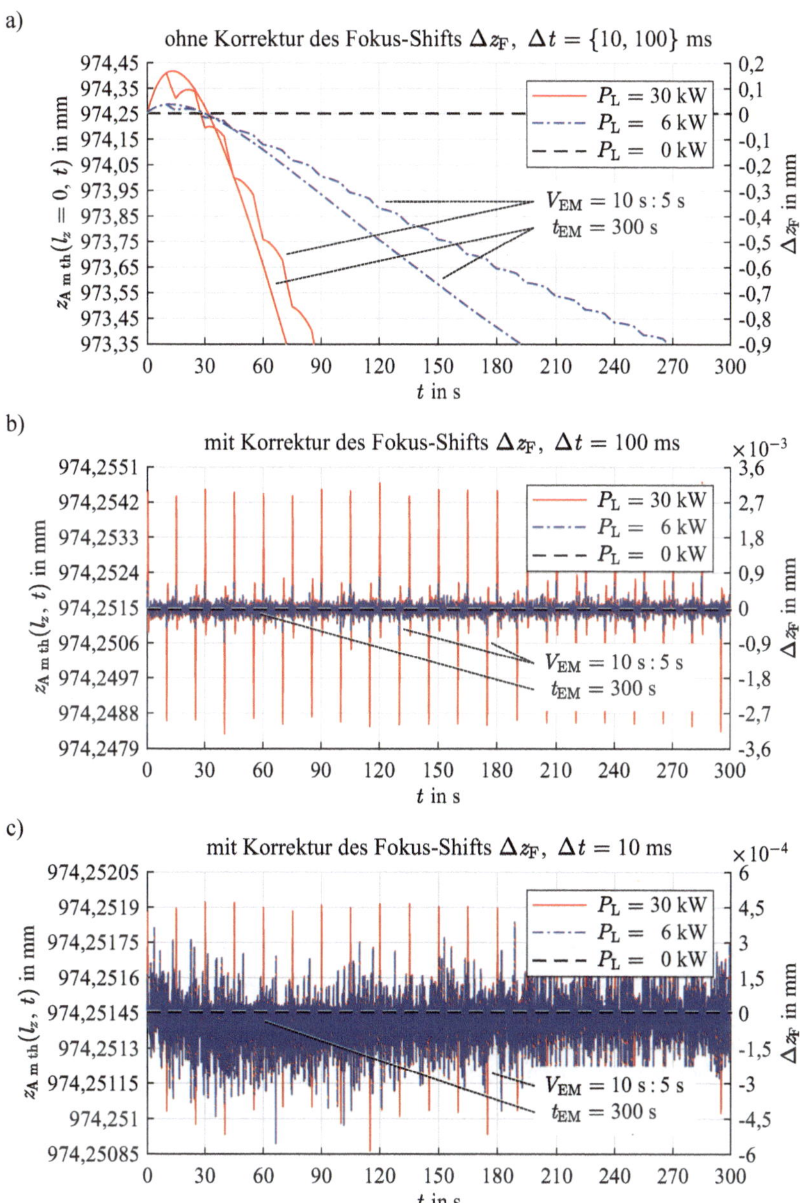

Abbildung 5.26 Darstellung der Korrekturwirkung der entwickelten Korrekturmethode zur Fokuslagenstabilisierung auf die Stabilisierung des mittleren Arbeitsabstandes $z_{A\,m}$ des 30-kW-Laser-Remote-Scannersystems „Dragon" a) ohne und b) und c) mit der Korrektur des Fokus-Shifts Δz_F in der Abhängigkeit vom Interpolationstakt Δt und der Zeit t. Abgebildet sind $z_{A\,m}$ für l_z des Fokus-Shifters (FS) von 0 mm und $P_L(t_{EM}) = 0$ kW und der thermisch veränderte mittlere Arbeitsabstand $z_{A\,m\,th}$ und Δz_F für $P_L(t_{EM}) = \{6, 30\}$ kW im Zeitintervall $t = [0, 300]$ s. Gegenübergestellt sind die kontinuierliche Einschaltdauer t_{EM} des Laserstrahls und das konstante Taktverhältnis $V_{EM} = t_{EM} : t_{\overline{EM}}$. Die Basis ist das entwickelte FE-basierte Temperaturmodell. Für die Regelbeiwerte wurden $K_P = 0{,}05$, $K_I = 0{,}4$ und $K_D = 0{,}0001$ gewählt.

Soll-Prozessfokuslage z_F an der Wirkstelle eingestellt wird. Während ohne die Korrektur des Fokus-Shifts Δz_F (vgl. Abbildung 5.26a)) die im Abschnitt 5.2.4 dargestellten Ergebnisse auftreten, ergibt sich mit der Korrektur des Fokus-Shifts Δz_F (vgl. Abbildungen 5.26b) und c)) die in der Zielstellung im Abschnitt 1.3 aufgeführte Stabilisierung der Soll-Prozessfokuslage z_F an der Wirkstelle und damit die Einhaltung des vorgegebenen Laserstrahldurchmessers $2 \cdot w_{WS}(z_F)$ und der prozessrelevanten Intensitätsverteilung $I_W(r, t)$ an der Wirkstelle. Die bleibende Regelabweichung e_A und der Betrag des Rest-Fokus-Shift Δz_F betragen für die Laserleistungen $P_L(t_{EM}) = \{6, 30\}$ kW und den Grobinterpolationstakt $\Delta t = 100$ ms nicht mehr als $4{,}981 \cdot 10^{-4}$ mm. Für die Laserleistungen $P_L(t_{EM}) = \{6, 30\}$ kW und den Grobinterpolationstakt $\Delta t = 10$ ms ergibt sich der Betrag von nicht mehr als $5{,}662 \cdot 10^{-4}$ mm. Diese Minimierungen des Fokus-Shifts Δz_F und die daraus folgende Vernachlässigung der Abweichungen der Prozessfokuslage von der Soll-Prozessfokuslage z_F für das thermisch belastete optische Gesamtsystem bedeuten eine Neuerung und wesentliche Verbesserung für das 30-kW-Laser-Remote-Scannersystems „Dragon", da eine Korrektur des Fokus-Shifts Δz_F und eine Stabilisierung der Soll-Prozessfokuslage z_F in der vom *iLAS* entwickelten internen Regeleinheit der 30-kW-Laser-Remote-Scannersteuerung bislang nicht vorhanden sind. Der Laserstrahldurchmesser $2 \cdot w_{WS}(z_F)$ an der Wirkstelle bleibt bei dem gleichen Wert von auf vier Nachkommastellen gerundet 0,6133 mm wie für das thermisch unbelastete optische Gesamtsystem. Im Ergebnis wird die Laser-Remote-Bearbeitung verbessert.

Weiterhin zeigen die Abbildungen 5.26b) und c) das Regelverhalten. Aufgrund der Regelcharakteristik der ausgewählten zeitdiskreten PID-Regelgleichung (4.105) tritt beim Einschalten der Laserstrahlung in der Abhängigkeit von der eingestellten Laserleistung $P_L(t_{EM})$, dem Grobinterpolationstakt Δt und der Wahl der Regelbeiwerte K_P, K_I und K_D kurzzeitig ein Überschwingen des PID-Regelkreises auf. Dieses Verhalten führt jedoch nicht zum Versagen der Korrektur des Fokus-Shifts Δz_F sondern ist regeltypbedingt.

Das „Rauschen" des thermisch veränderten mittleren Arbeitsabstandes $z_{A\,m\,th}$ und des Fokus-Shifts Δz_F und somit auch der Ist-Prozessfokuslage $z_{F\,th}$ ist auf die Verwendung von sich ändernden, real gemessenen Umgebungsgrößen zurückzuführen, die zur prozessbegleitenden Anpassung der Brechzahl n_{air} der Luft im Interpolationstakt Δt der 30-kW-Laser-Remote-Scannersteuerung herangezogen werden. Dabei ist es unerheblich, ob es sich um eine kontinuierliche Einschaltdauer t_{EM} des Laserstrahls oder um konturbedingt unterschiedliche Einschaltdauern t_{EM} des Laserstrahls im Wechsel mit unproduktiven Nebenzeiten $t_{\overline{EM}}$ bei der Laser-Remote-Bearbeitung handelt.

Eine Zusammenstellung des Vergleichs des mittleren Arbeitsabstandes $z_{A\,m}$, des thermisch veränderten mittleren Arbeitsabstandes $z_{A\,m\,th}$, des berechneten Fokus-Shift Δz_F und des Laserstrahldurchmessers $2 \cdot w_{WS}(z_F)$ an der Wirkstelle ohne und mit der in der entwickelten Korrekturmethode zur Fokuslagenstabilisierung implementierten Korrektur des Fokus-Shifts Δz_F für das optische Gesamtsystem des 30-kW-Laser-Remote-Scannersystems „Dragon" sind in der Tabelle 5.10 aufgelistet.

Für Laser-Remote-Bearbeitungsprozesse, die aus verschiedensten Bearbeitungsaufgaben mit unterschiedlich langen Einschaltdauern t_{EM} des Laserstrahls bestehen, ergeben sich ähnliche Kurvenverläufe und Werte, wie sie die Abbildung 5.26 und die Tabelle 5.10 zeigen.

Tabelle 5.10 Zusammenstellung des Vergleichs des mittleren Arbeitsabstandes $z_{\mathrm{A\,m}}$, des thermisch veränderten mittleren Arbeitsabstandes $z_{\mathrm{A\,m\,th}}$, des berechneten Fokus-Shifts Δz_{F} und des Laserstrahldurchmessers $2 \cdot w_{\mathrm{WS}}(z_{\mathrm{F}})$ an der Wirkstelle ohne und mit der Korrektur des Fokus-Shifts Δz_{F} für das optische Gesamtsystem des 30-kW-Laser-Remote-Scannersystems „Dragon".

Zustand		ohne Korrektur des Fokus-Shifts Δz_{F}			mit Korrektur des Fokus-Shifts Δz_{F}		
$t = 300$ s $\Delta t =$ 10 ms	P_{L} in kW	$z_{\mathrm{A\,m}}$, $z_{\mathrm{A\,m\,th}}$ in mm	Δz_{F} in mm	$2 \cdot w_{\mathrm{WS}}$ in mm	$z_{\mathrm{A\,m}}$, $z_{\mathrm{A\,m\,th}}$ in mm	$\lvert\Delta z_{\mathrm{F}}\rvert$ in mm	$2 \cdot w_{\mathrm{WS}}$ in mm
t_{EM}	0	974,251	0	0,6133	974,251	0	0,6133
= kontinu-	6	972,824	−1,428	0,6234	974,251	≤ 5,662e-4	0,6133
ierlich	30	967,519	−6,732	0,8085	974,251	≤ 5,662e-4	0,6133
V_{EM}	0	974,251	0	0,6133	974,251	0	0,6133
$= t_{\mathrm{EM}} : t_{\overline{\mathrm{EM}}}$	6	973,240	−1,011	0,6184	974,251	≤ 5,662e-4	0,6133
= 10 s : 5 s	30	969,667	−4,585	0,7105	974,251	≤ 5,662e-4	0,6133

Im Ergebnis lässt sich mit dem entwickelten und im Abschnitt 4.6.2 beschriebenen regelkreisbasierten Modell zur aktiven Korrektur des Fokus-Shifts Δz_{F} im Interpolationstakt Δt der 30-kW-Laser-Remote-Scannersteuerung für die Betrachtung eines beliebigen Zeitintervalls $[t_0, t_k]$, mit $k \in \mathbb{N}$, zum Betrachtungszeitpunkt $t_k = t_0 + k \cdot \Delta t$

- der Fokus-Shift Δz_{F} des optischen Gesamtsystems des 30-kW-Laser-Remote-Scannersystems „Dragon", der durch eine Thermische Linse (Def. vgl. Abschnitt 2.2.2) und Änderungen der Umgebungsbedingungen (Def. vgl. Abschnitt 2.2.3) hervorgerufen wird, berechnen,
- dieser durch den als Korrekturwert aus Δz_{F} berechneten Verstellweg l_z des Fokus-Shifters (FS) auf eine vernachlässigbare minimale Abweichung (Rest-Fokus-Shift) korrigieren und
- die Soll-Prozessfokuslage z_{F} stabilisieren.

Damit lassen sich der vorgegebene Laserstrahldurchmesser $2 \cdot w_{\sigma}(z_{\mathrm{F}})$ und die prozessrelevante Intensitätsverteilung $I_{\mathrm{W}}(r, t)$ an der Wirkstelle wirkungsvoll einhalten.

Dies bedeutet eine Neuerung und wesentliche Verbesserung für das 30-kW-Laser-Remote-Scannersystems „Dragon", da eine Korrektur des Fokus-Shifts Δz_{F} und eine Stabilisierung der Soll-Prozessfokuslage z_{F} in der vom *iLAS* entwickelten internen Regeleinheit der 30-kW-Laser-Remote-Scannersteuerung bislang nicht vorhanden sind. Damit einhergehend verbessert sich außerdem die Laser-Remote-Bearbeitung, da ein stabiler Bearbeitungsprozess eingehalten und somit die Prozessfähigkeit gewährleistet werden können, sodass die Güte nachgelagerter Prozessschritte positiv beeinflusst wird.

Zusammenfassend ist die Anwendbarkeit der mit dieser Arbeit entwickelten Korrekturmethode zur Fokuslagenstabilisierung am Beispiel des 30-kW-Laser-Remote-Scannersystems „Dragon" gezeigt worden.

Inklusive der Einbindung der prozessbegleitend gemessenen veränderlichen Umgebungsgrößen im linsennahen Umfeld des optischen Aufbaus können die Soll-Prozessfokuslage z_F, der vorgegebene Laserstrahldurchmesser $2 \cdot w_\sigma(z_F)$ und die prozessrelevante Intensitätsverteilung $I_W(r, t)$ an der Wirkstelle softwarebasiert durch die mit dieser Arbeit entwickelten und in die Steuerung eines Laser-Remote-Scanners implementierten Korrekturalgorithmen während des Bearbeitungsprozesses automatisiert eingehalten werden.

6 Zusammenfassung und Ausblick

6.1 Zusammenfassung

Die Ergebnisse dieser Arbeit leisten einen Beitrag, fasergebundene Laser-Remote-Scannersysteme und insbesondere Hochleistungs-Laser-Remote-Scannersysteme einem breiteren industriellen Anwendungsbereich zuzuführen und aktiv den wirtschaftlicheren Einsatz laserbasierter Fertigungsanlagen im Anwendungssegment über 6 kW Laserleistung zu fördern.

Um reproduzierbare Fertigungsergebnisse zu gewährleisten, ist während der Bearbeitung die stabile Soll-Prozessfokuslage an der Wirkstelle von besonderer Bedeutung, da von der Soll-Prozessfokuslage direkt der Laserstrahldurchmesser und die Intensitätsverteilung an der Wirkstelle abhängen. Sowohl der Laserstrahldurchmesser als auch die Intensitätsverteilung sind für das Prozessergebnis maßgebend. Jedoch verursacht die Wechselwirkung des Laserstrahls mit strahlführenden und -formenden optischen Elementen sowie dem Umgebungsmedium thermisch induzierte Veränderungen im optischen System eines Laser-Remote-Scannersystems und insbesondere eines Hochleistungs-Laser-Remote-Scannersystems. Dadurch tritt eine von der Art, der Dauer und der Höhe der induzierten Strahlemission abhängige thermisch induzierte Fokuslagenverschiebung, der thermisch induzierte Fokus-Shift, auf und der Laserstrahldurchmesser und die Intensitätsverteilung an der Wirkstelle verändern sich. Dies kann zu instabilen Prozessbedingungen und unter Umständen sogar bis zum Prozessabbruch führen. Für stabile Prozessverhältnisse darf der Laserstrahldurchmesser an der Wirkstelle 40 % des vorgegebenen Laserstrahldurchmessers nicht übersteigen.

Um sowohl eine Prozessinstabilität als auch einen Prozessabbruch zu vermeiden, ist die aktive Korrektur des Fokus-Shifts von maßgeblicher Bedeutung, da die optimierte optische Auslegung von Laser-Remote-Scannersystemen den thermisch induzierten Fokus-Shift nicht vollständig kompensiert.

Ausgehend von der übergeordneten Zielstellung, die Zusammenhänge der im Abschnitt 1.2 aufgezeigten Problemstellungen zu erforschen und daraus abgeleitet eine prozessbegleitende, adaptive, softwarebasierte und kostengünstige Korrekturmethode zur Stabilisierung der Soll-Prozessfokuslage im Interpolationstakt der Steuerung fasergebundener Laser-Remote-Scannersysteme mit Linsenoptiken für hohe Laserleistungen zu entwickeln, wurden mit der vorliegenden Arbeit folgende Ergebnisse erzielt:

- Die mit der Korrekturmethode zur Fokuslagenstabilisierung bereitgestellten Korrekturalgorithmen sind für jedes Laser-Remote-Scannersystem anpass- und mit einer geeigneten Schnittstelle in die Steuerung integrierbar, da die Korrekturmethode als modulares System konzipiert und umgesetzt wurde.
- Im Interpolationstakt der Laser-Remote-Scannersteuerung lässt sich die radius- und zeitabhängige Temperaturverteilung im Glassubstrat ermitteln, da das thermisch induzierte radius- und zeitabhängige Temperaturverhalten in den Linsen des opti-

G. Cerwenka, *Adaptive Fokuslagenkorrektur fasergebundener Laser-Remote-Scanner mit Linsenoptiken für hohe Laserleistungen*, Light Engineering für die Praxis, https://doi.org/10.1007/978-3-662-70885-9_6

schen Aufbaus durch die Verwendung der Finite-Elemente-Methode berücksichtigt wurde und die Berechnung für jedes finite Element auf der Summe der absorbierten Laserstrahlung, der Wärmeleitung, der Konvektion und der Wärmestrahlung basiert.

- Im Interpolationstakt der Laser-Remote-Scannersteuerung lässt sich für beliebige radius- und zeitabhängige Temperaturverteilungen die Änderung der Brechzahl des Glassubstrates und der Abmessungen der Linsen berechnen, da der Einfluss der „Thermischen Linse" durch den thermo-optischen, den spannungs-optischen und den End-Effekt abgebildet wurde.
- In der Korrekturmethode zur Fokuslagenstabilisierung lässt sich sowohl der Übergang des Laserstrahls zwischen der Luft und dem Glassubstrat als auch umgekehrt sowie die Ausbreitung des Laserstrahls im freien Raum prozessbegleitend im Interpolationstakt der Laser-Remote-Scannersteuerung an die tatsächlichen Gegebenheiten anpassen, da die Auswirkungen der Umgebungstemperatur, des absoluten Drucks, der relativen Luftfeuchtigkeit und der Wellenlänge im Vakuum auf die Brechzahl der Luft zusammengeführt wurden.
- Die Korrekturmethode zur Fokuslagenstabilisierung ermöglicht den Austausch und die Variation des optischen Aufbaus zur Sicherstellung der Anforderungen sowie den Schutz wertvollen Wissens über die Auslegung des optischen Gesamtsystems, da sich aufgrund der gewählten Matrizenoptik (ABCD-Matrizen) für die Beschreibung des optischen Aufbaus freizügig optische Elemente im Strahlengang des Laserstrahls verändern und zusammenfassen lassen.
- Mit der Korrekturmethode zur Fokuslagenstabilisierung lässt sich der Verstellweg eines axial entlang der optischen Achse verschiebbaren optischen Elementes zur aktiven Korrektur des Fokus-Shifts berechnen und das optische Element verschieben, da durch die Gesamtheit aller Bausteine die Analyse des optischen Aufbaus und anhand des entwickelten ABCD-Fokusmodells unter Einbeziehung des Raytracings die Berechnung des Fokus-Shifts des optischen Gesamtsystems auf der Basis der gewählten Matrizenoptik (ABCD-Matrizen) umgesetzt wurde.
- Im Interpolationstakt der Laser-Remote-Scannersteuerung lässt sich die regelkreisbasierte aktive Korrektur des Fokus-Shifts (PID-Regelung) vornehmen und damit den Arbeitspunkt des Prozesses, die Soll-Prozessfokuslage, stabilisieren, sodass der Laserstrahldurchmesser und die Intensitätsverteilung an der Wirkstelle eingehalten werden, da die einzelnen Bausteine für die Steuerungsimplementierung in C++-codierten Korrekturalgorithmen zusammengefasst wurden.
- Die Korrekturmethode zur Fokuslagenstabilisierung bietet die Möglichkeit, die prozessbegleitende Änderung der Umgebungstemperatur, des absoluten Drucks und der relativen Luftfeuchtigkeit, die im unmittelbaren Umfeld der Linsen gemessen werden, einfließen zu lassen, da die Korrekturmethode um ein Sensorkonzept mit intelligenten Sensorsystemen und einer Schnittstelle zum Algorithmus der Berechnung der Brechzahl der Luft ergänzt wurde.

Bezogen auf das vorgegebene mit einer am *iLAS* entwickelten internen Regeleinheit der Scannersteuerung versehene 30-kW-Laser-Remote-Scannersystems „Dragon" wurde den im Abschnitt 3.5.1 herausgearbeiteten Defiziten durch die mit dieser Arbeit erforschten Zusammenhänge der im Abschnitt 1.2 aufgezeigten Problemstellungen und daraus abgeleitet die entwickelte Korrekturmethode zur Fokuslagenstabilisierung folgendermaßen begegnet:

- Mit der Verwendung des auf der Basis der Matrizenoptik entwickelten ABCD-Fokusmodells erfolgt eine verbesserte Einstellung der Soll-Prozessfokuslage mit einer Abweichung des berechneten Arbeitsabstandes von $< 0{,}37\,\%$ vom in der Optikentwicklungsumgebung ZEMAX OpticStudio® ausgelegten theoretischen Wert, was eine Verbesserung bis zu einem Faktor von 8,38 gegenüber dem bislang genutzten linearen Fokusmodell bedeutet.
- In der Erweiterung des entwickelten ABCD-Fokusmodells mit dem entwickelten regelkreisbasierten Modell zur aktiven Korrektur des Fokus-Shifts werden im Interpolationstakt der Laser-Remote-Scannersteuerung der thermisch verursachte Fokus-Shift analysiert, dieser mit dem berechneten Verstellweg des axial entlang der optischen Achse verschiebbaren Fokus-Shifters (FS) auf eine minimale vernachlässigbare Abweichung (Rest-Fokus-Shift) mit Betrag von $\leq 5{,}662 \cdot 10^{-4}$ mm korrigiert und damit die Soll-Prozessfokuslage an der Wirkstelle softwarebasiert stabilisiert. Im Ergebnis werden der vorgegebene Laserstrahldurchmesser und die prozessrelevante Intensitätsverteilung an der Wirkstelle eingehalten. Der Laserstrahldurchmesser an der Wirkstelle bleibt bei dem gleichen Wert von gerundet 0,6133 mm wie für das thermisch unbelastete optische Gesamtsystem. Dies bedeutet eine Neuerung und wesentliche Verbesserung für das 30-kW-Laser-Remote-Scannersystems „Dragon", da eine Korrektur des Fokus-Shifts und eine Stabilisierung der Soll-Prozessfokuslage in der vom iLAS entwickelten internen Regeleinheit der 30-kW-Laser-Remote-Scannersteuerung bislang nicht vorhanden sind.
- Bei der Berechnung des Strahlengangs, der Soll-Prozessfokuslage und des Fokus-Shifts wird mit dem entwickelten ABCD-Fokusmodell der durch das Schutzglas auftretende Strahlversatz berücksichtigt.
- Während des Bearbeitungsprozesses fallen arbeitsintensive, prozessseparierte Maßnahmen zur präzisen Einstellung der Soll-Prozessfokuslage und zur Korrektur des Fokus-Shifts weg.
- Mit der Verwendung der Korrekturmethode zur Fokuslagenstabilisierung bleibt die Auslegung des linsenbasierten optischen Aufbaus unverändert und es werden ausschließlich die vorhandenen mechanischen und opto-elektronischen Komponenten genutzt.
- Zur Einstellung der Soll-Prozessfokuslage und zur Korrektur des Fokus-Shifts werden die Umgebungstemperatur, des absoluten Drucks und der relativen Luftfeuchtigkeit durch eine mit geringem technischen Aufwand umgesetzte Sensorintegration herangezogen.
- Für die Anwendung der softwarebasierten Korrekturmethode zur Fokuslagenstabilisierung sind keine Kalibrierprozesse und gespeicherten Korrelationen bzw. Muster erforderlich.

Zusammenfassend lässt sich mit der mit dieser Arbeit entwickelten prozessbegleitenden, adaptiven und softwarebasierten Korrekturmethode zur Fokuslagenstabilisierung und den bereitgestellten, C++-codierten Korrekturalgorithmen die auf der Matrizenoptik und dem Raytracing basierende Einstellung der Soll-Prozessfokuslage gegenüber linearen Fokusmodellen verbessern, der auftretende Fokus-Shift aktiv mit einem regelkreisbasierten Modell korrigieren und die Soll-Prozessfokuslage an der Wirkstelle stabilisieren. Damit lassen sich der vorgegebene Laserstrahldurchmesser und die prozessrelevante Intensitätsverteilung an der Wirkstelle einhalten. Einhergehend verbessert sich die Laser-Remote-Scannerbearbeitung, da ein stabiler Bearbeitungsprozess eingehalten und somit die Prozessfähigkeit gewährleistet werden können, sodass die Güte nachgelagerter Prozessschritte positiv beeinflusst wird. In der Summe werden adaptive, vollständig automatisierte und flexible Laser-Remote-Scannersysteme und insbesondere Hochleistungs-Laser-Remote-Scannersysteme wirtschaftlich attraktiver umsetzbar und können auf kostenintensive Korrektur- und Speziallösungen verzichten. Somit lässt sich ein breiterer industrieller Anwendungsbereich über 6 kW Laserleistung erschließen.

6.2 Ausblick

Ausgehend von den erforschten Zusammenhängen der im Abschnitt 1.2 aufgezeigten Problemstellungen und daraus abgeleitet der entwickelten prozessbegleitenden, adaptiven und softwarebasierten Korrekturmethode zur Fokuslagenstabilisierung sowie ihrer Anwendung für das 30-kW-Laser-Remote-Scannersystems „Dragon“ leiten sich weitere Forschungs- und Entwicklungsaufgaben ab:

- Untersuchungen zur Anwendung für Schneid-, Schweiß- und selektive Schmelzaufgaben mit und ohne der adaptiven Korrekturmethode für Laser-Remote-Scannersysteme
- Einbeziehung von Umlenk- und Scanspiegeln des optischen Aufbaus in das auf der ABCD-Matrix des optischen Gesamtsystems basierende ABCD-Fokusmodell, um den Einfluss der Veränderungen des Strahlengangs auf die Strahlauslenkung des Laserstrahls und den Fokus-Shift sowie den Laserstrahldurchmesser und die Intensitätsverteilung an der Wirkstelle zu untersuchen
- Untersuchung der Auswirkungen verunreinigter Oberflächen auf den Fokus-Shift sowie den Laserstrahldurchmesser und die Intensitätsverteilung an der Wirkstelle unter der Verwendung von Streulichtsensoren und Erarbeitung einer auf den Sensordaten aufbauenden softwarebasierten Korrekturlösung
- Analyse der mathematischen Ansätze zur Auswertung der radiusabhängigen Brechzahländerung des Glassubstrates und des sich dadurch ausbildenden gekrümmten optischen Weges des Laserstrahls durch das Glassubstrat entlang der optischen Achse z und softwarebasierte Modellbildung der Zusammenhänge
- Untersuchung des Einflusses der durch den gekrümmten optischen Weg des Laserstrahls durch das Glassubstrat entlang der optischen Achse z auftretenden Aberrationen des Laserstrahls an der Wirkstelle auf den Fokus-Shift, den Laserstrahldurchmesser an der Wirkstelle und die Intensitätsverteilung an der Wirkstelle
- Ermittlung des Einflusses der z-Richtung (entlang der optischen Achse) auf die radius- und zeitabhängige Temperaturverteilung im Glassubstrat und die radius- und zeitabhängige Brechzahlverteilung des Glassubstrates und Erarbeitung einer angepassten softwarebasierten Modellbildung
- Ermittlung des Einflusses des spannungs-optischen Effektes auf den Fokus-Shift unter der Verwendung eines zweidimensionalen, finite-elemente-basierten Modells

- Untersuchung und Bewertung der vom Radius entlang des Linsenradius abhängigen, inhomogenen Oberflächenwölbung und der damit verbundenen zusätzlichen Weg- und Phasenverschiebung des Laserstrahls an der Wirkstelle
- Untersuchung der Auswirkungen thermischer Effekte am Quarzblock der Lichtleitfaser auf den Fokus-Shift und Erarbeitung einer softwarebasierten Modellbildung
- Untersuchung des Einflusses von Stickstoff anstelle von Luft als umgebendes Medium des optischen Aufbaus in der Kombination mit einer erzwungenen anstelle einer freien Konvektion auf die Kühlwirkung im optischen Aufbau

Literaturverzeichnis

[1] *Stefan*: LaserFest 2010. Online verfügbar unter http://backreaction.blogspot.de/2010/02/laserfest-2010.html, zuletzt geprüft am 02.02.2013. 2010.

[2] DIN 1338, 2011-03: Formelschreibweise und Formelsatz. 2011.

[3] DIN 5473, 1992-07: Logik und Mengenlehre – Zeichen und Begriffe. 1992.

[4] *Einstein, Albert*: Zur Quantentheorie der Strahlung. In: Mitteilungen der Physikalischen Gesellschaft Zürich 18, S. 47–62. 1916.

[5] *Ladenburg, Rudolf*: Untersuchungen über die anomale Dispersion angeregter Gase. I. Teil. Zur Prüfung der quantentheoretischen Dispersionsformel. In: Zeitschrift für Physik 48, S. 15–25. doi: 10.1007/BF01351571. 1928.

[6] *Kopfermann, Hans; Ladenburg, Rudolf*: Untersuchungen über die anomale Dispersion angeregter Gase. II. Teil. Anomale Dispersion in angeregtem Neon. Einfluß von Strom und Druck, Bildung und Vernichtung angeregter Atome. In: Zeitschrift für Physik 48, S. 26–50. doi: 10.1007/BF01351572. 1928.

[7] *Kuchling, Horst*: Taschenbuch der Physik. 16. Auflage [Sonderausgabe] - Jubiläumsausgabe. München Wien: Fachbuchverlag Leipzig im Carl Hanser Verlag. 1999.

[8] DIN EN ISO 11145, 2008-11: Optik und Photonik – Laser und Laseranlagen – Begriffe und Formelzeichen (ISO 11145, 2006); Deutsche Fassung. 2008.

[9] *Saleh, Bahaa E. A.; Teich, Malvin Carl*: Fundamentals of Photonics. 2. Auflage. Hoboken: John Wiley & Sons. 2007.

[10] *Maiman, Theodore Harold*: Stimulated Optical Radiation in Ruby. In: Nature 187, S. 493–494. doi: 10.1038/187493a0. 1960.

[11] *Freeman, William M.*: Developer of the Laser Calls It 'A Solution Seeking a Problem'; President of Korad Spends Spare Time Gardening and Fixing TV Sets. In: New York Times, S. 69. Online verfügbar unter http://select.nytimes.com/gst/abstract.html?res=980CEEDA1030E033A25755C0A9639C946591D6CF&scp=1&sq=maiman&st=p, zuletzt geprüft am 02.02.2013. 1964.

[12] *Eichler, Jürgen; Eichler, Hans-Joachim*: Laser. Bauformen, Strahlführung, Anwendungen. 8., aktualisierte und überarbeitete Auflage. Berlin Heidelberg: Springer-Verlag. doi: 10.1007/978-3-642-41438-1. 2015.

[13] *Lindinger, Manfred*: Das leuchtende Zeitalter beginnt. In: Frankfurter Allgemeine. Online verfügbar unter http://www.faz.net/aktuell/wissen/physik-chemie/50-jahre-laser-das-leuchtende-zeitalter-beginnt-1984693.html, zuletzt geprüft am 06.01.2014. 2010.

[14] *Pedrotti, Frank L.; Pedrotti, Leno S. et al.*: Optik für Ingenieure. Grundlagen. 3., bearbeitete und aktualisierte Auflage. Berlin Heidelberg: Springer-Verlag. doi: 10.1007/b139018. 2005.

[15] *Walther, Thomas*: Der Laser – Einer für Alles? Studium Generale, Universität Mainz. Technische Universität Darmstadt, Institut für Angewande Physik. Mainz, 10.07.2009. Online verfügbar unter https://www.blogs.uni-mainz.de/studgen/files/2019/02/Walther_studium_generale_mainz_pdf.pdf, zuletzt geprüft am 01.09.2019. 2009.

[16] *Macken, A. John*: Remote Laser Welding. In: M. Nasim Uddin (Hg.): Body Design and Engineering 20, Proceedings of the IBEC 1996: Advanced Technologies and Processes. Warren: Automotive Technology Group, S. 11–15. 1996.

G. Cerwenka, *Adaptive Fokuslagenkorrektur fasergebundener Laser-Remote-Scanner mit Linsenoptiken für hohe Laserleistungen*, Light Engineering für die Praxis, https://doi.org/10.1007/978-3-662-70885-9

[17] *Zäh, Michael F.; Moesl, J. et al.*: Material Processing with Remote Technology - Revolution or Evolution? In: Physics Procedia 5, S. 19–33. doi: 10.1016/j.phpro.2010.08.119. 2010.

[18] *Tahmouch, G.; Meyrueis, P.; Grandjean, P.*: Cutting by a high power laser at a long distance without an assist gas for dismantling. In: Optics & Laser Technology 29 (6), S. 307–315. doi: 10.1016/S0030-3992(97)00023-6. 1997.

[19] *Antonova, G. F.; Gladush, G. G. et al.*: The mechanism of remote cutting of metals by CO_2-laser radiation. In: High Temperature 38 (3), S. 477–482. doi: 10.1007/BF02756010. 2000.

[20] *Katayama, Seiji*: Introduction: fundamentals of laser welding. In: Seiji Katayama (Hg.): Handbook of laser welding technologies. 1. Auflage. Oxford Cambridge Philadelphia New Delhi: Woodhead Publishing (Woodhead Publishing Series in Electronic and Optical Materials, Band 41), S. 3–16. doi: 10.1533/9780857098771.1.3. 2013.

[21] *Klotzbach, Annett; Morgenthal, Lothar; Beyer, Eckhard*: Laserstrahlschweißen durch High-Speed-Strahlbewegung. In: LaserOpto 31 (2), S. 64–69. 1999.

[22] *Cann, Jimm*: A Look at Remote Laser Beam Welding. In: Welding Journal 84 (8), S. 34–37. 2005.

[23] *Emmelmann, Claus*: Laser remote welding - status and potential for innovations in industrial production. In: Eckhard Beyer, Friedrich Dausinger, Andreas Ostendorf und Andreas Otto (Hg.): Proceedings of the Laser in Manufacturing 2005: Remote Welding. Stuttgart: AT-Fachverlag, S. 1–6. 2005.

[24] *Bergmann, Uwe*: Vereint Schnelligkeit und Flexibilität: Das Remoteschweißen mit dem Laserstrahl (Teil 1). In: Der Praktiker 61 (5), S. 154–158. 2009.

[25] *Grupp, Michael; Seefeld, Thomas; Vollertsen, Frank*: Laser beam welding with scanner. In: Reinhart Poprawe und Andreas Otto (Hg.): Proceedings of the Laser in Manufacturing 2003: High Power Lasers and Systems for Manufacturing. Stuttgart: AT-Fachverlag, S. 375–380. 2003.

[26] *Ostendorf, Andreas*: Laser Remote Welding – From development to application. An overview with regard to the history, the present state, and the future of a promising technology. In: Ebert. F (Hg.): Proceedings of the European Automotive Laser Application 2005. Berlin: tci - Technik & Kommunikation Verlag, S. 195–229. 2005.

[27] *Otto, Andreas; Hohenstein, Ralph*: Laserstrahlschweißen – Trends und aktuelle Entwicklungen. Die wichtigste industrielle Laseranwendung im Überblick. In: Laser Technik Journal 4 (4), S. 27–31. doi: 10.1002/latj.200790173. 2007.

[28] *Wetzig, Andreas*: Developments in beam scanning (remote) technologies and smart beam processing. In: Seiji Katayama (Hg.): Handbook of laser welding technologies. 1. Auflage. Oxford Cambridge Philadelphia New Delhi: Woodhead Publishing (Woodhead Publishing Series in Electronic and Optical Materials, Band 41), S. 422–433. doi: 10.1533/9780857098771.1.3.422. 2013.

[29] *Thomy, Claus; Grupp, Michael et al.*: CO_2-Laser-Remoteschweißen. Grundlagen, Prozessuntersuchungen und Anwendungen. In: wt Werkstattstechnik online 94 (7/8), S. 373–378. 2004.

[30] *Vollertsen, Frank; Seefeld, Thomas; Neumann, S.*: Schweißnahtqualität und Anwendungspotential beim Remote-Welding mit hoher Leistung. Schlussbericht für den Zeitraum: 01.08.2004 – 31.07.2006. Hg. v. BIAS - Bremer Institut für angewandte Strahltechnik GmbH. Bremen. Online verfügbar unter https://www.tib.eu/de/suchen?tx_tibsearch_search%5Baction%5D=download&tx_tibsearch_search%5Bcontroller%5D=Download&tx_tibsearch_search%5Bdocid%5D=TIBKAT%3A548397252&cHash=4a09bb8ef984f1cd7607a86c05809fcd#download-mark, zuletzt geprüft am 30.08.2019. 2006.

[31] *Tsoukantas, George; Chryssolouris, George*: Theoretical and experimental analysis of the remote welding process on thin, lap-joined AISI 304 sheets. In: The International Journal of Advanced Manufacturing Technology 35 (9-10), S. 880–894. doi: 10.1007/s00170-006-076 7-0. 2008.

[32] *Kah, Paul; Lu, Jinhong et al.*: Remote Laser Welding with High Power Fiber Lasers. In: Engineering 5 (9), S. 700–706. doi: 10.4236/eng.2013.59083. 2013.

[33] *Klotzbach, Annett; Morgenthal, Lothar et al.*: Laser welding on the fly with coupled-axes systems. In: Xiangli Chen, Y. Lawrence Yao, E. W. Kreutz, Gnian Cher Lim, Rajesh Patel und Peter Herman (Hg.): ICALEO 2001, Congress Proceedings: New Commercial Technology and Photonics Training. Orlando: Laser Institute of America, S. 1179–1184. doi: 10.235 1/1.5059779. 2001.

[34] *Schuberth, Stefan*: Regelung der Fokuslage beim Schweißen mit CO_2-Hochleistungslasern unter Einsatz von adaptiven Optiken. Dissertation. Friedrich-Alexander Universität Erlangen-Nürnberg, Erlangen. 1998.

[35] *Schulmeister, Karl*: The radiance of the sun, a 1 mW laser pointer and a phosphor emitter. In: Laser Institute of America (LIA) (Hg.): ILSC 2013, Conference Program & Proceedings: Poster Presentation. Orlando: Laser Institute of America, S. 371–378. doi: 10.2351/1.50568 16. 2013.

[36] *Hügel, Helmut; Graf, Thomas*: Laser in der Fertigung. Grundlagen der Strahlquellen, Systeme, Fertigungsverfahren. 3., überarbeitete u. erweiterte Auflage. Wiesbaden: Springer Fachmedien. 2014.

[37] *Paschotta, Rüdiger*: Radiance. Bad Dürrheim (RP Photonics Encyclopedia). Online verfügbar unter https://www.rp-photonics.com/radiance.html, zuletzt geprüft am 10.08.2020. 2020.

[38] *Neumann, Volker*: Zusammenstellung wellenoptischer Berechnungsgleichungen für den realen Laserstrahl. Mit Hinweisen auf Anwendungsbedingungen, typische Aufgabenstellungen und ISO-Normen. Hg. v. Hochschule Mittweida. Mittweida. Online verfügbar unter http://laz.htwm.de/3_forschung/80_photonik%20simulation/60_strahlberechnungen/9_info material/Realer%20Laserstrahl-Berechnungsgrundlagen%20end.pdf, zuletzt geprüft am 21.12.2015.

[39] DIN EN ISO 11146-1, 2005-04: Laser und Laseranlagen – Prüfverfahren für Laserstrahlabmessungen, Divergenzwinkel und Beugungsmaßzahlen – Teil 1: Stigmatische und einfach astigmatische Strahlen. 2005.

[40] DIN EN ISO 11146-2, 2005-05: Laser und Laseranlagen – Prüfverfahren für Laserstrahlabmessungen, Divergenzwinkel und Beugungsmaßzahlen – Teil 2: Allgemein astigmatische Strahlen. 2005.

[41] *Sparks, M.*: Optical Distortion by Heated Windows in High-Power Laser Systems. In: Journal of Applied Physics 42 (12), S. 5029–5046. doi: 10.1063/1.1659888. 1971.

[42] *Klein, Claude A.*: Optical distortion coefficients of high-power laser windows. In: Optical Engineering 29 (4), S. 343–350. doi: 10.1117/12.55600. 1990.

[43] *Lange, Dirk F.* de; *Hofman, Johannes T.; Meijer, Johan*: Optical characteristics of Nd:YAG optics and distortions at high power. In: Andreas Ostendorf, Anthony Hoult und Yongfeng Lu (Hg.): ICALEO 2005, Congress Proceedings: Novel Processes. Orlando: Laser Institute of America. doi: 10.2351/1.5060439. 2005.

[44] *Blomster, Ola; Pålsson, Magnus et al.*: Optics performance at high-power levels. In: W. Andrew Clarkson, Norman Hodgson und Ramesh K. Shori (Hg.): Proceedings of SPIE 6871, Solid State Lasers XVII: Technology and Devices. Bellingham: SPIE Publications, 68712B-1–68712B-10. doi: 10.1117/12.762954. 2008.

[45] *Märten, Otto; Kramer, Reinhard et al.*: Fokusanalyse. Charakterisierung von Fokussierungssystemen für Hochleistungslaser mit hoher Strahlqualität (Teil 1). In: Laser+Photonik 2, S. 48–51. 2008.

[46] *Wolf, Stefan; Kramer, Reinhard et al.*: Temporal Behaviour of Focus Shift with Laser Power. In: Andreas Ostendorf, Thomas Graf, Dirk Petring und Andreas Otto (Hg.): Proceedings of the Laser in Manufacturing 2009: Advanced System Technologies and Applications. Stuttgart: AT-Fachverlag, S. 287–292. 2009.

[47] *Hunze, Stephan*: Reduzierung der Auswirkungen der thermisch induzierten Fokusverschiebung durch transmittierende optische Elemente. Dissertation. Technische Universität Dresden, Dresden. 2014.

[48] *Bisson, Jean-Francois; Sako, Hiroshi*: Suppression of the Focal Shift of Single-Mode Laser with a Miniature Laser Processing Head. In: Journal of Laser Micro/Nanoengineering 4 (3), S. 170–176. doi: 10.2961/jlmn.2009.03.0005. 2009.

[49] *Kugler, T.*: Maximum uptime and minimum focus shift in high-power 1µm laser beam delivery. In: Eckhard Beyer und Timothy Morris (Hg.): Proceedings of SPIE 8239, High Power Laser Materials Processing: Lasers, Beam Delivery, Diagnostics, and Applications. Bellingham: SPIE Publications, S. 82390X-1–82390X-9. doi: 10.1117/12.908830. 2012.

[50] PRIMES GmbH (Hg.): FocusMonitor FM. Pfungstadt. Online verfügbar unter http://www.primes.eu/de/produkte/strahlverteilung/fokusvermessung/focusmonitor-fm.html, zuletzt geprüft am 09.02.2022. 2017.

[51] *Laskin, Alexander V.; Laskin, Vadim V.; Ostrun, Aleksei B.*: Influence of thermally induced aberrations on resulting intensity distribution. In: Stefan Kaierle und Stefan W. Heinemann (Hg.): Proceedings of SPIE 10525, High-Power Laser Materials Processing: Applications, Diagnostics, and Systems VII. Bellingham: SPIE Publications, S. 1052506-1–1052506-11. doi: 10.1117/12.2289174. 2018.

[52] *Gordon, J. P.; Leite, R. C. C. et al.*: Long-Transient Effects in Lasers with Inserted Liquid Samples. In: Journal of Applied Physics 36 (1), S. 3–8. doi: 10.1063/1.1713919. 1965.

[53] *Graf, Thomas; Weber, Rudolf et al.*: Reduction of the Thermal Lens in Solid-State Lasers with Compensating Optical Materials. In: Gordon D. Love (Hg.): Adaptive Optics for Industry and Medicine. Proceedings of the 2nd International Workshop. Singapore: World Scientific Publishing, S. 175–180. doi: 10.1142/9789812817815_0028. 1999.

[54] *Chénais, Sébastien; Druon, Frédéric et al.*: On thermal effects in solid-state lasers: The case of ytterbium-doped materials. In: Progress in Quantum Electronics 30 (4), S. 89–153. doi: 10.1016/j.pquantelec.2006.12.001. 2006.

[55] *Wedel, Björn; Niedrig, Roman*: Fokussierung von High-Brightness-Lasern - Neue High-Power-Laser erfordern neue Optiken. In: Laser Technik Journal 3 (5), S. 47–51. doi: 10.1002/latj.200790132. 2006.

[56] *Davis, Mark J.; Hayden, Joseph S.*: Thermal Lensing of Laser Materials. In: Gregory J. Exarhos, Vitaly E. Gruzdev, Joseph A. Menapace, Detlev Ristau und M. J. Soileau (Hg.): Proceedings of SPIE 9237, Laser-Induced Damage in Optical Materials: 2014. Bellingham: SPIE Publications, 923710-1–923710-13. doi: 10.1117/12.2068076. 2014.

[57] *Weichelt, B.; Blázquez-Sánchez, David et al.*: Scheibenlaser hoher Brillanz. In: DVS Media (Hg.): Verfahren und Anwendungen der Lasermaterialbearbeitung. Vorträge und Posterbeiträge der 7. Jenaer Lasertagung. Düsseldorf: DVS Media (DVS-Berichte, Band 271), S. 96–103. 2010.

[58] *Piehler, Stefan; Thiel, Christiane et al.*: Self-compensation of thermal lensing in optics for high-brightness solid-state lasers. In: Eckhard Beyer und Timothy Morris (Hg.): Proceedings of SPIE 8239, High Power Laser Materials Processing: Lasers, Beam Delivery, Diagnostics, and Applications. Bellingham: SPIE Publications, S. 82390Z-1–82390Z-10. doi: 10.1117/12.905879. 2012.

[59] *Carpenter, Derrick Todd; Wood, Christopher S. et al.*: Ultra low absorption glasses and optical coatings for reduced thermal focus shift in high power optics. In: Eckhard Beyer und Timothy Morris (Hg.): Proceedings of SPIE 8239, High Power Laser Materials Processing: Lasers, Beam Delivery, Diagnostics, and Applications. Bellingham: SPIE Publications, S. 82390Y-1–82390Y-9. doi: 10.1117/12.905462. 2012.

[60] *Degallaix, J.; Zhao, Chunnong et al.*: Simulation of bulk-absorption thermal lensing in transmissive optics of gravitational waves detectors. In: Applied Physics B – Lasers and Optics 77 (4), S. 409–414. doi: 10.1007/s00340-003-1261-0. 2003.

[61] *Gatej, Alexander*: Modeling and Compensation of Thermally Induced Optical Effects in Highly Loaded Optical Systems. Dissertation. Rheinisch-Westfälische Technische Hochschule Aachen, Aachen. 2014.

[62] *Steen, William M.; Mazumder, Jyotirmoy*: Laser Material Processing. 4. Auflage. London Dordrecht Heidelberg New York: Springer-Verlag. doi: 10.1007/978-1-84996-062-5. 2010.

[63] *Miyamoto, Isamu; Nanba, H.; Maruo, H.*: Analysis of thermally induced optical distortion in lens during focusing high-power CO_2 laser beam. In: Hans Opower (Hg.): Proceedings of SPIE 1276, CO_2 Lasers and Applications II. Bellingham: SPIE Publications, S. 112–121. doi: 10.1117/12.20537. 1990.

[64] *Reitemeyer, Daniel; Seefeld, Thomas et al.*: Influences on the laser induced focus shift in high power fiber laser welding. In: Andreas Ostendorf, Thomas Graf, Dirk Petring und Andreas Otto (Hg.): Proceedings of the Laser in Manufacturing 2009: Advanced System Technologies and Applications. Stuttgart: AT-Fachverlag, S. 293–298. 2009.

[65] *Heß, Axel*: Vorteile und Herausforderungen beim Laserstrahlschweißen mit Strahlquellen höchster Fokussierbarkeit. Dissertation. Universität Stuttgart, Stuttgart. doi: 10.18419/opus-4476. 2012.

[66] *Koglbauer, Andreas*: Machine integrated beam diagnostics. Online, at the processing head and in scanners. 7. Primes Workshop. PRIMES GmbH. Darmstadt, 07.09.2016. 2016.

[67] *Abt, Felix; Heß, Axel; Dausinger, Friedrich*: Focusing High-Power, Single-Mode Laser Beams. Thermal effects in lenses and windows can have a dramatic effect on industrial applications. In: Photonics Spectra 42 (5), S. 77–82. 2008.

[68] *Reitemeyer, Daniel; Seefeld, Thomas; Vollertsen, Frank*: Online Focus Shift Measurement in High Power Fiber Laser Welding. In: Physics Procedia 5, S. 455–463. doi: 10.1016/j.phpro.2010.08.073. 2010.

[69] *Komma, J.; Schwarz, C. et al.*: Thermo-optic coefficient of silicon at 1550 nm and cryogenic temperatures. In: Applied Physics Letters 101 (4), S. 1–4. doi: 10.1063/1.4738989. 2012.

[70] *Otto, Andreas; Hohenstein, Ralph; Dietrich, S.*: Diagnostik und Regelung beim Laserstrahlschweißen. In: BIAS - Bremer Institut für angewandte Strahltechnik GmbH (Hg.): Laserstrahlfügen. Prozesse, Systeme, Anwendungen, Trends. Beiträge zum 5. Laser-Anwenderforum. Bremen: BIAS (Strahltechnik, Band 28), S. 167–176. 2006.

[71] *Reitemeyer, Daniel; Partes, Knut; Seefeld, Thomas*: Laserbearbeitungskopf mit integrierter Sensoreinrichtung zur Fokuslagenüberwachung. Angemeldet durch JENOPTIK Automatisierungstechnik GmbH am 05.02.2009. Veröffentlichungsnr: DE 102009007769 B4. 2009.

[72] *Weick, Jürgen-Michael*: Vorrichtung zur Fokussierung eines Laserstrahls und Verfahren zum Überwachen einer Laserbearbeitung. Angemeldet durch TRUMPF Werkzeugmaschinen GmbH + Co. KG am 12.04.2011. Veröffentlichungsnr: DE 102011007176 B4. 2011.

[73] *Hunze, Stephan; Beyer, Eckhard*: Vorrichtung und Verfahren zum Analysieren eines auf ein Substrat auftreffenden Lichtstrahls und zum Korrigieren einer Brennweitenverschiebung. Angemeldet durch Fraunhofer-Gesellschaft zur Förderung der Angewandten Forschung e. V.; Technische Universität Dresden am 20.12.2013. Veröffentlichungsnr: DE 102013227 031 B4. 2013.

[74] *Lipson, Stephen G.; Lipson, Henry S.; Tannhauser, David S.*: Optik. 1. Auflage. Berlin Heidelberg New York: Springer-Verlag. 1997.

[75] *Reider, Georg A.*: Photonik. Eine Einführung in die Grundlagen. 3. Auflage. Wien Heidelberg New York Dordrecht London: Springer-Verlag. doi: 10.1007/978-3-7091-1521-3. 2012.

[76] *Möller, Karl Dieter*: Optics. Learning by Computing, with Examples Using MathCad®, Matlab®, Mathematica®, and Maple®. 2. Auflage. New York: Springer Science+Business Media. doi: 10.1007/978-0-387-69492-4. 2007.

[77] *Pedrotti, Frank L.; Pedrotti, Leno S.; Pedrotti, Leno M.*: Introduction to Optics. 3. Auflage. Upper Saddle River: Pearson Education. 2006.

[78] *Johnston, Thomas F., Jr.; Sasnett, Michael W.*: Characterization of Laser Beams: The M^2 Model. In: Gerald F. Marshall und Glenn E. Stutz (Hg.): Handbook of Optical and Laser Scanning. 2. Auflage. Boca Raton, London, New York: CRC Press (Optical Science and Engineering), S. 1–68. 2012.

[79] *Peatross, Justin; Ware, Michael*: Physics of Light and Optics. 2015 Auflage. Research Triangle: LuLu Press. Online verfügbar unter https://optics.byu.edu/docs/opticsbook.pdf, zuletzt geprüft am 04.09.2019. 2015.

[80] *Iffländer, Reinhard*: Solid-State Lasers for Materials Processing. Fundamental Relations and Technical Realizations. 1. Auflage. Berlin Heidelberg: Springer-Verlag. doi: 10.1007/978-3-540-46585-0. 2001.

[81] *Zinth, Wolfgang; Zinth, Ursula*: Optik. Lichtstrahlen – Wellen – Photonen. 4., aktualisierte Auflage. München: Oldenbourg Wissenschaftsverlag. 2013.

[82] *Viöl, Wolfgang*: Laser. In: Gerd Litfin (Hg.): Technische Optik in der Praxis. 3., aktualisierte und erweiterte Auflage. Berlin Heidelberg New York: Springer-Verlag, S. 245–258. 2005.

[83] *Gerber, Michael; Graf, Thomas*: Generation of Super-Gaussian Modes in Nd:YAG Lasers With a Graded-Phase Mirror. In: IEEE Journal of Quantum Electronics 40 (6), S. 741–746. doi: 10.1109/JQE.2004.828231. 2004.

[84] *Neugebauer, Christoph*: Thermisch aktive optische Bauelemente für den resonatorinternen Einsatz beim Scheibenlaser. Dissertation. Universität Stuttgart, Stuttgart. 2012.

[85] *Kessler, Berthold*: Hochleistungs-Faserlaser. Anwendungen: Schneiden, Schweißen, Laserhybrid. Forum Produktion Nordwest. Centers of Competence e. V.; Wachstumsregion Ems-Achse e. V. Papenburg, 17.06.2014. Online verfügbar unter http://www.centers-of-competence-ev.info/neu/wp-content/uploads/2014/07/06-Kessler_IPG-Laser-GmbH.pdf, zuletzt geprüft am 24.06.2016. 2014.

[86] *Kanzler, Kurt*: How Much Energy Are You Throwing Away? In: Photonics Spectra 40 (7). 2006.

[87] *Siegman, Anthony E.*: Lasers. Mill Valley: University Science Books. 1986.

[88] *Parent, A.; Morin, M.; Lavigne, P.*: Propagation of super-Gaussian field distributions. In: Optical and Quantum Electronics 24 (9), S. S1071–S1079. doi: 10.1007/BF01588606. 1992.

[89] *Abdul-Razzak, Mohammed Jalal*: Simulation of thermal lensing in an end-pumped Nd:YAG laser rod with Gaussian and super-Gaussian pump beam profile. In: Iraqi Journal of Physics 11 (20), S. 81–84. Online verfügbar unter https://www.iasj.net/iasj/download/e8a9834d7b8d8ebd, zuletzt geprüft am 09.07.2017. 2013.

[90] *Stubenvoll, Martin; Schäfer, Bernd; Mann, Klaus*: Measurement and compensation of laser-induced wavefront deformations and focal shifts in near IR optics. In: Optics Express 22 (21), S. 25385–25396. doi: 10.1364/OE.22.025385. 2014.

[91] DIN EN ISO 13694, 2000-11: Optik und optische Instrumente – Laser und Laseranlagen – Prüfverfahren für die Leistungs-(Energie-)dichteverteilung von Laserstrahlen. 2000.

[92] DIN EN ISO 13694, 2008-07: Optik und optische Instrumente – Laser und Laseranlagen – Prüfverfahren für die Leistungs-(Energie-)dichteverteilung von Laserstrahlen - Berichtigung 1. 2008.

[93] *Eichler, Jürgen; Dünkel, Lothar; Eppich, Bernd*: Die Strahlqualität von Lasern. Wie bestimmt man Beugungsmaßzahl und Strahldurchmesser in der Praxis? In: Laser Technik Journal 1 (2), S. 63–66. doi: 10.1002/latj.200790 019. 2004.

[94] *Ion, John C.*: Laser Processing of Engineering Materials. Principles, Procedure and Industrial Application. 1. Auflage. Oxford, Burlington: Elsevier Butterworth-Heinemann. 2005.

[95] *Hering, Ekbert*: Produktionstechnik. In: Ekbert Hering und Rolf Martin (Hg.): Photonik. Grundlagen, Technologie und Anwendung. 1. Auflage. Berlin Heidelberg New York: Springer-Verlag, S. 283–316. 2006.

[96] *Heßke, Andre; Hülsenbusch, Thomas*: Räumliche Charakterisierung von Laserstrahlung. Praktikumsanleitung für den Lehrversuch. Hg. v. Heinz Huber. München. Online verfügbar unter http://www.fb06.fh-muenchen.de/lhm/images/Praktikum/MasterPOM/praktikum%20m2.pdf, zuletzt geprüft am 07.01.2017. 2012.

[97] *Schwede, Harald; Märten, Otto et al.*: Characterizing high-power laser beams to detect the thermal load of optics and to identify limitations within the design of the optical system. In: W. Andrew Clarkson, Norman Hodgson und Ramesh K. Shori (Hg.): Proceedings of SPIE 7193, Solid State Lasers XVIII: Technology and Devices. Bellingham: SPIE Publications, S. 71930E-1–71930E-10. doi: 10.1117/12.808951. 2009.

[98] *Kögel, Günter*: High-Power-Scanning. Scanner erobern immer weitere Anwendungen und beherrschen größte Leistungen und höchste Präzision. In: EuroLaser 4, S. 28–31. 2011.

[99] *Wedel, Björn*: Processing Heads and Beam Delivery for High Beam Quality Lasers. 7. Primes Workshop. PRIMES GmbH. Darmstadt, 07.09.2016. 2016.

[100] Coherent, Inc. (Hg.): HighLight FL Compact. High-Power Single- and Multi-Mode Fiber Lasers. Santa Clara. Online verfügbar unter https://www.coherent.com/content/dam/coherent/site/en/resources/datasheet/lasers/COHR_HighLightFL_Compact_DS_0121.pdf, zuletzt geprüft am 05.11.2021. 2019.

[101] IPG Photonics Corporation (Hg.): YLS Series. High Power Ytterbium Fiber Lasers. Online verfügbar unter https://www.ipgphotonics.com/en/102/FileAttachment/YLS+Series+Datasheet.pdf, zuletzt geprüft am 04.08.2021. 2019.

[102] nLIGHT, Inc. (Hg.): Single Mode Rackmount Fiber Lasers. Small form factor rackmount fiber lasers with power up to 1.2 kW. Online verfügbar unter https://static1.squarespace.com/static/5d5d8be5c16a590001b58605/t/5e45fe12ebee3761588bbd58/1581645331690/nLIGHT_DS_500_1200W_Single+mode_JUNE_2019_FNL2.pdf, zuletzt geprüft am 05.11.2021. 2019.

[103] Laserline GmbH (Hg.): Laserline LDM. Die Kompaktklasse für Diodenlaser. Mülheim-Kärlich. Online verfügbar unter https://www.laserline.com/fileadmin/Dokumente/Broschueren_DE/Laserline_LDM_Diodenlaser_Die_Kompaktklasse_fuer_Diodenlaser.pdf, zuletzt geprüft am 13.08.2021. 2020.

[104] Laserline GmbH (Hg.): Laserline LDF. Die Referenzklasse für Diodenlaser. Mülheim-Kärlich. Online verfügbar unter https://www.laserline.com/fileadmin/Dokumente/Broschueren_DE/Laserline_LDF_Diodenlaser_Die_Referenzklasse_fuer_Diodenlaser.pdf, zuletzt geprüft am 13.08.2021. 2020.

[105] Coherent, Inc. (Hg.): HighLight FL4000CSM-ARM Compact. Fiber Laser with Single Mode Center Beam and Adjustable Ring Mode (ARM). Santa Clara. Online verfügbar unter https://www.coherent.com/content/dam/coherent/site/en/resources/datasheet/lasers/highlight-fl4000csm-arm-compact-ds.pdf, zuletzt geprüft am 05.11.2021. 2021.

[106] IPG Photonics Corporation (Hg.): YLS-SM, 1-10 kW. Ytterbium Single-mode CW Systeme. Online verfügbar unter https://www.ipgphotonics.com/de/products/lasers/high-power-cw-fiber-lasers/1-micron-1/yls-sm-1-10-kw#[specifications-8], zuletzt geprüft am 13.08.2021. 2021.

[107] nLIGHT, Inc. (Hg.): Ultra High-Power Compact Fiber Laser. Compact and reliable for increasing efficiency and maximizing capability. Online verfügbar unter https://static1.squarespace.com/static/5d5d8be5c16a590001b58605/t/615b394b24aa9a341988da61/1633368395921/nLIGHT_DS_CFL_20000_AUG_2021+%282%29.pdf, zuletzt geprüft am 05.11.2021. 2020.

[108] TRUMPF GmbH + Co. KG (Hg.): Faserlaser mit TRUMPF DNA. Neue Generation TruFiber. Ditzingen. Online verfügbar unter https://www.trumpf.com/filestorage/TRUMPF_Master/Products/Lasers/02_Brochures/TRUMPF-fiber-lasers-TruFiber-new-generation-DE.PDF, zuletzt geprüft am 13.08.2021. 2021.

[109] *Herwig, Heinz; Moschallski, Andreas*: Wärmeübertragung. Physikalische Grundlagen – Illustrierende Beispiele – Übungsaufgaben mit Musterlösungen. 3., erweiterte und überarbeitete Auflage. Wiesbaden: Springer Fachmedien. doi: 10.1007/978-3-658-06208-8. 2014.

[110] *Baehr, Hans Dieter; Stephan, Karl*: Wärme- und Stoffübertragung. 9., aktualisierte Auflage. Berlin Heidelberg: Springer-Verlag. doi: 10.1007/978-3-662-49677-0. 2016.

[111] *Marek, Rudi; Nitsche, Klaus*: Praxis der Wärmeübertragung. Grundlagen – Anwendungen – Übungsaufgaben. 4., neu bearbeitete Auflage. München: Fachbuchverlag Leipzig im Carl Hanser Verlag. 2015.

[112] *Böckh, Peter von*; *Wetzel, Thomas*: Wärmeübertragung. Grundlagen und Praxis. 6., aktualisierte und ergänzte Auflage. Berlin Heidelberg: Springer-Verlag. doi: 10.1007/978-3-662-44477-1. 2015.

[113] *Nußelt, Ernst Kraft Wilhelm*: Das Grundgesetz des Wärmeüberganges. In: Gesundheits-Ingenieur - Zeitschrift für die gesamte Städtehygiene 38, S. 477–482; S. 490–496. 1915.

[114] *Hahn, Ulrich*: Physik für Ingenieure. 1. Auflage. München: Oldenbourg Wissenschaftsverlag (Oldenbourg Lehrbücher für Ingenieure). 2007.

[115] *Walter, A.*: Thermischer Fokus Shift bei Hochleistungslaserobjektiven. PhotonicNet Workshop, 23.10.2012. Online verfügbar unter http://docplayer.org/13416897-Thermischer-fokus-shift-bei-hochleistungslaserobjektiven-23-10-2012-photonicnet-workshop-a-walter.html. 2012.

[116] *Klein, Claude A.*: Figures of merit for high-energy laser-window materials: Thermal lensing and thermal stresses. In: Gregory J. Exarhos, Arthur H. Guenther, Keith L. Lewis, Detlev Ristau, M. J. Soileau und Christopher J. Stolz (Hg.): Proceedings of SPIE 6403, Laser-Induced Damage in Optical Materials: 2006. Bellingham: SPIE Publications, S. 640308-1–640308-16. doi: 10.1117/12.695638. 2006.

[117] *Harrop, Nicholas James*: Absorption in Optical Elements and their Impact on Focus Shift. 7. Primes Workshop. PRIMES GmbH. Darmstadt, 07.09.2016. 2016.

[118] *Schmidt, Hanno*: Optische Komponenten & Lasermodulatoren. Hg. v. Doro TEK Gesellschaft für Systemtechnik mbH. Strausberg. Online verfügbar unter http://www.dorotek.de/cms/upload/pdf/optik/deutsch/DoroTEK_Optik-Katalog.pdf, zuletzt geprüft am 28.01.2018. 2014.

[119] Sill Optics GmbH & Co. KG (Hg.): Laser Optics. Wendelstein. Online verfügbar unter https://www.silloptics.de/fileadmin/user_upload/pdf/Katalog/Laserkatalog_2019_web.pdf, zuletzt geprüft am 25.03.2020. 2019.

[120] *De Jong, Bernard H. W. S.; Beerkens, Ruud G. C. et al.*: Glass, 1. Fundamentals. In: Barbara Elvers (Hg.): ULLMANN'S Encyclopedia of Industrial Chemistry. 7. Auflage. Weinheim: WILEY-VCH Verlag, S. 1–54. doi: 10.1002/14356007.a12_365.pub3. 2011.

[121] *Leinhos, Uwe*: Charakterisierung von Laseroptiken. Ein Tag bei LINOS. LINOS AG. Göttingen, 23.04.2008. Online verfügbar unter http://www.linos.com/pages/mediabase/original/LLG_Vortrag1__Ein_Tag_bei_LINOS_PDF_7148.pdf, zuletzt geprüft am 09.07.2017. 2008.

[122] *Hoffmann, Hans-Jürgen*: Optische Eigenschaften der Gläser. In: Hüttentechnische Vereinigung der Deutschen Glasindustrie (Hg.): HVG-Fortbildungskurs 2009: Physikalische und chemische Eigenschaften von Gläsern und Glasschmelzen – Werkstoffdaten für die Praxis. Offenbach am Main: Verlag der Deutschen Glastechnischen Gesellschaft, S. 13–66. Online verfügbar unter https://www.researchgate.net/publication/307598793_II_Optische_Eigenschaften_pp_13-66_in_HVG-Fortbildungskurs_2009_Physikalische_und_chemische_Eigenschaften_von_Glasern_und_Glasschmelzen_-_Werkstoffdaten_fur_die_Praxis_ISBN_967-3-921089-58-3_Verlag_de, zuletzt geprüft am 10.04.2020. 2009.

[123] *Cousins, Ananda Krishna*: Temperature and thermal stress scaling in finite-length end-pumped laser rods. In: IEEE Journal of Quantum Electronics 28 (4), S. 1057–1069. doi: 10.1109/3.135228. 1992.

[124] *Abt, Felix; Heß, Axel; Dausinger, Friedrich*: Focusing of high power single mode laser beams. In: Frank Vollertsen, Claus Emmelmann und Michael Schmidt (Hg.): Proceedings of the Laser in Manufacturing 2007: High Brightness Laser Applications. Stuttgart: AT-Fachverlag, S. 321–324. 2007.

[125] *Koechner, Walter*: Thermal Lensing in a Nd:YAG Laser Rod. In: Applied Optics 9 (11), S. 2548–2553. doi: 10.1364/AO.9.002548. 1970.

[126] *Brown, David C.*: Nonlinear thermal distortion in YAG rod amplifiers. In: IEEE Journal of Quantum Electronics 34 (12), S. 2383–2392. doi: 10.1109/3.736113. 1998.

[127] *Welp, Petra*: Festkörperlaser mit resonatorinterner Kompensation von Aberrationen durch adaptive Spiegel. Dissertation. Westfälische Wilhelms-Universität Münster, Münster. 2008.

[128] *Miranda, L. C. M.*: On the Use of the Thermal Lens Effect as a Thermo-Optical Spectroscopy of Solids. In: Applied Physics A: Materials Science & Processing 32 (2), S. 87–93. doi: 10.1007/BF00617833. 1983.

[129] *Zellmer, Holger*: Neue Laser. In: Gerd Litfin (Hg.): Technische Optik in der Praxis. 3., aktualisierte und erweiterte Auflage. Berlin Heidelberg New York: Springer-Verlag, S. 259–264. 2005.

[130] *Koechner, Walter*: Solid-State Laser Engineering. 6., überarbeitete und aktualisierte Auflage. New York: Springer Science+Business Media (Springer Series in Optical Sciences). doi: 10.1007/0-387-29338-8. 2006.

[131] *Ghosh, Gorachand*: Handbook of Thermo-Optic Coefficients of Optical Materials with Applications. In: Edward D. Palik (Hg.): Handbook of Optical Constants of Solids, Volume V. 1. Auflage. San Diego London Boston New York Sydney Tokyo Toronto: Academic Press, S. 1–325. 1998.

[132] *Eichler, Jürgen; Modler, Andreas Johannes*: Physik für das Ingenieurstudium. Prägnant mit vielen Lernkontrollfragen und Beispielaufgaben. 6., überarbeitete Auflage. Wiesbaden: Springer Fachmedien. doi: 10.1007/978-3-658-2262 8-2. 2018.

[133] *Hild, Stefan; Lück, Harald et al.*: Measurement of a low-absorption sample of OH-reduced fused silica. In: Applied Optics 45 (28), S. 7269–7272. doi: 10.1364/AO.45.007269. 2006.

[134] *Gong, Junbo; Dai, Ruchen et al.*: Temperature dependent optical constants for SiO_2 film on Si substrate by ellipsometry. In: Materials Research Express 4 (8), S. 1–6. doi: 10.1088/205 3-1591/aa7d17. 2017.

[135] *Hoffmann, Hans-Jürgen*: Optik Werkstoffe. In: Gerd Litfin (Hg.): Technische Optik in der Praxis. 3., aktualisierte und erweiterte Auflage. Berlin Heidelberg New York: Springer-Verlag, S. 127–162. 2005.

[136] SCHOTT AG (Hg.): TIE-19: Temperature Coefficient of the Refractive Index. Mainz. Online verfügbar unter http://www.schott.com/d/advanced_optics/3794eded-edd2-461d-aec5-0a1d2dc9c523/1.0/schott_tie-19_temperature_coefficient_of_refractive_index_eng.pdf, zuletzt geprüft am 04.02.2017. 2016.

[137] *Schäfer, Bernd; Gloger, Jonas et al.*: Photo-thermal measurement of absorptance losses, temperature induced wavefront deformation and compaction in DUV-optics. In: Optics Express 17 (25), S. 23025–23036. doi: 10.1364/OE.17.023025. 2009.

[138] *Hayden, Joseph S.; Neuroth, Norbert*: Laser Glasses. In: Hans Bach und Norbert Neuroth (Hg.): The Properties of Optical Glass. 1. Auflage. Berlin Heidelberg New York: Springer-Verlag (Schott Series on Glass and Glass Ceramics), S. 308–324. 1998.

[139] *Hoffmann, Hans-Jürgen*: Differential Changes of the Refractive Index. In: Hans Bach und Norbert Neuroth (Hg.): The Properties of Optical Glass. 1. Auflage. Berlin Heidelberg New York: Springer-Verlag (Schott Series on Glass and Glass Ceramics), S. 96–123. 1998.

[140] *Bliedtner, Jens; Gräfe, Günter*: Optiktechnologie. Grundlagen – Verfahren – Anwendungen – Beispiele. 2., aktuallisierte Auflage. München: Fachbuchverlag Leipzig im Carl Hanser Verlag. doi: 10.3139/9783446424661. 2010.

[141] *Nattermann, Kurt; Neuroth, Norbert; Scheller, Robert J.*: Mechanical Properties. In: Hans Bach und Norbert Neuroth (Hg.): The Properties of Optical Glass. 1. Auflage. Berlin Heidelberg New York: Springer-Verlag (Schott Series on Glass and Glass Ceramics), S. 178–200. 1998.

[142] *Bürgel, Ralf*: Festigkeitslehre und Werkstoffmechanik, Band 1. Lehr- und Übungsbuch Festigkeitslehre. 1. Auflage. Wiesbaden: Friedr. Vieweg & Sohn Verlag/GWV Fachverlage (Studium Technik). doi: 10.1007/978-3-322-82040-2. 2005.

[143] *Holzmann, Günther; Meyer, Heinz; Schumpich, Georg*: Technische Mechanik Festigkeitslehre. 10., überarbeitete Auflage. Wiesbaden: Vieweg+Teubner Verlag. doi: 10.1007/978-3-8348-8101-4. 2012.

[144] *Ramesh, Krishnamurthi*: Photoelasticity. In: William N. Sharpe, Jr. (Hg.): Springer Handbook of Experimental Solid Mechanics. 1. Auflage. New York: Springer Science+Business Media (Springer Handbooks), S. 701–742. 2008.

[145] *Hoffmann, Hans-Jürgen; Jochs, Werner W. et al.*: The stress-optical coefficient and its dispersion in oxide glasses. In: Sociedad Española de Ceramica y Vidrio (Hg.): Proceedings of XVI International Congress on Glass, Band 4: Glass properties, Glass composites. Madrid: Sociedad Española de Ceramica y Vidrio, S. 187–192. 1992.

[146] Spannungsoptik. In: Harry Paul (Hg.): Lexikon der Optik, Band 2. Sonderausgabe. Heidelberg: Spektrum Akademischer Verlag. 2003.

[147] *Manns, Peter; Brückner, Rolf*: Spannungsoptisches Verhalten einiger Silicatgläser im viskoelastischen Bereich. In: Glastechnische Berichte 54 (10), S. 319–331. 1981.

[148] SCHOTT AG (Hg.): TIE-27: Stress in optical glass. Mainz. Online verfügbar unter https://www.schott.com/d/advanced_optics/1275dc1e-ef01-45d1-a88a-79deec322443/1.7/schott_tie-27_stress_in_optical_glass.pdf, zuletzt geprüft am 18.09.2019. 2019.

[149] *Fischer, Carsten*: Geometrische Optik. In: Gerd Litfin (Hg.): Technische Optik in der Praxis. 3., aktualisierte und erweiterte Auflage. Berlin Heidelberg New York: Springer-Verlag, S. 1–34. 2005.

[150] Meschede, Dieter (Hg.): Gerthsen Physik. 25. Auflage. Berlin Heidelberg: Springer-Verlag. doi: 10.1007/978-3-662-45977-5. 2015.

[151] SCHOTT AG (Hg.): TIE-29: Refractive Index and Dispersion. Mainz. Online verfügbar unter http://www.schott.com/d/advanced_optics/02ffdb0d-00a6-408f-84a5-19de56652849/1.0/schott_tie_29_refractive_index_and_dispersion_eng. pdf, zuletzt geprüft am 04.02.2017. 2016.

[152] *Katte, Henning*: Bildgebende Messung der Spannungsdoppelbrechung in optischen Materialien und Komponenten. In: Photonik 5, S. 60–63. 2008.

[153] *Wolf, Helmut*: Spannungsoptik. Ein Lehr- und Nachschlagebuch für Forschung, Technik und Unterricht. Berlin Heidelberg: Springer-Verlag. doi: 10.1007/978-3-642-80898-2. 1976.

[154] Spannungsdoppelbrechung. In: Harry Paul (Hg.): Lexikon der Optik, Band 2. Sonderausgabe. Heidelberg: Spektrum Akademischer Verlag. 2003.

[155] *Zernike, Frits; Midwinter, John E.*: Applied Nonlinear Optics. New York, Sydney, Toronto, London: John Wiley & Sons. 1973.

[156] *Haferkorn, Heinz*: Optik. Physikalisch-technische Grundlagen und Anwendungen. 4., bearbeitete und erweiterte Auflage. Weinheim: WILEY-VCH Verlag. doi: 10.1002/9783527625017. 2003.

[157] Doppelbrechung. In: Ulrich Kilian und Christine Weber (Hg.): Lexikon der Physik, Band 2. Sonderausgabe. Heidelberg: Spektrum Akademischer Verlag. 2003.

[158] *Davis, Mark J.; Hayden, Joseph S.*: Stress-optic measurements of SCHOTT laser glass. In: W. Andrew Clarkson und Ramesh K. Shori (Hg.): Proceedings of SPIE 10896, Solid State Lasers XXVIII: Technology and Devices. Bellingham, Washington: SPIE Publications, S. 108961E-1–108961E-16. doi: 10.1117/12.2510780. 2019.

[159] *Piot, Philippe*: Chapter 4. Supplement: Anisotropic Media. DeKalb. Online verfügbar unter http://www.cambridge.org/resources/0521521033/1080_161484.pdf, zuletzt geprüft am 19.02.2019. 2002.

[160] Indexellipsoid. In: Ulrich Kilian und Christine Weber (Hg.): Lexikon der Physik, Band 3. Sonderausgabe. Heidelberg: Spektrum Akademischer Verlag. 2003.

[161] *Foster, J. D.; Osterink, L. M.*: Thermal Effects in a Nd:YAG Laser. In: Journal of Applied Physics 41 (9), S. 3656–3663. doi: 10.1063/1.1659488. 1970.

[162] *Maxwell, James Clark*: On the Equilibrium of Elastic Solids. In: Transactions of the Royal Society of Edinburgh 20, S. 87–120. Online verfügbar unter https://www.biodiversitylibrary.org/page/12936292, zuletzt geprüft am 17.02.2019. 1853.

[163] *Aben, Hillar; Guillemet, Claude*: Photoelasticity of Glass. 1. Auflage. Berlin Heidelberg: Springer-Verlag. doi: 10.1007/978-3-642-50071-8. 1993.

[164] *Hooke, Robert*: Lectures De Potentia Restitutiva, or of Spring Explaining the Power of Springing Bodies. 1. Auflage. London: John Martyn. 1678.

[165] *Krupych, Oleg; Savaryn, Viktoriya et al.*: Interferometric measurements of piezooptic coefficients by means of four-point bending method. In: Ukrainian Journal of Physical Optics 12 (3), S. 150–159. doi: 10.3116/16091833/12/3/150/2011. 2011.

[166] ASTM C1161-18, 2018: Test Method for Flexural Strength of Advanced Ceramics at Ambient Temperature. 2018.

[167] *Mueller, Hans*: Theory of Photoelasticity in Amorphous Solids. In: Physics: A Journal of General and Applied Physics 6 (6), S. 179–184. doi: 10.1063/1.1745316. 1935.

[168] *Rauschnabel, Kurt*: Thermische Ausdehnung (thermische Zustandsgleichung). Vorlesungsmanuskript. Heilbronn. Online verfügbar unter http://mitarbeiter.hs-heilbronn.de/~rauschn/5_Thermodynamik/Physik_5_2_Ausdehnung.pdf, zuletzt geprüft am 15.07.2017. 2006.

[169] *Mathiak, Friedrich U.*: Die Methode der finiten Elemente (FEM). Einführung und Grundlagen. Vorlesungsmanuskript. Neubrandenburg. Online verfügbar unter https://pdf4pro. com/cdn/die-methode-der-finiten-elemente-fem-3ec0ff.pdf, zuletzt geprüft am 23.04.2021. 2010.

[170] *Ettemeyer, Andreas; Wallrapp, Oskar; Schäfer, Bernd*: Technische Mechanik. Teil 2: Elastostatik. Vorlesungsmanuskript. München. Online verfügbar unter http://www.fb06.fh-muenchen.de/fb/index.php/download.html?f_id= 2091, zuletzt geprüft am 04.02.2018. 2006.

[171] *Nadgaran, Hamid; Sabaeian, Mohammad*: Pulsed pump: Thermal effects in solid state lasers under super-Gaussian pulses. In: Pramana – Journal of Physics 67 (6), S. 1119–1128. doi: 10.1007/s12043-006-0027-8. 2006.

[172] *Laskin, Alexander V.; Faidel, Dietrich; Laskin, Vadim V.*: Optics to Control Thermal Effects in Selective Laser Melting. In: Henry Helvajian, Alberto Piqué und Bo Gu (Hg.): Proceedings of SPIE 10523, Laser 3D Manufacturing V. Bellingham: SPIE Publications, S. 1052319-1–1052319-12. doi: 10.1117/12.2289683. 2018.

[173] *Dorenwendt, K.*: Optik. In: Volkmar Kose und Siegfried Wagner (Hg.): Praktische Physik. Zum Gebrauch für Unterricht, Forschung und Technik, Band 2. 24., neubearbeitete und erweiterte Auflage. Stuttgart: B. G. Teubner, S. 93–350. 1996.

[174] *Demtröder, Wolfgang*: Experimentalphysik 2. Elektrizität und Optik. 6., überarbeitete und aktualisierte Auflage. Berlin Heidelberg: Springer-Verlag. doi: 10.1007/978-3-642-29944-5. 2013.

[175] DIN ISO 10110-12, 2021-09: Optik und Photonik – Laser und Laseranlagen – Erstellung von Zeichnungen für optische Elemente und Systeme – Teil 12: Asphärische Flächen (ISO 10110-12, 2019). 2021.

[176] *MacDonald, M. P.; Graf, Thomas et al.*: Reducing thermal lensing in diode-pumped laser rods. In: Optics Communications 178 (4-6), S. 383–393. doi: 10.1016/S0030-4018(00)00663-5. 2000.

[177] *Rahneberg, Ilko*: Untersuchungen zu optischen Mehrkomponentenmesssystemen. Dissertation. Technische Universität Ilmenau, Ilmenau. 2013.

[178] *Birch, K. P.; Downs, M. J.*: An Updated Edlén Equation for the Refractive Index of Air. In: Metrologia 30 (3), S. 155–162. doi: 10.1088/0026-1394/30/3/004. 1993.

[179] *Meiners-Hagen, Karl; Pollinger, Florian; Abou-Zeid, Ahmed*: Brechzahlkompensation mittels Mehrwellenlängen-Interferometrie. In: PTB-Mitteilungen 120 (2), S. 110–114. Online verfügbar unter https://www.ptb.de/cms/fileadmin/internet/fachabteilungen/abteilung_5/5.4_interferometrie_an_masverkoerperungen/5.42/Meiners-Hagen_PTB_Mitteilungen_120_110_2010_Brechzahlkompensation_mittels_Mehrwellenlaengen-Interferometrie.pdf, zuletzt geprüft am 15.10.2019. 2010.

[180] OHARA GmbH (Hg.): OHARA Optische Gläser. Technische Information. Hofheim am Taunus. Online verfügbar unter http://rohr.aiax.de/Ohara-S-FPL53.pdf, zuletzt geprüft am 10.02.2018. 2003.

[181] *Lentes, Frank-Thomas*: Refractive Index and Dispersion. In: Hans Bach und Norbert Neuroth (Hg.): The Properties of Optical Glass. 1. Auflage. Berlin Heidelberg New York: Springer-Verlag (Schott Series on Glass and Glass Ceramics), S. 21–57. 1998.

[182] *Dvořáček, Filip*: Survey of Selected Procedures for the Indirect Determination of the Group Refractive Index of Air. In: Acta Polytechnica: Journal of Advanced Engineering 58 (1), S. 9–16. doi: 10.14311/AP.2018.58.0009. 2018.

[183] *Hesse, Stefan; Schnell, Gerhard*: Sensoren für die Prozess- und Fabrikautomation. Funktion – Ausführung – Anwendung. 7., ergänzte und durchgesehene Auflage. Wiesbaden: Springer Fachmedien. doi: 10.1007/978-3-658-21173-8. 2018.

[184] *Stone, Jack A.; Zimmerman, Jay H.*: Index of Refraction of Air. Hg. v. National Institute of Standards and Technology. Gaithersburg. Online verfügbar unter https://emtoolbox.nist.gov/Wavelength/Abstract.asp, zuletzt geprüft am 15.10.2019. 2001.

[185] *Zeller, Manfred; Busweiler, Ulrich*: Be- und Entfeuchten von Luft. In: VDI e. V. und VDI-Gesellschaft Verfahrenstechnik und Chemieingenieurwesen (VDI-GVC) (Hg.): VDI-Wärmeatlas. 11., bearbeitete und erweiterte Auflage. Berlin Heidelberg: Springer-Verlag (VDI-Buch), S. 1535–1553. 2013.

[186] *Jones, Frank E.*: The Air Density Equation and the Transfer of the Mass Unit. In: Journal of Research of the National Bureau of Standards 83 (5), S. 419–428. doi: 10.6028/jres.083.028. 1978.

[187] *Ciddor, Philip E.*: Refractive index of air: new equations for the visible and near infrared. In: Applied Optics 35 (9), S. 1566–1573. doi: 10.1364/AO.35.001566. 1996.

[188] *Picard, A.; Davis, R. S. et al.*: Revised formula for the density of moist air (CIPM-2007). In: Metrologia 45 (2), S. 149–155. doi: 10.1088/0026-1394/45/2/004. 2008.

[189] *Davis, Christopher C.*: Lasers and Electro-Optics. Fundamentals and Engineering. 1. Auflage. Cambridge, New York, Melbourne: Cambridge University Press. 1996.

[190] *Edlén, Bengt*: The Refractive Index of Air. In: Metrologia 2 (2), S. 71-80. doi: 10.1088/0026-1394/2/2/002. 1966.

[191] *Owens, James C.*: Optical Refractive Index of Air: Dependence on Pressure, Temperature and Composition. In: Applied Optics 6 (1), S. 51–59. doi: 10.1364/AO.6.000051. 1967.

[192] *Jones, Frank E.*: The Refractivity of Air. In: Journal of Research of the National Bureau of Standards 86 (1), S. 27–32. doi: 10.6028/jres.086.002. 1981.

[193] *Birch, K. P.; Downs, M. J.*: Correction to the Updated Edlén Equation for the Refractive Index of Air. In: Metrologia 31 (4), S. 315–316. doi: 10.1088/0026-1394/31/4/006. 1994.

[194] *Ciddor, Philip E.*: Refractive index of air: 3. The roles of CO_2, H_2O, and refractivity virials. In: Applied Optics 41 (12), S. 2292–2298. doi: 10.1364/AO.41.002292. 2002.

[195] *Ciddor, Philip E.*: Refractive index of air: 3. The roles of CO_2, H_2O, and refractivity virials: erratum. In: Applied Optics 41 (33), S. 7036. doi: 10.1364/AO.41.007036. 2002.

[196] *Young, Andrew T.*: Refractivity of Air. Online verfügbar unter https://aty.sdsu.edu/explain/atmos_refr/air_refr.html, zuletzt geprüft am 24.10.2019. 2019.

[197] Normzustand. In: Ulrich Kilian und Christine Weber (Hg.): Lexikon der Physik, Band 4. Sonderausgabe. Heidelberg: Spektrum Akademischer Verlag. 2003.

[198] *Thermophysical Properties of Water and Steam (TPWS) Working Group; Industrial Requirements and Solutions (IRS) Working Group*: Revised Release on the IAPWS Industrial Formulation 1997 for the Thermodynamic Properties of Water and Steam. Hg. v. The International Association for the Properties of Water and Steam (IAPWS). Luzern. Online verfügbar unter http://www.iapws.org/relguide/IF97-Rev.pdf, zuletzt geprüft am 21.10.2019. 2012.

[199] *Dvořáček, Filip*: CIDDOR & HILL – 1996, 1999. Prag. Online verfügbar unter http://k154.fsv.cvut.cz/~dvoracek/doc/ciddor.pdf, zuletzt geprüft am 16.10.2019. 2018.

[200] *Scaggs, Michael J.; Haas, Gil*: Thermal lensing compensation optics for high power lasers. In: Alexis V. Kudryashov, Alan H. Paxton, Vladimir S. Ilchenko und Lutz Aschke (Hg.): Proceedings of SPIE 7913, Laser Resonators and Beam Control XIII. Bellingham: SPIE Publications, S. 79130C-1–79130C-9. doi: 10.1117/12.871370. 2011.

[201] *Boucher, Christopher*: Modeling Thermally Induced Focal Shift in High-Powered Laser Systems. Hg. v. COMSOL. Online verfügbar unter https://www.comsol.com/blogs/modeling-thermally-induced-focal-shift-high-powered-laser-systems/, zuletzt geprüft am 21.01.2017. 2014.

[202] PRIMES GmbH (Hg.): FocusMonitor FM. Pfungstadt. Online verfügbar unter http://www.primes.eu/de/produkte/strahlverteilung/fokusvermessung/focusmonitor-fm.html, zuletzt geprüft am 13.11.2016. 2015.

[203] *Abt, Felix; Heß, Axel*: Strahldiagnostik im Diagnostikzentrum der FGSW. Fokussierung von Single-Mode Laserstrahlung im kW-Bereich. In: Laser Magazin 2, S. 22–23. 2008.

[204] *Gatej, Alexander; Loosen, Peter*: Methods for Compensation of Thermal Lensing based on Thermo-Optical (TOP) Analysis. In: Frank Wyrowski, John T. Sheridan, Jani Tervo und Youri Meuret (Hg.): Proceedings of SPIE 9131, Optical Modelling and Design III. Bellingham: SPIE Publications, S. 91310F-1–91310F-8. doi: 10.1117/12.2052203. 2014.

[205] *Schuhmann, Rainer*: Entwicklung optischer Systeme. In: Gerd Litfin (Hg.): Technische Optik in der Praxis. 3., aktualisierte und erweiterte Auflage. Berlin Heidelberg New York: Springer-Verlag, S. 95–126. 2005.

[206] Zemax, LLC (Hg.): OpticStudio®. Everything you need to design optical systems. Kirkland. Online verfügbar unter https://www.zemax.com/products/opticstudio, zuletzt geprüft am 02.11.2020. 2020.

[207] *Meschede, Dieter*: Optik, Licht und Laser. 2., überarbeitete und erweiterte Auflage. Wiesbaden: Springer Fachmedien. doi: 10.1007/978-3-663-10954-9. 2005.

[208] *Kogelnik, H.; Li, T.*: Laser Beams and Resonators. In: Proceedings of the IEEE 54 (10), S. 1312–1329. doi: 10.1109/PROC.1966.5119. 1966.

[209] DIN 1319-1, 1995-01: Grundlagen der Meßtechnik – Teil 1: Grundbegriffe. 1995.

[210] *Tränkler, Hans-Rolf*: Einführung in die Sensortechnik. In: Hans-Rolf Tränkler und Leonhard M. Reindl (Hg.): Sensortechnik. Handbuch für Praxis und Wissenschaft. 2., völlig neu bearbeitete Auflage. Berlin Heidelberg: Springer-Verlag (VDI-Buch), S. 3–20. doi: 10.1007/978-3-642-29942-1_1. 2014.

[211] *Gebhardt, Andreas*: Additive Fertigungsverfahren. Additive Manufacturing und 3D-Drucken für Prototyping – Tooling – Produktion. 5., neu bearbeitete und erweiterte Auflage. München: Carl Hanser Verlag. doi: 10.3139/9783446445390. 2016.

[212] *Beyer, Eckhard; Mahrle, Achim et al.*: Innovation in high power fiber laser applications. In: Eric C. Honea und Sami T. Hendow (Hg.): Proceedings of SPIE 8237, Fiber Lasers IX: Technology, Systems, and Applications. Bellingham: SPIE Publications, S. 823717-1–823717-11. doi: 10.1117/12.910899. 2012.

[213] *Wetzig, Andreas; Herwig, Patrick et al.*: Fast Laser Cutting of Thin Metal. In: Procedia Manufacturing 29, S. 369–374. doi: 10.1016/j.promfg.2019.02.150. 2019.

[214] *Musiol, Jan; Lütke, Matthias et al.*: Combining Remote Ablation Cutting and Remote Welding - Opportunities and Application Areas. In: Eckhard Beyer und Timothy Morris (Hg.): Proceedings of SPIE 8239, High Power Laser Materials Processing: Lasers, Beam Delivery, Diagnostics, and Applications. Bellingham: SPIE Publications, S. 82390Q-1–82390Q-14. doi: 10.1117/12.908481. 2012.

[215] *Knebel, T.; Streek, A.; Exner, H.*: Comparison of high rate laser ablation and resulting structures using continuous and pulsed single mode fiber lasers. In: Physics Procedia 56, S. 19–28. doi: 10.1016/j.phpro.2014.08.091. 2014.

[216] *Herzog, Dirk; Schmidt-Lehr, Matthias et al.*: Laser cutting of carbon fibre reinforced plastics of high thickness. In: Materials and Design 92, S. 742–749. doi: 10.1016/j.matdes.2015.12.0 56. 2016.

[217] *Toesko, Günter; Kienemund, Albrecht et al.*: Neues Optikdesign für das Remote-Laserschweißen mit feinstem Fokus. In: Photonik 3, S. 86–89. 2007.

[218] *Bliedtner, Jens; Müller, Hartmut; Barz, Andrea*: Lasermaterialbearbeitung. Grundlagen – Verfahren – Anwendungen – Beispiele. 1. Auflage. München: Fachbuchverlag Leipzig im Carl Hanser Verlag. doi: 10.3139/9783446429291. 2013.

[219] *Montagu, Jean*: Galvanometric and Resonant Scanners. In: Gerald F. Marshall und Glenn E. Stutz (Hg.): Handbook of Optical and Laser Scanning. 2. Auflage. Boca Raton, London, New York: CRC Press (Optical Science and Engineering), S. 393–448. 2012.

[220] *Sagan, Stephen F.*: Optical Systems for Laser Scanners. In: Gerald F. Marshall und Glenn E. Stutz (Hg.): Handbook of Optical and Laser Scanning. 2. Auflage. Boca Raton, London, New York: CRC Press (Optical Science and Engineering), S. 69–132. 2012.

[221] *Buchfink, Gabriela*: Werkzeug Laser. Ein Lichtstrahl erobert die industrielle Fertigung. 2. Auflage. Würzburg: Vogel Buchverlag. 2008.

[222] *Ludwiszewski, Alan*: Glossary. In: Gerald F. Marshall (Hg.): Handbook of Optical and Laser Scanning. 1. Auflage. New York, Basel: Marcel Dekker, S. 769–778. 2004.

[223] *Oefele, Florian*: Remote-Laserstrahlschweißen mit brillanten Laserstrahlquellen. Dissertation. Technische Universität München, Garching. 2012.

[224] *Stemmann, Jannis*: Remote Welding with Solid State Lasers. Dissertation. Technische Universität Hamburg-Harburg, Hamburg. 2005.

[225] ARGES GmbH (Hg.): Scanköpfe. Datenblatt. Wackersdorf. Online verfügbar unter http://www.arges.de/fileadmin/downloads/scan_head_data_sheet_de.pdf, zuletzt geprüft am 09.06.2016. 2015.

[226] SCANLAB AG (Hg.): intelliWELD II, intelliWELD. Puchheim. Online verfügbar unter http://www.scanlab.de/sites/default/files/PDF-Dateien/Produktblaetter/Scan-Systeme/19_intelliWELD_Scan-Systeme.pdf, zuletzt geprüft am 28.04.2016. 2015.

[227] HIGHYAG Lasertechnologie GmbH (Hg.): The 3rd Dimension at the Speed of Light. Laser Processing Head RLSK. Kleinmachnow. Online verfügbar unter http://www.highyag.com/DE/resources/pdf/160127_BR_RLSK_screen.pdf, zuletzt geprüft am 27.10.2016. 2016.

[228] TRUMPF GmbH + Co. KG (Hg.): Programmierbare Fokussieroptiken. Technische Daten. Ditzingen, zuletzt geprüft am 04.04.2020. 2020.

[229] *Kienemund, Albrecht*: Laserscanner II. Angemeldet durch KeySysTech GmbH am 14.07.2005. Veröffentlichungsnr: DE 102005033605 A1. 2005.

[230] *Gärtner, Rainer*: kardanische Aufhängung. In: Karl-Heinz Schlote (Hg.): Chronologie der Naturwissenschaften. Der Weg der Mathematik und der Naturwissenschaften von den Anfängen in das 21. Jahrhundert. 1. Auflage. Frankfurt am Main: Wissenschaftlicher Verlag Harri Deutsch, S. 173. 2002.

[231] kardanische Aufhängung. In: Ulrich Kilian und Christine Weber (Hg.): Lexikon der Physik, Band 3. Sonderausgabe. Heidelberg: Spektrum Akademischer Verlag. 2003.

[232] *Stemmann, Jannis; Emmelmann, Claus*: High performance scanner for remote welding with Nd:YAG lasers. In: Andreas Ostendorf, Anthony Hoult und Yongfeng Lu (Hg.): ICALEO 2005, Congress Proceedings: Industrial Processes & Technology. Orlando: Laser Institute of America, S. 965–972. doi: 10.2351/1.5060460. 2005.

[233] *Kirchhoff, Marc; Emmelmann, Claus*: Design of a solid state laser remote system of high economic efficiency and of high flexibility for multiple applications. In: Frank Vollertsen, Claus Emmelmann und Michael Schmidt (Hg.): Proceedings of the Laser in Manufacturing 2007: System Technology. Stuttgart: AT-Fachverlag, S. 437–442. 2007.

[234] *Emmelmann, Claus; Wollnack, Jörg et al.*: Application of the laser remote welding technology with 3D sensors in ship and civil engineering. In: Klaus Middeldorf, Berthold Kösters und W. Kölbl (Hg.): IIW International Conference on "Automation in Welding" 2013: Application: Laser and Arc Welding Technology. Genua: International Institute of Welding. 2013.

[235] *Munsch, Maximilian; Wollnack, Jörg et al.*: Parallelkinematisches Spiegel-Ablenksystem mit doppelkardanischer Aufhängung. Angemeldet durch TuTech Innovation GmbH; Technische Universität Hamburg-Harburg am 26.06.2012. Veröffentlichungsnr: DE 1020120127 80 A1. 2012.

[236] *Cerwenka, Georg; Wollnack, Jörg et al.*: 3D/6D calibration and real-time focus shift compensation for automated 30 kW laser remote scanner. In: Journal of Laser Applications 31 (2), S. 022607-1–022607-9. doi: 10.2351/1.5096135. 2019.

[237] Corning Incorporated (Hg.): HPFS® Fused Silica Standard Grade. Semiconductor Optics. New York. Online verfügbar unter https://psec.uchicago.edu/glass/ HPFSFusedSilicaStandardGradeCorning.pdf, zuletzt geprüft am 28.01.2018. 2008.

[238] *Hugel; Toesko, Günter*: ZEMAX OpticStudio®-Modell Optikset Dragon 30 kW. Hg. v. Sill Optics GmbH & Co. KG. Wendelstein. 2011.

[239] *Bäker, Martin*: Funktionswerkstoffe. Physikalische Grundlagen und Prinzipien. 1. Auflage. Wiesbaden: Springer Fachmedien. doi: 10.1007/978-3-658-02970-8. 2014.

[240] *Hugel*: Optikset Dragon 30 kW. Hg. v. Sill Optics GmbH & Co. KG. Wendelstein. 2011.

[241] *Shelby, James E.*: Introduction to Glass Science and Technology. 2. Auflage. Cambridge: RSC Publishing. doi: 10.1039/9781847551160. 2005.

[242] Ernst Fuhrmann (Hg.): Einführung in die Werkstoffkunde und Werkstoffprüfung, Band 1. Werkstoffe: Aufbau - Behandlung - Eigenschaften. 2., verbesserte und erweiterte Auflage. Renningen: expert Verlag (Edition expertsoft, Band 61), S. 151–166. 2008.

[243] HEBO Spezialglas GbR (Hg.): Datasheet FSUV1 (Fused Silica), FQVIS2 (Fused Quartz). Aalen. Online verfügbar unter https://www.hebo-glass.com/pdf/datasheets/ HEBO_Spezialglas_FSUV1_FQVIS2.pdf, zuletzt geprüft am 28.01.2018. 2018.

[244] *Kitamura, Rei; Pilon, Laurent; Jonasz, Miroslaw*: Optical constants of silica glass from extreme ultraviolet to far infrared at near room temperature. In: Applied Optics 46 (33), S. 8118–8133. doi: 10.1364/AO.46.008118. 2007.

[245] Corning Incorporated (Hg.): Corning HPFS® 7979, 7980, 8655 Fused Silica. Optical Materials Product Information, Specialty Materials Division. New York. Online verfügbar unter http://glassfab.com/wp-content/uploads/2015/08/HPFS-Product-Brochure-All-Grades-2014_02_13.pdf, zuletzt geprüft am 28.01.2018. 2014.

[246] Heraeus Quarzglas GmbH & Co. KG (Hg.): Quartz Glass for Optics. Data and Properties. Hanau. Online verfügbar unter https://www.heraeus.com/media/media/hqs/doc_hqs/products_and_solutions_8/optics/Data_and_Properties_Optics_fused_silica_EN.pdf, zuletzt geprüft am 05.04.2018. 2018.

[247] Heraeus Quarzglas GmbH & Co. KG (Hg.): Suprasil® and Infrasil® – Material Grades for the Infrared Spectrum. Operation @946 nm @1064 nm @1319 nm. Hanau. Online verfügbar unter https://www.heraeus.com/media/ media/hqs/doc_hqs/products_and_solutions_8/optics/Suprasil_and_Infrasil__Material_Grades_for_the_Infrared_Spectrum_EN.pdf, zuletzt geprüft am 05.04.2018. 2018.

[248] *Hartley, Craig S.*: Materials Science for the Experimental Mechanist. In: William N. Sharpe, Jr. (Hg.): Springer Handbook of Experimental Solid Mechanics. 1. Auflage. New York: Springer Science+Business Media (Springer Handbooks), S. 17–48. 2008.

[249] *Clement, Marc K. Th.*: The Chemical Composition of Optical Glasses and Its Influence on the Optical Properties. In: Hans Bach und Norbert Neuroth (Hg.): The Properties of Optical Glass. 1. Auflage. Berlin Heidelberg New York: Springer-Verlag (Schott Series on Glass and Glass Ceramics), S. 58–81. 1998.

[250] *Eichler, Jürgen; Eichler, Hans-Joachim*: Laser. Bauformen, Strahlführung, Anwendungen. 7., aktualisierte Auflage. Heidelberg Dordrecht London New York: Springer-Verlag. doi: 10.1007/978-3-642-10462-6. 2010.

[251] *Clough, Ray William*: The finite element method in plane stress analysis. In: American Society of Civil Engineers Pittsburgh Section (Hg.): Conference Papers: 2nd Conference on Electronic Computation. Pittsburgh: American Society of Civil Engineers, S. 345–378. 1960.

[252] *Link, Michael*: Finite Elemente in der Statik und Dynamik. 4., korrigierte Auflage. Wiesbaden: Springer Fachmedien. doi: 10.1007/978-3-658-03557-0. 2014.

[253] *Klein, Bernd*: FEM. Grundlagen und Anwendungen der Finite-Element-Methode im Maschinen und Fahrzeugbau. 10., verbesserte Auflage. Wiesbaden: Springer Fachmedien. doi: 10.1007/978-3-658-06054-1. 2015.

[254] *Potsaid, Benjamin; Wen, John T.*: Optimal design of adaptive optics based systems using high fidelity MEMS deformable mirror models. In: Yves Bellouard, Yukitoshi Otani und Kee S. Moon (Hg.): Proceedings of SPIE 6715, Optomechatronic Actuators and Manipulation III. Bellingham: SPIE Publications, S. 67150E-1–67150E-11. doi: 10.1117/12.754382. 2007.

[255] *Bonhoff, Tobias; Schniedenharn, Maximilian et al.*: Experimental and theoretical analysis of thermo-optical effects in protective window for selective laser melting. In: Ludger Overmeyer, Uwe Reisgen, Andreas Ostendorf und Michael Schmidt (Hg.): Proceedings of the Laser in Manufacturing 2017: SLM-Metal, S. 1–10. Online verfügbar unter https://www.wlt.de/lim/Proceedings2017/Data/PDF/Contribution31_final.pdf, zuletzt geprüft am 01.12.2019. 2017.

[256] *Roeren, Sven Robert*: Komplexitätsvariable Einflussgrößen für die bauteilbezogene Struktursimulation thermischer Fertigungsprozesse. Dissertation. Technische Universität München, München. 2007.

[257] *Genberg, Victor L.; Doyle, Keith B.; Michels, Gregory*: Opto-Mechanical I/F for ANSYS. Hg. v. Sigmadyne, Inc. Rochester. Online verfügbar unter https://www.sigmadyne.com/sigweb/downloads/Ansys-5-2004.pdf, zuletzt geprüft am 16.02.2021. 2004.

[258] *Störkle, Johannes; Eberhard, Peter*: Influence of model order reduction methods on dynamical-optical simulations. In: Journal of Astronomical Telescopes, Instruments, and Systems 3 (2), S. 024001-1–024001-18. doi: 10.1117/ 1.JATIS.3.2.024001. 2017.

[259] *Pütsch, Oliver; Morasch, Valentin et al.*: Echtzeitfähige Laserstrahlregelung zur Kompensation thermischer Effekte. In: Gerd Häusler und Christian Faber (Hg.): DGaO-Proceedings: 112. Jahrestagung der DGaO. Erlangen: Deutsche Gesellschaft für angewandte Optik. 2011.

[260] *Bätz, Timon*: Modellierung und Simulation optischer Strahlführungen. Diplomarbeit. Technische Universität Dresden, Dresden. Online verfügbar unter https://www.hzdr.de/db/Cms?pOid=38201, zuletzt geprüft am 23.01.2016. 2012.

[261] *Stelzmann, Ulrich; Groth, Clemens; Müller, Günter*: FEM für Praktiker – Band 2: Strukturdynamik. Basiswissen und Arbeitsbeispiele zu FEM-Anwendungen der Strukturdynamik – Lösungen mit dem FE-Programm ANSYS®. 5., neu bearbeitete Auflagen. Renningen: expert Verlag (Edition expertsoft, Band 44). 2008.

[262] *Groth, Clemens; Müller, Günter*: FEM für Praktiker – Band 3: Temperaturfelder. Basiswissen und Arbeitsbeispiele zu FEM-Anwendungen der Temperaturfeldberechnung – Lösungen mit dem FE-Programm ANSYS®. 5., neu bearbeitete Auflage. Renningen: expert Verlag (Edition expertsoft, Band 45). 2009.

[263] ANSYS, Inc. (Hg.): Ansys. Online verfügbar unter https://www.ansys.com/de-de/products/optical, zuletzt geprüft am 02.11.2020. 2020.

[264] COMSOL (Hg.): Die COMSOL®-Software Produktpalette. Online verfügbar unter https://www.comsol.de/products, zuletzt geprüft am 02.11.2020. 2020.

[265] *Doyle, Keith B.; Genberg, Victor L. et al.*: Optical modeling of finite element surface displacements using commercial software. In: Mark A. Kahan (Hg.): Proceedings of SPIE 5867, Optical Modeling and Performance Predictions II. Bellingham: SPIE Publications, S. 58670I-1–58670I-12. doi: 10.1117/12.615336. 2005.

[266] *Harrop, Nicholas James; Wolf, Stefan et al.*: Absorption driven Focus Shift. In: Friedhelm Dorsch und Stefan Kaierle (Hg.): Proceedings of SPIE 9741, High-Power Laser Materials Processing: Lasers, Beam Delivery, Diagnostics, and Applications V. Bellingham: SPIE Publications, S. 97410P-1–97410P-12. doi: 10.1117/12.2212682. 2016.

[267] *Bjelajac, Goran*: Allgemeine Frage zu metallbasierten Ablenkelementen. Hamburg, Berlin, 02.10.2020. E-Mail an Georg Cerwenka. digital. 2020.

[268] *Heß, Axel; Weber, Rudolf et al.*: Reference process for determination of thermal focus shift. In: Kunihiko Washio (Hg.): ICALEO 2011, Congress Proceedings: High Brightness Laser Challenges. Orlando: Laser Institute of America, S. 729–734. doi: 10.2351/1.5062319. 2011.

[269] *Füßler, Sven; Köhler, Gunnar et al.*: Vorrichtung und Verfahren zur Fokuslagen-Stabilisierung bei Optiken für Hochleistungs-Laserstrahlung. Angemeldet durch HIGHYAG Lasertechnologie GmbH am 20.08.2007. Veröffentlichungsnr: DE 102007039878 A1. 2007.

[270] *Wörn, Heinz; Brinkschulte, Uwe*: Echtzeitsysteme. Grundlagen, Funktionsweisen, Anwendungen. 1. Auflage. Berlin Heidelberg New York: Springer-Verlag (eXamen.press). doi: 10.1007/b139050. 2005.

[271] *Frey, Georg*: Regeln und Steuern. In: Hans-Jürgen Gevatter und Ulrich Grünhaupt (Hg.): Handbuch der Mess- und Automatisierungstechnik in der Produktion. 2., vollständig bearbeitete Auflage. Berlin Heidelberg New York: Springer-Verlag (VDI-Buch), S. 39–52. doi: 10.1007/3-540-34823-9_4. 2006.

[272] *Litz, Lothar*: Grundlagen der Automatisierungstechnik. Regelungssysteme - Steuerungssysteme - Hybride Systeme. 2., aktualisierte Auflage. München: Oldenbourg Wissenschaftsverlag. doi: 10.1524/9783486719819. 2013.

[273] DIN IEC 60050-351, 2014-09: Internationales Elektrotechnisches Wörterbuch – Teil 351: Leittechnik (IEC 60050-351, 2013). 2014.

[274] *Zacher, Serge; Reuter, Manfred*: Regelungstechnik für Ingenieure. Analyse, Simulation und Entwurf von Regelkreisen. 14., korrigierte Auflage. Wiesbaden: Springer Fachmedien. doi: 10.1007/978-3-8348-2216-1. 2014.

[275] *Bossel, Hartmut*: Systeme, Dynamik, Simulation. Modellbildung, Analyse und Simulation komplexer Systeme. 1. Auflage. Norderstedt: Books on Demand. 2004.

[276] *Haußer, Frank; Luchko, Yury*: Mathematische Modellierung mit MATLAB®. Eine praxisorientiere Einführung. 1. Auflage. Heidelberg: Spektrum Akademischer Verlag. doi: 10.100 7/978-3-8274-2399-3. 2011.

[277] *Ortlieb, Claus Peter; Dresky, Caroline* von et al.: Mathematische Modellierung. Eine Einführung in zwölf Fallstudien. 2., aktualisierte Auflage. Wiesbaden: Springer Fachmedien. doi: 10.1007/978-3-658-00535-1. 2013.

[278] *Brassel, Jan-Oliver*: Prozeßkontrolle beim Laserstrahl-Mikroschweißen. Dissertation. Friedrich-Alexander Universität Erlangen-Nürnberg, Erlangen. 2002.

[279] *Hack, R.*: System- und verfahrenstechnischer Vergleich von Nd:YAG und CO2-Lasern im Leistungsbereich bis 5 kW. Dissertation. Universität Stuttgart, Stuttgart. 1998.

[280] *Kakaç, Sadık; Yener, Yaman; Naveira-Cotta, Carolina Palma*: Heat conduction. 5. Auflage. Boca Raton: CRC Press. 2018.

[281] *Bartsch, Hans-Jochen*: Taschenbuch mathematischer Formeln. 18., verbesserte Auflage [Sonderausgabe] - Jubiläumsausgabe. München Wien: Fachbuchverlag Leipzig im Carl Hanser Verlag. 1999.

[282] *Newton, Isaac*: Scala graduum Caloris. Calorum Descriptiones & signa. In: Philosophical Transactions of the Royal Society of London 22, S. 824–829. doi: 10.1098/rstl.1700.0082. 1701.

[283] *Grigull, Ulrich*: Das Newtonsche Abkühlungsgesetz. Bemerkungen zu einer Arbeit von Isaac Newton aus dem Jahre 1701. In: Abhandlungen der Braunschweigischen Wissenschaftlichen Gesellschaft 29, S. 7–31. doi: 10.24355/ dbbs.084-201307020842-0. 1978.

[284] Newtonsches Abkühlungsgesetz. In: Ulrich Kilian und Christine Weber (Hg.): Lexikon der Physik, Band 4. Sonderausgabe. Heidelberg: Spektrum Akademischer Verlag. 2003.

[285] *Moor, Hans*: Physikalische Grundlagen. 1. Auflage. Zürich, Stuttgart: vdf; B. G. Teubner (Bau und Energie, Band 1). doi: 10. 1007/978-3-663-07799-2. 1993.

[286] *Mohr, Peter J.; Taylor, Barry N.*: The NIST Reference on Constants, Units, and Uncertainty. Fundamental Physical Constants. Stefan-Boltzmann constant σ. Hg. v. National Institute of Standards and Technology. Gaithersburg. Online verfügbar unter https://physics.nist.gov/c gi-bin/cuu/Value?sigma, zuletzt geprüft am 23.10.2019. 2019.

[287] *Moritz, Michael J.*: Radiale Temperaturverteilung in einer dünnen Linse aufgrund Absorption und Wärmeleitung. In: Gerd Häusler und Christian Faber (Hg.): DGaO-Proceedings: 111. Jahrestagung der DGaO. Erlangen: Deutsche Gesellschaft für angewandte Optik. 2010.

[288] *Bouguer, Pierre*: Essai d'optique, sur la gradation de la lumière. Paris: Claude Jombert. 1729.

[289] *Lambert, Johann Heinrich*: Photometria Sive De Mensura Et Gradibus Luminis, Colorum Et Umbrae. Augsburg: Eberhard Klett. 1760.

[290] *Beer, August*: Bestimmung der Absorption des rothen Lichts in farbigen Flüssigkeiten. In: Annalen der Physik und Chemie 162 (5), S. 78–88. doi: 10. 1002/andp.18521620505. 1852.

[291] Lambert-Beersches Gesetz. In: Ulrich Kilian und Christine Weber (Hg.): Lexikon der Physik, Band 3. Sonderausgabe. Heidelberg: Spektrum Akademischer Verlag. 2003.

[292] *Sellmeier, Wolfgang von*: Zur Erklärung der abnormen Farbenfolge im Spectrum einiger Substanzen. In: Annalen der Physik und Chemie 219 (6), S. 272–282. doi: 10.1002/andp.187 12190612. 1871.

[293] *Hoffmann, Hans-Jürgen; Jochs, Werner W.; Westenberger, Gerhard*: A dispersion formula for the thermo-optic coefficient of optical glasses. In: Alexander J. Marker III (Hg.): Proceedings of SPIE 1327, Properties and Characteristics of Optical Glass II. Bellingham: SPIE Publications, S. 219–230. doi: 10.1117/12.22537. 1990.

[294] SCHOTT Lithotec AG (Hg.): Synthetic Fused Silica. DUV/UV, VIS and IR applications. Jena. Online verfügbar unter https://www.thorlabs.com/images/TabImages/Fused%20Silica %20Data%20Sheet.pdf, zuletzt geprüft am 18.02.2020. 2006.

[295] *Läpple, Volker*: Einführung in die Festigkeitslehre. Lehr- und Übungsbuch. 4., aktualisierte Auflage. Wiesbaden: Springer Fachmedien. doi: 10.1007/978-3-658-10611-9. 2016.

[296] *Timoshenko, Stephen P.; Goodier, James Norman*: Theory of Elasticity. 2. Auflage. New York, Toronto, London: McGraw-Hill Book Company (Engineering Societies Monographs). 1951.

[297] *Boley, Bruno A.; Weiner, Jerome Harris*: Theory of Thermal Stresses. 4., überarbeitete Auflage. Mineola, New York: Dover Publications (Dover Civil and Mechanical Engineering Series). 2012.

[298] *Roos, Christian Hans-Georg*: Untersuchungen zum Thermoschockverhalten von Keatit-Mischkristall-Glaskeramiken. Dissertation. Bayerische Julius-Maximilians-Universität Würzburg, Würzburg. 2002.

[299] *Wenzel, Mirko*: Spannungsbildung und Relaxationsverhalten bei der Aushärtung von Epoxidharzen. Dissertation. Technische Universität Darmstadt, Darmstadt. 2005.

[300] *Wang, You; Inoue, Koichi et al.*: Study on thermally induced depolarization of a probe beam by considering the thermal lens effect. In: Journal of Physics D: Applied Physics 42 (23), S. 235108-1–235108-10. doi: 10.1088/0022-3727/42/23/235108. 2009.

[301] *Klein, Claude A.*: Concept of an Effective Optical Distortion Parameter: Application to KCl Laser Windows. In: Infrared Physics 17 (5), S. 343–357. doi: 10.1016/0020-0891(77)90036-7. 1977.

[302] *Lima, S. M.; Sampaio, J. A. et al.*: Mode-mismatched thermal lens spectrometry for thermo-optical properties measurement in optical glasses: a review. In: Journal of Non-Crystalline Solids 273 (1-3), S. 215–227. doi: 10.1016/S0022-3093(00)00169-1. 2000.

[303] *Andrade, A. A.; Catunda, T. et al.*: Thermal lens determination of the temperature coefficient of optical path length in optical materials. In: Review of Scientific Instruments 74 (1), S. 877–880. doi: 10.1063/1.1524039. 2003.

[304] *Hoffmann, Hans-Jürgen; Jochs, Werner W.; Westenberger, Gerhard*: Relation between elastic and photoelastic properties of oxide glasses. In: Gong Fangtian (Hg.): Proceedings of XVII International Congress on Glass, Band 3: Glass Properties. Peking: International Academic Publishers, S. 169–174. 1995.

[305] Schmiegkugel. In: Guido Walz (Hg.): Lexikon der Mathematik, Band 4. 2. Auflage. Heidelberg: Spektrum Akademischer Verlag. 2017.

[306] *Mohr, Peter J.; Taylor, Barry N.*: The NIST Reference on Constants, Units, and Uncertainty. Fundamental Physical Constants. molar gas constant *R*. Hg. v. National Institute of Standards and Technology. Gaithersburg. Online verfügbar unter https://physics.nist.gov/cgi-bin/cuu/Value?eqr, zuletzt geprüft am 23.10.2019. 2019.

[307] *Wieser, Michael E.; Berglund, Michael*: Atomic weights of the elements 2007 (IUPAC Technical Report). In: Pure and Applied Chemistry 81 (11), S. 2131–2156. doi: 10.1351/PAC-REP-09-08-03. 2009.

[308] *Wagner, Wolfgang; Cooper, J. R. et al.*: The IAPWS Industrial Formulation 1997 for the Thermodynamic Properties of Water and Steam. In: Journal of Engineering for Gas Turbines and Power 122 (1), S. 150–182. doi: 10.1115/1.483186. 2000.

[309] DIN 1335, 2003-12: Geometrische Optik – Bezeichnungen und Definitionen. 2003.

[310] *Schröder, Gottfried; Treiber, Hanskarl*: Technische Optik. Grundlagen und Anwendungen. 11., bearbeitete und aktualisierte Auflage. Würzburg: Vogel Buchverlag (Kamprath-Reihe). 2014.

[311] *Thieme, Jörg*: Fiber Laser. New Challenges for the Materials Processing. In: Laser Technik Journal 4 (3), S. 58–60. doi: 10.1002/latj.200790168. 2007.

[312] *Ferin, A.*: Test Results Ytterbium Laser System YLS-30000. Hg. v. IPG Laser GmbH. Burbach. 2011.

[313] *Bogdan, Niko*: optris® Xi 80/ 400/ 410. Spot finder IR-Kamera. Bedienungsanleitung. Hg. v. Optris GmbH. Berlin. Online verfügbar unter https://www. optris.de/optris-xi-400?file=tl_files/downloads/Manuals/Deutsch/Infrarotkameras/Bedienungsanleitung%20optris%20XI.pdf, zuletzt geprüft am 03.02.2022. 2021.

[314] *Toesko, Günter*: Allgemeine Frage zur AR-Absorption der Beschichtung /328. Hamburg, Wendelstein, 02.04.2020. Telefongespräch mit Georg Cerwenka. digital. 2020.

[315] *Hauer, Martin*: Allgemeine Frage zur AR-Absorption der Beschichtung /328. Hamburg, Wendelstein, 28.01.2021. Telefongespräch mit Georg Cerwenka. digital. 2021.

[316] *Billingsley, Gari Lynn; Kells, Bill et al.*: Core Optics Components Final Design. LIGO Project. Hg. v. California Institute of Technology. Pasadena. Online verfügbar unter https://dcc.ligo.org/public/0024/E980061/000/E980061-00.pdf, zuletzt geprüft am 21.12.2020. 1998.

[317] *Feldman, Albert; Horowitz, Deane et al.*: Optical Materials Characterization. Final Technical Report. February 1, 1978 - September 30, 1978. Hg. v. National Bureau of Standards. Washington, D.C. NBS Technical Note 993. Online verfügbar unter https://nvlpubs.nist.gov/nistpubs/Legacy/TN/nbstechnicalnote993.pdf, zuletzt geprüft am 11.09.2022. 1979.

[318] *Nelson, Peter G.*: A Thermal Analysis of a 1.5 Meter f/5 Fused Silica Primary Lens for Solar Telescopes. Hg. v. University Corporation for Atmospheric Research. Boulder. COSMO Technical Note 13, Rev. 2. Online verfügbar unter https://opensky.ucar.edu/islandora/object/reports%3A7/datastream/PDF/download/citation.pdf, zuletzt geprüft am 08.04.2020. 2007.

[319] *Peck, Edson R.; Khanna, Baij Nath*: Dispersion of Nitrogen. In: Journal of the Optical Society of America 56 (8), S. 1059–1063. doi: 10.1364/JOSA.56.001059. 1966.

[320] *Planck, Max*: Ueber das Gesetz der Energieverteilung im Norrnalspectrum. In: Annalen der Physik 309 (3), S. 553–563. doi: 10.1002/andp.19013090310. 1901.

[321] Fluke Deutschland GmbH: Wärmebildkamera Fluke Ti450. Technische Daten. Hg. v. Fluke Corporation. Glottertal. Online verfügbar unter https://www.fluke.com/de-de/product/thermal-cameras/ti450/ds, zuletzt geprüft am 17.01.2022. 2022.

[322] PRIMES GmbH (Hg.): EC-PowerMonitor. PowerMonitorSoftware Version 2.48. Operating Manual. Pfungstadt. Online verfügbar unter https://www.primes.de/en/products/laser-power/continuous-radiation/ec-powermonitor-ec-pm.html?file=files/userFiles/downloads/handbuecher-anleitungen%20EN/ec-pm%20operating%20manual.pdf, zuletzt geprüft am 09.02.2022. 2011.

[323] *Halbhuber, Cornelia*: Definition der Berechnungs- oder Messumgebung bei Linsenparametern. Hamburg, Wendelstein, 04.03.2022. E-Mail an Georg Cerwenka. digital. 2022.

[324] Maxim Integrated Products, Inc. (Hg.): DS18B20. Programmable Resolution 1-Wire Digital Thermometer. Data Sheet. San Jose. Online verfügbar unter https://datasheets.maximintegrated.com/en/ds/DS18B20.pdf, zuletzt geprüft am 13.11.2019. 2019.

[325] Bosch Sensortec GmbH (Hg.): BME280. Combined humidity and pressure sensor. Data Sheet. Reutlingen. Online verfügbar unter https://ae-bst.resource.bosch.com/media/_tech/media/datasheets/BST-BME280-DS002.pdf, zuletzt geprüft am 13.11.2019. 2018.

[326] *Busch, Rudolf*: Elektrotechnik und Elektronik. Für Maschinenbauer und Verfahrenstechniker. 7., überarbeitete Auflage. Wiesbaden: Springer Fachmedien. doi: 10.1007/978-3-658-09675-5. 2015.

[327] *Petkov, Nemanja*: DS18S20 Digital Thermometer. Hg. v. GrabCAD, Inc. Cambridge. 3D CAD Model Library. Online verfügbar unter https://grabcad.com/library/ds18s20-digital-thermometer-1, zuletzt geprüft am 22.01.2020. 2020.

[328] *Hess, Bernhard*: GY-BME280, 6-pin version. Hg. v. GrabCAD, Inc. Cambridge. 3D CAD Model Library. Online verfügbar unter https://grabcad.com/library/gy-bme280-6-pin-version-1, zuletzt geprüft am 22.01.2020. 2020.

[329] *Bernhard, Frank; Fischer, Joachim*: Grundlagen der Temperaturmesstechnik. In: Frank Bernhard (Hg.): Handbuch der Technischen Temperaturmessung. 2. Auflage. Berlin Heidelberg: Springer-Verlag (VDI-Buch), S. 9–55. doi: 10.1007/978-3-642-24506-0_2. 2014.

[330] *Ream, Stanley L.; Zhang, Wei et al.*: Zinc sulfide optics for high power laser applications. In: Yongfeng Lu, Paul Denney, Xinbing Liu und Haris Doumanidis (Hg.): ICALEO 2007, Congress Proceedings: Monitoring & Control. Orlando: Laser Institute of America, S. 903–909. doi: 10.2351/1.5061021. 2007.

[331] KUGLER GmbH (Hg.): Präzision in einer neuen Dimension | KUGLER | Laseroptik und Systemkomponenten. Salem. Online verfügbar unter https://www.kugler-precision.com/index.php?4f7ac2979f6f54f7ac297a2f9757a87196ef26257a8719747ec157a8719752830#, zuletzt geprüft am 09.11.2018. 2010.

[332] *Scaggs, Michael J.*: Thermally compensating lens for high power lasers. Angemeldet durch Michael J. Scaggs am 08.04.2010. Veröffentlichungsnr: US 8274743 B2. 2010.

[333] *Hemmerich, Malte; Thiel, Christiane et al.*: Reduction of Focal Shift Effects in Industrial Laser Beam Welding by Means of Innovative Protection Glass Concept. In: Physics Procedia 56, S. 681–688. doi: 10.1016/j.phpro.2014.08.161. 2014.

[334] LT Ultra-Precision Technology GmbH (Hg.): OPTIKEN. Metalloptiken Gesamtübersicht. Herdwangen-Schönach. Online verfügbar unter https://www.lt-ultra.com/wp-content/uploads/2018/06/Metalloptik_deutsch.pdf, zuletzt geprüft am 28.06.2019. 2018.

[335] *Scaggs, Michael J.*: Laser beam analysis apparatus. Angemeldet durch Haas Laser Technologies, Inc. am 08.04.2010. Veröffentlichungsnr: US 8237922 B2. 2010.

[336] *Scaggs, Michael J.; Haas, Gil*: Real time monitoring of thermal lensing of a multikilowatt fiber laser optical system. In: Alexis V. Kudryashov, Alan H. Paxton, Vladimir S. Ilchenko, Lutz Aschke und Kunihiko Washio (Hg.): Proceedings of SPIE 8236, Laser Resonators, Microresonators, and Beam Control XIV. Bellingham: SPIE Publications, S. 82360H-1–82360H-9. doi: 10.1117/12.907508. 2012.

[337] Ophir Spiricon Europe GmbH (Hg.): Beamwatch Integrated 150. Strahlprofilmessgerät für die automatisierte Fertigung. Darmstadt. Online verfügbar unter https://www.ophiropt.com/laser--measurement/sites/default/files/BeamWatch-Integrated-150_0.pdf, zuletzt geprüft am 26.10.2020. 2020.

[338] *Biermann, Stephan; Schürmann, Bert; Spörl, Georg*: Verfahren und Vorrichtung zum Einstellen der Fokuslage eines auf ein Werkstück gerichteten Laserstrahls. Angemeldet durch Precitec KG am 17.10.2002. Veröffentlichungsnr: DE 10248458 B4. 2002.

[339] *Ehata, Keiji*: Automatic focal distance adjusting device for lens for laser beam machining. Angemeldet durch Sumitomo Electric Industries am 05.11.1987. Veröffentlichungsnr: JP H 01122688 A. 1987.

[340] *Weick, Jürgen-Michael; Stegemann, Carsten*: Einrichtung mit einem adaptiven Spiegel zur Veränderung der Fokuseigenschaften einer Laserbearbeitungsmaschine. Angemeldet durch TRUMPF Werkzeugmaschinen GmbH + Co. KG am 29.04.2005. Veröffentlichungsnr: EP 1716962 B1. 2005.

[341] *Birnesser, Andreas Josef; Kittel, Sonja*: Verfahren und Vorrichtung zum Laserschweißen. Angemeldet durch Robert Bosch GmbH am 06.11.2009. Veröffentlichungsnr: DE 10200904 6485 A1. 2009.

[342] *Muys, Peter Frans Maria; Vandamme, Eefje*: Lens with optimized heat transfer properties. Angemeldet durch VDM Laser Optics am 12.07.2002. Veröffentlichungsnr: EP 1380870 A1. 2002.

[343] *Harry, Gregory*: Advanced LIGO Test Masses and Core Optics. AIGO Conference. The University of Western Australia. Perth, 22.02.2010. Online verfügbar unter https://dcc.ligo.org/public/0009/G1000098/001/G1000098-v1.pdf, zuletzt geprüft am 20.08.2017. 2010.

[344] *Bollig, Alexander; Mann, Stefan et al.*: Einsatz optischer Technologien zur Regelung des Laserstrahlschweißprozesses. Application of Optical Technologies for Closed Loop Control of Laser Beam Welding. In: at - Automatisierungstechnik 53 (10), S. 513–521. doi: 10.1524/auto.2005.53.10_2005.513. 2005.

[345] *Pütsch, Oliver*: Aktive und adaptive Strahlformungssysteme für die Werkstoffbearbeitung mit Laserstrahlung. Dissertation. Rheinisch-Westfälische Technische Hochschule Aachen, Aachen. 2016.

[346] *Pearson, J. E.; Hansen, S.*: Experimental studies of a deformable-mirror adaptive optical system. In: Journal of the Optical Society of America 67 (3), S. 325–333. doi: 10.1364/JOSA.67.000325. 1977.

[347] *Freeman, R. H.; Garcia, H. R.*: High-speed deformable mirror system. In: Applied Optics 21 (4), S. 589–595. doi: 10.1364/AO.21.000589. 1982.

[348] *Apollonov, Victor Victorovich; Vdovin, Gleb. V. et al.*: Active correction of a thermal lens in a solid-state laser. I. Metal mirror with a controlled curvature of the central region of the reflecting surface. In: Soviet Journal of Quantum Electronics 21 (1), S. 116–118. doi: 10.1070/QE1991v021n01ABEH003729. 1991.

[349] *Vdovin, Gleb. V.; Sarro, P. M.*: Flexible mirror micromachined in silicon. In: Applied Optics 34 (16), S. 2968–2972. doi: 10.1364/AO.34.002968. 1995.

[350] *Kudryashov, Alexis V.*: Intracavity Laser Beam Control and Formation. In: Alexis V. Kudryashov und Horst Weber (Hg.): Laser Resonators: Novel Design and Development. 1. Auflage. Bellingham: SPIE Optical Engineering Press (Press Monograph Series, Band 67), S. 47–80. 1999.

[351] *Moshe, I.; Jackel, S.*: Enhanced Correction of Thermo-Optical Aberations in Laser Oscillators. In: Gordon D. Love (Hg.): Adaptive Optics for Industry and Medicine. Proceedings of the 2nd International Workshop. Singapore: World Scientific Publishing, S. 181–186. doi: 10.1142/9789812817815_0029. 1999.

[352] *Bischof, Dietmar*: Deformierbarer Spiegel, insbesondere adaptiver Spiegel. Angemeldet durch LT Ultra-Precision Technology GmbH am 21.10.2000. Veröffentlichungsnr: DE 100 52249 A1. 2000.

[353] *Buske, Ivo*: Aberrationen in Nd:YAG-Hochleistungslasern und -verstärkern: Ihr Einfluss und ihre Korrektur mit adaptiver Optik. Dissertation. Technische Universität Berlin, Berlin. doi: 10.14279/depositonce-1171. 2005.

[354] *Hamelinck, Roger*: Adaptive deformable mirror based on electromagnatic actuators. Dissertation. Technische Universiteit Eindhoven, Eindhoven. 2010.

[355] *Madec, Pierre-Yves*: Overview of Deformable Mirror Technologies for Adaptive Optics and Astronomy. In: Brent L. Ellerbroek, Enrico Marchetti und Jean-Pierre Véran (Hg.): Proceedings of SPIE 8447, Adaptive Optics Systems III. Bellingham: SPIE Publications, S. 844705-1–844705-18. doi: 10.1117/12.924892. 2012.

[356] *Bischof, Dietmar*: Adaptiver Spiegel für eine Laserbearbeitungsvorrichtung. Angemeldet durch LT Ultra-Precision Technology GmbH am 21.05.2013. Veröffentlichungsnr: DE 1020 13008646 B4. 2013.

[357] *Jahn, Axel; Goppold, Cindy et al.*: High dynamic beam shaping by piezo driven modules for efficient and high quality laser beam cutting and welding. In: Uwe Reisgen, Michael F. Zäh, Michael Schmidt und M. Rethmeier (Hg.): Proceedings of the Laser in Manufacturing 2019: System Technology and Process Control, S. 1–8. Online verfügbar unter https://www.wlt.de/lim/Proceedings2019/data/PDF/Contribution_285_final.pdf, zuletzt geprüft am 07.10.2023. 2019.

[358] Physik Instrumente (PI) GmbH & Co. KG (Hg.): Finden Sie Ihre Positionierlösung. Hochpräzise Bewegungssysteme. Karlsruhe. Online verfügbar unter https://www.pi-usa.us/fileadmin/user_upload/physik_instrumente/files/BRO/PI-BRO71D-LASER2019-Exhibits.pdf, zuletzt geprüft am 07.10.2023. 2019.

[359] *Verpoort, Sven; Bittner, Matthias; Wittrock, Ulrich*: Fast focus-shifter based on a unimorph deformable mirror. In: Applied Optics 59 (23), S. 6959–6965. doi: 10.1364/AO.397495. 2020.

[360] *Stork genannt Wersborg, Ingo*: Laser processing head and method for compensating for the change in focal position in a laser processing head. Angemeldet durch Precitec KG am 20.07.2010. Veröffentlichungsnr: US 8456523 B2. 2010.

[361] *Schürmann, Bert; Stork genannt Wersborg, Ingo*: Laserbearbeitungskopf mit Fokussteuerung. Angemeldet durch Precitec KG am 26.01.2012. Veröffentlichungsnr: DE 1020120016 09 B3. 2012.

[362] *Jüptner, Werner; Rothe, Rüdiger; Sepold, Gerd*: Verfahren und Vorrichtung zum Fokussieren und Steuern einer Hochleistungsenergiequelle. Angemeldet durch BIAS Forschungs- und Entwicklungs-Labor für angewandte Strahltechnik GmbH am 08.08.1986. Veröffentlichungsnr: DE 3626944 A1. 1986.

[363] *Jurca, Marius*: Verfahren und Vorrichtung zur Erfassung und Justierung des Fokus eines Laserstrahls bei der Laserbearbeitung von Werkstücken. Angemeldet durch LT Ultra-Precision Technology GmbH am 21.12.2009. Veröffentlichungsnr: DE 102009059245 B4. 2009.

[364] *Becker, Martin; Thunich, Sebastian; Valentin, Martin*: System für Lasermaterialbearbeitung und Verfahren zum Einstellen der Größe und Position eines Laserfokus. Angemeldet durch SCANLAB AG am 26.05.2015. Veröffentlichungsnr: DE 102015108248 B4. 2015.

[365] *Bürckner-Koydl, Dieter*: Vorrichtung und Verfahren zur Korrektur der thermischen Verschiebung der Fokuslage von über Optiken geführten Laserstrahlen. Angemeldet durch Qioptiq Photonics GmbH & Co. KG am 28.10.2011. Veröffentlichungsnr: DE 102011054941 B3. 2011.

[366] *Jurca, Marius*: Laserbearbeitungsvorrichtung mit zwei adaptiven Spiegeln. Angemeldet durch LT Ultra-Precision Technology GmbH am 21.05.2013. Veröffentlichungsnr: DE 1020 13008647 B4. 2013.

[367] *Bernges, Jörg; Kessler, Berthold; Schürmann, Bert*: Sensorvorrichtung zur Erfassung von Strahlung aus dem Bereich einer Wechselwirkungszone zwischen einem Laserstrahl und einem Werkstück sowie Vorrichtung zur Überwachung eines Laserbearbeitungsvorgangs und Laserbearbeitungskopf. Angemeldet durch Precitec KG am 28.04.2004. Veröffentlichungsnr: DE 102004020704 A1. 2004.

[368] *Bartmuss, Ralf*: Verfahren und Vorrichtung zum Überprüfen einer Fokuslage eines Laserstrahls relativ zu einem Werkstück. Angemeldet durch TRUMPF Laser GmbH am 06.07.2018. Veröffentlichungsnr: DE 102018 211166 A1. 2018.

[369] *Ganser, Andreas; Fagerer, Peter*: Verfahren zum Bestimmen der Lage des Fokus einer Laserstrahlanordnung und Verfahren zum Bearbeiten eines Werkstücks mit Laserstrahlung. Angemeldet durch Technische Universität München am 11.03.2016. Veröffentlichungsnr: DE 102016204071 A1. 2016.

[370] *Kramer, Reinhard; Wolf, Stefan et al.*: Verfahren zur koaxialen Strahlanalyse an optischen Systemen. Angemeldet durch PRIMES GmbH am 08.11.2007. Veröffentlichungsnr: DE 102 007053632 B4. 2007.

[371] *Wolf, Stefan; Märten, Otto; Kramer, Reinhard*: Real time focus analysis integrated into the processing head during deep penetration welding with multi-kilowatt fiber coupled high power lasers. FiSC 2012 – International Laser Symposium Fiber & Disc. Fraunhofer-Institut für Werkstoff- und Strahltechnik IWS. Dresden, 16.10.2012. 2012.

[372] *Weick, Jürgen-Michael*: Integration of a Focussensor into a Cutting Optic for high Laser Power. 7. Primes Workshop. PRIMES GmbH. Darmstadt, 07.09.2016. 2016.

[373] *Kramer, Reinhard; Märten, Otto; Wolf, Stefan*: Vorrichtung und Verfahren zur Strahldiagnose an Laserbearbeitungs-Optiken (PRl-2015-001). Angemeldet durch PRIMES GmbH am 06.02.2015. Veröffentlichungsnr: DE 102015001421 B4. 2015.

Anhang

A.1 Überblick zu Analyse- und Korrekturmethoden

Tabelle A.1.1 Überblick über die beschriebenen Maßnahmen und Methoden passiver Fokuslagenanalyse- und -korrekturmöglichkeiten.

Idee	Messmittel	Umsetzung	Defizit	Patent	Jahr	Quelle
Optikauslegung		angepasste und größere Aperturen; Elementanzahl; Glassubstratvariation; Glassubstratpaarungen; Spiegeloptiken; Güte-/Reinheitsklassen; verbesserte AR-Beschichtungen	nicht unerheblicher Aufwand bei der Optikauslegung; Gewicht; Bauraum; Entwicklungs- und Fertigungskosten; Fertigungsaufwand; bei Spiegeloptiken Befestigungs- und Justageempfindlichkeit	US 8274743 B2	2003 2006 2007 2010 2010 2010 2011 2012 2014 2016 2018 2020	[60] [55] [330] [331] [62, S. 119-120] [332] [200] [49][58] [61][90][333] [136] [51][172][334] [267]
Kaustikmessung	Kaustikmessgerät	prozessseparierte Fokuslagenvermessung	zeitintensive Prozessunterbrechung; Messvorgang nach optischen Aufbau außerhalb der Prozesszone; kostenintensive, meist optomechanische Messgeräte	US 8237922 B2	2008 2009 2010 2012 2020	[45] [46] [335] [336] [337]
Analyse von Testschweißungen verschiedener Laserleistungen	Referenzschweißung	Laservorwärmen der Optik; Referenzpunkt setzen; Schweißen mit v_s = konst. und P_L linear ansteigend; Wegmessung vom Referenzpunkt bis Tiefschweißbeginn; Berechnung Fokuslagenverschiebung	Referenzprozess erforderlich; zeitintensive Prozessunterbrechung; Testschweißungen nötig; Bewertung durch Anwender, daher subjektiv und ungenau; keine Sensorkontrolle des Tiefschweißbeginns		2011	[268]

G. Cerwenka, *Adaptive Fokuslagenkorrektur fasergebundener Laser-Remote-Scanner mit Linsenoptiken für hohe Laserleistungen*, Light Engineering für die Praxis, https://doi.org/10.1007/978-3-662-70885-9

Tabelle A.1.2 Überblick über die beschriebenen Maßnahmen und Methoden aktiver Fokuslagenanalyse- und -korrekturmöglichkeiten.

Idee	Messmittel	Umsetzung	Defizit	Patent	Jahr	Quelle
Auswertung diffuse Strahlung Metalldampfwolke und laserstrahlinduziertes Plasma	Photodetektor	anlagen- und prozessparameterunabhängige, prozessbegleitende Berechnung mit Algorithmen; digitaler Signalprozessor (DSP); adaptiver Spiegel; überführt in kommerzielle Laseranlage	abhängig von Werkstückbeschaffenheit und Umgebung: - starke Streuung der Laserstrahlung - Beeinflussung durch aufsteigende Dämpfe - Änderungen von n_{med}		1998	[34]
	optische Sensoren	Wechselwirkungszone; spezieller Algorithmus; Auswertung Plasmaleuchten		DE 1024 8458 B4	2002	[338]
	CCD-Sensor oder Photodetektor	Laufzeitmessung sichtbarer Laserstrahlung und Analyse des Prozessleuchtens aus Wechselwirkungszone über koaxial integrierten teildurchlässigen Spiegel; Linse auf Linearschlitten als Rückkopplung		DE 10 200503 3605 A1	2005	[229]
Auswer. Prozessemission mit Mehrgrößenregelung	faseroptisches Messsystem	Energiedosismodell: Energiestrom D_{ES} als Führungsgröße; kaskadierte Einzelregelkreise für P_L, z_F, v_S; adaptive Optik	Kalibrierung erforderlich		2006 2007	[70] [27]
direkte Messung der Temperaturverteilung im und am Glas	Pyrometer, Thermoelement	Pyrometer nimmt Temperatur in Linsenmitte auf, Thermoelement nimmt Temperatur am Linsenrand auf; Mikrocomputer bestimmt Brennweitenverschiebung aus der gespeicherten Beziehung der Temperaturdaten und der Größe der Linsenverformung sowie dem Linsenbrennpunkt; Linsenbewegungseinrichtung	Pyrometer nur bei deutlich messbarem Temperaturanstieg geeignet, da nur auf wenige Grad genau und Einschränkung durch erfassbaren Spektralbereich bei Glassubstraten optischer Elemente, da besonders breiter spektraler Transmissionsbereich [269, [0009]]; Kalibrierung erforderlich	JP H011 22688 A	1987	[339]
		Pyrometer nimmt Temperatur in Linsenmitte auf, Thermoelement nimmt Temperatur am Linsenrand auf; aus Temperaturdifferenz ergibt sich Änderung der Brechkraft der Fokussierlinse; in Abhängigkeit von der thermisch induzierten Brechkraftänderung Korrektur der Fokusposition; Strahldiagnosesystem; adaptiver Spiegel		EP 1716 962 B1	2005	[340]

Idee	Messmittel	Umsetzung	Defizit	Patent	Jahr	Quelle
direkte Messung der Temperaturverteilung im Glas und Oberflächendeformation	Pyrometer, Thermobildkamera; Triangulation, Interferometer	Messung Kollimations- und/oder Fokussierlinse und Beschichtung; Modell in Regeleinheit; Umlenkoptiken für Messung; elektro-mechanischer Linearantrieb oder Piezo-Verstelleinrichtung		DE 10 200904 648 A1	2009	[341]
Temperierung Linsenrand/Fassung		optimierte Kühlung durch speziell angepasste Flansche; schnelle Wärmeabfuhr wirkt Wärmestau vom Zentrum aus entstehend entgegen	integrierbar, jedoch Gewicht, Bauraum, Kosten; vor allem für relativ geringe Optikdurchmesser geeignet, da durch κ der maximale Wärmestrom begrenzt ist [58, S. 3 oben]	EP 1380 870 A1	2002	[342]
		Angleichung Randtemperatur an Temperatur im Zentrum mit beheizbarer Fassung			2003	[60]
					2010	[343]
prädiktive Regelung	optische Sensoren	neuronales Netz: Optimierung P_L, z_F; adaptive Optik	keine Echtzeit		2005	[344]
		offene Regelkreisarchitektur, basierend auf einer Vorhersage (Kennlinienfeld) der geometrie- und positionsabhängigen Projektionseigenschaften; Implementierung eines Technologieprozessors (FPGA) zur Regelung und zur Synchronisation der Berechnungs- und Scannereinheit; Verwendung von Zoom-Teleskop (Anamorphot) und Strahlrotator (Pechan-Prisma)	Erstellung von Kennlinienfeldern; komplexer opto-mechanischer Aufbau; zusätzliche Berechnungseinheit für die Echtzeitanforderung; Synchronisation der Berechnungs- und Scannereinheit		2016	[345]

Idee	Messmittel	Umsetzung	Defizit	Patent	Jahr	Quelle
aktive reflektierende optische Elemente (Spiegeloptiken)		vorzugsweise polierte, metallbasierte Ablenkelemente mit rückseitiger Kühlmöglichkeit; unterschiedliche aktive Verstellmechanismen	erhöhte Komplexität des Elementes (Elektromechanik, Kühlung) und des optischen Aufbaus möglich – Strahlengang mehrfach umgelenkt (Faltung) [55]; trotz Kühlung Absorption – Reflexion < 100 % [55]; beim Befestigen ist streng auf mechanische Oberflächenverzerrungen zu achten (wenige Mikrometer genügen für erkennbar negativen Prozesseinfluss) [267]; erhöhte Anfälligkeit gegenüber Justagefehlern;	DE 1005 2249 A1 DE 10 201300 8646 B4	1977 1982 1991 1995 1999 2000 2005 2010 2012 2013 2016 2018 2019 2020	[346] [347] [348] [349] [350][351] [352] [353] [62][331][354] [49][355] [356] [345] [334] [357][358, S. 9] [359]
direkte Kamerabildauswertung	Kamera, Photodetektor, akustischer Sensor und Temperatursensor	gesonderte, wellenlängenseparierte Beleuchtung; Strahlteiler für Kamerabeleuchtung koaxial; Kamerabildscharfstellung durch HDR-Aufnahme; kognitives Auswertungssystem in Abhängigkeit von der Bearbeitungszeit und -situation mit Wellenlängenkompensation und zusätzlichen Sensoren; unterschiedliche Verfahren zur Signalauswertung und Merkmalsverfolgung; integriertes Stellglied	Justage der Kamera; Wellenlängenkompensation; unterschiedliche zusätzliche Sensoren	US 8456 523 B2	2010	[360]
	Kamera	verstellbare Abbildungsoptik für Kamera; Vergleich zweier verschiedener Bilder (1. Prozess, 2. Optik-Strahlformung)		DE 10 201200 1609 B3	2012	[361]

Idee	Messmittel	Umsetzung	Defizit	Patent	Jahr	Quelle
	Kamera	Beleuchtungslaser koaxial ringsektorförmig auf Werkstück fokussiert; Bilder wellenlängenselektiver Reflexion vom Werkstück; Onlineeinstellung; integriertes Stellglied im Strahlengang	Entscheidung durch vorgegebene gespeicherte Muster bzw. Intensitätswerte; Einfluss durch Werkstück und Umgebung		1986	[362]
Analyse vom Werkstück gestreuter und/oder reflektierter Messlaserstrahlung	Mehrzahl an Detektoren	zwei wellenlängenseparierte Beleuchtungslaser; Fokussierung auf Werkstückoberfläche und Streulicht-/Reflexionsmessung von dieser; optische Auskoppeleinrichtung mit chromatischer Aberration; Auswertung Intensität	größere Anzahl an technischen Hilfsmitteln zur Gewinnung der digitalen Justageinformationen; Gesamtsystem komplex und kostenintensiv	DE 10 200905 9245 B4	2009	[363]
	Kamera oder Photodetektor	Messlaserstrahl trifft durch vom Bearbeitungslaserstrahl getrennte, aber gekoppelte Linsengruppe auf Werkstück; Auskopplung reflektierter Messlaserstrahlung durch Strahlteiler und Umlenkspiegel; unabhängige Einstellung von Fokuslage und Spotgröße	Referenzdaten und Kalibrierung erforderlich; komplexer optischer Aufbau	DE 10 201510 8248 B4	2015	[364]
Analyse gestreuter und/oder reflektierter Messlaserstrahlung im optischen System	Kamera oder Photodetektor	Messlaserstrahl trifft leicht schräg durch Linsen; Auskopplung durch 90°-Umlenkspiegel auf Detektor	Bearbeitungsstrahl darf Messergebnis nicht beeinflussen; keine Regelung		2008	[44]
	CCD-Sensor	Mess- aus Bearbeitungslaserstrahl (1 % Auskopplung durch dichroitischen Spiegel in Standardoptik – keine zusätzlichen Elemente); Messlaserstrahl trifft schräg durch Optik; zeitabhängige, zurück in die Optik gerichtete Reflexion am Schutzglas; CCD-Sensor misst prozessbegleitend in Echtzeit Durchmesser des Messlaserstrahls	abhängig von Schutzglasoberfläche und Strahlauslenkung; getestet für 1 kW und 7 kW Multimode	DE 10 200900 7769 B4	2009 2010	[71] [68]

Idee	Messmittel	Umsetzung	Defizit	Patent	Jahr	Quelle
Analyse gestreuter und/oder reflektierter Messlaserstrahlung im optischen System	optische Sensoren	Pilotstrahl als Messstrahl; zurück in die Optik gerichtete Reflexion an Schutzglas-Ober-/Unterseite oder letztem Element im Strahlengang; Auskoppelelement; Recheneinheit prozessbegleitend in Echtzeit; Regelung durch gespeicherte Korrelation zwischen Durchmesser des Bearbeitungslaserstrahls auf dem Werkstück und Durchmesser des Reflexionsstrahls auf dem Sensor; dynamisches Stellglied	speziell für Scanner mit F-Theta-Objektiv; Regelalgorithmus greift auf gespeicherte Korrelation zwischen dem Fokusdurchmesser auf dem Werkstück und dem gemessenen Fokusdurchmesser der zurück in die Optik gerichteten Reflexion zu	DE 10 201105 4941 B3	2011	[365]
	ortsaufgelöster Sensor (z. B. CCD-Sensor)	Fokussierung zweier getrennter Messlichtbündel zentral auf die und ringsektorförmig am Rand der Fokussieroptik; Streulicht-/Reflexionslichtauswertung; getrennte Ansteuerung zweier adaptiver Spiegel zur Korrektur der Fokuslage	größere Anzahl an technischen Hilfsmitteln zur Gewinnung der digitalen Justageinformationen; Gesamtsystem komplex und kostenintensiv	DE 10 201300 8647 B4	2013	[366]
Analyse vom Werkstück gestreuter und/oder reflektierter Bearbeitungslaserstrahlung		koaxiale Sensorvorrichtung aus Empfängeranordnung und Abbildungsvorrichtung; Auskopplung über fokussierenden Spiegel im Strahlengang; Auswertung	abhängig von Werkstückbeschaffenheit und Umgebung: - starke Streuung der Laserstrahlung - Beeinflussung durch aufsteigende Dämpfe - Änderungen von n_{med}	DE 10 200402 0704 A1	2004	[367]
	Mehrzahl an Detektoren	Streulicht-/Reflexionsmessung von Werkstückoberfläche; optische Auskoppeleinrichtung mit chromatischer Aberration; Auswertung Intensität; adaptiver Spiegel	größere Anzahl an technischen Hilfsmitteln zur Gewinnung der digitalen Justageinformationen; Gesamtsystem komplex und kostenintensiv	DE 10 200905 9245 B4	2009	[363]

Idee	Messmittel	Umsetzung	Defizit	Patent	Jahr	Quelle
Analyse vom Werkstück gestreuter und/oder reflektierter Bearbeitungslaserstrahlung	optische Sensoren	Laserstrahlfokussierung an Mehrzahl von Positionen entlang mindestens einer Bahnkurve auf dem Werkstück und auf mindestens einem weiteren, baugleichen Werkstück; Ermitteln von Signalwerten, die der detektierten Strahlung an der jeweiligen Position entsprechen; Überprüfen der Fokuslage an mindestens einer der Positionen durch Vergleichen des Signalwerts an der Position mit einem aus den Signalwerten an mehreren Positionen gebildeten Referenzwert; verschiebbar angeordnete Fokussieroptik	abhängig von Werkstückbeschaffenheit und Umgebung: gepulste Laserstrahlung; Referenzwertbildung durch eine Messung verschiedener Positionen entlang derselben Bearbeitungsbahn und/oder an mehreren Bauteilen entlang der konturgleichen Bearbeitungsbahn	DE 10 201821 1166 A1	2018	[368]
Analyse gestreuter und reflektierter Bearbeitungslaserstrahlung vom Werkstück oder Element im optischen System		Einstrahlung des Laserstrahls auf Referenzfläche (Metallschicht, dichroitischer Spiegel) mit höherer direkter und geringerer diffuser Reflexion; Messung der Intensität der direkten und/oder diffusen Laserstrahlreflexion durch Abstandsveränderung zwischen Referenzfläche und Laserstrahlanordnung; Bestimmung des effektiven Fokusabstands durch Extremwerte der Intensität		DE 10 201620 4071 A1	2016	[369]
Analyse gestreuter und/oder reflektierter Bearbeitungslaserstrahlung im optischen System	optische Sensoren	direkte Messung transmittierter/reflektierter Bearbeitungslaserstrahlung; Umlenk-/Auskoppelspiegel an prozessseitiger Optikendseite; Intensitätsmessung über Strahlquerschnitt und momentane Laserleistungsinformation, Intensitätsmessung bei $r = 0$; Steuerung mit axialer Verstellung der Linsengruppe (Kollimation und Fokussierung) durch einen Motor	Kalibrierdaten der Optik erforderlich	DE 10 200703 9878 A1	2007	[269]

Idee	Messmittel	Umsetzung	Defizit	Patent	Jahr	Quelle
Analyse gestreuter und/ oder reflektierter Bearbeitungslaserstrahlung im optischen System	optische Sensoren	lotrechte Reflexion der Bearbeitungslaserstrahlung am Schutzglas; prozessbegleitende, koaxiale Auskopplung an teildurchlässigem Strahlteiler (Spiegel); Stellglied		DE 10 200705 3632 B4	2007 2012	[370] [371]
	ortsaufgelöster Sensor (z. B. CCD-Sensor)	5° bis 20° gekipptes Schutzglas; Reflexion an Innen- und Außenseite des Schutzglases; prozessbegleitender Vergleich der Strahlabbilder auf einem Detektor durch die Steuereinrichtung; Linse auf Linearschlitten als Rückkopplung		DE 10 201100 7176 B4	2011	[72]
	CMOS-Sensoren	koaxiale Auskopplung von Teillaserstrahlen nach Kollimation und Fokussierung und Reflexion am Schutzglas; ABCD-Matrizen berechnen Ergebnis und Verschiebung der Auskoppelfläche der Lichtleitfaser axial zu Kollimation (verstellbare Faserbuchse); Linsen müssen nicht nachgestellt werden; vollständiger Strahlengang erfasst	vorgegebenes z_F nach ca. 10 s mit Abweichung $< 0{,}2 \cdot z_R$ des optischen Systems; vorgegebenes z_F nicht wieder genau einstellbar; getestet bis 1 kW Multimode	DE 10 201322 7031 B4	2013 2013	[47] [73]
	optischer Sensor	gekrümmtes, teilreflektierendes Element zwischen Optik und Wirkstelle; Reflektor ist so positioniert, dass die Krümmung der mittleren Wellenfrontkrümmung des fokussierten Laserstrahls entspricht (Krümmungsmittelpunkt in z_F); teildurchlässiger Strahlteiler zur Auskopplung des reflektierten Teils der Bearbeitungslaserstrahlung in entgegengesetzter Optikrichtung; Bestimmung der Strahlparameter		DE 10 201500 1421 B4	2015	[373]

A.2 Berechnung des Verstellweges des Fokus-Shifters aus einer gegebenen Fokuslage

Mit der Gleichung (A.2.3) lässt sich der Verstellweg l_z des Fokus-Shifters (FS) aus einer gegebenen Fokuslage $\boldsymbol{z}$ für das optische Gesamtsystem des im Abschnitt 3.1.4 beschriebenen 30-kW-Laser-Remote-Scannersystems „Dragon" berechnen.

Die verwendeten Matrixelemente A_{FS}, B_{FS}, C_{FS}, D_{FS}, B_{IN}, D_{IN}, A_{OUT}, B_{OUT}, C_{OUT} und D_{OUT} entstammen der im Abschnitt 5.1.3.3 definierten Matrix $\boldsymbol{M}_{\mathrm{FS}}$ und den Teilmatrizen

$$\boldsymbol{M}_{\mathrm{IN}} = \boldsymbol{M}_{L2\,-lz} \cdot \boldsymbol{M}_1 \tag{A.2.1}$$

und

$$\boldsymbol{M}_{\mathrm{OUT}} = \boldsymbol{M}_3 \cdot \boldsymbol{M}_{L3\,lz}, \tag{A.2.2}$$

deren Einzelmatrizen ebenfalls im Abschnitt 5.1.3.3 definiert sind. Die verwendeten Matrizen $\boldsymbol{M}$ (mit einem Index) sind definiert als $\boldsymbol{M} \in \mathbb{R}^{2\times 2}$.

Es ergibt sich

$$l_z = -\frac{F + \sqrt{G}}{H} \tag{A.2.3}$$

mit

$$\begin{aligned}
F = {} & z \cdot (B_{\mathrm{IN}} \cdot C_{\mathrm{FS}} \cdot C_{\mathrm{OUT}} - D_{\mathrm{IN}} \cdot A_{\mathrm{FS}} \cdot C_{\mathrm{OUT}} - D_{\mathrm{IN}} \cdot C_{\mathrm{FS}} \cdot D_{\mathrm{OUT}} + D_{\mathrm{IN}} \cdot D_{\mathrm{FS}} \cdot C_{\mathrm{OUT}}) \\
& + B_{\mathrm{IN}} \cdot C_{\mathrm{FS}} \cdot A_{\mathrm{OUT}} - D_{\mathrm{IN}} \cdot A_{\mathrm{FS}} \cdot A_{\mathrm{OUT}} - D_{\mathrm{IN}} \cdot C_{\mathrm{FS}} \cdot B_{\mathrm{OUT}} + D_{\mathrm{IN}} \cdot D_{\mathrm{FS}} \cdot A_{\mathrm{OUT}},
\end{aligned}$$

$$\begin{aligned}
G = {} & z^2 \cdot (B_{\mathrm{IN}}^2 \cdot C_{\mathrm{FS}}^2 \cdot C_{\mathrm{OUT}}^2 + 2 \cdot B_{\mathrm{IN}} \cdot D_{\mathrm{IN}} \cdot A_{\mathrm{FS}} \cdot C_{\mathrm{FS}} \cdot C_{\mathrm{OUT}}^2 + 2 \cdot B_{\mathrm{IN}} \cdot D_{\mathrm{IN}} \cdot C_{\mathrm{FS}}^2 \cdot C_{\mathrm{OUT}} \\
& \cdot D_{\mathrm{OUT}} + 2 \cdot B_{\mathrm{IN}} \cdot D_{\mathrm{IN}} \cdot C_{\mathrm{FS}} \cdot D_{\mathrm{FS}} \cdot C_{\mathrm{OUT}}^2 + D_{\mathrm{IN}}^2 \cdot A_{\mathrm{FS}}^2 \cdot C_{\mathrm{OUT}}^2 + 2 \cdot D_{\mathrm{IN}}^2 \cdot A_{\mathrm{FS}} \\
& \cdot C_{\mathrm{FS}} \cdot C_{\mathrm{OUT}} \cdot D_{\mathrm{OUT}} - 2 \cdot D_{\mathrm{IN}}^2 \cdot A_{\mathrm{FS}} \cdot D_{\mathrm{FS}} \cdot C_{\mathrm{OUT}}^2 + D_{\mathrm{IN}}^2 \cdot C_{\mathrm{FS}}^2 \cdot D_{\mathrm{OUT}}^2 + 2 \cdot D_{\mathrm{IN}}^2 \\
& \cdot C_{\mathrm{FS}} \cdot D_{\mathrm{FS}} \cdot C_{\mathrm{OUT}} \cdot D_{\mathrm{OUT}} + 4 \cdot B_{\mathrm{FS}} \cdot D_{\mathrm{IN}}^2 \cdot C_{\mathrm{FS}} \cdot C_{\mathrm{OUT}}^2 + D_{\mathrm{IN}}^2 \cdot D_{\mathrm{FS}}^2 \cdot C_{\mathrm{OUT}}^2) \\
& + z \cdot (2 \cdot B_{\mathrm{IN}}^2 \cdot C_{\mathrm{FS}}^2 \cdot A_{\mathrm{OUT}} \cdot C_{\mathrm{OUT}} + 4 \cdot B_{\mathrm{IN}} \cdot D_{\mathrm{IN}} \cdot A_{\mathrm{FS}} \cdot C_{\mathrm{FS}} \cdot A_{\mathrm{OUT}} \cdot C_{\mathrm{OUT}} + 2 \\
& \cdot B_{\mathrm{IN}} \cdot D_{\mathrm{IN}} \cdot C_{\mathrm{FS}}^2 \cdot A_{\mathrm{OUT}} \cdot D_{\mathrm{OUT}} + 2 \cdot B_{\mathrm{IN}} \cdot D_{\mathrm{IN}} \cdot C_{\mathrm{FS}}^2 \cdot B_{\mathrm{OUT}} \cdot C_{\mathrm{OUT}} + 4 \cdot B_{\mathrm{IN}} \\
& \cdot D_{\mathrm{IN}} \cdot C_{\mathrm{FS}} \cdot D_{\mathrm{FS}} \cdot A_{\mathrm{OUT}} \cdot C_{\mathrm{OUT}} + 2 \cdot D_{\mathrm{IN}}^2 \cdot A_{\mathrm{FS}}^2 \cdot A_{\mathrm{OUT}} \cdot C_{\mathrm{OUT}} + 2 \cdot D_{\mathrm{IN}}^2 \cdot A_{\mathrm{FS}} \\
& \cdot C_{\mathrm{FS}} \cdot A_{\mathrm{OUT}} \cdot C_{\mathrm{OUT}} + 2 \cdot D_{\mathrm{IN}}^2 \cdot A_{\mathrm{FS}} \cdot C_{\mathrm{FS}} \cdot B_{\mathrm{OUT}} \cdot C_{\mathrm{OUT}} - 4 \cdot A_{\mathrm{FS}} \cdot D_{\mathrm{FS}} \cdot A_{\mathrm{OUT}} \\
& \cdot C_{\mathrm{OUT}} + 2 \cdot D_{\mathrm{IN}}^2 \cdot C_{\mathrm{FS}}^2 \cdot B_{\mathrm{OUT}} \cdot C_{\mathrm{OUT}} + 2 \cdot D_{\mathrm{IN}}^2 \cdot C_{\mathrm{FS}} \cdot D_{\mathrm{FS}} \cdot A_{\mathrm{OUT}} \cdot C_{\mathrm{OUT}} + 2 \\
& \cdot D_{\mathrm{IN}}^2 \cdot C_{\mathrm{FS}} \cdot D_{\mathrm{FS}} \cdot B_{\mathrm{OUT}} \cdot C_{\mathrm{OUT}} + 8 \cdot B_{\mathrm{FS}} \cdot D_{\mathrm{IN}}^2 \cdot C_{\mathrm{FS}} \cdot A_{\mathrm{OUT}} \cdot C_{\mathrm{OUT}} + 2 \cdot D_{\mathrm{IN}}^2 \\
& \cdot D_{\mathrm{FS}}^2 \cdot A_{\mathrm{OUT}} \cdot C_{\mathrm{OUT}}) \\
& + B_{\mathrm{IN}}^2 \cdot C_{\mathrm{FS}}^2 \cdot A_{\mathrm{OUT}}^2 + 2 \cdot B_{\mathrm{IN}} \cdot D_{\mathrm{IN}} \cdot \mathrm{A}_{\mathrm{FS}} \cdot C_{\mathrm{FS}} \cdot A_{\mathrm{OUT}}^2 + 2 \cdot B_{\mathrm{IN}} \cdot D_{\mathrm{IN}} \cdot C_{\mathrm{FS}}^2 \cdot A_{\mathrm{OUT}} \\
& \cdot B_{\mathrm{OUT}} + 2 \cdot B_{\mathrm{IN}} \cdot D_{\mathrm{IN}} \cdot C_{\mathrm{FS}} \cdot D_{\mathrm{FS}} \cdot A_{\mathrm{OUT}}^2 + D_{\mathrm{IN}}^2 \cdot A_{\mathrm{FS}}^2 \cdot A_{\mathrm{OUT}}^2 + 2 \cdot D_{\mathrm{IN}}^2 \cdot A_{\mathrm{FS}} \cdot C_{\mathrm{FS}} \\
& \cdot A_{\mathrm{OUT}} \cdot B_{\mathrm{OUT}} - 2 \cdot D_{\mathrm{IN}}^2 \cdot A_{\mathrm{FS}} \cdot D_{\mathrm{FS}} \cdot A_{\mathrm{OUT}}^2 + D_{\mathrm{IN}}^2 \cdot C_{\mathrm{FS}}^2 \cdot B_{\mathrm{OUT}}^2 + 2 \cdot D_{\mathrm{IN}}^2 \cdot C_{\mathrm{FS}} \\
& \cdot D_{\mathrm{FS}} \cdot A_{\mathrm{OUT}} \cdot B_{\mathrm{OUT}} + 4 \cdot B_{\mathrm{FS}} \cdot D_{\mathrm{IN}}^2 \cdot C_{\mathrm{FS}} \cdot A_{\mathrm{OUT}}^2 + D_{\mathrm{IN}}^2 \cdot D_{\mathrm{FS}}^2 \cdot A_{\mathrm{OUT}}^2
\end{aligned}$$

und mit

$$H = 2 \cdot (z \cdot D_{\mathrm{IN}} \cdot C_{\mathrm{FS}} \cdot C_{\mathrm{OUT}} + D_{\mathrm{IN}} \cdot C_{\mathrm{FS}} \cdot A_{\mathrm{OUT}}).$$

A.3 Liste der verwendeten Geräte

Tabelle A.3.1 Zusammenstellung der mit dieser Arbeit verwendeten Geräte.

Gerät	Hersteller	Seriennummer	Verwendungszweck	Quelle
digitales Multisensorsystem BME280	*Bosch Sensortec GmbH*		Aufnahme der Umgebungstemperatur T_{U}, des absoluten Drucks $\boldsymbol{p}$ und der relativen Luftfeuchtigkeit $\boldsymbol{RH}$ im linsennahen Umfeld	[325]
digitales Temperatursensorsystem DS18B20	*Maxim Integrated Products, Inc.*		Aufnahme der Glassubstrattemperatur $\boldsymbol{T}_{\mathrm{GL\ R}}$ am Linsenrand	[324]
Kalorimeter EC-PowerMonitor	*PRIMES GmbH*	4963	Messung der Laserleistung für die Kalibrierung des FE-basierten Temperaturmodells und für die Ermittlung der Einflüsse der Umgebungsgrößen auf die Prozessfokuslage	[322]
Laserstrahlkaustikmessgerät FocusMonitor FM120	*PRIMES GmbH*	4962	Messung der Laserstrahlkaustik und räumliche Charakterisierung der Laserstrahlung	[50]
Wärmebildkamera FLK-Ti450 (60 Hz)	*Fluke Corporation*	Ti450-16110409	Aufnahme der von den Linsenoberflächen ausgesendeten Wärmestrahlung zur direkten Ausgabe von Temperaturen für die Kalibrierung des FE-basierten Temperaturmodells	[321]
Ytterbium-Hochleistungsfaserlaser YLS-30000-S2	*IPG Photonics Coporation*	11033450, 11033450bs, PF1901093	Erzeugung der hochenergetischen, infraroten Multimode-Laserstrahlung im Dauerstrichbetrieb (Continuous-Wave (CW)-Betrieb)	[85] [311] [312]

GPSR Compliance

The European Union's (EU) General Product Safety Regulation (GPSR) is a set of rules that requires consumer products to be safe and our obligations to ensure this.

If you have any concerns about our products, you can contact us on ProductSafety@springernature.com

In case Publisher is established outside the EU, the EU authorized representative is:

Springer Nature Customer Service Center GmbH
Europaplatz 3
69115 Heidelberg, Germany

Batch number: 08157967

Printed by Printforce, the Netherlands